普通高等教育系列教材

AutoCAD 2014 中文版机械制图教程

刘瑞新　朱晓峰　主编

机 械 工 业 出 版 社

本书系统全面地讲述了 AutoCAD 2014 中文版的基本原理及应用，并以实操为主，由浅入深，详细地介绍了 AutoCAD 2014 中文版的使用方法及功能。本书内容主要围绕如何运用 AutoCAD 2014 绘制、编辑二维和三维图形的方法展开，所提供的两个不同建构的综合应用实例，能够让读者掌握技巧实际而又全面地应用。

本书内容丰富、重点突出、方法实用，结合机械专业的需要和标准而编写，既能满足初学者的要求，又能使有一定基础的用户快速掌握 AutoCAD 2014 新增功能的使用技巧。本书适合作本科和高职高专层次的工科院校相关专业的教材，也可作为广大工程技术人员的自学参考书。

本书配有授课电子教案，需要的教师可登录 www.cmpedu.com 免费注册，审核通过后下载，或联系编辑索取（微信：15910938545，电话：010-88379739）。

图书在版编目（CIP）数据

AutoCAD 2014 中文版机械制图教程／刘瑞新，朱晓峰主编 .—3 版 .—北京：机械工业出版社，2016.10（2022.7 重印）
普通高等教育系列教材
ISBN 978-7-111-55178-2

Ⅰ.①A… Ⅱ.①刘… ②朱… Ⅲ.①机械制图-AutoCAD 软件-高等学校-教材 Ⅳ.①TH126

中国版本图书馆 CIP 数据核字（2016）第 248087 号

机械工业出版社（北京市百万庄大街 22 号 邮政编码 100037）
策划编辑：和庆娣 责任编辑：和庆娣
责任校对：张艳霞 责任印制：常天培
北京中科印刷有限公司印刷

2022 年 7 月第 3 版 · 第 2 次印刷
184mm×260mm · 19.75 印张 · 477 千字
标准书号：ISBN 978-7-111-55178-2
定价：59.00 元

电话服务
客服电话：010-88361066
010-88379833
010-68326294

网络服务
机 工 官 网：www.cmpbook.com
机 工 官 博：weibo.com/cmp1952
金 书 网：www.golden-book.com
机工教育服务网：www.cmpedu.com

前　言

AutoCAD 2014 是美国 Autodesk 公司开发的、当今优秀的计算机辅助设计软件之一，被广泛应用于机械、建筑、电子和航天等诸多工程领域。

AutoCAD 2014 中文版集成了许多新的功能，包括更新的概念设计环境、强化的图表设置和数据链接、强大的可视化工具、高效的图形处理和快捷的模型转化以及网络功能的提高，使得用户可以更加快捷地创建、轻松地共享和有效地管理设计数据。

为了让广大学生和工程技术人员尽快掌握 AutoCAD 2014 的使用方法，本书以通俗的语言，大量的插图和实例，由浅入深地介绍了 AutoCAD 软件的各项功能和 AutoCAD 2014 的新增功能，因此，本书的主要特点如下。

1）本书所举的实例是采用 AutoCAD 2014 绘制机械零件的基本方法实现，用户通过学习，可以举一反三，从而达到事半功倍的效果。

2）本书突出实用性，通过实例介绍了 AutoCAD 2014 绘制机械图样的功能，配有大量的图例和详细步骤，并在每章后面安排了相应的实训和指导，使其内容更易操作和掌握。

3）本书注重内容的系统性，结构安排合理，适合理论课和实训的交叉进行，并且根据学生特点，讲解循序渐进，知识点逐渐展开，避免读者在学习中无从下手。

本书共分 16 章，第 1 章介绍了 AutoCAD 的基本概念；第 2 章介绍了绘制图形的基本方法；第 3 章介绍了绘图环境的设置；第 4 章介绍了图层、线型及颜色的概念和设置；第 5、6 章介绍了绘制和编辑二维图形的方法；第 7 章介绍了文字的标注和表格的创建方法；第 8 章介绍了创建面域和图案填充；第 9 章介绍了图块的概念和应用；第 10 章介绍了尺寸标注和编辑方法；第 11 章介绍了参数约束的概念和使用；第 12 章介绍了 AutoCAD 设计中心的应用；第 13、14 章分别介绍了三维模型的概念、创建和编辑方法；第 15 章介绍了图形文件的输出；第 16 章介绍了零件图和装配图的绘制。

本书由刘瑞新、朱晓峰主编。刘瑞新编写第 1、2、3 章，郝鲁东编写第 4、5 章，朱晓峰编写第 6 章，范培英编写第 7、8 章，鲁明编写第 10、11 章，其他章节及教学资源的制作由刘庆波、褚美花、戚春兰、刘庆峰、刘继祥、孔繁菊、万兆君、刘大学、陈文明、骆秋容、刘克纯、缪丽丽、王金彪、孙明建、刘大莲、庄建新、崔瑛瑛、万兆明、翟丽娟、徐维维、韩建敏、庄恒、徐云林完成。在本书编写过程中得到了许多同行的帮助和支持，在此表示感谢。

由于编者水平有限，书中错误之处难免，欢迎读者对本书提出宝贵意见和建议。

作　者

目　录

第1章 AutoCAD基础

AutoCAD是美国Autodesk公司开发的通用计算机辅助设计（Computer Aided Design，CAD）软件包，是当今设计领域应用广泛的现代化计算机绘图工具。AutoCAD自1982年诞生以来，经过不断改进和完善，经历了十多次的版本升级，AutoCAD 2014性能和功能都有较大的增强，并同时保证了与低版本软件的完全兼容。

1.1 AutoCAD的主要功能

AutoCAD是一种通用的计算机辅助设计软件，与传统手工设计相比，AutoCAD的应用大大提高了绘图的速度，也为设计出质量更高的作品提供了更为先进的方法。

1. 绘图功能

AutoCAD的绘图功能如下。

- 创建二维图形。用户可以通过输入命令来完成点、直线、圆弧、椭圆、矩形、正多边形、多段线、样条曲线、多线等二维图形的绘制。针对相同图形的不同情况，AutoCAD还提供了多种绘制方法供选择，例如圆的绘制方法就有多种。
- 创建三维实体。AutoCAD提供了球体、圆柱体、立方体、圆锥体、圆环体、楔体等多种基本实体的绘制命令，并提供了拉伸、旋转、布尔运算等功能来改变其形状。
- 创建线框模型。AutoCAD可以通过三维坐标来创建实体对象的线框模型。
- 创建曲面模型。AutoCAD提供的创建曲面模型的类型有旋转曲面、平移曲面、直纹曲面、边界曲面、三维曲面等。

2. 编辑功能

中文版AutoCAD不仅具有强大的绘图功能，而且还具有强大的图形编辑功能。例如：对于图形或线条对象，可以采用删除、恢复、移动、复制、镜像、旋转、修剪、拉伸、缩放、倒角、倒圆角等方法进行修改和编辑。

AutoCAD有着强大的文字注释和尺寸标注功能，并具有创建和编辑表格的功能。

3. 图形显示功能

AutoCAD可以任意调整图形的显示比例，以便观察图形的全部或局部，并可以使图形上、下、左、右地移动来进行观察。

AutoCAD为用户提供了6个标准视图（6种视角）和4个轴侧视图，可以通过视点工具设置任意的视角观察对象，还可以利用三维动态观察器和相机设置不同的透视效果。

AutoCAD可以提供300多种材质供设计者选择，通过应用光度计功能，并对显示加以控制，可以实现更精确的照片般真实感的渲染图，以更为逼真的方式实现设计创意的可视化。设计者通过三维导航功能，只需单击一下按钮，即可实现模型漫游或飞行。

AutoCAD最终可以根据打印设置将设计的图纸打印出来。

4. 支持多种操作平台

AutoCAD 支持多种操作平台。用户可以根据需要来自定义各种菜单及与图形有关的一些属性。AutoCAD 提供了一种内部的 Visual LISP 编辑开发环境，用户可以使用 LISP 语言定义新命令，开发新的应用和解决方案。根据需求可以配置设置、扩展软件、定制工作流程、开发个人专用应用或者使用已构建好的应用。

用户还可以利用 AutoCAD 的编程接口 Object ARX，使用 VC 或 VB 语言对其进行二次开发。用户也可以通过直接访问数据库结构、图形处理系统和本地命令定义，根据自己的需求定制设计和绘图应用。

5. 中文版 AutoCAD 2014 新增功能

中文版 AutoCAD 2014 新增的功能特点如下。

- 增强连接性，提高合作设计效率。在 AutoCAD 2014 中集成了类似 QQ 一样的通信工具，可以在设计时，通过网络交互的方式和项目合作者分享，提高开发速度。
- 支持 Windows 8/10 操作系统。AutoCAD 2014 能够在 Windows 8/10 操作系统中完美运行，并且增加了部分触屏特性。
- 动态地图，现实场景中建模。此功能可以将用户的设计与实景地图相结合，在现实场景中建模，更精确地预览设计效果。
- 新增文件选项卡。如同 Office Tab 所实现的功能一样，AutoCAD 在 2014 版本中，增加了此功能，更方便用户在不同设计中进行切换。
- 命令行增强。增强的命令行，可以提供更智能、更高效的访问命令和系统变量，而且可以使用命令行来找到其他阴影图案、可视化风格以及联网帮助等内容。命令行的颜色和透明度可以随意改变，其历史命令显示可多达 50 行。命令行新增功能包括自动更正、自动完成、字符搜索、自动适配建议和同义词建议等。

1.2 启动 AutoCAD 2014 中文版

本节介绍在 Windows 操作系统下，启动 AutoCAD 2014 中文版的方法和具体操作步骤。

1.2.1 启动 AutoCAD 2014 中文版的方法

可用下列两种方法之一启动 AutoCAD 2014 中文版。

- 选择桌面“开始”→“程序”→“Autodesk”→“AutoCAD 2014”命令。
- 双击计算机桌面上的 AutoCAD 2014 快捷方式图标，如图 1-1 所示。

图 1-1 AutoCAD 2014 快捷方式图标

1.2.2 “欢迎”对话框

AutoCAD 2014 中文版启动后，系统会首先自动打开“欢迎”对话框，如图 1-2 所示。“欢迎”对话框通过一系列交互式动画演示、教程和解说，可以帮助用户快速了解 AutoCAD 2014 的主要内容，其中内容包括：“工作”“学习”和“扩展”。“工作”栏用于新建图形、打开图形、打开样例文件和最近使用的图形文件；“学习”栏用于了解 AutoCAD 2014

的新功能，通过视频对新增功能的特点和使用方法进行简要介绍；“扩展”栏介绍了 AutoCAD 2014 新增加的两个功能，即“Autodesk Exchange Apps”和“Autodesk 360”的用途。“启动时显示”复选框用来确定启动时是否显示此对话框。用户也可以选择与“AutoCAD 产品中心”连接，通过网络联机更深入地了解 AutoCAD 的主要内容。

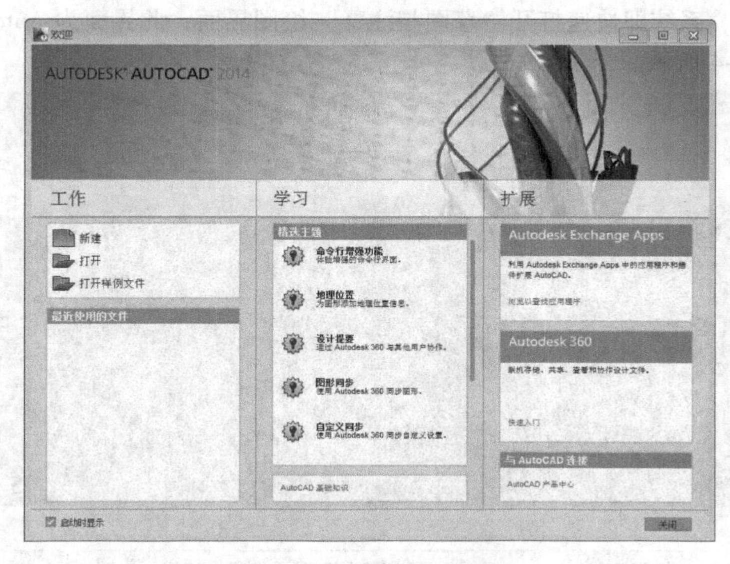

图 1-2 “欢迎”对话框

首次使用 AutoCAD 2014，关闭“欢迎”对话框后，系统会打开“加入客户参与计划”对话框，如图 1-3 所示，选择“不，我现在不想加入该计划”单选按钮，然后单击“确定”按钮，系统进入绘图界面。以后根据需要，可以在绘图界面的“帮助”菜单栏中，选择“欢迎”和“加入客户参与计划”命令，对其进行开启或关闭。

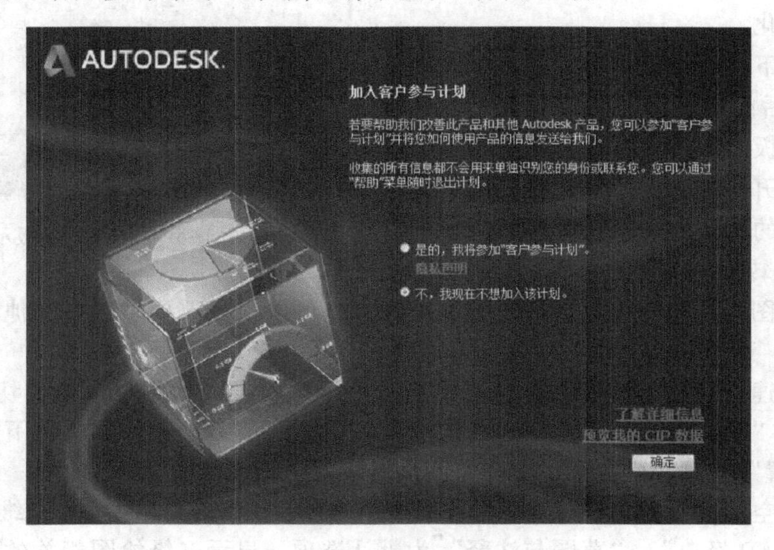

图 1-3 “加入客户参与计划”对话框

1.2.3 界面的打开和转换

本节主要介绍绘图界面（工作空间）的打开和转换方法。

1. 界面的打开

每次启动后，系统即快速打开“草图与注释”绘图界面，此界面为 AutoCAD 2014 的默认界面，如图 1-4 所示。

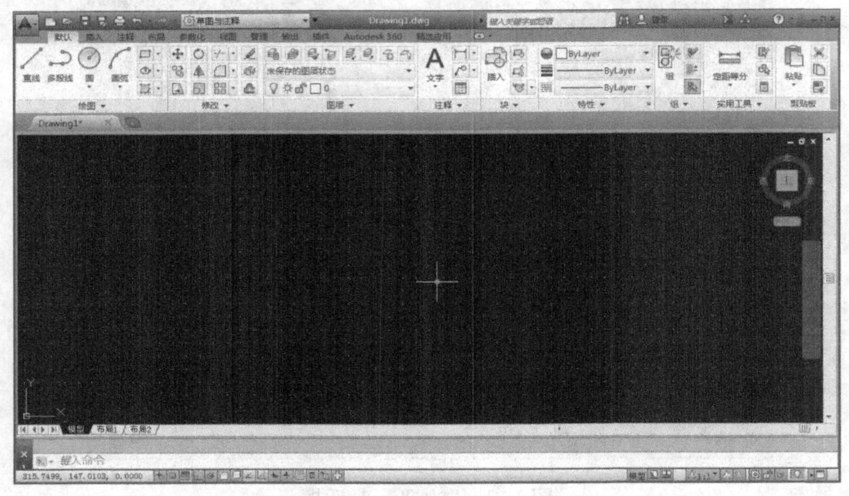

图 1-4 “草图与注释”绘图界面

界面上部为功能区，包括相关内容的选项卡和面板，其中有“默认”“插入”“注释”“布局”“参数化”“视图”“管理”“输出”等选项卡，在选项卡的下面为面板。面板是一种特殊的选项板，提供了与当前工作空间相关联的工具按钮，使得窗口界面更加整洁，可使操作区域最大化。

默认情况下，面板只显示标题。可以单击“面板”标题后面的“最小化”按钮▾，进行打开或关闭面板的切换，如图 1-5 所示为“修改”面板的打开，如果需要固定打开面板，单击面板左下角的“图钉”按钮即可。

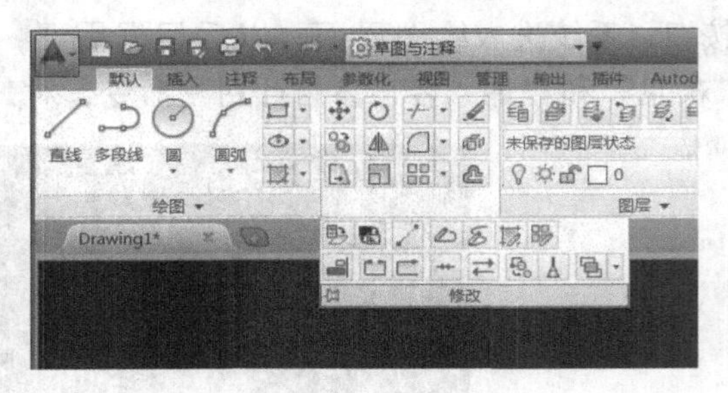

图 1-5 “修改”面板示例

2. 界面的转换

可在“草图与注释”界面进行绘图和编辑，也可以根据需要来选择其他界面。具体操作如下。

单击“快速访问”工具栏中的“工作空间”下拉列表或状态栏中的“切换工作空间”按钮，打开“工作空间”下拉列表或快捷菜单，如图 1-6 所示。如果在下拉列表中选择“工作空间设置”选项，则打开“工作空间设置”对话框，如图 1-7 所示。

在“工作空间”下拉列表或对话框中有 4 个选项：“草图与注释”“三维基础”“三维建模”“AutoCAD 经典”。“草图与注释”为默认选项，显示二维绘图相关的功能区。选择“三维基础”选项，界面则显示用于三维基础绘图的功能区，其中仅包含与三维基础相关的基本工具，如图 1-8 所示。

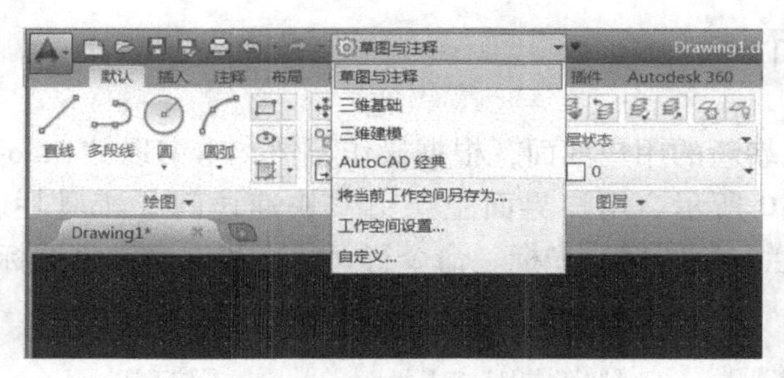

图 1–6 “工作空间”下拉列表

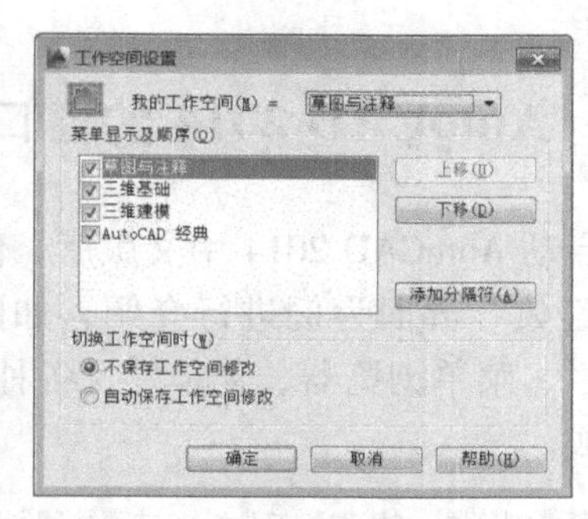

图 1–7 “工作空间设置”对话框

图 1–8 “三维基础”绘图界面

选择“三维建模”选项，界面则显示用于三维绘图的功能区，其中仅包含与三维建模相关的选项卡和面板，如图 1–9 所示；选择“AutoCAD 经典”选项，则打开传统界面，本书主要以传统界面为主展开介绍。

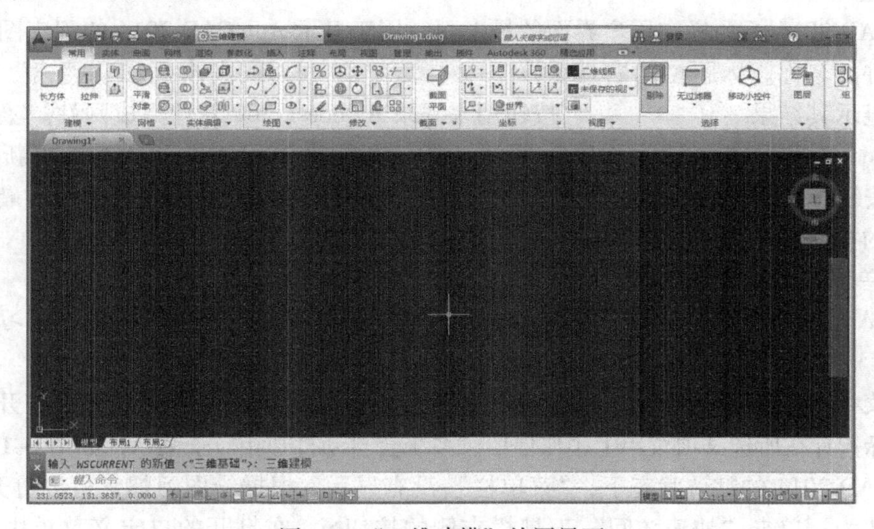

图 1–9 “三维建模”绘图界面

1.3 AutoCAD 2014 的窗口界面

启动 AutoCAD 2014 中文版后，便进入崭新的用户界面，根据操作习惯，本书以“AutoCAD 经典”界面为例进行介绍，如图 1-10 所示。用户界面主要由“快速访问”工具栏、标题栏、菜单浏览器、菜单栏、各种工具栏、绘图区、光标、命令行、状态栏、坐标系图标等组成。

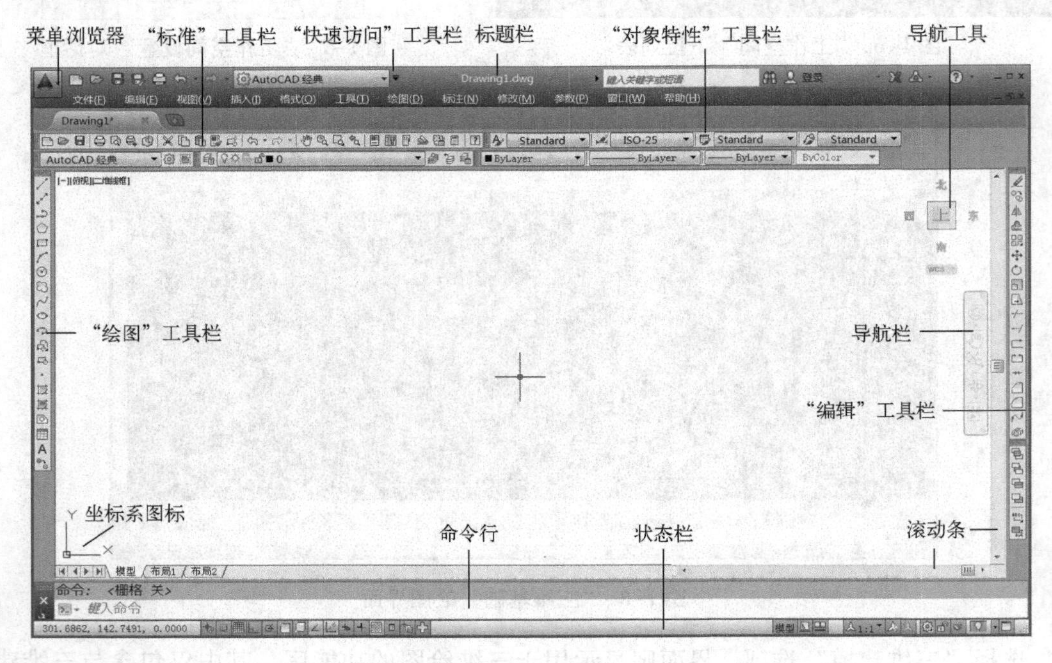

图 1-10 “AucoCAD 经典”界面

1. 标题栏

AutoCAD 2014 标题栏在用户界面的最上面，用于显示 AutoCAD 2014 的程序图标以及当前图形文件的名称。标题栏的右端是 键入关键字或短语 文本框和“搜索”按钮，用来搜索和显示其结果。登录 按钮用来登录 Autodesk 360 软件集成网站。按钮用来连接“Autodesk Exchange 应用程序”网站。按钮用来访问 AutoCAD 产品更新和链接网站。按钮可以通过网络访问进行帮助。另外，还有用来实现窗口的最小化、最大化和关闭等功能的按钮，操作方法与 Windows 界面相同。

2. 菜单浏览器和菜单栏

AutoCAD 2014 将原“文件”菜单命令放入菜单浏览器，用户可以根据不同习惯来操作各项命令。

打开菜单浏览器的操作方法如下。单击界面左上角的菜单浏览器按钮，打开下拉主菜单，将鼠标指针在所选某项菜单上稍作停留，系统会自动打开相应子菜单，如图 1-11 所示。

AutoCAD 2014 的默认状态下，“菜单栏”没有显示。根据绘图习惯，可以打开菜单栏，其操作方法为：单击“快速访问”工具栏右侧的按钮，在打开的自定义菜单中选择“显示菜单栏”命令，如图 1-12 所示，即可在“标题栏”下方显示“菜单栏”。在“快速访问”工具栏左侧显示的各工具按钮即为工具栏默认勾选的选项。

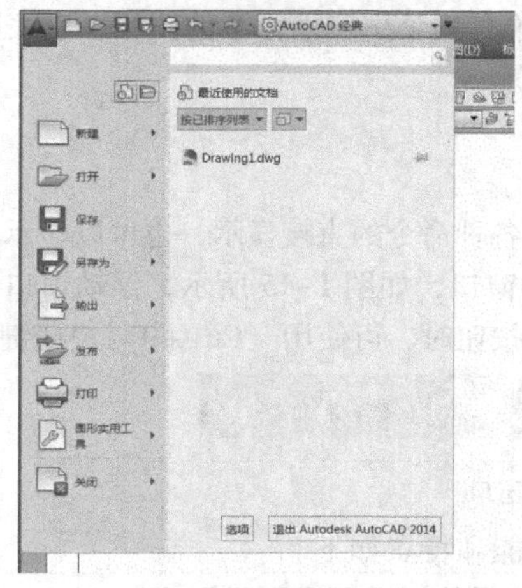

图 1-11　菜单浏览器

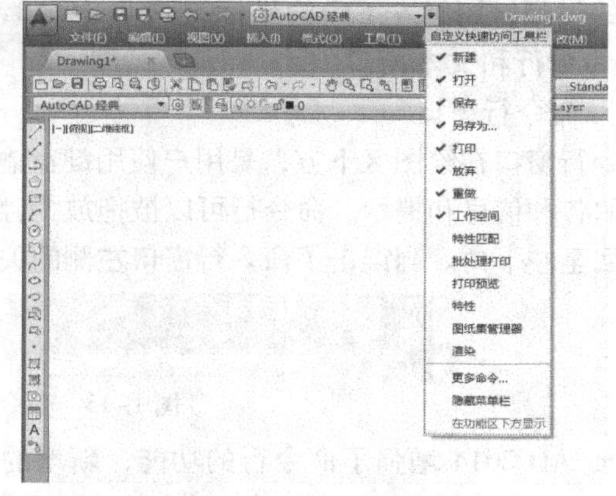

图 1-12　显示菜单栏

3. 工具栏

AutoCAD 2014 共提供了三十多个工具栏，通过这些工具栏可以实现大部分操作，其中常用的默认工具栏为“标准”“绘图”“修改”“图层”“对象特性”“样式”“标注”等。如图 1-13 所示为处于浮动状态下的“绘图”工具栏、“修改”工具栏和“标注”工具栏。

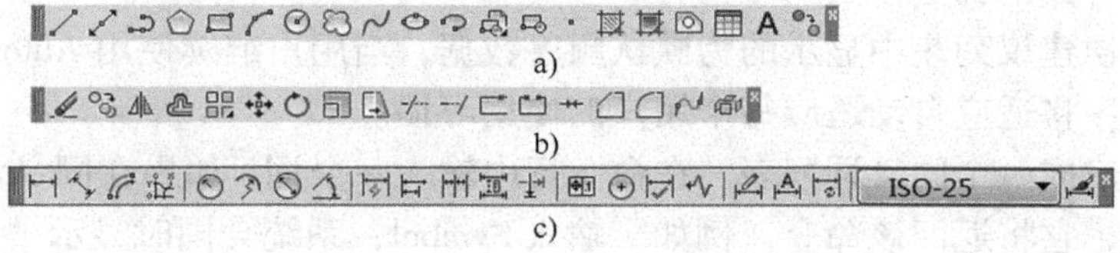

图 1-13　“绘图”“修改”和“标注”工具栏

a)“绘图”工具栏　b)“修改”工具栏　c)“标注”工具栏

如果把鼠标指针指向某个工具按钮上并稍作停顿，屏幕上就会显示出该工具按钮的名称和定义；鼠标指针若继续停顿，则显示出该按钮的操作简要说明。如果要显示当前隐藏的工具栏，可在任意工具栏上右击，此时将弹出“工具栏”快捷菜单，通过选择命令可以显示或关闭相应的工具栏，如图 1-14 所示。

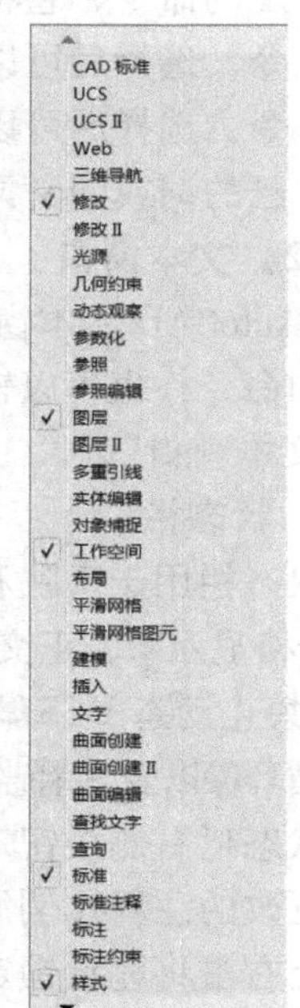

图 1-14　“工具栏”快捷菜单

4. “快速访问”工具栏

在界面上部的菜单浏览器右侧为“快速访问”工具栏，用于对文件所做更改进行“放弃”或“重做”。除了有“标准”工具栏的常用命令外，还可以向“快速访问”工具栏中添加工具按钮。添加工具按钮时，在功能区中右击，在弹出的快捷菜单中选择“添加到快速访问工具栏”命令。按钮会添加到“快速访问”工具栏中默认命令的右侧，超出长度范围的部分工具以弹出按钮显示。

5. 绘图区

绘图区是用户进行图形绘制的区域。把鼠标指针移动到绘图区时，变成了十字形状，可用十字光标直接在绘图区中定位。在绘图区的左下角有一个用户坐标系的图标，它表明当前坐标系的类型，图标左下角为坐标的原点（0，0，0）。

6. 命令行和文本窗口

（1）命令行窗口

命令行窗口在绘图区下方，是用户使用键盘输入各种命令的直接显示，也可以显示出操作过程中的各种信息和提示。命令行可以被拖放为浮动窗口，如图 1-15 所示，浮动窗口也可用鼠标拖回至左下角。当误击了命令行窗口左侧的关闭按钮时，可使用〈Ctrl +9〉快捷键恢复。

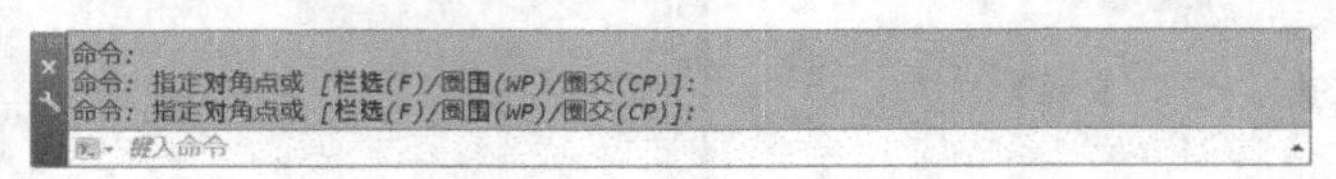

图 1-15　命令行窗口

AutoCAD 2014 增强了命令行的功能，新增的功能和特点如下。

- 命令行的颜色和透明度可以随意改变，其半透明的提示历史可显示多达 50 行。
- 如果命令输入错误，不会再显示“未知命令”，而是会自动更正成最接近且有效的 AutoCAD 命令。例如，如果输入了 TABEL，则会自动启动 TABLE 命令。
- 自动完成命令输入增强到支持中间字符搜索。例如，如果在命令行中输入 SETTING，那么显示的命令建议列表中将包含所有带有 SETTING 字符的命令，而不是只显示以 SETTING 开始的命令。
- 命令在最初建议列表中显示的为默认顺序数据，当用户继续使用 AutoCAD，命令的建议列表顺序将适应自动适应每个用户的使用习惯。
- 命令行已建成一个同义词列表。在命令行中输入一个词，如果在同义词列表中找到匹配的命令，它将返回该命令。例如，输入 Symbol，系统会同时显示“（INSERT）”命令，选择后可以执行插入块的命令；输入 Round，系统会同时显示“（FILLET）”命令，选择后可以执行编辑圆角命令。用户也可以使用管理选项卡的编辑别名工具将自己的词或同义词添加到自动更正列表中，所有这些选项是默认打开的。

（2）文本窗口

“AutoCAD 文本窗口”是记录历史命令的窗口，是放大的命令行窗口，它记录了用户已执行的命令，也可以输入新的命令，如图 1-16 所示。按〈F2〉键可以打开和关闭“AutoCAD 文本窗口”。

7. 状态栏

状态栏用于反映和改变当前的绘图状态，包括当前光标的坐标、推断约束、捕捉模式、栅格显示、正交模式、极轴追踪、对象捕捉、三维对象捕捉、对象捕捉追踪、允许/禁止动态 UCS、动态输入、显示/隐藏线宽、显示/隐藏透明度、快捷特性、选择循环以及注释监视器等按钮。

状态栏右侧按钮分别用于更改可注释的比例、显示所有比例的注释对象和自动将更改的注释比例添加到对象。右侧的锁按钮可以指示工具栏和窗口是否被锁定，在该按钮上右击将显示锁定选项。状态栏右侧的小箭头可以打开一个菜单，可以通过该菜单来删减状态栏上显示的内容。“全屏显示”按钮位于状态栏最右侧，单击此按钮可以清除或恢复工具栏和屏幕（命令行除外）。

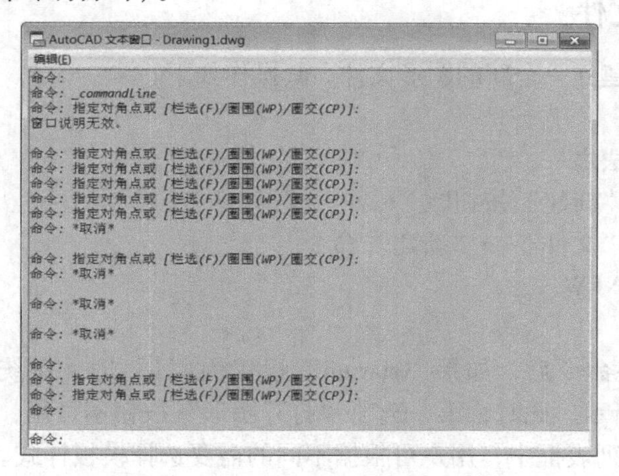

图 1-16 “AutoCAD 文本窗口”示例

8. “模型”选项卡和“布局”选项卡

绘图区的底部有“模型”“布局 1”“布局 2”3 个选项卡，如图 1-17 所示。

这 3 个选项卡用来控制绘图工作是在模型空间还是在图纸空间进行。AutoCAD 的默认状态是在“模型”空间进行（一般的绘图工作都是在模型空间进行）。单击“布局 1”或“布局 2”选项卡可进入图纸空间，图纸空间主要完成打印输出图形的最终布局。如进入了图纸空间，单击“模型”选项卡即可返回模型空间。在任意一个选项卡上右击，可以使用弹出的快捷菜单新建、删除、重命名、移动或复制布局，也可以进行页面设置等操作。

9. 工具选项板

按默认的方式启动 AutoCAD 2014 时，会显示出“工具选项板”，如图 1-18 所示。利用该“工具选项板”可以大大方便图案的填充，平时不用此功能时，可关闭“工具选项板”，需要打开时，在“工具”菜单中，选择“选项板”和“工具选项板”命令即可。

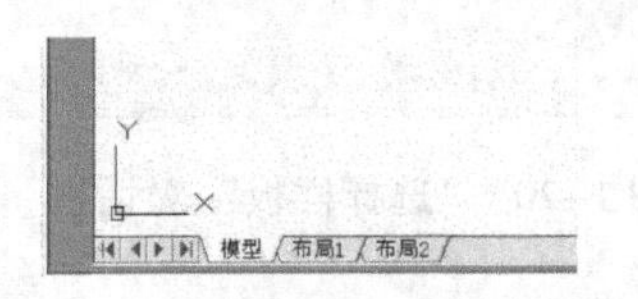

图 1-17 “模型”和“布局”选项卡

图 1-18 工具选项板

10. ViewCube 导航工具和导航栏

绘图区右上角的图标是 ViewCube 导航工具，图标下面是导航栏，用于在二维模型空间或三维视觉样式中处理图形时的显示。使用时，可以在标准视图和等轴测视图间切换。需要显示或隐藏导航工具时，可以执行以下命令实现：输入 Options 命令，然后按〈Enter〉键，打开“选项”对话框，单击“三维建模”选项卡，选中“显示 ViewCube”复选框；也可以选择菜单“视图”→“显示”→“ViewCube”或者“导航栏”命令。

1.4 文件的管理

文件的管理包括新建图形文件，打开、保存已有的图形文件，以及退出打开的文件。

1.4.1 新建图形文件

在非启动状态下建立一个新的图形文件，其操作如下。

1. 输入命令

可以采用下列方法之一。

● 工具栏：单击“新建”按钮□。

● 菜单栏：选择“文件”→“新建”命令。

● 命令行：输入 NEW。

2. 操作格式

1）执行上述任一命令后，如果“startup”设置为“1”时，系统打开“创建新图形”对话框，如图 1-19 所示。此时，第一选项“打开图形”按钮不可用，单击“使用样板”按钮，在“选择样板”列表框中，用户可根据不同的需要选择模板样式。

2）选择样式后，单击“确定”按钮，即在窗口显示为新建的文件。

3. 说明

1）系统默认选择标准国际（公制）图样“Acadiso. dwt”。

2）系统默认“startup”值为“0”时，将直接打开“选择样板”对话框，如图 1-20 所示。

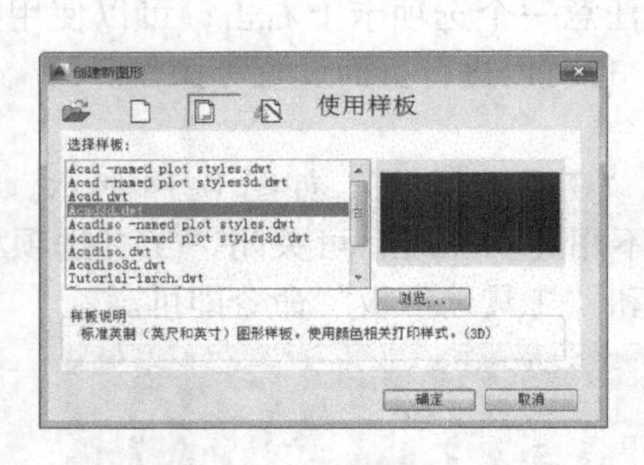

图 1-19　使用样板创建新图形

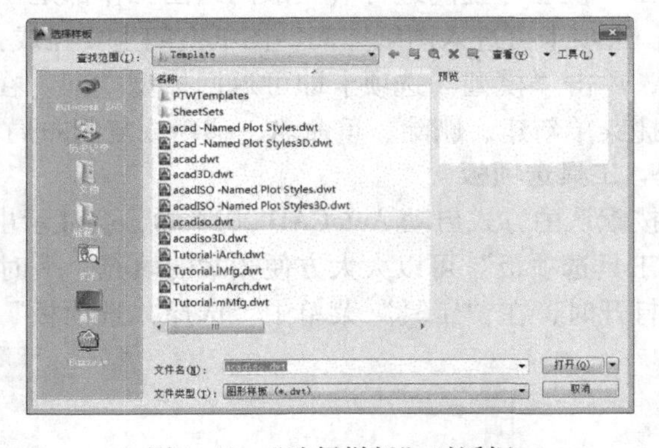

图 1-20　“选择样板”对话框

1.4.2 打开图形文件

打开已有的图形文件，其操作如下。

1. 输入命令

可以采用下列方法之一。

● 工具栏：单击“打开”按钮。

● 菜单栏：选择“文件”→“打开”命令。

● 命令行：输入 OPEN。

2. 操作格式

1）选择上述方式之一输入命令后，可以打开“选择文件”对话框，如图 1-21 所示。通过“选择文件”对话框的“查找范围”下拉菜单选择需要打开的文件，AutoCAD 图形文件的扩展名为“dwg”（在“文件类型”下拉列表框中显示）。

2）可以在对话框的右侧预览图像，单击“打开”按钮，文件即被打开。

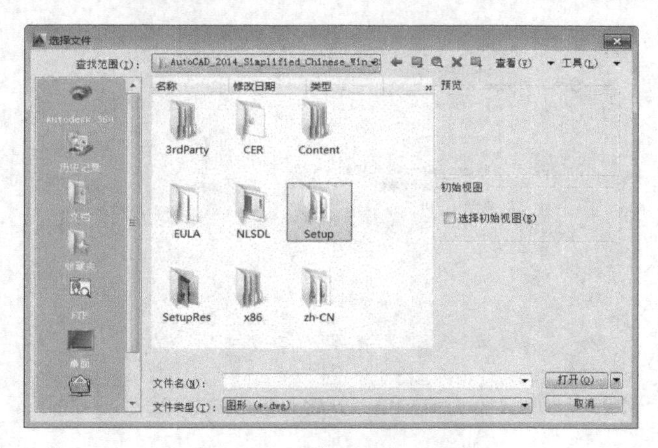

图 1-21 “选择文件”对话框

3. 选项说明

对话框左侧的一列按钮用来提示图形打开或存放的位置，统称为位置列。双击这些按钮，可在该按钮指定的位置打开或保存图形，各选项功能如下。

- “Autodesk 360”：用来显示 Autodesk cloud 文档和文件夹。
- “历史记录”：用来显示最近打开或保存过的图形文件。
- “文档”：用来显示在“我的文档”文件夹中的图形文件名和子文件名。
- “收藏夹”：用来显示在“C:\Windows\Favorites”目录下的文件和文件夹。
- “FTP”：该类站点是互联网用来传送文件的地方。当选择 FTP 时，可看到所列的 FTP 站点。
- “桌面”：用来显示在桌面上的图形文件。
- “Buzzsaw”快捷图标：进入 www. Buzzsaw. com，一个 AutoCAD 在建筑设计及建筑制造业领域 B2B 模式的电子商务网站的入口，用户可以申请账号或直接进入。

1.4.3 保存图形文件

保存的图形文件包括保存新建和已保存过的文件。首先介绍新建文件的保存。

1. 输入命令

可以采用下列方法之一。

- 工具栏：单击“保存”按钮。
- 菜单栏：选择“文件”→“保存”命令。
- 命令行：输入 QSAVE。

2. 操作格式

1）选择上述三种方式之一输入命令后，可打开“图形另存为”对话框，如图 1-22 所示。

2）在“保存于”下拉列表框中指定图形文件保存的路径。

3）在“文件名”文本框中输入图形文件的名称。

4）在“文件类型”下拉列表框中选择图形文件要保存的类型。

5）设置完成后，单击“保存”按钮。

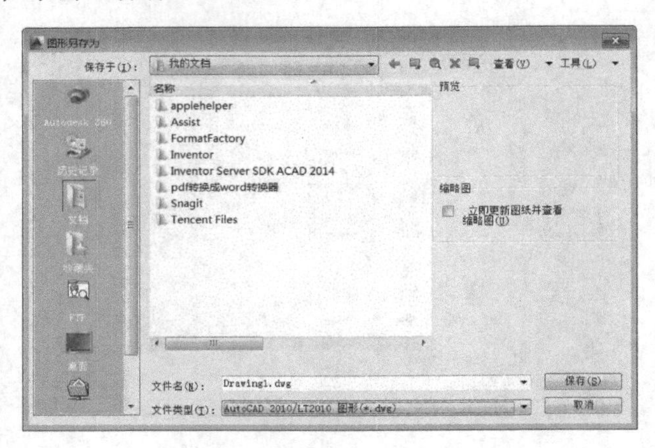

图 1-22 “图形另存为”对话框

对于已保存过的文件，当选择上面的方法之一输入命令之后，则不再打开“图形另存为”对话框，而是按原文件名称保存。

如果选择“另存为”命令或在命令行输入“SAVE AS”，则可以打开“图形另存为”对话框，来改变文件的保存路径、名称和类型。

1.4.4 设置密码

在图形管理方面可以使用设置密码的功能。

1. 密码设置

在保存图形时，可以对其进行密码设置，其操作如下。

1）执行保存图形命令后，打开如图 1-22 所示的“图形另存为”对话框。

2）单击右上角的“工具”按钮，打开下拉菜单，如图 1-23 所示，选择“安全选项”命令，系统打开“安全选项”对话框，如图 1-24 所示。

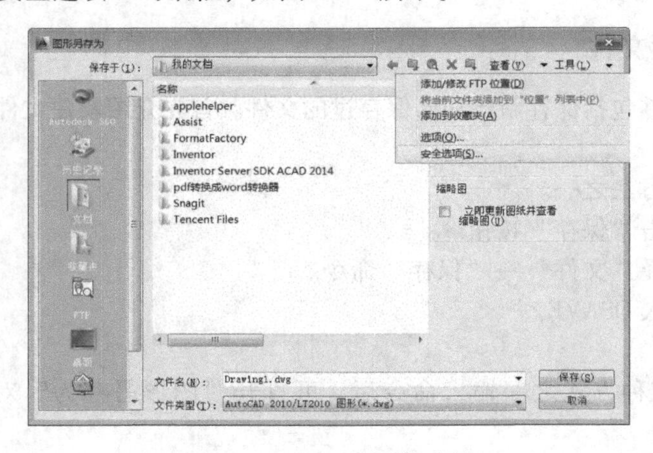

图 1-23 “工具”下拉菜单

3）单击“密码”选项卡，在“用于打开此图形的密码或短语”文本框中输入相应的密码。单击“确定”按钮，系统会打开“确认密码”对话框，如图 1-25 所示。

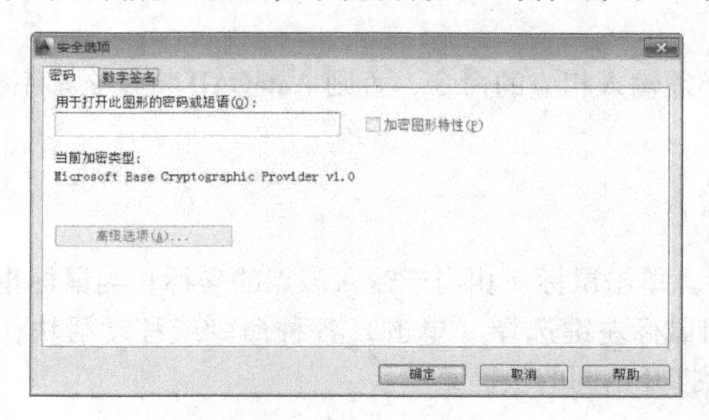

图 1-24 “安全选项”对话框

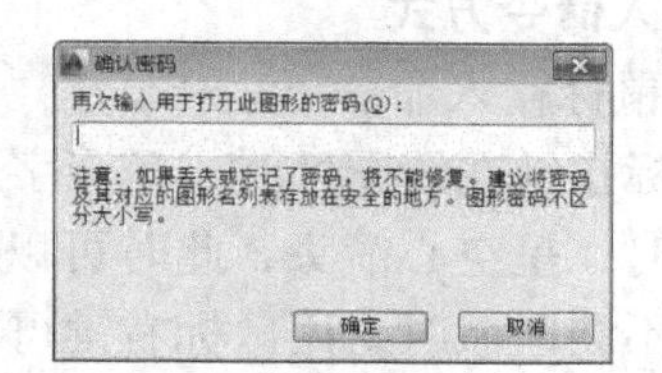

图 1-25 “确认密码”对话框

4）用户需要再输入一次密码，确认后，单击“确定”按钮，完成密码设置。

2. 打开密码

当文件设置密码后，需要打开此图形文件时，会弹出一个“密码”对话框，如图 1-26 所示，要求用户输入密码。

如果输入的密码正确，图形正常打开，否则无法打开图形，系统弹出“密码错误”提示框，如图 1-27 所示。

图 1-26 “密码”对话框

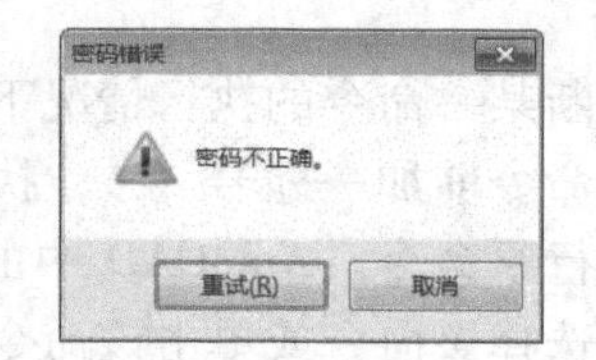

图 1-27 “密码错误”提示框

1.4.5 退出图形文件

完成图形绘制后，退出 AutoCAD 2014 的操作如下。

1. 输入命令

可以采用下列方法之一。

- 标题栏：单击“关闭”按钮☒。
- 菜单栏：选择“文件”→“关闭”命令。
- 命令行：输入 CLOSE。

2. 操作格式

如果图形文件没有保存或未进行修改后的最后一次保存，系统会打开询问对话框，如图 1-28 所示。单击“是”按钮，系统打开“图形另存为”对话框，进行保存；单击“否”按钮，不保存退出；单击“取消”按钮，则返回编辑状态。

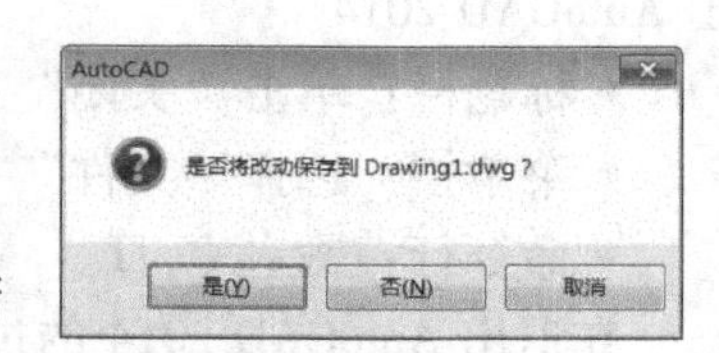

图 1-28 询问对话框

1.5 命令的输入与结束

使用 AutoCAD 进行绘图操作时，必须输入相应的命令，否则 AutoCAD 将什么都不会做。下面介绍输入命令的方式。

1. 输入命令方式

（1）鼠标输入命令

当鼠标指针在绘图区时，呈十字形。单击鼠标，相当于输入该点的坐标；当鼠标指针在绘图区外时，呈空心箭头，此时可以用鼠标左键选择（单击）各种命令或移动滑块；当鼠标指针在不同区域时，用鼠标右键可以打开不同的快捷菜单。

（2）键盘输入命令

所有的命令均可以通过键盘输入（不分大小写）。从键盘输入命令后，只需在命令行的“命令:”提示符号后输入命令名（有的命令只需输入命令的缩写字母），然后按〈Enter〉键或〈空格〉键即可。

（3）菜单输入命令

利用菜单输入命令是一种很方便的方法。在菜单栏、下拉菜单或子菜单中选择相应的命令，命令便会执行；也可以使用鼠标右键打开快捷菜单，再用选择相应的命令，命令的执行结果相同。

2. 透明命令

可以在不中断某一命令的执行情况下插入执行的另一条命令称为透明命令。输入透明命令时，应该在该命令前加一撇号（'），执行透明命令后会出现“〉〉”提示符。透明命令执行完后，继续执行原命令。AutoCAD 中的很多命令都可以透明执行。对于可执行透明功能的命令，当用户选择该命令或单击该命令按钮时，系统可自动切换到透明命令的状态而不必用户输入。

3. 结束命令的执行

结束命令的方法如下。

1）一条命令正常完成后会自动结束。

2）如果在命令执行的过程中要结束命令，可以按〈Esc〉键。

1.6 退出 AutoCAD 2014

当用户退出 AutoCAD 2014 时，为了避免文件的丢失，应按下述方法之一操作，正确退出 AutoCAD 2014。

- 标题栏：单击“关闭”按钮☒。
- 菜单栏：选择“文件”→“退出”命令。
- 命令行：输入 QUIT。

在退出 AutoCAD 2014 的过程中，如果当前图形没有保存，系统会弹出类似于如图 1-28 所示的询问对话框，用户可以进行相应的操作。

1.7 实训

1.7.1 管理图形文件

此节练习图形文件的创建和保存。

1. 启动 AutoCAD 2014，并且新建一个图形文件

（1）要求

启动 AutoCAD 2014，创建一个新图形文件并保存在自己的文件夹中。

（2）操作步骤

1）在硬盘（例如 D 盘）上新建立一个文件夹并命名。

2）双击桌面上的“AutoCAD 2014”程序图标，启动 AutoCAD 2014，新建一个图形文件。

3）从菜单“文件”中选择“保存”命令，弹出“图形另存为”对话框。

4）在“图形另存为”对话框的“保存于”下拉列表框中找到在某盘上新建的文件夹，并将此文件夹打开。

5）在“文件名”文本框输入“图 1-01”，单击“保存”按钮将此图形文件保存。

2. 加载工具栏

（1）要求

根据需要加载（打开）或关闭“标注”工具栏。

（2）操作步骤

1）右击任意工具栏，系统打开“工具栏”快捷菜单，如图 1-14 所示。

2）在快捷菜单中选择“标注”命令，此时在“标注”选项的前面出现“√”并在绘图区显示“标注”工具栏，如图 1-29 所示。

图 1-29 “标注”工具栏

3）将鼠标指针指向“标注”工具栏的标题栏上沿，按住鼠标左键将它拖曳到绘图区的适当位置，用同样的方法可以加载其他工具栏。

1.7.2 使用“启动”对话框

1. 打开“启动”对话框

“启动”对话框可以引导用户在创建新图形时进行设置，在 AutoCAD 2014 的默认状态下，系统不会直接打开“启动”对话框，而是直接打开绘图界面，如果需要打开“启动”对话框，可以按下面的方法进行。

（1）要求

打开“启动”对话框。

（2）操作步骤

1）在命令行输入“STARTUP”命令，按〈Enter〉键。

2）命令行提示："输入 STARTUP 的新值 <0>："后输入"1"，按〈Enter〉键。

3）重新启动 AutoCAD 2014，系统会首先打开"启动"对话框，如图 1-30 所示。

（3）"启动"对话框的功能说明

"启动"对话框上面的 4 个按钮自左向右分别是："打开图形"按钮、"从草图开始"按钮、"使用样板"按钮和"使用向导"按钮。

- "打开图形"按钮。单击此按钮，在"启动"对话框的"选择文件"列表框中列出最近曾打开的几个图形文件，如图 1-30 所示。从中选择或通过预览选择要打开的文件名，单击"确定"按钮，系统进入绘图状态并打开文件。
- "从草图开始"按钮。单击此按钮，在"启动"对话框的"默认设置"选项组中列出两个选项："英制"和"公制"，默认状态为公制，如图 1-31 所示。系统将使用默认设置的绘图环境开始绘图。

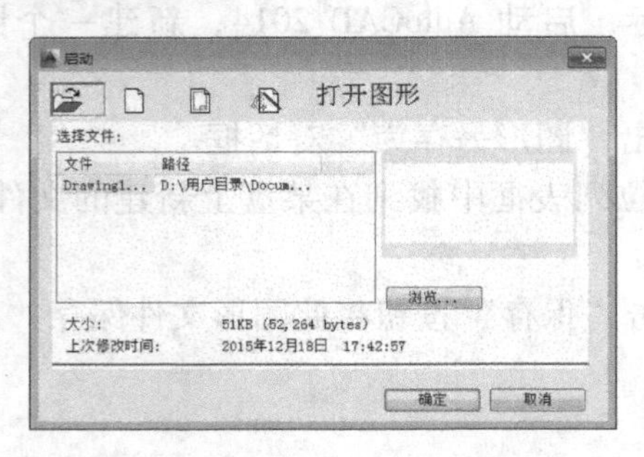

图 1-30 "打开图形"设置

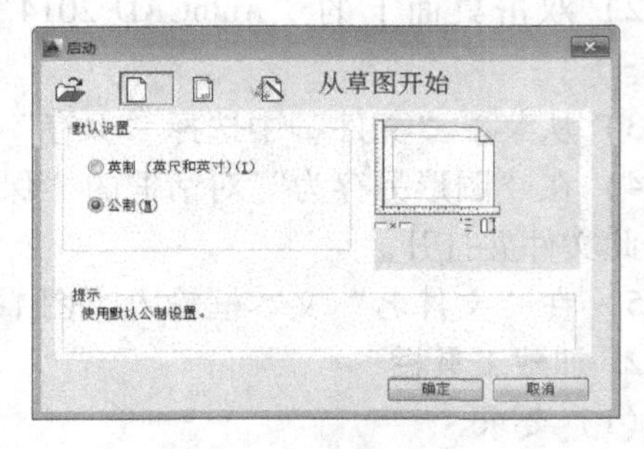

图 1-31 "从草图开始"设置

- "使用样板"按钮。单击此按钮，在"启动"对话框的"选择样板"列表框中列出所有样板文件。系统默认的样板文件为 Acadiso. dwt 文件。
- "使用向导"按钮。单击此按钮，在"启动"对话框的"选择向导"列表框中列出两个选项："高级设置"和"快速设置"，如图 1-32 所示。下面着重介绍"使用向导"的操作。

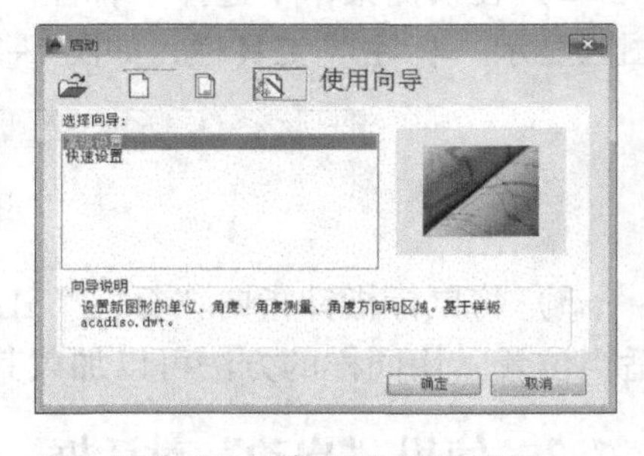

图 1-32 "使用向导"设置

2. 使用向导创建图形

AutoCAD 2014 引导用户使用"高级设置"和"快速设置"进行绘图设置。

选择"高级设置"选项后，可以进行各项设置，操作如下。

（1）设置"单位"

如图 1-33 所示，AutoCAD 2014 提供了 5 种测量单位，具体如下。

- "小数"即十进制（Decimal），例如：15. 5000。
- "工程"（Engineering），例如：1' -3. 5000"。
- "建筑"（Architectural），例如：1' -3 1/2"。
- "分数"（Fractional），例如：15 1/2。
- "科学"（Scientific），例如：1. 5500E +01。

单击如图 1-33 所示对话框中右侧的某单选钮，框内出现小圆点即表示该项被选中，右侧的图形给出了当前所选单位的形式。系统默认单位是“小数”。

图 1-33 “单位”设置

设置“单位”后，单击“下一步”按钮，可以进行“角度”设置，如图 1-34 所示。

（2）设置“角度”

AutoCAD 2014 提供了 5 种角度单位，系统默认单位是“十进制度数”。用户可以在“十进制度数”“度/分/秒”“百分度”“弧度”“勘测”5 种角度单位中选择所需的角度单位，并可通过“精度”下拉列表框来确定单位的精度。

设置“角度”后，单击“下一步”按钮，可以进行“角度测量”设置，如图 1-35 所示。

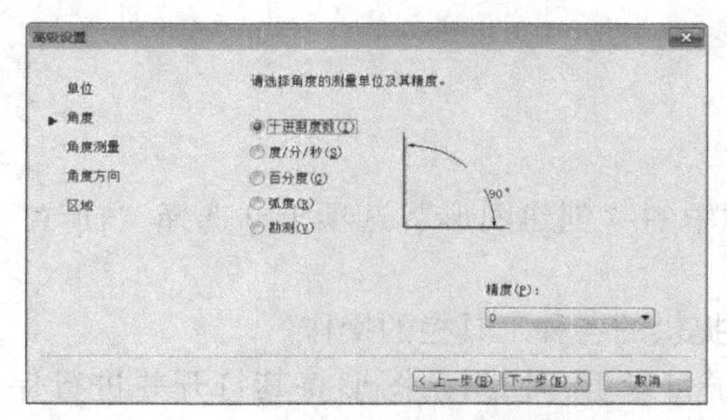

图 1-34 “角度”设置

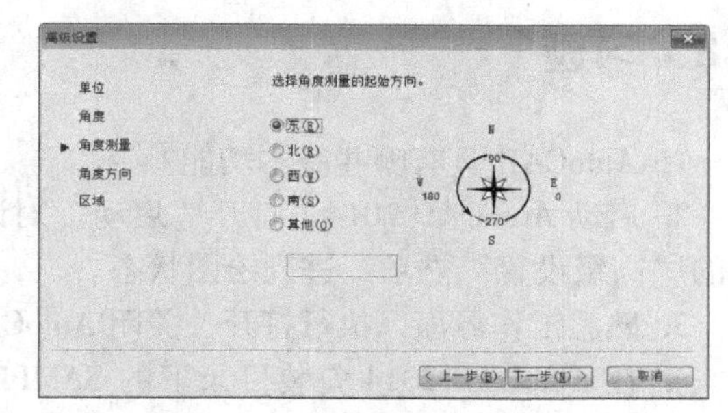

图 1-35 “角度测量”设置

（3）设置“角度测量”

AutoCAD 2014 提供了 5 种测量方向，用于设置“0”度的方向。系统默认方向是“东”。设置“角度测量”后，单击“下一步”按钮，可以进行“角度方向”设置，如图 1-36 所示。

（4）设置“角度方向”

用于确定角度值增加的方向。系统默认方向是“逆时针”。设置“角度方向”后，单击“下一步”按钮，可以进行“区域”设置，如图 1-37 所示。

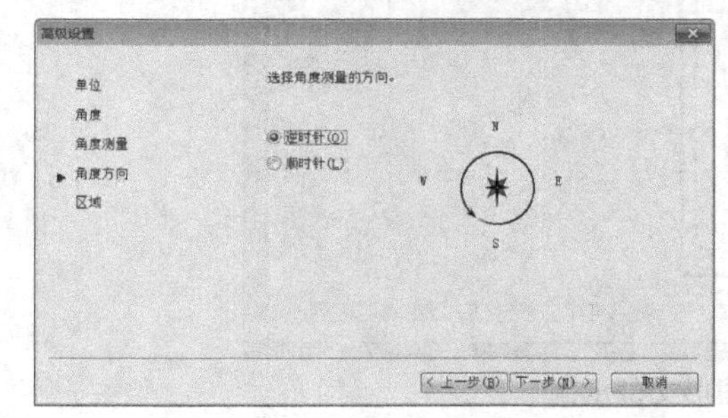

图 1-36 “角度方向”设置

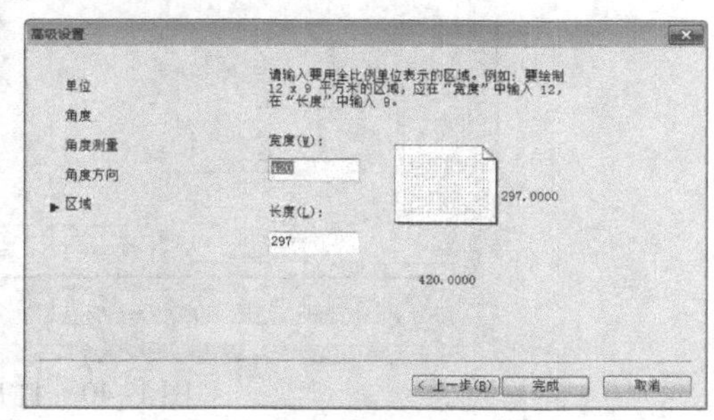

图 1-37 “区域”设置

（5）设置“区域”

用于设置图纸的大小。系统默认图纸大小为宽度 420 mm，长度 297 mm（A3 的图纸幅面）。设置“区域”后，单击“完成”按钮，系统按设置进入绘图状态。

“快速设置”只有“高级设置”中的两项操作：“单位”设置和“区域”设置，如图 1-38 和图 1-39 所示。设置方法相同，设置后可以较快地进入绘图状态。

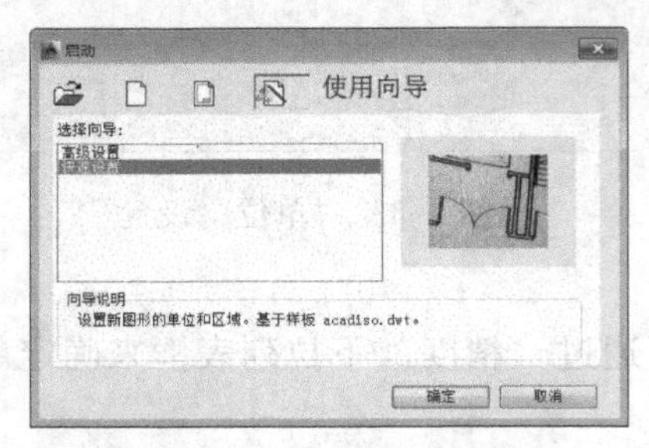

图 1-38 选择“快速设置”

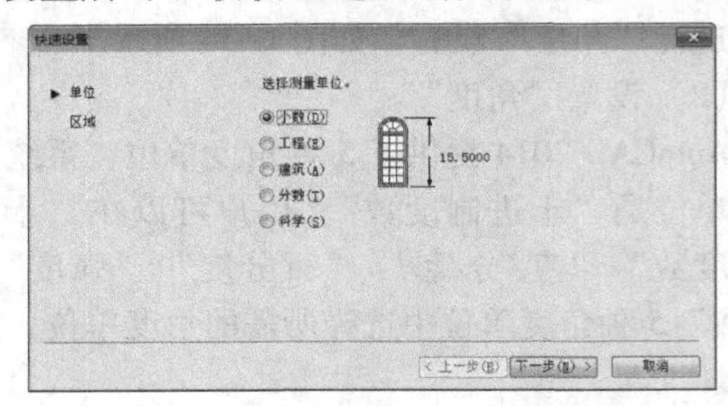

图 1-39 “快速设置”对话框

1.8 习题

1. AutoCAD 具有哪些基本功能？

2. 启动 AutoCAD 2014，打开“启动”对话框中的“创建图形”选项卡，选择“向导”中的“高级设置”选项，进入绘图状态。

3. 熟悉工作界面，执行打开、关闭 AutoCAD 提供的各种工具栏的操作。

4. 在 AutoCAD 2014 安装目录下的 SAMPLE 子目录下，找到某图形将其打开并进行保存，文件名为“图 1-02”，保存类型为“*.dwg”。

提示：一般可以在“C:\Program Files\AutoCAD 2014\Sample”文件夹中找到 AutoCAD 图形文件。例如找到“sheet sets\manufacturing\VW252-02-1000”图形文件并打开，如图 1-40 所示。

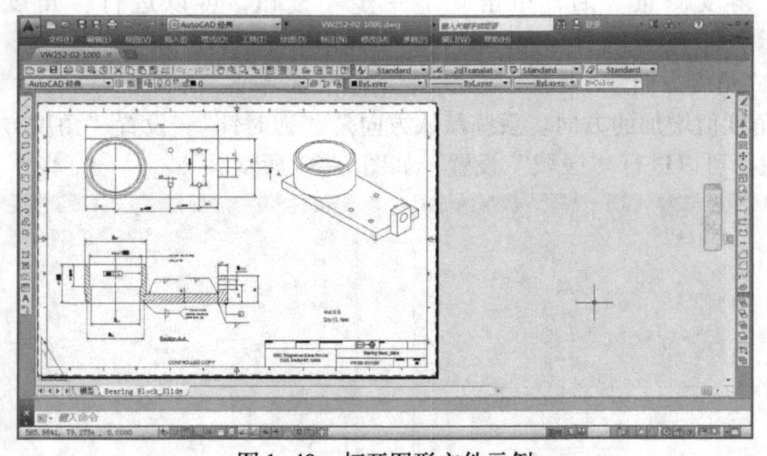

图 1-40 打开图形文件示例

5. 练习打开图形文件并退出 AutoCAD 2014 的操作。

第2章　绘图基础

本章主要介绍有关绘图的基础知识，包括：坐标输入的方法，绘制直线和圆，使用工具栏和常用的修改命令（重复、撤销、重做、删除等）。

2.1　点坐标的输入

当绘图时，需要对点或线进行位置的确定，此时系统将会提示输入确定位置的参数，常用的方法如下。

1. 鼠标输入法

鼠标输入法是指移动鼠标，直接在绘图的指定位置单击来拾取点坐标的一种方法。

当移动鼠标时，十字光标和坐标值随着变化，状态栏左边的坐标显示区将显示当前位置的坐标值。

在 AutoCAD 2014 中，坐标显示的是动态直角坐标，其显示光标的绝对坐标值随着光标移动，坐标的显示连续更新，随时指示当前光标位置的坐标值。

按〈F6〉键可进行坐标“开”和“关”的切换，坐标显示区域是灰色时，表示关闭。

2. 键盘输入法

键盘输入法是通过键盘在命令行输入参数值来确定位置坐标，如图 2-1 所示。位置坐标一般有两种方式，即绝对坐标和相对坐标。

图 2-1　命令行输入示例

（1）绝对坐标

绝对坐标是指相对于当前坐标系原点（0，0，0）的坐标。在二维空间中，绝对坐标可以用绝对直角坐标和绝对极坐标来表示。

- 绝对直角坐标的输入格式。当绘图时，命令行提示“point”输入点时，可以直接在命令行输入点的“X，Y”坐标值，坐标值之间要用逗号隔开，例如“40，60”。
- 绝对极坐标的输入格式。当绘图时，命令行提示“point”输入点时，直接输入“距离 <角度”。例如：“200 <60”表示该点距坐标原点的距离为 200，与 X 轴正方向夹角为 60°。

在命令行输入命令后，应按〈Enter〉键确定，执行命令。

（2）相对坐标

相对坐标指相对于前一点位置的坐标。相对坐标也有相对直角坐标和相对极坐标两种表示方式。

- 相对直角坐标。相对直角坐标输入格式与绝对坐标的输入格式相同，但要在坐标的前面加上“@”号。其输入格式为“@X,Y”。例如：前一点的坐标为（40，60），新点的相对直角坐标为“@50,100”，则新点的绝对坐标为（90，160）。相对前一点X坐标向右为正，向左为负；Y坐标向上为正，向下则为负。

如果绘制已知X、Y两方向尺寸的线段，利用相对直角坐标法较为方便，如图2-2所示。若a点为前一点，则b点的相对坐标为“@20,40”；若b点为前一点，则a点的相对坐标为“@ -20,-40”。

- 相对极坐标。相对极坐标也是相对于前一点的坐标，是指定该点到前一点的距离及与X轴的夹角来确定点。相对极坐标输入格式为“@距离<角度”（相对极坐标中，距离与角度之间以“<”符号相隔）。在AutoCAD中默认设置的角度正方向为逆时针方向，水平向右为0°。

如果已知线段长度和角度尺寸，可以利用相对极坐标方便地绘制线段，如图2-3所示。如果a点为前一点，则b点的相对坐标为“@45<63”；如果b点为前一点，则a点的相对坐标为“@45<243”或“@45< -117”。

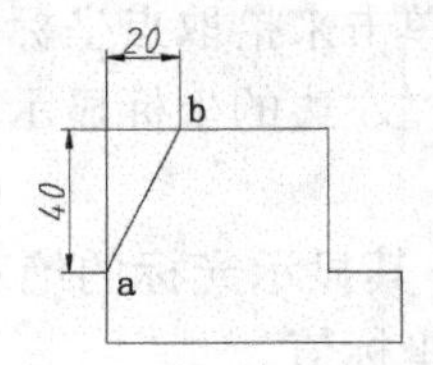

图2-2　用相对直角坐标输入尺寸示例

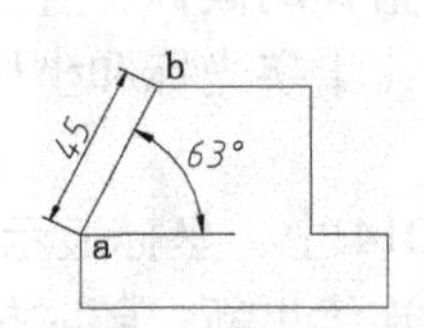

图2-3　用相对极坐标输入尺寸示例

3. 用给定距离的方式输入

用给定距离的输入方式是鼠标输入法和键盘输入法的结合。当提示输入一个点时，将鼠标指针移到输入点的附近（不要单击）用来确定方向，使用键盘直接输入一个相对前一点的距离，然后按〈Enter〉键确定。

4. 动态输入

动态输入是系统在光标附近提供的一个命令界面，减小了绘图区与命令行之间的距离，使用户的注意力可以保持在光标附近，提高绘图效率，如图2-4所示。

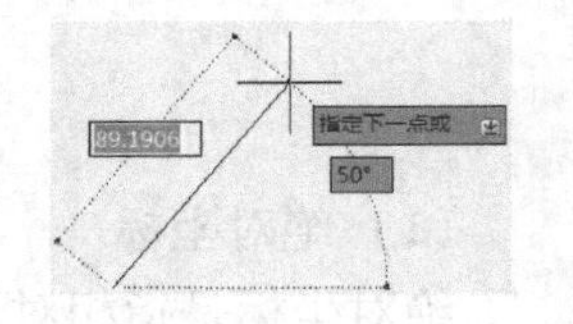

图2-4　动态输入示例

动态输入由3部分组成：指针输入、标注输入和动态提示。

（1）指针输入

当启用指针输入且有命令在执行时，十字光标的位置将在光标附近的工具栏提示中显示为坐标。可以在工具栏提示中输入坐标值，而不用在命令行中输入。

要输入极坐标，可以输入距第一点的距离并按〈Tab〉键，然后输入角度值并按〈Enter〉键。

要输入直角坐标，可以输入X坐标值和逗号“,”，然后输入Y坐标值并按〈Enter〉键。

第二个点和后续点的默认设置为相对极坐标（对于矩形命令，为相对直角坐标）。不需要输入“@”符号。如果需要使用绝对坐标，请使用“#”号前缀。输入格式如下。

- 相对极坐标输入格式：“距离〈Tab〉角度”。
- 相对直角坐标输入格式：“@X,Y”。
- 绝对极坐标输入格式：“# 距离〈Tab〉角度”。
- 绝对直角坐标输入格式：“# X,Y”。

（2）标注输入

启用标注输入时，当命令行提示输入第二点时，工具栏提示将显示距离和角度值。在工具栏提示中的值将随着光标移动而改变。按〈Tab〉键可以移动到要更改的值。标注输入可用于绘制圆弧、圆、椭圆、直线和多段线的动态提示。对于标注输入，在输入字段中输入值并按〈Tab〉键后，该字段将显示一个锁定图标，并且光标会受到用户输入值的约束。

（3）动态提示

启用动态提示时，提示信息会显示在光标附近的工具栏提示中。用户可以在工具栏提示（而不是在命令行）中输入响应。按〈↓〉键可以查看和选择选项。按〈↑〉键可以显示最近的输入。

（4）打开和关闭动态输入

单击状态栏上的按钮可以控制动态输入的打开和关闭。按〈F12〉键可以临时关闭动态输入。

建议初学者将动态输入关闭。

（5）设置动态输入

右击状态栏上的按钮，在弹出的快捷菜单中选择“设置”命令，系统打开“草图设置”对话框，选择“动态输入”选项卡，如图2-5所示。可以根据需要对其进行设置。

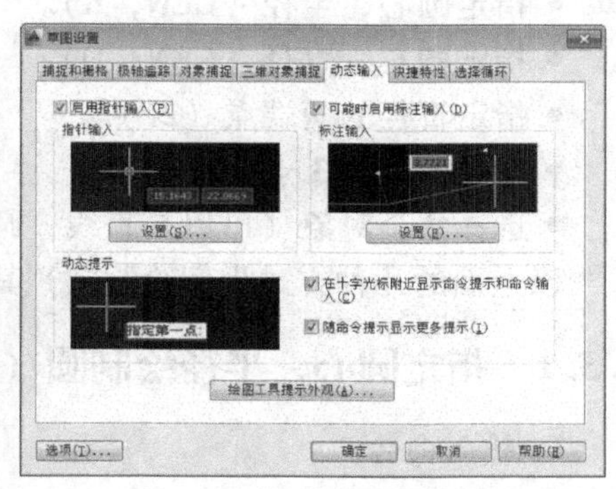

图2-5 “动态输入”选项卡

2.2 绘制直线

LINE命令用于绘制直线，以图2-6为例，其操作步骤如下。

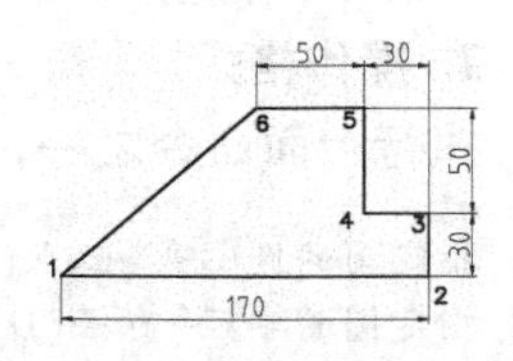

图2-6 绘制直线示例

1. 输入命令

可以采用下列方法之一。

- 工具栏：单击“绘图”工具栏“直线”按钮。
- 菜单栏：选择“绘图”→“直线”命令。
- 命令行：输入L。

2. 操作格式

执行上面任一命令，系统提示如下。

指定第一点：（输入起始点）<u>（单击鼠标直接输入第1点）</u>
指定下一点或[放弃(U)]：<u>（输入“@170,0”，按〈Enter〉键，用相对直角坐标绘制出第2点）</u>
指定下一点或[闭合(C)/放弃(U)]：<u>（输入“@0,30”，按〈Enter〉键，用相对直角坐标绘制出第3点）</u>
指定下一点或[闭合(C)/放弃(U)]：<u>（输入“@ -30,0”，按〈Enter〉键，用相对直角坐标绘制出第4点）</u>

指定下一点或[闭合(C)/放弃(U)]:(输入“50”,按〈Enter〉键,用给定距离方法绘制出第5点)
指定下一点或[闭合(C)/放弃(U)]:(输入“50”,按〈Enter〉键,用给定距离方法绘制出第6点)
指定下一点或[闭合(C)/放弃(U)]:(输入“C”,按〈Enter〉键,自动封闭多边形并退出命令)

结果如图2-6所示。

3. 说明

在绘制直线时应注意:

在“指定下一点或[闭合(C)/放弃(U)]”提示后,若输入U,将取消最后画的一条直线;若直接按〈Enter〉键,则结束绘制直线命令。

用LINE命令连续绘制的每一条直线都是独立的对象。

2.3 绘制圆

CIRCLE命令用于绘制圆,并提供了下列5种绘制方式。

- 指定圆心、半径(CEN,R)。
- 指定圆心、直径(CEN,D)。
- 指定直径的两端点(2P)。
- 指定圆上的3点(3P)。
- 选择两个对象(可以是直线、圆弧、圆)和指定半径(TTR)。

以上面的几种方式为例绘制圆,其操作如下。

2.3.1 指定圆心、半径绘制圆(默认项)

1. 输入命令

可以采用下列方法之一。

- 工具栏:单击“绘图”工具栏“圆”按钮⊙。
- 菜单栏:选择“绘图”→“圆”→“圆心、半径”命令。
- 命令行:输入C。

2. 操作格式

执行上面命令之一,系统提示如下。

指定圆的圆心或[三点(3P)/两点(2P)/相切、相切、半径(T)]:(用鼠标或坐标法指定圆心O)
指定圆的半径[直径(D)]:(输入圆的半径50,按〈Enter〉键)
命令:

执行命令后,系统绘制出圆,如图2-7所示。

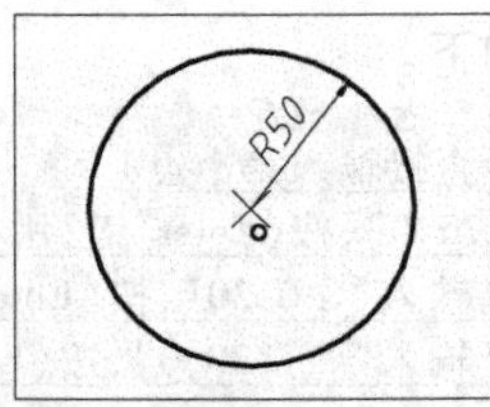

图2-7 指定圆心、半径绘制圆的示例

2.3.2　指定圆上的三点绘制圆

1. 输入命令

可以采用下列方法之一。

- 工具栏：单击“绘图”工具栏“圆”按钮⊙。
- 菜单栏：选择“绘图”→“圆”→“三点”命令。
- 命令行：输入C。

2. 操作格式

执行上面命令之一，系统提示如下。

```
指定圆的圆心或[三点(3P)/两点(2P)/相切、相切、半径(T)]:(输入“3P”)
指定圆的第一点:(指定圆上第1点)
指定圆的第二点:(指定圆上第2点)
指定圆的第三点:(指定圆上第3点)
命令:
```

执行命令后，结果如图2-8所示。

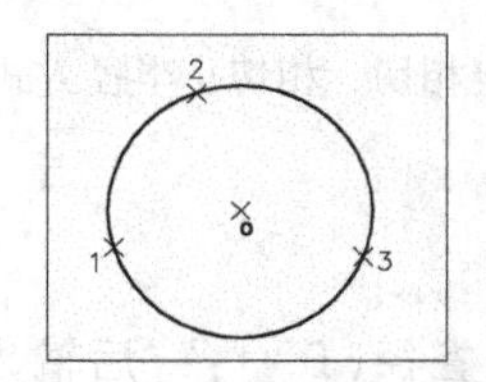

图2-8　指定三点方式

2.3.3　指定直径的两端点绘制圆

1. 输入命令

可以采用下列方法之一。

- 菜单栏：选择“绘图”→“圆”→“两点”命令。
- 工具栏：单击“绘图”工具栏“圆”按钮⊙。
- 命令行：输入C。

2. 操作格式

执行上面命令之一，系统提示如下。

```
指定圆的圆心或[三点(3P)/两点(2P)/相切、相切、半径(T)]:(输入“2P”)
指定圆直径的第一端点:(指定直径端点第1点)
指定圆直径的第二端点:(指定直径端点第2点)
命令:
```

2.3.4　指定相切、相切、半径方式绘制圆

1. 输入命令

可采用下列方法之一。

- 工具栏：单击“绘图”工具栏“圆”按钮。
- 菜单栏：选择“绘图”→“圆”→“相切、相切半径”命令。
- 命令行：输入 C。

2. 操作格式

执行上面命令之一，系统提示如下。

指定对象与圆的第一个切点:(在第一个相切对象 R1 指定切点)
指定对象与圆的第二个切点:(在第二个相切对象 R2 指定切点)
指定圆的半径 <当前值>:(指定公切圆 R 半径)
命令:

执行命令后，结果如图 2-9 所示。

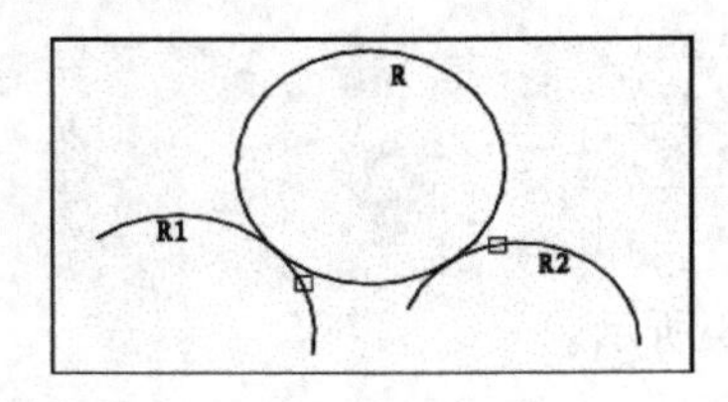

图 2-9　指定相切、相切、半径方式绘制圆示例

2.3.5　选项说明

如果在提示“指定圆的半径或[直径(D)]:”后输入 D，系统提示：“指定圆的直径”，输入直径参数后，系统将会绘制出相应的圆。

2.4　命令的重复、撤销、重做

在绘图过程中经常要对命令进行重复、撤销和重做等操作，下面介绍有关操作方法。

1. 命令的重复

当需要重复执行上一个命令时，可执行以下方法操作。

- 按〈Enter〉键或〈Space〉键。
- 在绘图区右击，在快捷菜单选择“重复×××”命令。

2. 命令的撤销

当需要撤销上一命令时，可执行以下方法操作。

- 工具栏：单击“快速访问”工具栏或“标准”工具栏的“放弃”按钮。
- 菜单栏：选择“编辑”→“放弃”命令。
- 命令行：输入 U（Undo）。

用户可以重复输入 U 或单击“放弃”按钮来取消自从打开当前图形以来的所有命令。当要撤销一个正在执行的命令，可以按〈Esc〉键，有时需要按〈Esc〉键 2～3 次才可以回到“命令:”提示状态，这是一个常用的操作。

3. 命令的重做

当需要恢复刚被 U 命令撤销的命令时，可按以下方法操作。

- 工具栏：单击“重做”按钮。
- 菜单栏：选择“编辑”→“重做”命令。
- 命令行：输入 REDO 命令，按〈Enter〉键。

命令执行后，恢复到上一次操作。

AutoCAD 2014 中有一个批量重做的命令“Mredo”，执行操作如下。

1）在命令行输入 Mredo 命令，按〈Enter〉键。

2）命令行提示“输入操作数目或[全部(A)/上一个(<)]:”，其中可以直接输入恢复的指定数目，或输入 A 恢复前面的全部操作，输入“<”只恢复上一个操作。

3）选择输入后，按〈Enter〉键，系统完成重做操作。

2.5 实训

2.5.1 绘制直线练习

此节练习直线绘图。

1. 绘制平面图形

（1）要求

绘制所给出的图形，如图 2-10 所示。

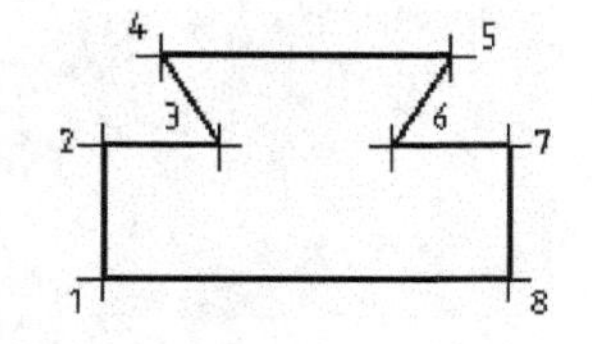

图 2-10　绘制平面图形示例

（2）操作步骤

命令:(从工具栏单击“直线”按钮)
-line 指定第一点:(输入起始点)(指定第 1 点)
指定下一点或[放弃(U)]:(输入“24”,按〈Enter〉键,用给定距离法指定第 2 点)
指定下一点或[放弃(U)]:(输入“20”,按〈Enter〉键,用给定距离法指定第 3 点)
指定下一点或[闭合(C)/放弃(U)]:(输入“@ -10,16”,按〈Enter〉键,用相对直角坐标指定第 4 点)
指定下一点或[放弃(U)/放弃(U)]:(输入“50”,按〈Enter〉键,用给定距离法指定第 5 点)
指定下一点或[闭合(C)/放弃(U)]:(输入“@ -10,-16”,按〈Enter〉键,用相对直角坐标指定第 6 点)
指定下一点或[放弃(U)/放弃(U)]:(输入“20”,按〈Enter〉键,用给定距离法指定第 7 点)
指定下一点或[放弃(U)/放弃(U)]:(输入“24”,按〈Enter〉键,用给定距离法指定第 8 点)
指定下一点或[闭合(C)/放弃(U)]:(输入“C”,按〈Enter〉键结束或选择右键快捷菜单中的“确定”命令)
命令:(表示该命令结束,处于接受新命令状态)

结果如图 2-10 所示。

2. 将所绘制的图形保存

（1）要求

将图 2-10 保存在 D 盘上以自己名字命名的文件夹中，文件名为“图 2-01”。

（2）操作步骤

1）单击“标准”工具栏中的“保存”按钮，弹出“图形另存为”对话框。

2）在“图形另存为”对话框中的“保存于”的下拉列表框中，找到 D 盘上以自己名字命名的文件夹。

3）在自己名字命名的文件夹的“文件名”文本框中，输入“图2-01”。

4）单击“保存”按钮，结束保存操作。

2.5.2 绘制圆练习

根据2.3节内容练习绘制圆。

2.6 习题

1. 根据所注尺寸，绘制如图2-11所示图形。

提示：使用鼠标指针指定1点后，用相对直角坐标法和给定距离法绘制出其他点，绘制6点和1点连线时，应该使用封闭命令C或捕捉命令。

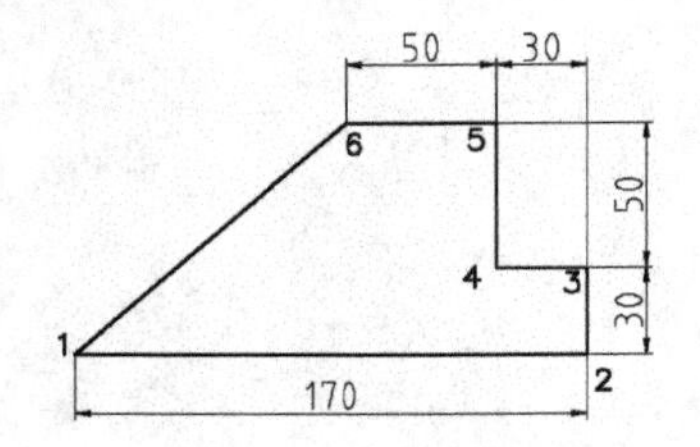

图2-11 绘制直线练习

本练习的目的是熟练掌握点的输入方法，较常用的方法是相对坐标法和给定距离输入法，具体使用哪种方法，要根据实际情况来确定。

2. 绘制如图2-12和图2-13所示的“相切、相切、半径”图形。

提示：

1）输入“相切、相切、半径”命令，依次选取R1、R2对象，指定半径后，完成图2-12的绘制。

2）输入“相切、相切、半径”命令，依次选取R1、L1对象，指定半径后，完成图2-13的绘制。

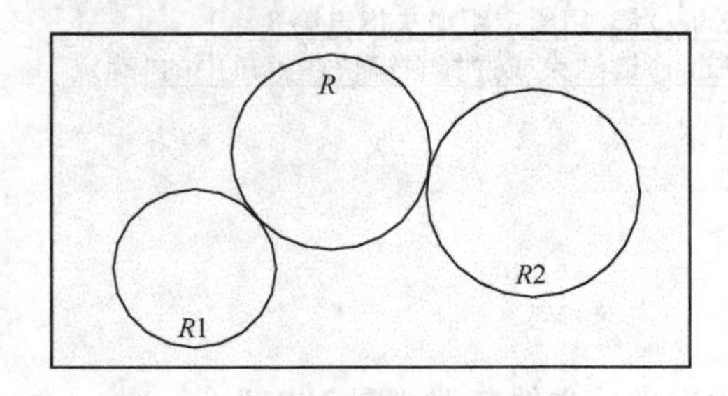

图2-12 相切圆示例1

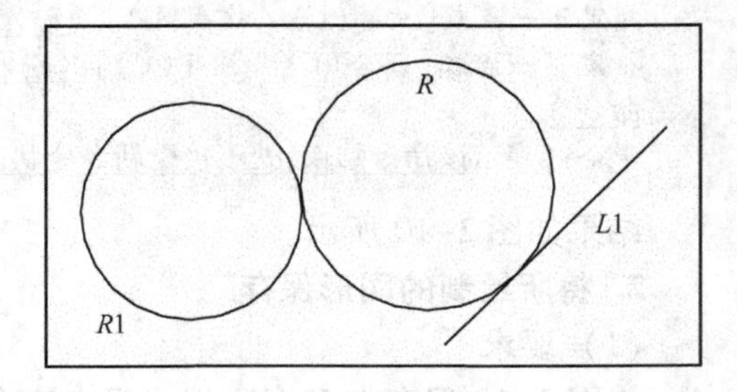

图2-13 相切圆示例2

第3章　设置绘图环境

使用 AutoCAD 2014 绘制图样时，可以根据用户的需要来设置绘图环境，然后再进行绘图。设置合适的绘图环境，不仅可以减少大量的调整、修改工作，而且有利于统一格式，便于图形管理和使用。绘图环境设置包括选项设置、绘图单位、绘图界限、对象捕捉和正交模式、图层、线宽、颜色等。本章内容包括：设置图形界限和绘图单位；设置捕捉模式和栅格显示；正交模式；对象捕捉和对象捕捉追踪的设置和应用；图形的显示控制：实时缩放、窗口缩放、返回缩放、平移图形。熟练掌握这些命令可以帮助用户迅速、准确地绘制工程图样。

3.1　系统选项设置

利用 AutoCAD 2014 的“选项”对话框，用户可以方便地对系统的绘图环境进行设置和修改，如改变窗口颜色、滚动条的显示、字体的大小等。

3.1.1　调用“选项”对话框

1. 输入命令

在菜单栏中选择“工具”→“选项”命令，打开“选项”对话框，如图 3–1 所示。

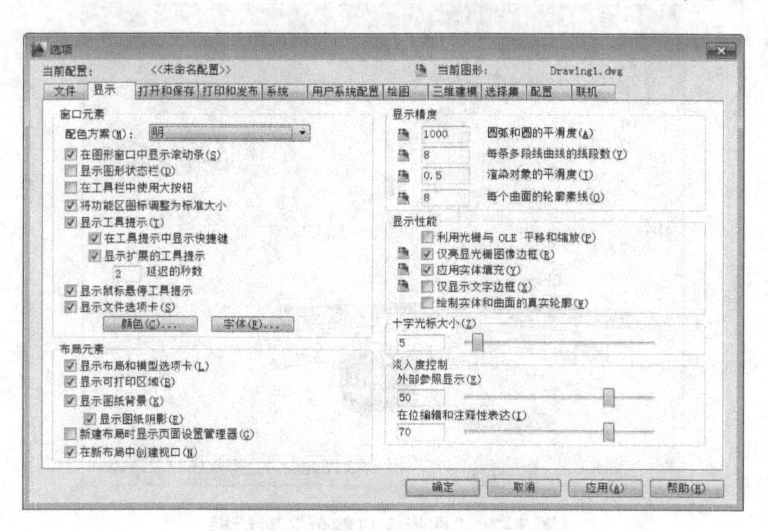

图 3–1　“选项”对话框

2. 选项说明

“选项”对话框中包括“文件”“显示”“打开和保存”“打印和发布”“系统”“用户

系统配置”“绘图”“三维建模”“选择集”和“配置”选项卡，各选项卡的功能如下。

- “文件”选项卡：用于指定有关文件的搜索路径、文件名和文件位置。
- “显示”选项卡：用于设置 AutoCAD 窗口元素、布局元素；设置十字光标的十字线长短，设置显示精度、显示性能等。
- “打开和保存”选项卡：用于设置与打开和保存图形有关的各项控制。
- “打印和发布”选项卡：用于设置打印机和打印参数。
- “系统”选项卡：用于确定 AutoCAD 的一些系统设置。
- “用户系统配置”选项卡：用于优化系统的工作方式。
- “绘图”选项卡：用于设置对象自动捕捉、自动追踪等绘图辅助功能。
- “三维建模”选项卡：用于设置对三维绘图模式下的三维十字光标、UCS 图标、动态输入、三维对象及导航等选项进行设置。
- “选择集”选项卡：用于设置选择对象方式和夹点（即对象的特征点，以蓝色小方格表示）功能等。
- “配置”选项卡：用于新建、重命名和删除系统配置等操作。

3.1.2 改变绘图区的背景颜色

用户可根据需要利用“选项”对话框设置绘图环境。例如，若需要将绘图区的背景颜色从默认的黑色改变为白色，操作步骤如下。

1）在菜单栏选择“工具”→“选项”命令或输入“OPTIONS”命令，打开“选项”对话框，如图 3-1 所示。

2）在“选项”对话框中单击“显示”选项卡，如图 3-1 所示，然后单击“窗口元素”选项组中的“颜色”按钮，打开“图形窗口颜色”对话框，如图 3-2 所示。

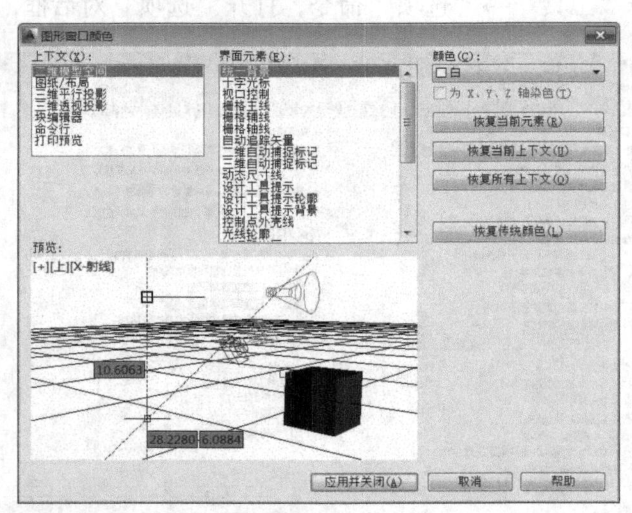

图 3-2 “图形窗口颜色”对话框

3）在“图形窗口颜色”对话框的“界面元素”列表框中选择“统一背景”，在“颜色”下拉列表框中选择“白”，然后单击“应用并关闭”按钮，返回“选项”对话框，单击“确定”按钮，完成设置。

3.2 设置图形界限

LIMITS命令用来确定绘图的范围。相当于手工绘图时确定图纸的大小（图幅）。设定合适的绘图界限，有利于确定图纸绘制的大小、比例、图形之间的距离，可以检查图纸是否超出“图框”避免盲目绘图。其操作如下（以选3号图纸为例）。

1. 输入命令

可以执行以下命令　　。

- 菜单栏：选择“格式”→“图形范围”命令。
- 命令行：输入LIMITS。

2. 操作格式

命令:(输入命令)
指定左下角点或[开(ON)/关(OFF)]〈0.00,0.00〉:(按〈Enter〉键或输入左下角图界坐标)
指定右上角点是〈420,297〉:(按〈Enter〉键或输入右上角图界坐标)

3. 选项说明

- 开（ON）：用于打开图形界限检查功能，此时系统不接受设定的图形界限之外的点输入。
- 关（OFF）：用于关闭图形界限检查功能，可以在图形界限之外绘制对象或指定点。默认状态为打开。

3.3 设置绘图单位

UNITS命令用来设置绘图的长度、角度单位和数据精度，其操作如下。

1. 输入命令

可以执行以下命令　　。

- 菜单栏：选择“格式”→“单位”命令。
- 命令行：输入UNITS。

执行上面任一命令后，打开“图形单位”对话框，如图3-3所示。

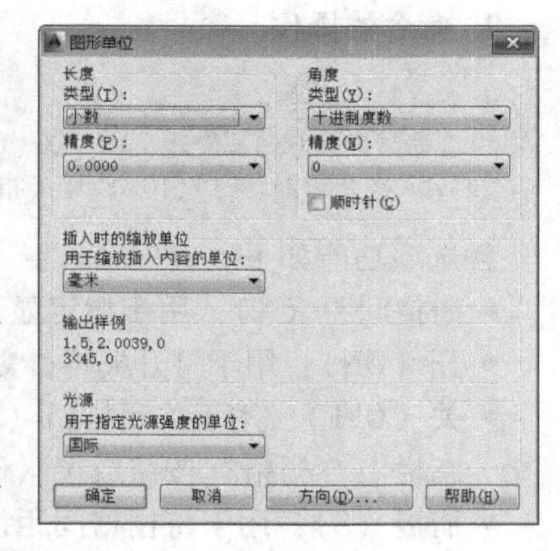

图3-3 “图形单位”对话框

2. 选项说明

“图形单位”对话框中包括“长度”“角度”“插入时的缩放单位”和“光源”4个选项组，用于设定这几项参数的计量单位。各选项的功能如下。

- “长度”选项组：一般选择类型为小数（默认设置），精度为“0.0000”。
- “角度”选项组：一般选择类型为十进制度数（默认设置），精度为“0”，角度旋转方向默认为逆时针方向。

- “插入时的缩放单位”选项组：用于设置插入图样内容的缩放单位，默认设置为“毫米”。
- “光源”选项组：光度控制光源是真实准确的光源。此选项用于控制当前图形中光度控制光源的强度测量单位。默认设置为“国际”单位。
- “方向”按钮用于设定角度旋转的方向。单击“方向”按钮，可以打开“方向控制”对话框，如图 3-4 所示。

“方向控制”对话框可以设置角度方向，默认基准角度方向为0°方向指向“东”。如果选择“北”“西”“南”以外的方向为0°方向，可以选择“其他”单选按钮，通过“拾取/输入”角度可自定义0°方向。

图 3-4 “方向控制”对话框

设置各选项后，在“输出样例”栏中显示出对应的样例，单击“确定”按钮完成绘图单位的设置。

3.4 栅格显示和捕捉模式

栅格显示和捕捉模式是 AutoCAD 提供的精确绘图工具之一。栅格是可以显示在绘图区具有指定间距的点，捕捉栅格点可以确定距离，通过捕捉可以将绘图区的特定点拾取锁定。栅格不是图形的组成部分，也不能被打印出来。

3.4.1 栅格显示

GRID 命令用于修改栅格间距并控制是否在屏幕上显示栅格。栅格显示如图 3-5 所示。

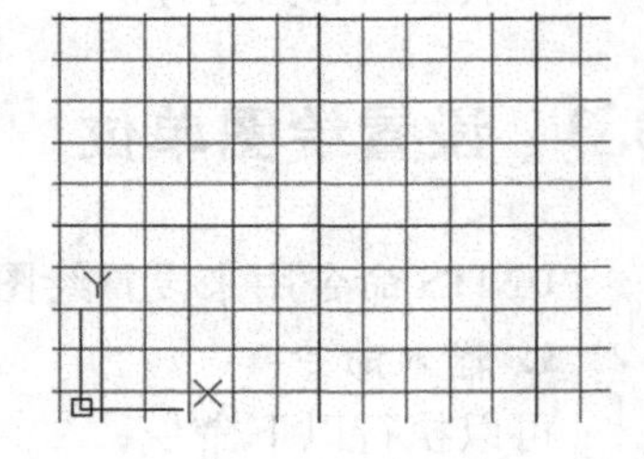

图 3-5 栅格显示

1. 输入命令

可以执行以下命令。

- 命令行：输入 GRID。
- 状态栏：单击“栅格显示”按钮▦。

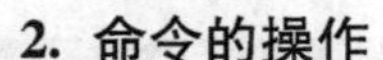

2. 命令的操作

命令：(输入命令)
指定栅格间距(X)或[开(ON)/关(OFF)/捕捉(S)/主栅格线(M)/自适应(D)/图形界限(L)/跟随(F)/纵横向间距(A)]〈10.000〉：(指定间距或选择选项)

各选项功能如下。

- 栅格间距（X）：用于指定显示栅格的 X，Y 方向间距，默认项为 10 mm。
- 开（ON）：用于打开栅格，默认状态栅格间距值相等。
- 关（OFF）：用于关闭栅格（也可用〈F7〉快捷键在打开和关闭栅格间切换。单击状态栏上“栅格”按钮或按〈Ctrl + G〉键也可进行切换）。
- 捕捉（S）：用于将栅格间距设置为指定的捕捉间距。
- 主栅格线（M）：用于指定主栅格线相对于次栅格线的频率。较深颜色的线为主栅格线。
- 自适应（D）：用于控制放大或缩小时栅格线的密度。

• 图形界限（L）：用于显示超出“LIMITS”命令指定区域的栅格。
• 跟随（F）：用于更改栅格平面以跟随动态 UCS 的 XY 平面。
• 纵横向间距（A）：用于将栅格设成不相等的 X 和 Y 值。

选择“纵横向间距”选项后，系统提示：

```
指定水平间距(X)〈当前值〉:(输入 X 间距)
指定垂直间距(Y)〈当前值〉:(输入 Y 间距)
命令:
```

3.4.2 捕捉模式

捕捉模式（SNAP）命令与栅格显示命令是配合使用的。打开它将使鼠标的十字光标只能在屏幕上做等距跳动，可以通过“草图设置”对话框来调整其捕捉间距。

1. 输入命令

可以执行以下命令之一进入捕捉模式。

• 命令行：输入 SNAP。
• 状态栏：单击“捕捉模式”按钮▦。

2. 命令的操作

```
命令:(输入命令)
指定捕捉间距或[开(ON)/关(OFF)/纵横向间距(A)/样式(S)/类型(T)]〈10.00〉:(指定间距或选择选项)
```

各选项功能如下。

• “指定捕捉间距”：即指定捕捉 X、Y 方向间距。
• 开（ON）：用于打开捕捉模式。
• 关（OFF）：用于关闭捕捉模式（可用〈F9〉快捷键切换捕捉模式的打开和关闭，单击状态栏上“捕捉模式”按钮或按〈Ctrl + B〉键也可进行切换）。
• 纵横向间距（A）：与栅格显示命令中的选项功能一样，可将 X 和 Y 间距设成不同的值。
• 样式（S）：用于在标准模式和等轴模式中选择一项。标准模式指通常的矩形栅格（默认模式）；等轴模式显示等轴测栅格，栅格点初始为 30°和 150°，纵横向间距值相同。
• 类型（T）：用于指定捕捉模式。

3. 说明

单击状态栏上的“捕捉模式”按钮可方便地打开和关闭捕捉模式。当捕捉模式打开时，从键盘输入点的坐标来确定点的位置时不受捕捉的影响。

3.4.3 栅格显示与捕捉模式设置

栅格显示与捕捉模式功能设置的操作步骤如下。

1）在菜单栏选择“工具”→“绘图（草图）设置”命令，打开“草图设置”对话框，如图 3-6 所示。

2）单击“捕捉和栅格”选项卡，如图 3-6 所示。对话框中各选项的功能如下。

- “启用捕捉”复选框：用于控制打开和关闭捕捉功能。
- “启用栅格”复选框：用于控制打开和关闭栅格显示。
- “捕捉类型”：有 4 个选项可供选择，“栅格捕捉”“矩形捕捉”“等轴测捕捉”和“PolarSnap”（极轴捕捉）。选择“PolarSnap”选项后，“极轴间距”选项显亮，可以进行极轴距离设置。
- “捕捉 X 轴间距”“捕捉 Y 轴间距”文本框：设定捕捉在 X 方向和 Y 方向的间距。
- “栅格 X 轴间距”“栅格 Y 轴间距”文本框：设定栅格在 X 方向和 Y 方向的间距。
- “每条主线之间的栅格数”：设定主栅格线相对于次栅格线的频率。
- “栅格样式”：有“二维模型空间”“块编辑器”和“图纸/布局”3 种选项，在“二维模型空间”环境中栅格显示为点的样式，如图 3-7 所示。默认情况下，在二维和三维环境中工作时均显示为线栅格。

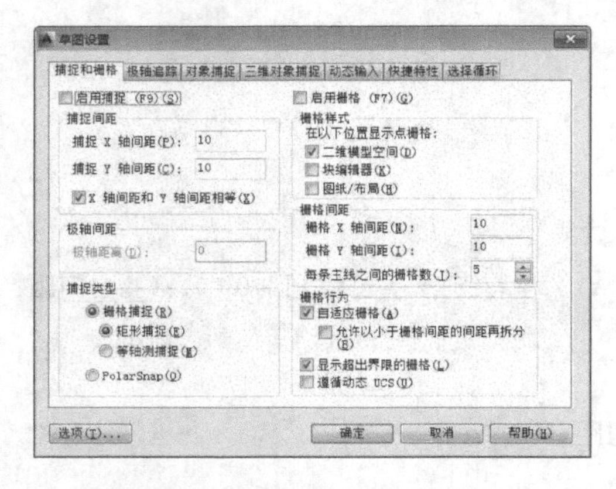

图 3-6 “草图设置”对话框

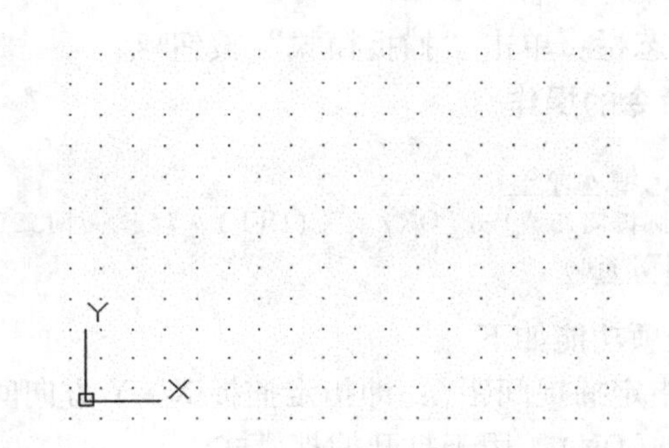

图 3-7 选“二维模型空间”环境中栅格显示为点样式

- “栅格行为”选项组：用于设置栅格线的显示样式，有以下几个选项。
- “自适应栅格”复选框：用于限制缩放时栅格的密度。
- “允许以小于栅格间距的间距再拆分”复选框：用于是否能够以小于栅格间距的间距来拆分栅格。
- “显示超出界限的栅格”复选框：用于确定是否显示图形界限之外的栅格。
- “遵循动态 UCS”复选框：遵循动态 UCS 的 XY 平面而改变栅格平面。

3）根据需要设置各项参数后，单击“确定”按钮。

3.5 正交模式

ORTHO 命令可以控制 AutoCAD 以正交模式绘图。在正交模式下，移动鼠标，十字光标只能在水平和垂直两个方向移动，移动光标选择好方向（水平或垂直）后，输入直线的长度，即可快速绘制出直线。

1. 输入命令

可以执行以下命令 。

- 状态栏：单击“正交”按钮。
- 命令行：输入 ORTHO。
- 快捷键：按〈F8〉键。

2. 操作格式

执行上面任一命令之后，可以打开正交模式，通过单击“正交模式”按钮和按〈F8〉快捷键可以切换正交模式的打开与关闭，正交模式不能控制键盘输入点的位置，只能控制鼠标拾取点的方位。

3.6 对象捕捉

在绘制图形过程中，常常需要通过拾取点来确定某些特殊点，如圆心、切点、端点、中点或垂足等。靠人的眼力来准确地拾取到这些点是非常困难的。AutoCAD 提供了“对象捕捉”功能，可以迅速、准确地捕捉到这些特殊点，从而提高绘图的速度和精度。对象捕捉可以分为两种模式：单一对象捕捉和自动对象捕捉，以下分别进行介绍。

3.6.1 单一对象捕捉模式

单一对象捕捉是一种暂时的、单一的捕捉模式，每一次操作可以捕捉到一个特殊点，操作后功能关闭。

1. 输入命令的方法

- 工具栏：在“工具”菜单栏选择“工具栏”命令，在打开的子菜单中选择“对象捕捉”命令，可打开“对象捕捉”工具栏，如图 3-8 所示。
- 快捷键：在绘图区任意位置，按下〈Shift〉键不松开，同时右击打开快捷菜单，如图 3-9 所示，可以从中选择相应的捕捉方式。
- 命令行：输入相应捕捉模式的命令。例如：捕捉端点时输入“END”，捕捉中点时输入“MID”。

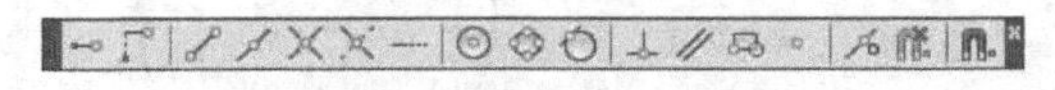

图 3-8 “对象捕捉”工具栏

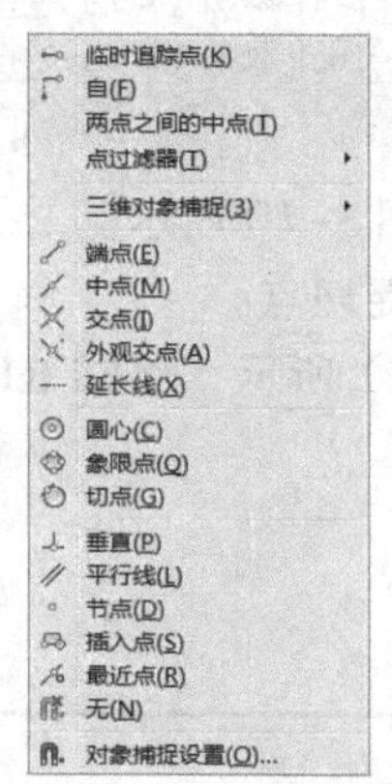

图 3-9 “对象捕捉”快捷菜单

2. 对象捕捉的种类

利用对象捕捉功能可以捕捉到的特殊点有以下几种。

- 端点（END）：捕捉直线段或圆弧等对象的端点。

- 中点（MID）：捕捉直线段或圆弧等对象的中点。
- 交点（INT）：捕捉直线段、圆弧或圆等对象之间的交点。
- 外观交点（APPINT）：捕捉外观交点，用于捕捉二维图形中看上去是交点，而在三维图形中并不相交的点。
- 延长线（EXT）：捕捉对象延长线上的点，捕捉此点之前，应先停留在该对象的端点上，显示出一条辅助延长线后，即可捕捉。
- 圆心（CEN）：捕捉圆或圆弧的圆心。捕捉此点时，光标应指在圆或圆弧上。
- 象限点（QUA）：捕捉圆或圆弧的最近象限点，即圆周上 0°、90°、180°、270°的 4 个点。
- 切点（TAN）：捕捉所绘制的圆或圆弧上的切点。
- 垂直（PER）：捕捉所绘制的线段与直线、圆、圆弧的正交点。
- 平行线（PAR）：捕捉与某线平行的直线上的点。
- 节点（NOD）：捕捉单独绘制的点。
- 插入点（INS）：捕捉文字、块或属性等对象的插入点。
- 最近点（NEA）：捕捉对象上的距光标中心最近的点。

3. 单一对象捕捉实例

（1）捕捉端点和线段中点

如图 3-10 所示，已知 AB 线段和 CD 线段，将 D 端点与 B 端点连接，C 端点和 AB 线段的中点 E 连接，其操作步骤如下。

命令:(输入直线命令)
指定第一点:(在“对象捕捉”工具栏单击⁄按钮,移动鼠标捕捉 D 点后单击该点)
指定下一点或[放弃(U)]:(在“对象捕捉”工具栏单击⁄按钮,移动鼠标捕捉 B 点后单击)
指定下一点或[放弃(U)]:(按〈Enter〉键)
命令:(输入直线命令)
指定第一点:(在“对象捕捉”工具栏单击⁄按钮,移动鼠标捕捉 C 点后单击)
指定下一点或[放弃(U)]:(在“对象捕捉”工具栏单击⁄按钮,移动鼠标捕捉 AB 线段中点 E 后单击)
指定下一点或[放弃(U)]:(按〈Enter〉键)
命令:

结果如图 3-10 所示。

（2）捕捉切点

如图 3-11 所示，已知 R1、R2、R3 圆和圆弧，创建一个与三圆弧相切的圆 R，其操作步骤如下。

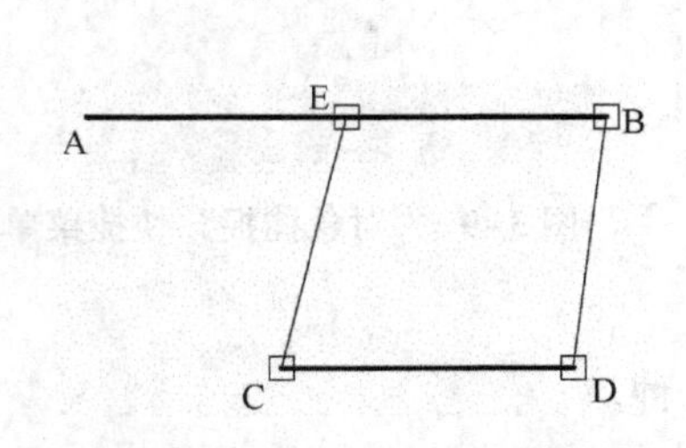

图 3-10　捕捉端点和线段中点示例

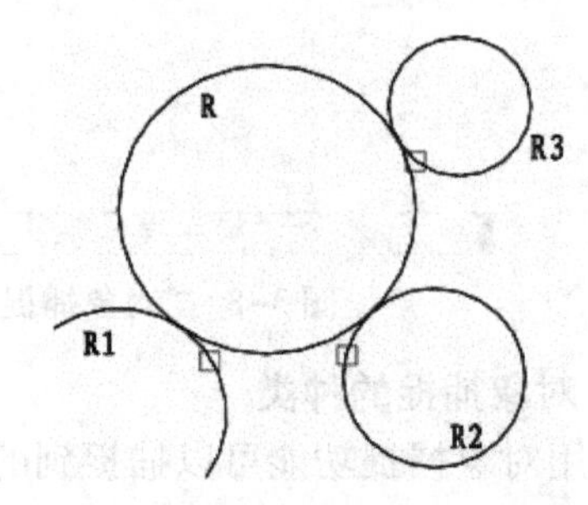

图 3-11　捕捉切点示例

命令:(输入“C”命令)
指定圆的圆心或[三点(3P)/两点(2P)/相切、相切、半径(T)]:(输入“3P”)
指定圆上的第一点:(在“对象捕捉”工具栏单击○按钮,移动鼠标捕捉R1圆弧小方框切点后单击)
指定圆上的第二点:(在“对象捕捉”工具栏单击○按钮,移动鼠标捕捉R2圆弧小方框切点后单击)
指定圆上的第三点:(在“对象捕捉”工具栏单击○按钮,移动鼠标捕捉R3圆弧小方框切点后单击)
命令:

执行结果如图3-11所示。

(3) 捕捉圆心

如图3-12a所示，已知小圆和矩形，移动小圆至矩形中心，其操作步骤如下。

命令:(输入“移动”命令)
选择对象:(选择小圆)
选择对象:(按〈Enter〉键)
指定基点或位移:(在“对象捕捉”工具栏单击◎按钮,移动鼠标捕捉圆心点1后单击)
指定位置的第二点或〈用第一点作位移〉:(在“对象捕捉”工具栏单击✕按钮,移动鼠标捕捉矩形中心点2后单击)
命令:

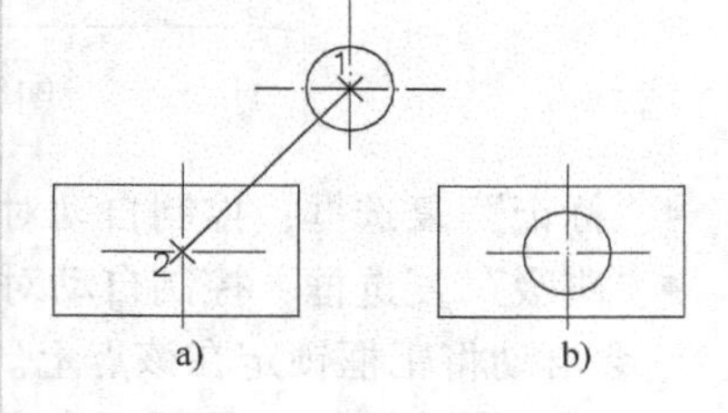

图3-12 捕捉圆心示例

执行结果如图3-12b所示。

3.6.2 自动对象捕捉模式

自动对象捕捉模式能自动捕捉到已经设定的特殊点，它是一种长期的、多效的捕捉模式，下面介绍设置方法。

1. 输入命令

可以执行以下命令 。

- 菜单栏：选择“工具”→“草图设置”→“对象捕捉”命令。
- 状态栏：右击“对象捕捉”按钮□，从快捷菜单中选择“设置”命令。
- 命令行：输入OSNAP。

执行上面的命令之一后，系统打开“草图设置”对话框“对象捕捉”选项卡，如图3-13所示。

2. 各选项的主要功能

- “启用对象捕捉”复选框：用于控制对象捕捉功能的打开与关闭。
- “启用对象捕捉追踪”复选框：用于控制追踪捕捉的打开与关闭。
- “对象捕捉模式”选项组：该选项组中各捕捉模式选项与单一对象捕捉模式相同，可以从中选择一种或多种对象捕捉模式，形成一个固定的模式组合。
- “全部选择”按钮：用于选取该选项组下全部选项。
- “全部清除”按钮：用于清除该选项组下全部选项。
- “选项”按钮：单击“选项”按钮，将打开显示“绘图”选项卡的“选项”对话框，如图3-14所示。

该对话框的左侧为“自动捕捉设置”选项组，其各选项功能如下。

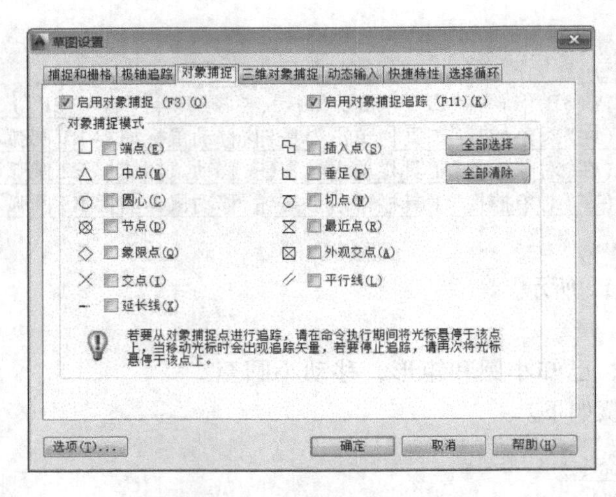

图 3-13 “对象捕捉”选项卡

- “标记”复选框：控制自动对象捕捉的打开与关闭。
- “磁吸”复选框：控制自动对象捕捉磁吸的打开或关闭。当光标移动到捕捉点时，它会自动将靶框锁定在该点上。
- “显示自动捕捉工具提示”复选框：用于打开或关闭捕捉提示，当光标移近捕捉点时，显示捕捉点类型的文字说明。
- “显示自动捕捉靶框”复选框：用于打开或关闭靶框。
- “颜色”按钮：用于改变标记的当前颜色。单击“颜色”按钮后，打开“图形窗口颜色”对话框，如图 3-2 所示，在“界面元素”列表框中选取“自动捕捉标记”选项，在“颜色”下拉列表框中选取需要的颜色即可。

“自动捕捉标记大小”选项组：用于控制自动捕捉标记的大小，拖动滑块即可改变标记大小。

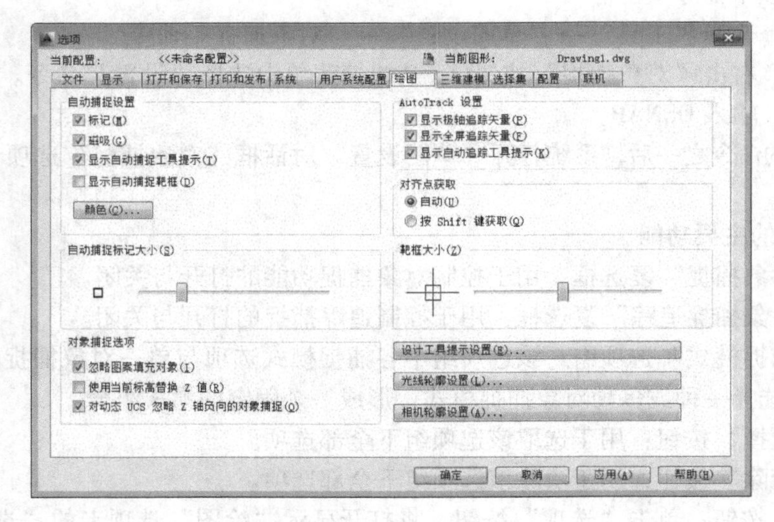

图 3-14 “绘图”选项卡

其余的各选项功能在 3.7.1 节中介绍。

3. 自动对象捕捉的启闭

在绘图时，常会出现下列情况，准备通过拾取点来确定一点时，却显示出捕捉到的某一特殊点标记，而并不是所希望的点，这时就需要关闭自动捕捉功能。单击状态栏的“对象捕捉”按钮□可以进行自动对象捕捉的开启和关闭。

3.7 对象追踪

对象追踪包括“极轴追踪”和“对象捕捉追踪”两种方式。应用极轴追踪可以在设定的角度线上精确移动光标和捕捉任意点，对象捕捉追踪是对象捕捉与极轴追踪功能的综合，也就是说可以通过指定对象点及指定角度线的延长线上的任意点来进行捕捉。

3.7.1 极轴追踪和对象捕捉追踪的设置

从菜单栏中选择“工具”→“草图设置”命令，打开“草图设置”对话框，再选取“极轴追踪”选项卡，如图 3-15 所示。该选项卡下各选项的功能如下。

1）“启用极轴追踪”复选框：此复选框用于控制极轴追踪方式的打开和关闭。

2）“极轴角设置”选项组：用于确定极轴追踪的追踪方向。其中有“增量角”和“附加角”选项。

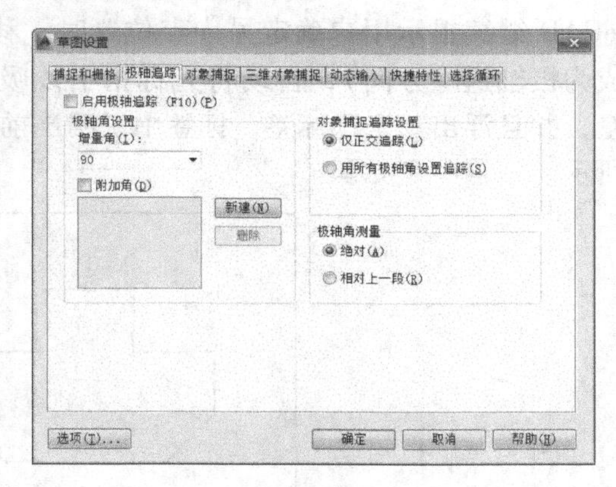

图 3-15 “极轴追踪”选项卡

- “增量角”：用于设置角度增量的大小。默认为 90°，即捕捉 90°的整数倍角度：0°、90°、180°、270°。用户可以通过下拉列表框选择其他的预设角度，也可以输入新的角度。
- “附加角”复选框：用来设置附加角度。附加角度和增量角度不同，在极轴追踪中会捕捉增量角及其整数倍角度，并且捕捉附加角设定的角度，但不一定捕捉附加角的整数倍角度。
- “新建”按钮：用于新增一个附加角。
- “删除”按钮：用于删除一个选定的附加角。

3）“对象捕捉追踪设置”选项组：该选项组用于确定对象捕捉追踪的模式。其中有“仅正交追踪”和“用所有极轴角设置追踪”两个单选按钮。

- “仅正交追踪”单选按钮：用于在对象捕捉追踪时仅采用正交方式。
- “用所有极轴角设置追踪”单选按钮：用于在对象捕捉追踪时采用极轴角。

4）“极轴角测量”选项组：表示极轴追踪时角度测量的参考系。其中有“绝对”和“相对上一段”选项。

- “绝对”单选按钮：用于设置极轴角为当前坐标系绝对角度。
- “相对上一段”单选按钮：用于设置极轴角为前一个绘制对象的相对角度。

5）“选项”按钮：单击“选项”按钮，系统打开显示“绘图”选项卡的“选项”对话框，如图 3-14 所示。其中右侧选项与追踪相关，其功能介绍如下。

- “AutoTrack 设置”选项组的各选项功能如下。

  “显示极轴追踪矢量”复选框：用于控制辅助线是否显示。辅助线由构造线构成，又称全屏追踪矢量。

  “显示全屏追踪矢量”复选框：用于控制辅助线的显示方式。

  “显示自动追踪工具提示”复选框：用于控制自动追踪时是否显示工具栏上相应按钮的提示文字。

- “对齐点获取”选项组：用于在确定启用对象捕捉追踪后，控制是否自动进行追踪。
- “靶框大小”：可以通过其中的滑块设置靶框的大小。

3.7.2 极轴追踪捕捉的应用

极轴追踪捕捉可捕捉所设角增量线上的任意点。极轴追踪捕捉可通过单击状态栏上的“极轴追踪”按钮来打开或关闭，也可按〈F10〉快捷键打开或关闭。启用该功能以后，当执行 AutoCAD 的某一操作并根据提示确定了一点（称此点为追踪点），同时 AutoCAD 继续提示用户确定另一点位置时，移动光标，使光标接近预先设定的方向（该方向成为极轴追踪方向），自动将光标指引线吸引到该方向，同时沿该方向显示出极轴追踪矢量，并且浮出一个小标签，标签中说明当前光标位置相对于当前一点的极坐标，如图 3-16 所示。

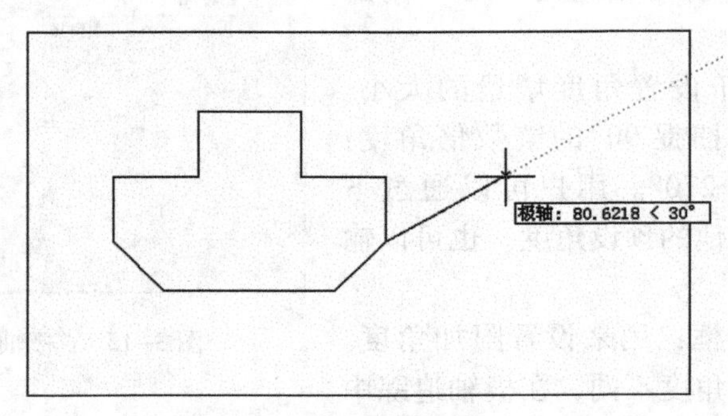

图 3-16　极轴追踪捕捉示例

从图 3-16 还可以看出，当前光标位置相对于前一点的极坐标为（80.6218，π/6），即 80.6218<30，即两点之间的距离为 80.6218，极轴追踪矢量方向与 X 轴正方向的夹角为 30°。此时单击鼠标，AutoCAD 将该点作为绘图所需点；如果直接输入一个数值（如输入 150），AutoCAD 沿极轴追踪矢量方向按该长度确定出点的位置；如果沿极轴矢量方向拖动鼠标，AutoCAD 通过浮出的小标签动态地显示出光标位置对应的极轴追踪矢量的值（即显示“距离<角度”）。

如图 3-16 所示的极轴追踪矢量方向夹角为 30°的倍数，若要改变角度，可在“草图设置”对话框中的“极轴追踪”选项卡中设置“增量角”，如图 3-15 所示。

3.7.3 对象捕捉追踪的应用

对象捕捉追踪是按与对象的某种特定关系来追踪，这种特定的关系确定了一个未知角度。当不知道具体的追踪方向和角度，但知道与其他对象的某种关系（如相交）时，可以应用对象捕捉追踪。对象捕捉追踪必须和对象捕捉同时工作。

以如图 3-17 所示为例绘制直线 CD，要求 D 点在已知直线 AB 的 B 端点的延长线上。其操作步骤如下。

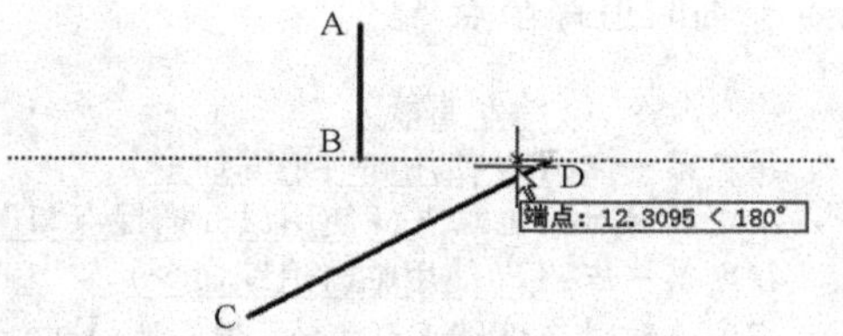

图 3-17　对象捕捉追踪应用示例

1. 设置对象捕捉追踪的模式

命令:(选择“工具”→“草图设置”命令)

输入命令后，AutoCAD 打开显示“极轴追踪”选项卡的“草图设置”对话框，如图 3-15 所示。在“对象捕捉追踪设置”选项组一般选择“用所有极轴角设置追踪”单选按钮，并打开对象追踪，单击“确定”按钮退出对话框。此时状态栏上的“对象追踪”按钮处于按下状态，即对象追踪打开。

2. 设置固定捕捉模式

命令:(选择“工具”→“草图设置”命令)

AutoCAD 打开显示“对象捕捉”选项卡的“草图设置”对话框，选中“端点”等捕捉模式，单击“确定”按钮退出对话框。此时状态栏上“对象捕捉”按钮处于按下状态，即打开了固定捕捉。

3. 画线

命令:(输入直线命令)
指定第一点:(指定 C 点,用鼠标直接确定起点)
指定下一点或[放弃(U)]:(指定 D 点)

移动鼠标执行固定对象捕捉，捕捉到 B 点后，AutoCAD 在通过 B 点处自动出现一条点状无穷长直线，此时，沿点状线向右移动鼠标至 D 点，确定后即画出直线 CD。

指定下一点或[放弃(U)]:(按〈Enter〉键)
命令:

3.7.4　临时追踪点

临时追踪点是以一个临时参考点为基点，从基点沿水平或垂直追踪一定距离得到捕捉点。

1. 输入命令

可以执行以下命令　　。

• 工具栏：单击“对象捕捉”工具栏的“临时追踪点”按钮。

• 命令行：输入 TT。

2. 操作格式

下面以图 3-18 为例，应用临时追踪点命令，

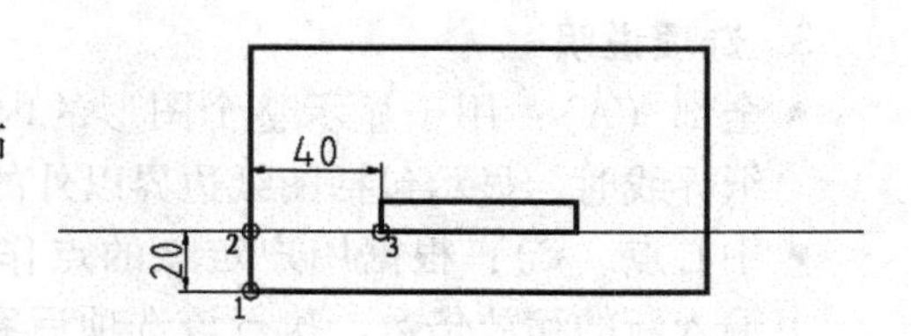

图 3-18　临时追踪点命令应用示例

从点 1 临时追踪至点 3。

```
输入命令:L(绘制直线)
指定第一点:TT(使用临时追踪命令)
指定临时对象追踪点:(使用鼠标捕捉点“1”,输入临时追踪点进行追踪)
指定第一点:TT(使用临时追踪命令)
指定临时对象追踪点:(输入“20”,按〈Enter〉键,使用给定距离方式确定 Y 方向点 2 的定位)
指定第一点:(输入“40”,按〈Enter〉键,使用给定距离方式确定 X 方向点 3 的定位)
指定下一点或[取消(U)]:(后面步骤与绘制直线方法相同)
```

3. 说明

每次选取追踪点，要先使用一次临时追踪命令，最后的确定点（例如点 3）之前不再使用临时追踪命令。

临时追踪点的方法与对象追踪捕捉的不同是：捕捉点之前的追踪不画出线段，这可以在绘图时减少线条的重复和编辑工作。

3.8 图形的显示控制

在绘制图形时，为了绘图方便，常常需要对图形进行放大或平移，对图形显示的控制主要包括：实时缩放、窗口缩放和平移操作。

3.8.1 实时缩放

实时缩放是指利用鼠标上下的移动来控制放大或缩小图形。

1. 输入命令

可以执行以下命令　　。

- 工具栏：单击“缩放”按钮。
- 菜单栏：选择“视图”→“缩放”→“实时”命令。
- 命令行：输入 ZOOM。

2. 操作格式

```
命令:(输入命令)
指定窗口角点,输入比例因子(nX 或 nXP)或[全部(A)/中心点(C)/动态(D)/范围(E)/上一个(P)/比例(S)/窗口(W)]〈实时〉:按(〈Enter〉键)
```

执行命令后，鼠标指针显示为放大镜图标，如图 3-19 所示，按住鼠标左键往上移动图形放大显示；往下移动图形则缩小显示。

3. 选项说明

- 全部（A）：用于显示整个图形的内容。当图形超出图纸界线时，显示包括图纸边界以外的图形。
- 中心点（C）：根据用户定义的点作为显示中心，同时输入新的缩放倍数。执行该选项后系统提示：“指定中心点”，定义显示缩放的中心点后，系统再提示：“输

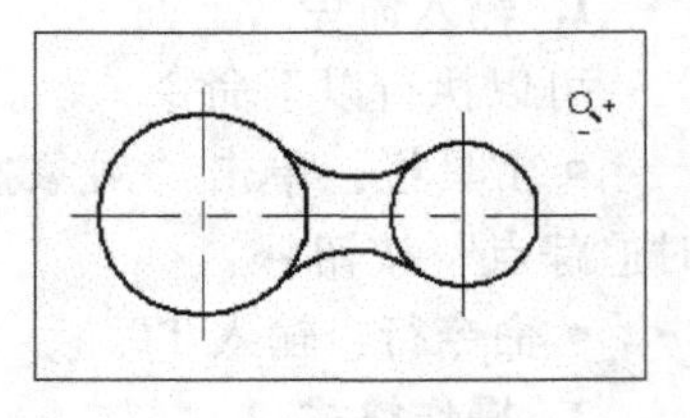

图 3-19　实时缩放示例

入比例或高度：”，可以给出缩放倍数或图形窗口的高度。
- 动态（D）：进行动态缩放图形。选择该选项后，绘图区出现几个不同颜色的视图框。白色或黑色实线框为图形扩展区，绿色虚线框为当前视区，图形的范围用蓝色线框表示，移动视图框可实行平移功能，放大或缩小视图框可实现缩放功能。
- 范围（E）：用于最大限度地将图形全部显示在绘图区域。
- 上一个（P）：用于恢复前一个显示视图，但最多只能恢复当前10个显示视图。
- 比例（S）：根据用户定义的比例值缩放图形，输入的方法有3种：
  以“nXP”方式输入时，表示相对于图纸空间缩放视图。
  以“nX”方式输入时，表示相对当前视图缩放。
  以“n”方式输入时，表示相对于原图缩放。
- 窗口（W）：以窗口的形式定义的矩形区域，该窗口是以两个对角点来确定的，它是用户对图形进行缩放的常用工具。
- 实时：系统默认的选项，可按操作格式执行。

3.8.2 窗口缩放

窗口缩放是指放大或缩小指定矩形窗口中的图形，使其充满绘图区。作用与实时缩放中的“窗口（W）”选项相同。

1. 输入命令

可以执行以下命令　　。

- 工具栏：单击“窗口缩放”按钮。
- 菜单栏：选择“视图”→“缩放”→“窗口”命令。
- 命令行：输入ZOOM。

2. 操作格式

1）执行上面前两项命令之后，单击确定放大显示的第一个角点，然后拖动鼠标框取要显示在窗口中的图形，再单击确定对角点，即可将图形放大显示。

2）执行“Z”命令后，按〈Enter〉键，再输入“W”命令，即可执行以上操作，完成窗口缩放。

3.8.3 返回缩放

返回缩放是指返回到前面显示的图形视图。作用与实时缩放中的“上一个（P）”选项相同。

1. 输入命令

可以执行以下命令　　。

- 工具栏：单击“返回缩放”按钮。
- 菜单栏：选择“视图”→“缩放”→“上一个”命令。
- 命令行：输入ZOOM。

2. 操作格式

单击工具栏中的“返回缩放”按钮，可快速返回上一个状态。

执行“Z”命令后，按〈Enter〉键，输入“P”命令，即返回上一个状态。

3.8.4 平移图形

实时平移可以在任何方向上移动观察图形。

1. 输入命令

可以执行以下命令。

- 工具栏：单击“平移”按钮。
- 菜单栏：选择“视图”→“平移”命令。
- 命令行：PAN/ - PAN(P/ - P)。

2. 操作格式

执行上面的命令之一，光标显示为一个小手，如图 3-20 所示，按住鼠标左键拖动即可实时平移图形。

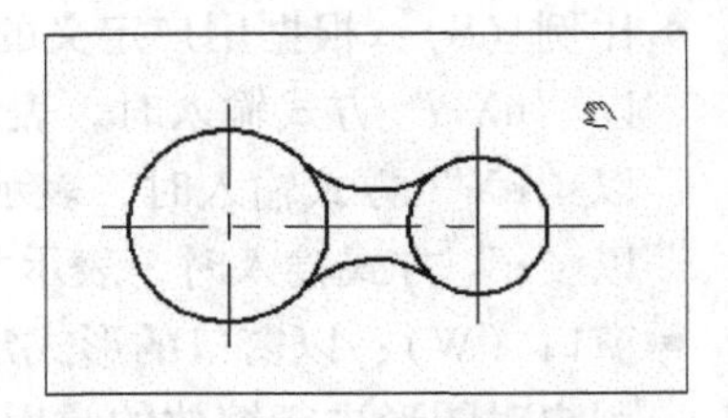

图 3-20　平移图形示例

3.8.5 缩放与平移的切换和退出

1. 缩放与平移的快速切换

- 使用“缩放”按钮和“平移”按钮进行切换。
- 利用右键快捷菜单可以实施缩放与平移之间的切换。

例如：在“缩放”显示状态中右击，在弹出的快捷菜单中选择“平移”命令，即可切换至“平移”显示状态。

2. 返回全图显示

输入命令 Z 后，按〈Enter〉键，再输入“A”，按〈Enter〉键，系统从“缩放”或“平移”状态返回到全图显示。

3. 退出缩放和平移

- 按〈Esc〉或〈Enter〉键可以退出缩放和平移的操作。
- 右击，在弹出的快捷菜单中选择“退出”命令也可以退出切换操作。

3.9 实训

3.9.1 利用对象捕捉和对象追踪功能绘制图形

此节练习利用对象捕捉和对象追踪功能快速、准确绘制图形。

1. 利用对象捕捉绘制图形

（1）要求

利用对象捕捉功能快速、准确绘制如图 3-21 所示的图形。

（2）操作步骤

1）用“LINE”（直线）命令画直线段，相对坐标法输入直线上各端点。

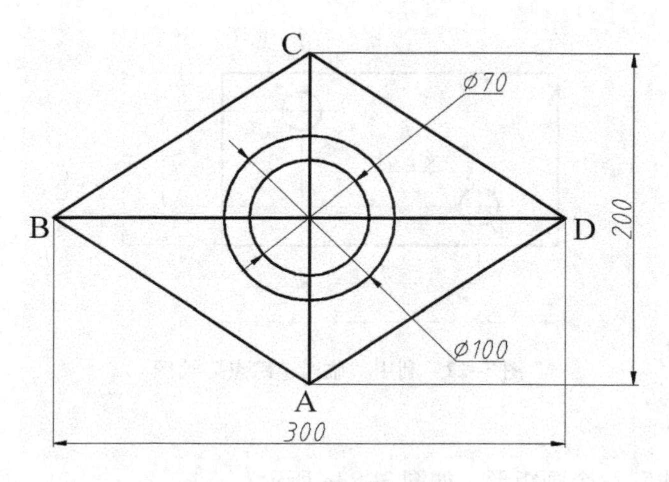

图 3-21　绘制直线、圆

命令:(单击“绘图”工具栏的按钮)
Line 指定第一点:(用鼠标在绘图区指定一点 A)
指定下一点或[放弃(U)]:(输入“@ -150,100”绘制 B 点)
指定下一点或[放弃(U)]:(输入“@150,100”绘制 C 点)
指定下一点或[闭合(C)/放弃(U)]:(输入“@150, -100”绘制 D 点)
指定下一点或[闭合(C)/放弃(U)]:(输入“C”,封闭菱形)
命令:(单击“绘图”工具栏按钮,画 BD 直线段)
Line 指定第一点: - int 于(单击“对象捕捉”工具栏按钮,捕捉 B 点)
指定下一点或[放弃(U)]: - int 于(单击“对象捕捉”工具栏按钮,捕捉 D 点)
指定下一点或[放弃(U)]:(按〈Enter〉键)
命令:(单击“绘图”工具栏按钮,画 CA 直线段)
Line 指定第一点:_int 于(单击“对象捕捉”工具栏按钮,捕捉 C 点)
指定下一点或[放弃(U)]:_int 于(单击“对象捕捉”工具栏按钮,捕捉 D 点)
指定下一点或[放弃(U)]:(按〈Enter〉键)

2）按圆心、半径（CEN、R）（即默认）方式画圆。

命令:(单击“绘图”工具栏按钮,画大圆)
指定圆的圆心或[三点(3P)/两点(2P)/相切、相切、半径(T)]:_intof (单击“对象捕捉”工具栏按钮,捕捉图形的中心点)
指定圆的半径或[直径(D)]:(输入“50”,指定圆的半径)
命令:(单击“绘图”工具栏按钮,画小圆)
指定圆的圆心或[三点(3P)/两点(2P)/相切、相切、半径(T)]:_intof (单击“对象捕捉”工具栏按钮,捕捉图形的中心点)
指定圆的半径或[直径(D)]:(输入“35”,指定圆的半径)

2. 利用对象追踪的“临时追踪点”命令绘制图形

（1）要求

利用“临时追踪点”命令绘制如图 3-22 所示图形。

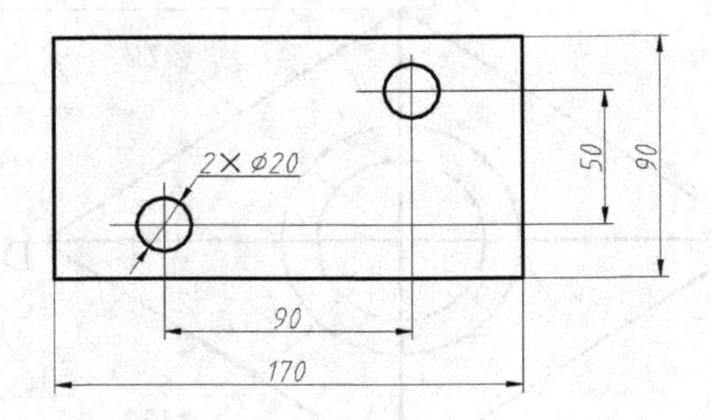

图 3-22　利用“临时追踪点”绘图

（2）操作步骤

1）使用“直线”命令画矩形，如图 3-23a 所示。

2）使用“圆”命令，单击“临时追踪点”按钮⊷，单击矩形左下角，如图 3-23a 所示。

3）单击“临时追踪点”按钮⊷，鼠标向上指引，输入“20”，如图 3-23b 所示。

4）鼠标水平向右引导，输入“40”，按〈Enter〉键，如图 3-23c 所示。

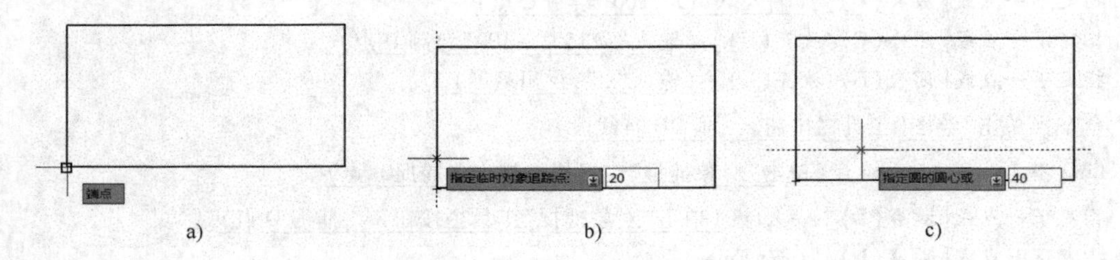

图 3-23　运用“临时追踪点”示例 1

a）指定临时追踪点 1　b）指定临时追踪点 2　c）指定圆心

5）输入圆半径 10，完成第一个圆，如图 3-24a 所示。

6）使用“圆”命令，单击“临时追踪点”按钮⊷，单击圆心。单击“临时追踪点”按钮⊷，鼠标向右指引，输入“90”，按〈Enter〉键，如图 3-24b 所示。

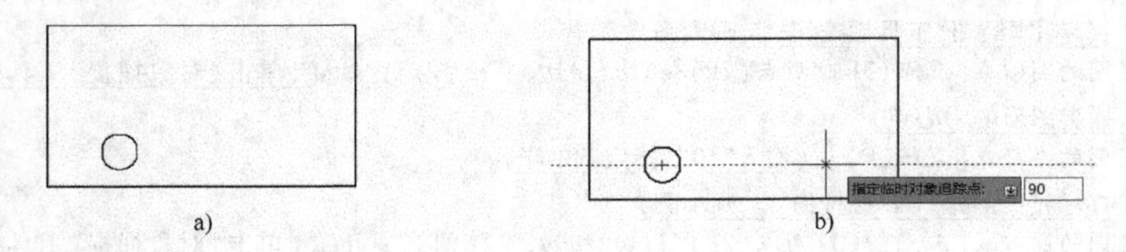

图 3-24　运用“临时追踪点”示例 2

a）完成第一个圆　b）指定第一、第二临时追踪点

7）鼠标向上指引，输入“50”，如图 3-25a 所示。

8）按〈Enter〉键，命令结束，结果如图 3-25b 所示。

图 3-25　运用“临时追踪点”示例 3

a）指定第二个圆心　b）完成第二个圆

3. 9. 2　控制图形显示

此节练习图形的显示。

1. 改变图形界限，并观察坐标的显示

（1）要求

将图 3-26 的图纸大小改成宽 594 mm，高 420 mm。

（2）操作步骤

1）命令：（选择“格式”→“图形界限”命令）

指定左下角点或（指定左下角点或开/关 <默认值>）：（按〈Enter〉键）

指定右上角点 <420.00,297.00>：（指定右上角点 <默认值>）（输入“594,420”）

2）命令：（输入“Z”，按〈Enter〉键）

指定窗口角点，输入比例因子（nX，nXP）

［全部（A）/中心点（C）/动态（D）/范围（E）/上一个（P）/比例（S）/窗口（W）］<实时>：（输入“A”，按〈Enter〉键）

屏幕上显示按要求设置图形界限的图幅。

2. 对绘制的图形实时缩放和平移

（1）要求

使用实时缩放和平移工具栏。

（2）操作步骤

1）命令：单击“标准”工具栏“缩放”按钮。

按下鼠标左键，向下移动鼠标为缩小图形，向上移动鼠标为放大图形。

2）命令：单击“标准”工具栏“平移”按钮。

光标变成一只小手，按住鼠标左键，左右、上下移动鼠标即可改变图形位置，按〈Esc〉或〈Enter〉键退出。

3. 10　习题

1. 练习设置绘图环境、绘图单位、绘图界限。参照 3. 1. 2 节内容，试将绘图区的背景颜色从默认的黑色改变为白色。

2. 参照 3. 6. 1 节和 3. 6. 2 节内容，练习设置单一对象捕捉和自动对象捕捉。

1）用“单位控制”对话框确定绘图单位。要求长度、角度单位均为十进制，小数点后的位数保留 2 位，角度为 0。

2）用 LIMITS 命令选 A3 图幅。A3 图幅的 X 方向为 420mm，Y 方向为 297mm。

3）用“草图设置”对话框，设置常用的绘图工具模式。设置栅格间距为 10，栅格捕捉间距为 10；打开正交、栅格及栅格捕捉。

4）在“草图设置”对话框中，栅格样式选择“二维模型空间”。

3. 熟练运用“ZOOM”命令，对图形显示进行缩放或平移。

键盘操作：

命令：(输入“Z”按〈Enter〉键，输入“A”按〈Enter〉键，使整张图全屏显示，栅格代表图纸的大小和位置)

执行结果如图 3-26 所示。

注意：执行“ZOOM”命令时，应单击“栅格显示”按钮。

打开“草图设置”对话框，选择“捕捉和栅格”选项卡，在“栅格行为”选项组中应取消选中“显示超出界限的栅格”复选框。

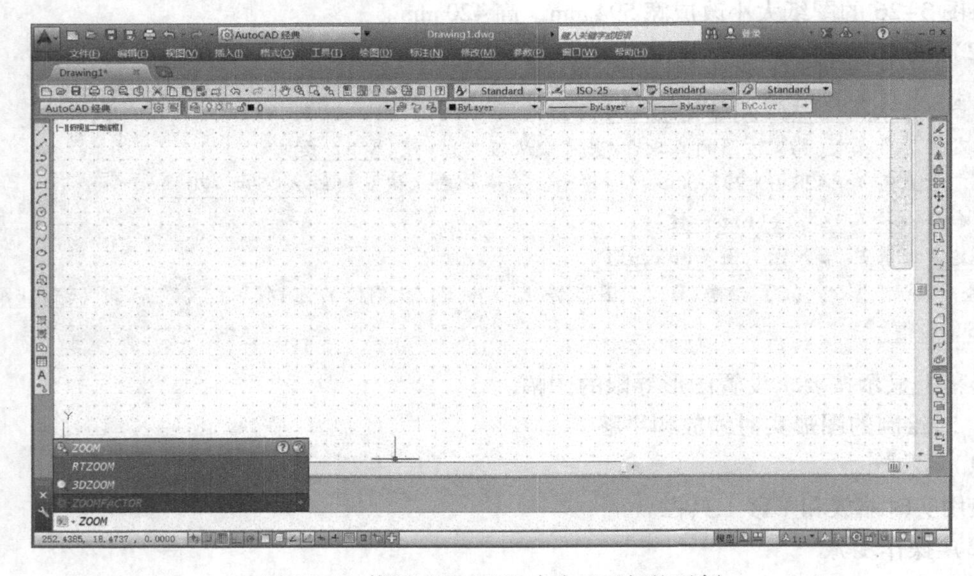

图 3-26　使用“ZOOM”命令显示栅格示例

第4章　图层的管理

利用 AutoCAD 2014，可以用不同的线型、线宽、颜色来绘图，并可以将所绘制对象放在不同的图层上。本章主要介绍图层的功能和应用，以便利用这些功能来提高绘图效率和节省图形存储空间。

4.1　概念与设置图层

图层是 AutoCAD 中的一个重要的绘图工具，本节介绍图层的概念和设置。

4.1.1　图层概述

可以把图层想象为一张没有厚度的透明纸，各层之间完全对齐，一层上的某一基准点准确地对准其他各层上的同一基准点。用户可以给每一图层指定所用的线型、颜色，并将具有相同线型和颜色的对象放在同一图层，这些图层叠放在一起就构成了一幅完整的图形。

1. 图层的特点

图层所具有的特点如下。

- 用户可以在一幅图中指定任意数量的图层。
- 每一图层有一个名称，以便管理。
- 一般情况下，一个图层上的对象应该是同一种线型、同一种颜色。
- 各图层具有相同的坐标系、绘图界限、显示时的缩放倍数。
- 用户只能在当前图层上绘图，可以对各图层进行“打开”“关闭”“冻结”“解冻”“锁定”等操作管理。

2. 线型

在每一个图层上都应根据对象的要求设置一种线型，不同的图层可以设成不同的线型，也可以设成相同的线型。在新创建的图层上，AutoCAD 默认设置线型为“Continuous”（实线）。

3. 线宽

不同的图线有不同的宽度要求，并且代表了不同的含义。不同的图层都应有一个线宽。不同的图层可以设成不同的线宽，也可以设成相同的线宽，AutoCAD 默认线宽为 0.25。

4. 颜色

每一个图层都应具有某一颜色，以便区别不同的图形对象，各图层的颜色可以设置相同，也可以不相同，在所有新创建的图层上，AutoCAD 会按默认方式把图层的颜色定义为 White（白色），当绘图背景颜色设置为白色时，图层的显示颜色为黑色。

4.1.2　设置图层

图层的设置是指创建新图层和改变图层的特性。

1. 输入命令

可以执行以下命令　　。

● 菜单栏：选择“格式”→“图层”命令。

● 工具栏：单击“图层”按钮。

● 命令行：输入“LAYER”。

当输入命令后，系统打开“图层特性管理器”对话框，如图 4-1 所示。默认状态下 AutoCAD 提供一个图层，图层名为“0”，颜色为白色，线型为实线，线宽为默认值。

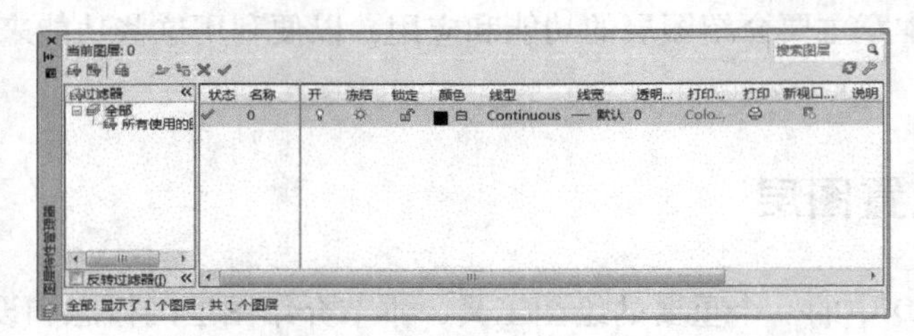

图 4-1 “图层特性管理器”对话框

2.“图层特性管理器”对话框的选项功能

“图层特性管理器”对话框第二行的 7 个按钮分别是：“新建特性过滤器”“新建组过滤器”“图层状态管理器”“新建图层”“所有视口中已冻结的新图层视口”“删除图层”和“置为当前”按钮。按钮右侧为“搜索图层”文本框、“刷新”按钮和“设置”按钮；中部有两个窗口，左侧为过滤器的“树状图”窗口；右侧为“列表框”窗口；下面分别为复选框和状态行。

1）“新建特性过滤器”按钮：用于打开“图层过滤器特性”对话框，如图 4-2 所示。该对话框可以对图层进行过滤，改进后的图层过滤功能大大简化了用户在图层方面的操作。在该对话框中，可以在“过滤器定义”列表框中设置图层名称、状态、颜色、线型及线宽等过滤条件。

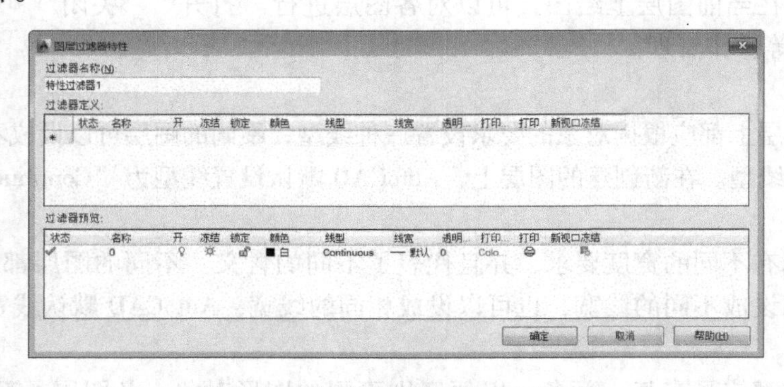

图 4-2 “图层过滤器特性”对话框

2）“新建组过滤器”按钮：用于创建一个图层过滤器，其中包括已经选定并添加到该过滤器的图层。

3）“图层状态管理器”按钮：单击该按钮，打开“图层状态管理器”对话框，如图 4-3所示，用户可以通过该对话框管理命名的图层状态，即实现恢复、编辑、重命名、删除、从一个文件输入或输出到另一个文件等操作。该对话框中的各选项功能如下。

- “图层状态”列表框：显示了当前图层已保存下来的图层状态名称，以及从外部输入进来的图层状态名称。
- “新建”按钮：单击该按钮，可以打开“要保存的新图层状态”对话框创建新的图层状态，如图 4-4 所示。

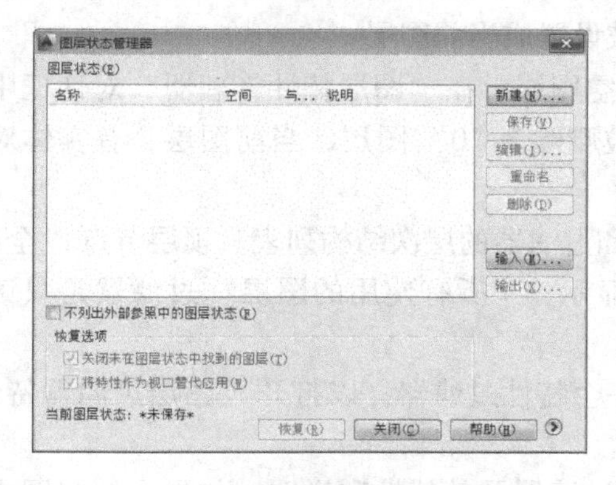

图 4-3 “图层状态管理器”对话框

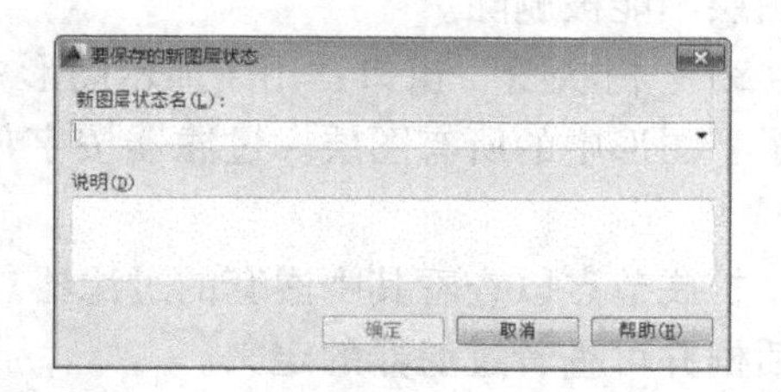

图 4-4 “要保存的新图层状态”对话框

- “删除”按钮：单击该按钮，可以删除选中的图层状态。
- “输入”按钮：单击该按钮，打开“输入图层状态”对话框，如图 4-5 所示。可以将外部图层状态输入到当前图层中。

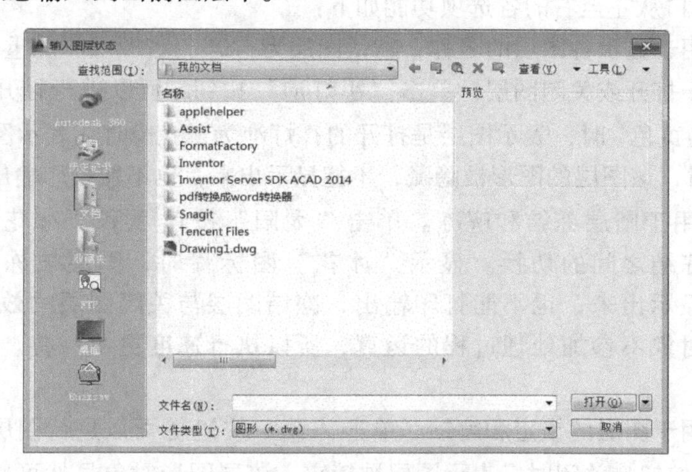

图 4-5 “输入图层状态”对话框

- “输出”按钮：单击该按钮，打开“输出图层状态”对话框，可以将当前图形已保存下来的图层状态输出到一个 LAS 文件中，LAS 文件采用 LAS 标准格式，存储了通过光学遥感器收集的光探测和测距数据信息，用于数据的使用和转换。
- “恢复”按钮：单击该按钮，可以将选中的图层状态恢复到当前图形中，并且只有那些保存的特性和状态才能够恢复到图层中。

4）“新建图层”按钮：用于创建新图层。单击该按钮，建立一个以“图层 1”为名的图层，连续单击该按钮，系统依次创建以“图层 2”“图层 3”…为名的图层。为了方便辨认图层，可以用汉字来命名。例如："粗实线""点画线""尺寸"等。重命名的具体方法是，单击被选中的原图层名，即可以直接删除原图层名和输入新的图层名。

5)"所有视口中已冻结的新图层"按钮：用于创建新图层，然后在现有的所有布局视口中将其冻结。

6)"置为当前"按钮：用于设置当前图层。在"图层特性管理器"对话框选择某一层的图层名，然后单击该按钮，则这一层图层被设置成当前图层。

7)"删除图层"按钮：用于删除不用的空图层。在"图层特性管理器"对话框中选择相应的图层，单击该按钮，被选中的图层将被删除。"0"图层、当前图层、有实体对象的图层不能被删除。

8)"树状图"窗口：用于显示图形中图层和过滤器的层次结构列表。顶层节点"全部"显示了图形中的所有图层。过滤器按字母顺序显示，"所有使用的图层"过滤器是只读过滤器。

扩展节点以查看其中嵌套的过滤器。双击一个特性过滤器，以打开"图层过滤器特性"对话框并可查看过滤器的定义。

9)"列表框"窗口：用于显示图层和图层过滤器及其特性和说明。如果在树状图中选定了某一个图层过滤器，则"列表框"窗口仅显示该图层过滤器中的图层。

树状图中的所有过滤器用于显示图形中的所有图层和图层过滤器。当选定了某一个图层特性过滤器且没有符合其定义的图层时，列表框将为空。

"列表框"窗口从左至右的各选项功能如下：

- "名称"：用于显示各图层的名称，默认图层为"0"，各图层不能重名。
- "开"：用于打开或关闭图层，单击"小灯泡"按钮可以进行打开或关闭图层的切换，灯泡为黄色时，表示图层是打开的；灯泡为灰色时，表示图层是关闭的。图层被关闭时，该图层的图形被隐藏，不能显示出来，也不能打印输出。
- "冻结"：用于图层冻结和解冻。单击"太阳"按钮和"冰花"按钮可以进行解冻和冻结之间的切换。显示"冰花"图标时，图层被冻结，该图层的图形均不能显示出来，也不能打印输出，冻结图层与关闭图层的效果相同，区别在于前者的对象不参加处理过程的运算，所以执行速度更快一些。当前图层不能被冻结。
- "锁定"：用于图层的锁定和解锁。单击"锁"按钮可以进行图层锁定和解锁的切换。"锁"按钮关闭时，表示图层被锁定，该层图形对象虽然可以显示出来，但不能对其编辑，在被锁定的当前图层上仍可以绘图和改变颜色及线型，但不能改变原图形。
- "颜色"：用于显示各图层设置的颜色。如果改变某一图层的颜色，可单击该层的颜色图标，打开"选择颜色"对话框，如图4-6所示。在该对话框中选择一种颜色，单击"确定"按钮退出。
- "线型"：用于显示各图层的线型。如果改变某一图层的线型，单击该图层上的线型名，打开"选择线型"对话框，如图4-7所示。在该对话框中选择一种线型，或者单击"加载"按钮，弹出"加载或重载线型"对话框，如图4-8所示。

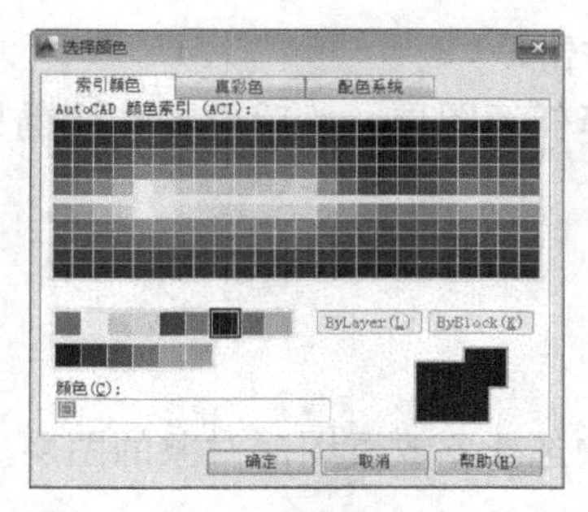

图 4-6 “选择颜色”对话框

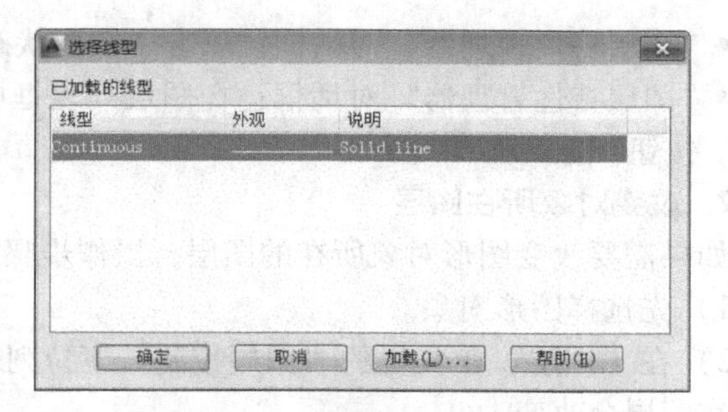

图 4-7 “选择线型”对话框

- “线宽”：用于显示各图层的图线宽度。如果要改变某一图层的线宽，单击该图层的线宽名称，打开“线宽”对话框，如图 4-9 所示。在该对话框中选择一种线宽类型，单击“确定”按钮，完成改变线宽操作。

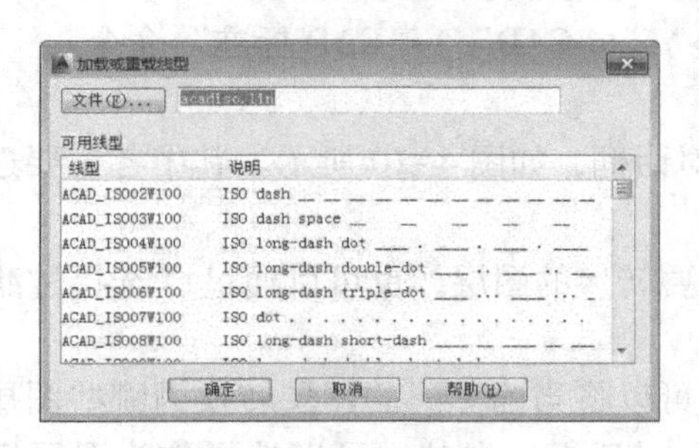

图 4-8 “加载或重载线型”对话框

图 4-9 “线宽”对话框

- “打印样式”：用于确定各图层的打印样式。
- “打印”：用于确定图层是否被打印。默认状态的打印图标是打开的，表明该图层为打印状态。如果要关闭打印开关，则单击该图层的打印图标即可，此时该图层的图形对象可以显示，但不能打印，该功能对冻结和关闭的图层不起作用。

10）“搜索图层”文本框：用于输入字符时，按名称快速过滤图层列表。

11）状态行：用于显示当前过滤器的名称、列表框窗口中所显示图层的数量和图形中图层的数量。

注意：在“图层特性管理器”对话框中，选中“反转过滤器”复选框，将只显示所有不满足选定过滤器中条件的图层。

4.1.3 使用图层

下面介绍管理图层的常用方法。

1. 切换当前图层

在绘图过程中，用户经常要在各图层之间进行切换，并在当前图层上进行绘制或编辑。常用的切换方法有以下几种。

- “图层”工具栏：在“图层控制”下拉列表框中选择相应的图层名，将其置为当前。
- “图层”工具栏：单击“将对象的图层置为当前”按钮，然后在绘图区中选择置为当前图层中的对象。

● “图层特性管理器”对话框：双击“图层状态”按钮。

● “图层特性管理器”对话框：在图层列表框中选择任意图层，然后单击“当前图层”按钮。

2. 改变对象所在图层

如果需要改变图形对象所在的图层，操作步骤如下。

1）先选择图形对象。

2）在“图层”工具栏的“图层控制”下拉列表框中选择要放置图形对象的图层。对象的所在图层会改变。

3. 使用“图层转换器”

在 AutoCAD 2014 中，使用“图层转换器”可以更改图形的图层，使其与用户设置的图层标准相匹配。调出图层转换器的操作可以执行以下命令 。

● 工具栏：单击“CAD 标准”工具栏中的“图层转换器”按钮。

● 菜单栏：选择“工具”→“工具栏”→“Auto CAD”→“CAD 标准”命令。

● 命令行：输入 LAYTRANS。

输入命令后，系统打开“图层转换器”对话框，如图 4-10 所示。其中各主要选项的含义如下：

● “转换自”列表框：在列表框中可选择要转换的图层，也可以通过“选择过滤器”选项来选择。

● “转换为”列表框：该列表框中显示了可以将当前图形的图层转换为哪些图层。单击“加载”按钮，打开“选择图形文件”对话框，在其中可以选择作为图层标准的图形、图形样板或所指定的标准文件，并将其加载到“转换为”列表框中；单击“新建”按钮，打开“新图层”对话框，如图 4-11 所示。在该对话框中，可以新建一个要在“转换为”列表框中显示并用于转换的新图层。

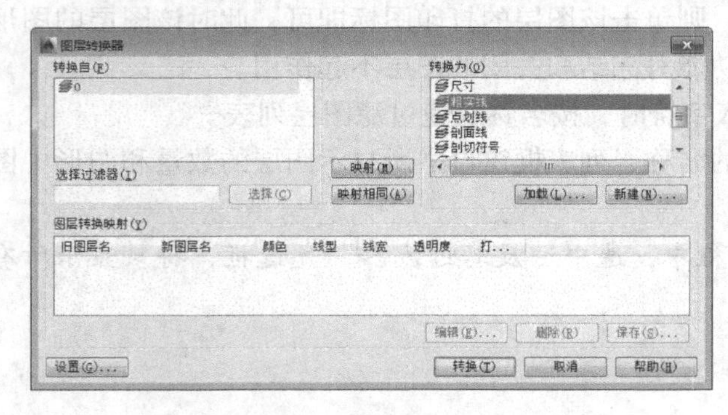

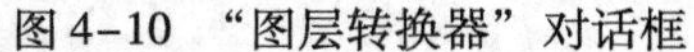
图 4-10 “图层转换器”对话框

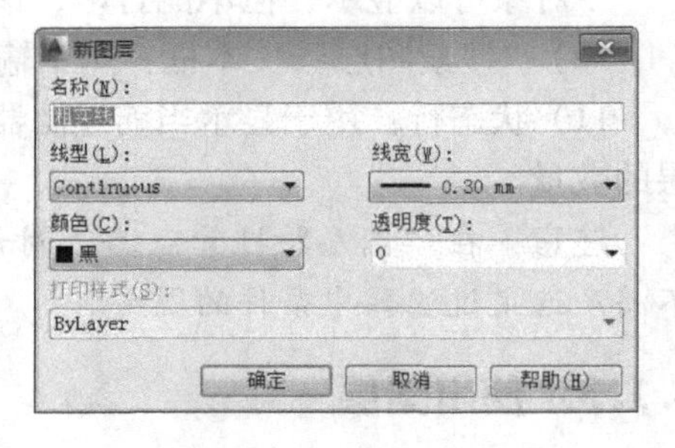

图 4-11 “新图层”对话框

● “映射”按钮：用于将“转换自”列表框中选择的图层映射到“转换为”列表框中，并且图层被映射后，在“转换自”列表框中将被删除。

● “映射相同”按钮：用于映射两个列表框中具有相同名称的所有图层。

● “图层转换映射”选项组：在该选项组的列表框中，显示了要转换的所有图层以及图层转换后所具有的特性。

● “编辑”按钮：当用户选择了一个转换图层后（如图 4-10 所示），单击该按钮，打开

"编辑图层"对话框，可以修改转换后的图层特性，如图4-12所示。

- "删除"按钮：用于取消该图层的转换映射。
- "保存"按钮：用于打开"保存图层映射"对话框，可以将图层转换保存到一个标准配置文件（"DWS"格式）中。
- "设置"按钮：用于打开"设置"对话框，如图4-13所示，可以对转换规则进行设置。
- "转换"按钮：用于转换图层，并关闭"图层转换器"对话框。

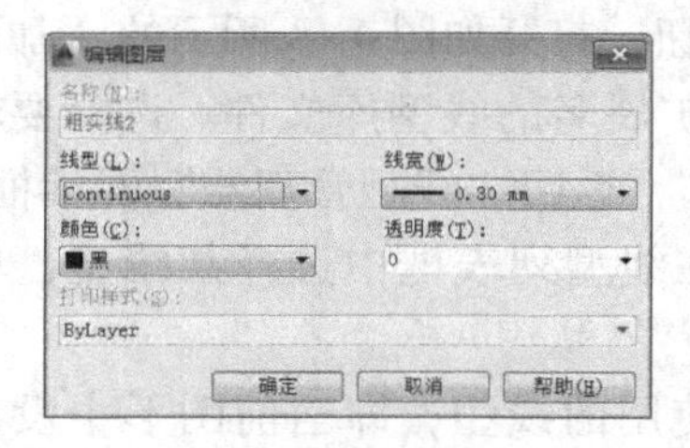

图4-12 "编辑图层"对话框

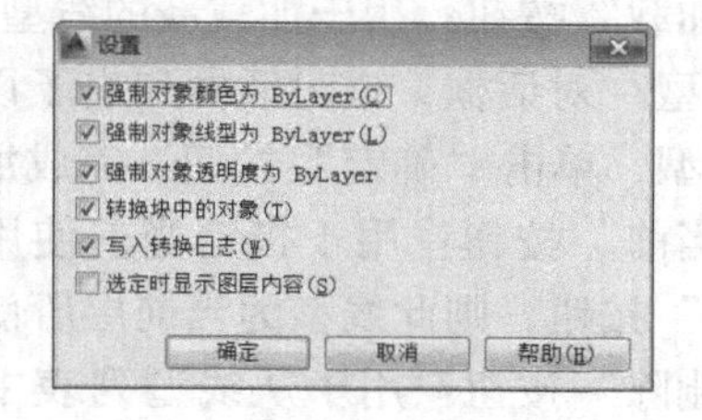

图4-13 "设置"对话框

4.2 设置线型

绘制图形时，经常要根据绘图标准使用不同的线型绘图，用户可以使用线型管理器来设置和管理线型。

4.2.1 线型设置

LINETYPE命令可以打开线型管理器，从线型库"ACADISO. LIN"文件中加载新线型，设置当前线型和删除已有的线型。

1. 输入命令

可以执行以下命令 。

- 菜单栏：选择"格式"→"线型"命令。
- 命令行：输入LINETYPE。

2. 线型管理器

输入命令后，系统打开"线型管理器"对话框，如图4-14所示。

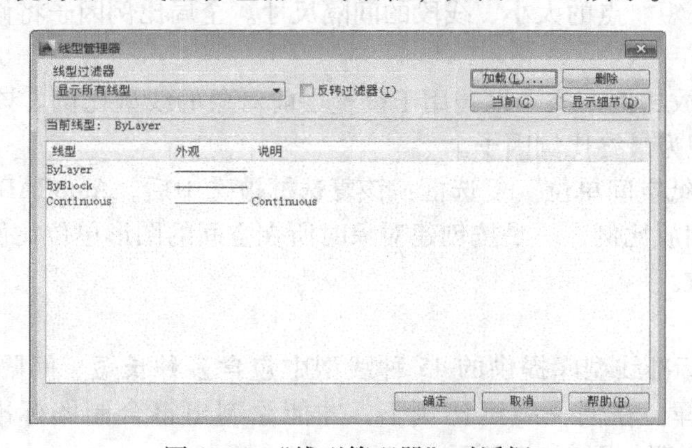

图4-14 "线型管理器"对话框

"线型管理器"对话框主要选项的功能如下。

- "线型过滤器"选项组：该选项组用于设置过滤条件，以确定在线型列表中显示哪些线型。下拉列表框中有 3 个选项供用户选择："显示所有线型""显示所有使用的线型""显示所有依赖于外部参照的线型"。如果从中选择后，系统在线型列表框中只显示满足条件的线型。如果选择以上 3 项中的某一项，再选中右侧"反转过滤器"复选框，其结果与选项结果相反。
- "加载"按钮：用于加载新的线型。单击该按钮，打开如图 4-8 所示的"加载或重载线型"对话框，该对话框列出了以"lin"为扩展名的线型库文件。选择要输入的新线型，单击"确定"按钮，完成加载线型操作，返回"线型管理器"对话框。
- "当前"按钮：用于指定当前使用的线型。在线型列表框中选择某线型，单击"当前"按钮，则此线型为当前层所使用的线型。
- "删除"按钮：用于从线型列表中删除没有使用的线型，即当前图形中没有使用的线型。
- "显示细节"按钮：用于显示或隐藏"线型管理器"对话框中的"详细信息"，如图 4-15 所示。

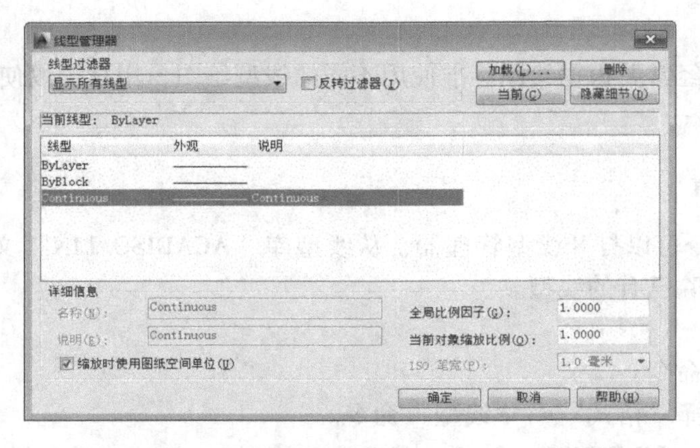

图 4-15　显示详细信息的"线型管理器"对话框

- "详细信息"选项组："全局比例因子"文本框用于设置全局比例因子。它可以控制线型的线段长短、点的大小、线段的间隔尺寸。全局比例因子将修改所有新的和现有的线型比例。

  "当前对象缩放比例"文本框：用于设置当前对象的线型比例。该比例因子与全局比例因子的乘积为最终比例因子。

"缩放时使用图纸空间单位"复选框：该复选框被选中后，AutoCAD 自动调整不同图纸空间视口中线型的缩放比例，一是按创建对象时所在空间的图形单位比例缩放，二是基于图纸空间单位比例缩放。

3. 线型库

AutoCAD 2014 标准线型库提供的 45 种线型中包含多种长短、间隔不同的虚线和点画线，只有适当地选择，在同一线型比例下，才能绘制出符合制图标准的图线。AutoCAD 2014 中标准线型及说明如图 4-16 所示。

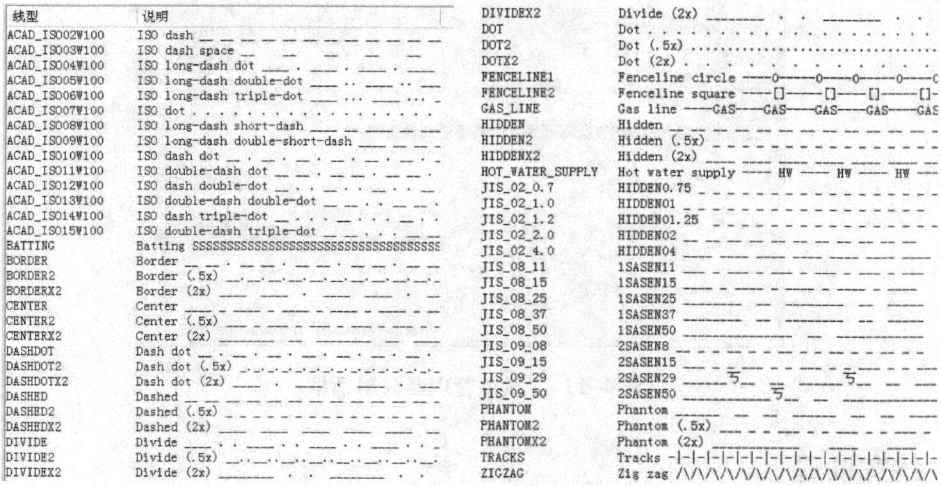

线型	说明
ACAD_ISO02W100	ISO dash
ACAD_ISO03W100	ISO dash space
ACAD_ISO04W100	ISO long-dash dot
ACAD_ISO05W100	ISO long-dash double-dot
ACAD_ISO06W100	ISO long-dash triple-dot
ACAD_ISO07W100	ISO dot
ACAD_ISO08W100	ISO long-dash short-dash
ACAD_ISO09W100	ISO long-dash double-short-dash
ACAD_ISO10W100	ISO dash dot
ACAD_ISO11W100	ISO double-dash dot
ACAD_ISO12W100	ISO dash double-dot
ACAD_ISO13W100	ISO double-dash double-dot
ACAD_ISO14W100	ISO dash triple-dot
ACAD_ISO15W100	ISO double-dash triple-dot
BATTING	Batting SSSSSSSSSSSSSSSSSSSSSSSSSSSSSSSSSSSS
BORDER	Border
BORDER2	Border (.5x)
BORDERX2	Border (2x)
CENTER	Center
CENTER2	Center (.5x)
CENTERX2	Center (2x)
DASHDOT	Dash dot
DASHDOT2	Dash dot (.5x)
DASHDOTX2	Dash dot (2x)
DASHED	Dashed
DASHED2	Dashed (.5x)
DASHEDX2	Dashed (2x)
DIVIDE	Divide
DIVIDE2	Divide (.5x)
DIVIDEX2	Divide (2x)
DIVIDEX2	Divide (2x)
DOT	Dot
DOT2	Dot (.5x)
DOTX2	Dot (2x)
FENCELINE1	Fenceline circle ----0----0----0----0----0
FENCELINE2	Fenceline square ----[]----[]----[]----[]-
GAS_LINE	Gas line ----GAS----GAS----GAS----GAS----GAS
HIDDEN	Hidden
HIDDEN2	Hidden (.5x)
HIDDENX2	Hidden (2x)
HOT_WATER_SUPPLY	Hot water supply ---- HW ---- HW ---- HW ----
JIS_02_0.7	HIDDEN0.75
JIS_02_1.0	HIDDEN01
JIS_02_1.2	HIDDEN01.25
JIS_02_2.0	HIDDEN02
JIS_02_4.0	HIDDEN04
JIS_08_11	1SASEN11
JIS_08_15	1SASEN15
JIS_08_25	1SASEN25
JIS_08_37	1SASEN37
JIS_08_50	1SASEN50
JIS_09_08	2SASEN8
JIS_09_15	2SASEN15
JIS_09_29	2SASEN29
JIS_09_50	2SASEN50
PHANTOM	Phantom
PHANTOM2	Phantom (.5x)
PHANTOMX2	Phantom (2x)
TRACKS	Tracks -|-|-|-|-|-|-|-|-|-|-|-|-|-|-|-|-
ZIGZAG	Zig zag /\/\/\/\/\/\/\/\/\/\/\/\/\/\/\/\/\/\/\

图 4-16　标准线型及说明

在线型库单击选取要加载的某一种线型，再单击“确定”按钮，则线型被加载并在“选择线型”对话框显示该线型，再次选定该线型，单击“选择线型”对话框中的“确定”按钮，完成改变线型的操作。

按 GB/T 17450 - 1998《技术制图　图线》绘制工程图时，线型选择推荐如下。

- 实线：CONTINUOUS。
- 虚线：ACAD_ISO02W100。
- 点画线：ACAD_ISO04W100。
- 双点画线：ACAD_ISO05W100。

4. 线型比例

在绘制工程图中，除了按制图标准规定选择外，还应设定合理的整体线型比例。线型比例值若选得不合理，就会造成虚线、点画线长短、间隔过大或过小，常常还会出现虚线和点画线画出来是实线的情况。

“ACADISO. LIN”标准线型库中所设的点画线和虚线的线段长短和间隔长度，乘上全局比例因子才是真正的图样上的实际线段长度和间隔长度。线型比例值设成多少为合理，这是一个经验值。如果输出图时不改变绘图时选定的图幅大小，那么线型比例值与图幅大小无关。选用上边所推荐的一组线型时，在“A3 ~ A0”标准图幅绘图时，全局比例因子一般设定在“0. 3 ~0. 4”之间，当前对象缩放比例值一般使用默认值“1”，当特殊需要时，可进行调整。

整体线型比例值可用“LTSCALE”命令来设定，也可在“线型管理器”中设定。操作方法如下。

选择“格式”→“线型”命令，打开“线型管理器”对话框，如图 4-17所示。将“全局比例因子”设置为 0. 35，“当前对象缩放比例”设置为 1. 0000。

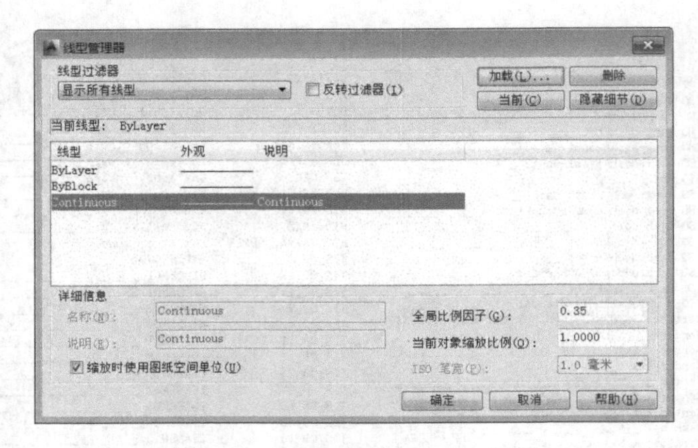

图 4-17 “线型管理器” 对话框

4.2.2 线宽设置

LWEIGHT 命令可以设置绘图线型的宽度。

1. 输入命令

可以执行以下命令 。

- 菜单栏：选择 “格式” → “线宽” 命令。
- 菜单栏：选择 “工具” → “选项” 命令，单击 “用户系统配置” 选项卡中的 “线宽设置” 按钮。
- 命令行：输入 LWEIGHT。

2. “线宽设置” 对话框

执行上面任一命令方式后，将会打开 “线宽设置” 对话框，如图 4-18 所示。

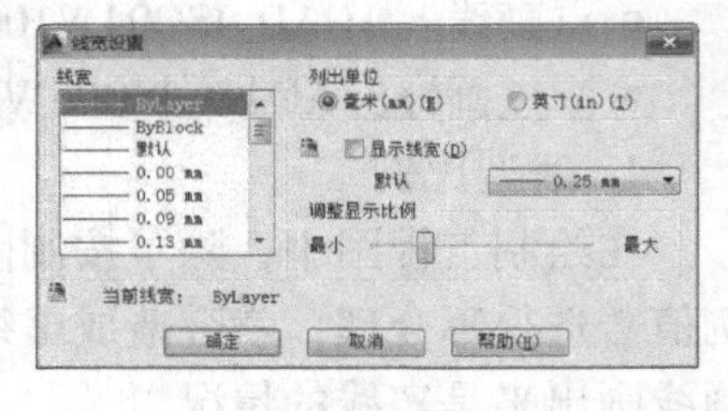

图 4-18 “线宽设置” 对话框

其主要选项功能如下。

- “线宽” 列表框：用于设置当前所绘图形的线宽。
- “列出单位” 选项组：用于确定线宽单位。
- “显示线宽” 复选框：用于在当前图形中显示实际所设线宽。如图 4-19 所示。

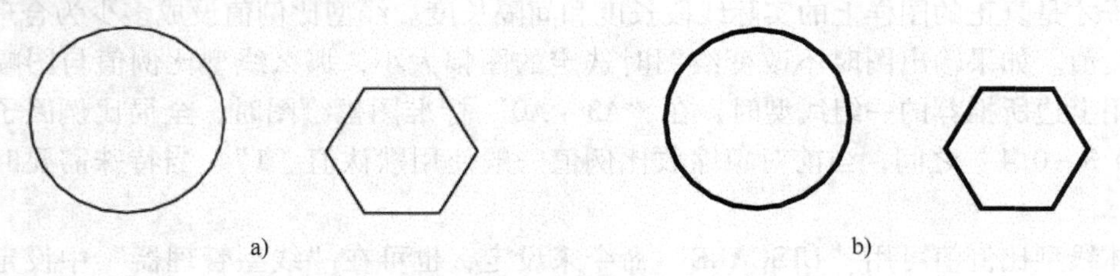

图 4-19 “显示线宽” 复选框选择效果示例
a) 未选前 b) 选择后

- “默认” 下拉列表框：用于设置图层的默认线宽，系统默认线宽为 0.25mm。
- “调整显示比例”：用于确定线宽的显示比例。当需要显示实际所设的线宽时，显示比例应调至最小。

4.3　设置颜色

COLOR 命令用于设置图形对象的颜色。

1. 输入命令

可以执行以下命令　　。

- 菜单栏：选择“格式”→“颜色”命令。
- 命令行：输入 COLOR。

2.“选择颜色”对话框

执行上面命令之一后，系统打开“选择颜色”对话框，如图 4-6 所示。“选择颜色”对话框中包含 3 个选项卡，分别为“索引颜色”“真彩色”“配色系统”选项卡。

- “索引颜色”选项卡提供了 AutoCAD 的标准颜色，包括一个 255 种（ACI 编号）颜色的调色板，其中，标准颜色分别为

1 = 红色　　2 = 黄色　　3 = 绿色　　4 = 青色

5 = 蓝色　　6 = 洋红　　7 = 白/黑色　　8 和 9 为不同程度的灰色

用户可通过鼠标单击对话框中的随层（ByLayer）、随块（ByBlock）按钮或指定某一具体颜色来进行选择。

随层：所绘制对象的颜色总是与当前图层的绘制颜色一致，这是最常用的方式。

随块：选择此项后，绘图颜色为白色，“块”成员的颜色将随块的插入而与当前图层的颜色一致。

选择某一具体颜色为绘图颜色后，系统将以该颜色绘制对象，不再随所在图层的颜色变化。

- “真彩色”选项卡可以设置图层的颜色，如图 4-20 所示。真彩色使用 24 位颜色定义 1670 万种颜色。指定真彩色时，可以使用 RGB 或 HSL 颜色模式。如果使用 RGB 颜色模式，则可以指定颜色的红、绿、蓝组合；如果使用 HSL 颜色模式，则可以指定颜色的色调、饱和度和亮度值。
- “配色系统”选项卡也可以对图层颜色进行设置，如图 4-21 所示。用户可以根据 AutoCAD 2014 提供的 PANTONE 配色系统、DIC 颜色指南和 RAL 颜色集来设置当前颜色。

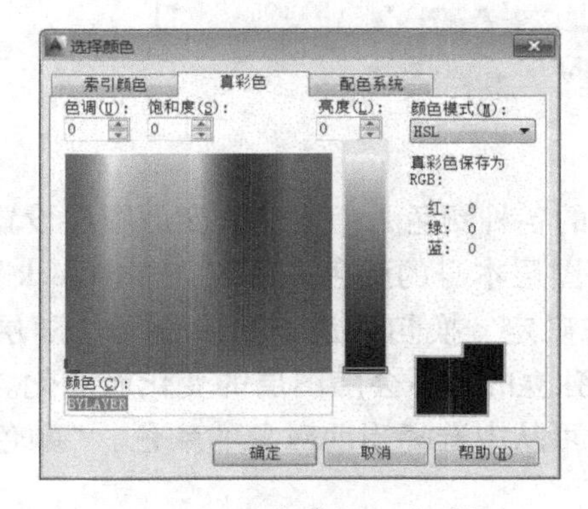

图 4-20　“真彩色”选项卡

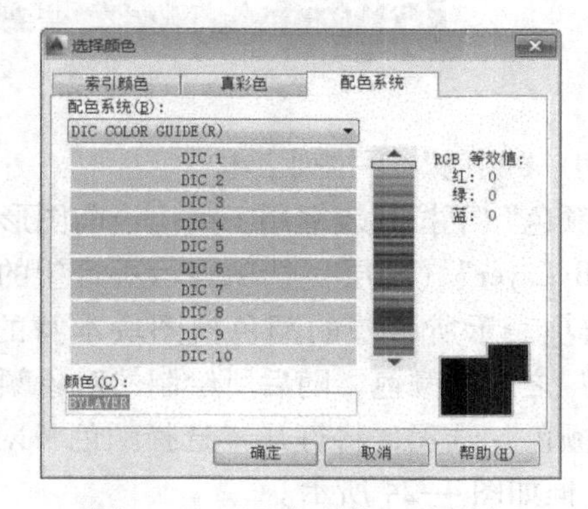

图 4-21　“配色系统”选项卡

4.4 “图层”和“对象特性”工具栏

“图层”和“对象特性”工具栏可以让用户更为方便、快捷地对图层、颜色、线型、线宽进行设置和修改。

4.4.1 “图层”工具栏

“图层”工具栏在“标准”工具栏的下面，如图 4-22 所示，各项功能分别介绍如下。

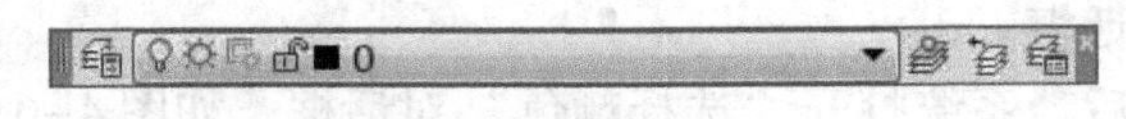

图 4-22 “图层”工具栏

（1）“图层特性管理器”按钮

用于打开“图层特性管理器”对话框，如图 4-1 所示。

（2）“图层控制”列表框

该列表中列出了符合条件的所有图层，若需将某个图层设置为当前图层，在列表框中选取该层图标即可。通过列表框可以实现图层之间的快速切换，提高绘图效率。也可以单击列表框中的图标对图层进行冻结与解冻、锁定与解冻等切换操作。

（3）“当前图层”按钮

用于将选定对象所在的图层设置为当前层。

（4）“上一个图层”按钮

用于返回到刚操作过的上一个图层。

（5）“图层状态管理器”按钮

用于打开“图层状态管理器”对话框，对其图层状态进行恢复和编辑，并可以从其他图形或文件中输入和输出，以便在其他图形中使用。

4.4.2 “对象特性”工具栏

“对象特性”工具栏在“图层”工具栏的右侧，如图 4-23 所示。其各列表框的功能分别介绍如下。

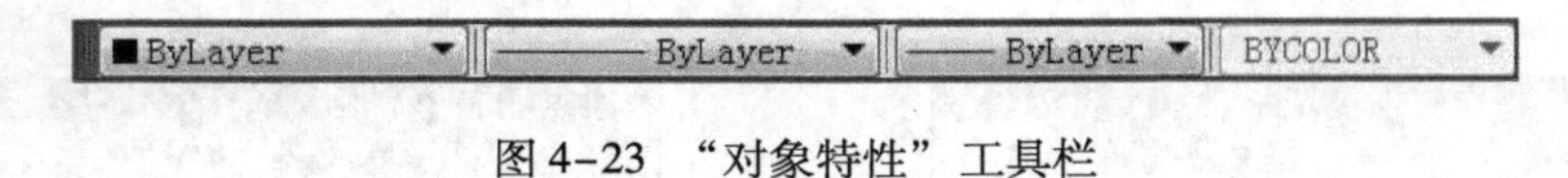

图 4-23 “对象特性”工具栏

（1）“颜色”下拉列表框

“颜色”下拉列表框用于列出当前图形可选择的各种颜色，但不能改变原图层设置的颜色，“ByLayer”（随层）选项表示所希望的颜色按图层本身的颜色来确定，“ByBlock”（随块）选项表示所希望的颜色按图块本身的颜色来确定。换句话说，如果选取“随层”与“随块”之外的颜色，随后所绘制的对象颜色将是独立的，不会随图层的变化而变化。选择“选择颜色”选项，将打开“选择颜色”对话框，可从中选择当前对象的颜色。“颜色”下拉列表框如图 4-24 所示。

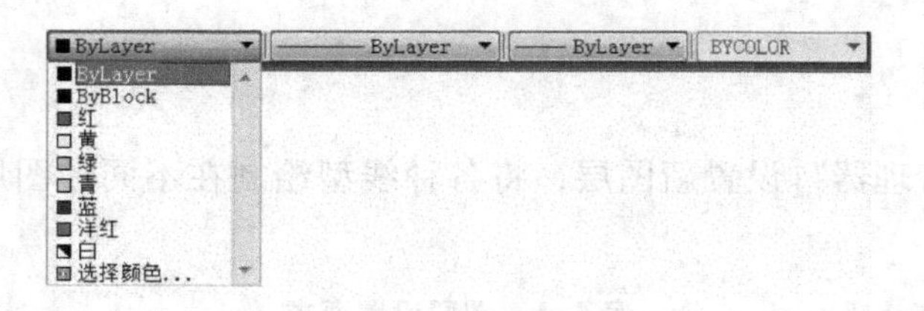

图4-24 “对象特性”工具栏中的“颜色”下拉列表框

（2）“线型”下拉列表框

“线型”下拉列表框用于列出当前图形可选用的各种线型，但不能改变原图层设置的线型，如图 4-25 所示。

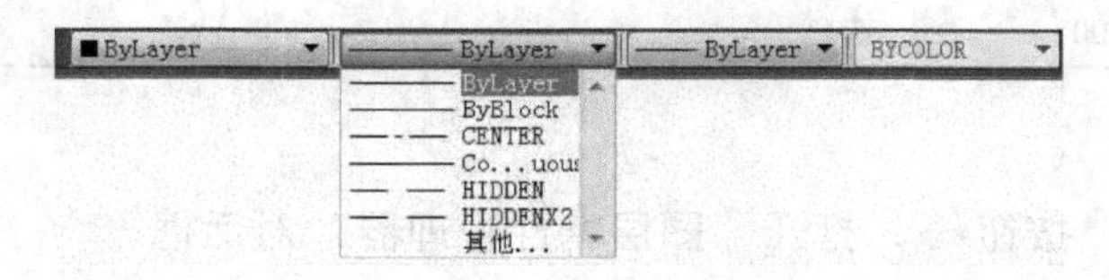

图4-25 “对象特性”工具栏中的“线型”下拉列表框

（3）“线宽”下拉列表框

“线宽”下拉列表框用于列出当前图形可选用的各种线宽，但不能改变原图层设置的线宽，如图 4-26 所示。

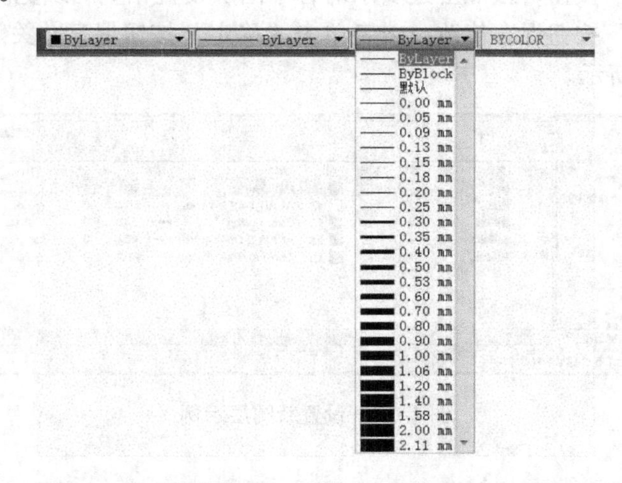

图 4-26 “对象特性”工具栏中的“线宽”下拉列表框

（4）“打印样式”下拉列表框

“打印样式”下拉列表框用于显示当前层的打印格式，若未设置则该项为不可选。

4.5 实训

4.5.1 设置图层

此节练习图层的设置。

1. 设置新图层

（1）要求

用“图层特性管理器”设置新图层，将各种线型绘制在不同的图层上。图层设置要求见表 4-1。

表 4-1　图层设置要求

线　型	颜　色	线　宽
粗实线（默认）	白色	0.7
细实线（默认）	红色	默认
虚线（ACAD_ISO02W100）	黄色	默认
点画线（ACAD_ISO04W100）	蓝色	默认

（2）操作步骤

1）单击“图层”按钮，打开“图层特性管理器”对话框。

2）在“图层特性管理器”中，单击“新建图层”按钮。设置 4 个图层，并分别命名为点画线、粗实线、细实线、虚线。

3）单击“颜色”按钮，按照上述要求对各个图层设置相应的颜色。

4）单击“线型”按钮，按照上述要求对各个图层设置相应的线型。

5）单击“线宽”按钮，按照上述要求对各个图层设置相应的线宽。

6）单击“应用”按钮保存修改，或者单击“确定”按钮保存并关闭。

结果如图 4-27 所示。

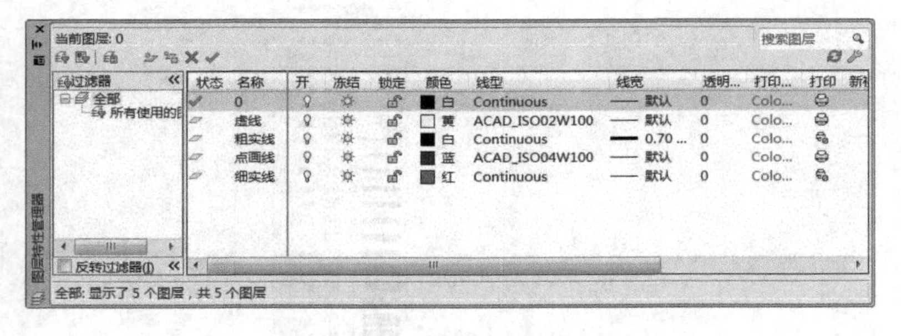

图 4-27　设置新图层示例

2. 过滤图层

（1）要求

对如图 4-27 所示的“图层特性管理器”对话框中显示的所有图层进行过滤，创建一个图形过滤器，要求被过滤的图层名称为“*实线*”，图层属于“开启”，线型为“Continuous”。

（2）操作步骤

1）选择“格式”→“图层”命令，打开“图层特性管理器”对话框。

2）在“图层特性管理器”对话框中单击“新建特性过滤器”按钮，打开“图层过滤特性”对话框，如图 4-2 所示。

3）在“过滤器名称”文本框输入“过滤特性”，在“过滤器定义”列表框中的“名称”一栏中输入“*实线*”，在“开”一栏中选择“开启”，在“线型”一栏中选择“Continuous”。

输入图层名称时，可以使用通配符。“＊”（星号）匹配任意字符串，可以在搜索字符串的任意位置使用，例如“＊实线＊”匹配任何包含“实线”的字符。“?”（问号）匹配任意单个字符，例如，“? BC”匹配 ABC、6BC 等。

4）设置完毕后，在“过滤器预览”列表框中将显示所有符合要求的图层信息，如图4-28所示。

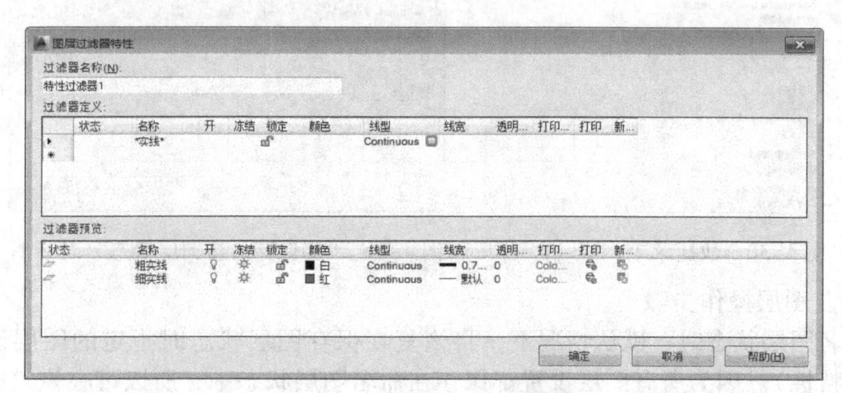

图4-28 “图层过滤器特性”对话框设置示例

5）单击“确定”按钮，关闭“图层过滤器特性”对话框，此时在“图层特性管理器”对话框的左侧列表框中将显示“特性过滤”选项。选择该选项，在对话框的右侧会显示过滤后的图层信息，如图4-29所示。

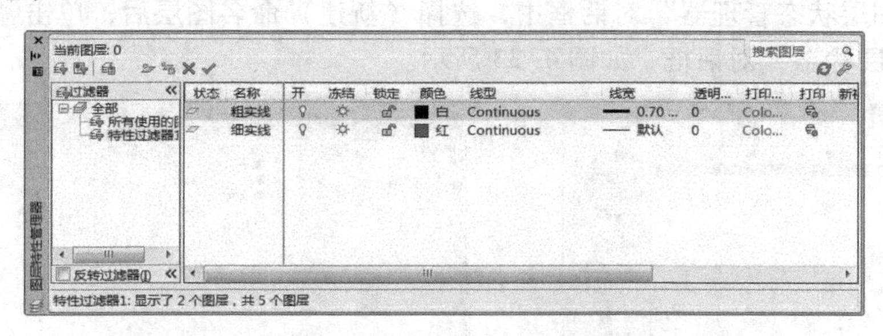

图4-29 显示过滤图层的“图层特性管理器”对话框

4.5.2 管理图层

此节练习图层的管理。

1. 保存与恢复图层

（1）要求

保存图层与恢复图层。

（2）保存图层操作步骤

在“图层特性管理器”对话框中右击，可以打开快捷菜单，如图4-30所示，从中选择“保存图层状态”和“恢复图层状态”命令可以保存和恢复图层状态。

1）在快捷菜单中选择“保存图层状态”命令，打开“要保存的新图层状态”对话框。

2）在“新图层状态名”文本框中输入图层状态的名称；在“说明”文本框中输入相关

的图层说明文字，然后单击“确定”按钮即可，如图 4-31 所示。

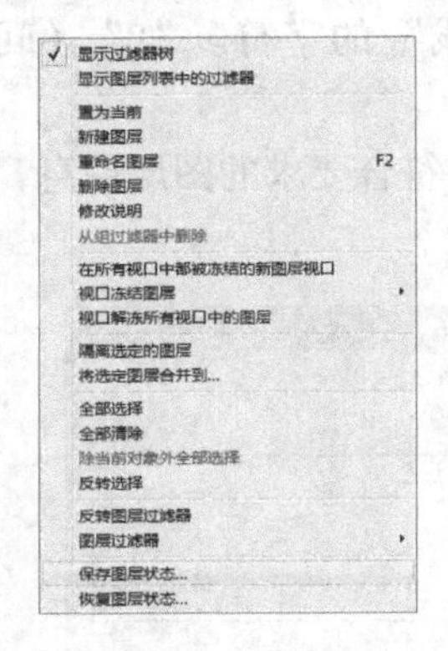

图 4-30　快捷菜单

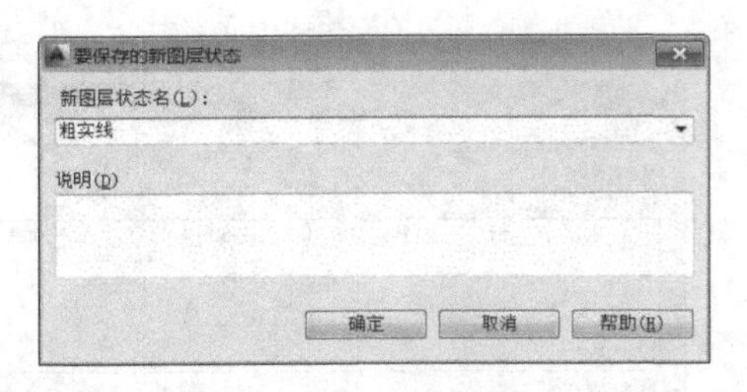

图 4-31　“要保存的新图层状态”对话框

（3）恢复图层操作步骤

恢复命名图层状态时，默认情况下，将恢复在保存图层状态时指定的图层设置（图层状态和图层特性）。因为所有图层设置都保存在命名图层状态中，所以可在恢复时指定不同的设置。未选择恢复的所有图层设置都将保持不变。恢复图层设置的操作步骤如下。

1）选择“格式”→“图层”命令，打开“图层特性管理器”对话框。

2）在“图层特性管理器”对话框中，单击“图层状态管理器”按钮，打开“图层状态管理器”对话框，如图 4-32 所示。

3）在“图层状态管理器”对话框中，选择（新建）命名图层后，单击“编辑”按钮，打开“编辑图层状态”对话框，如图 4-33 所示。

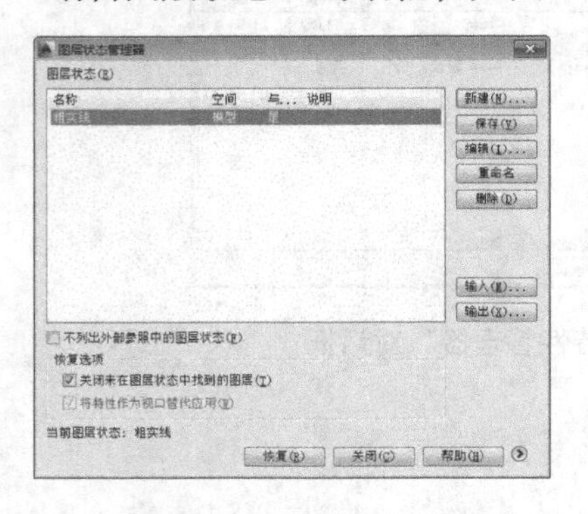

图4-32　“图层状态管理器”对话框

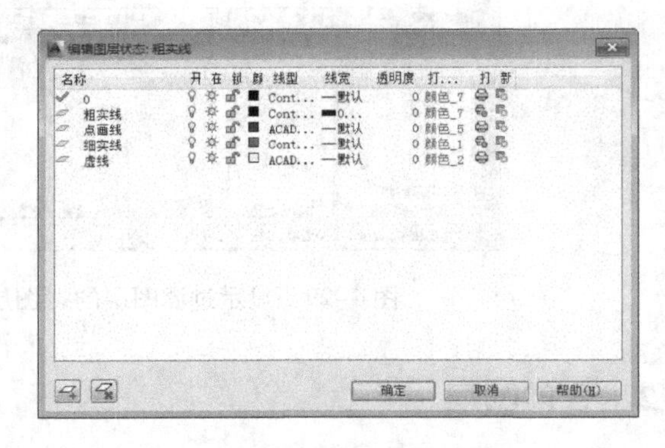

图 4-33　“编辑图层状态”对话框

4）选择要恢复的设置，返回“图层状态管理器”对话框，单击“恢复”按钮，关闭“图层状态管理器”对话框。

5）单击“确定”按钮，退出“图层特性管理器”对话框。

2. 使用“层漫游”管理图层

“层漫游”可以动态显示在“图层”列表中所选图层上的对象。当退出、保存图层状态时，可以更改当前图层状态。以图 4-34 为例：要求在绘图区只显示“尺寸”图层，并要求确定两个小圆所在的图层。操作步骤如下。

1）选择“格式”→“图层工具”→“图层漫游”命令，打开“图层漫游”对话框，如图 4-35所示。对话框标题中显示出图形中的图层数。

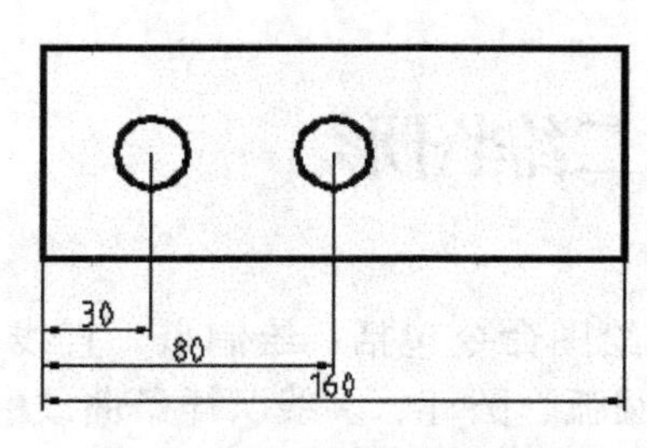

图 4-34 “图层漫游”示例

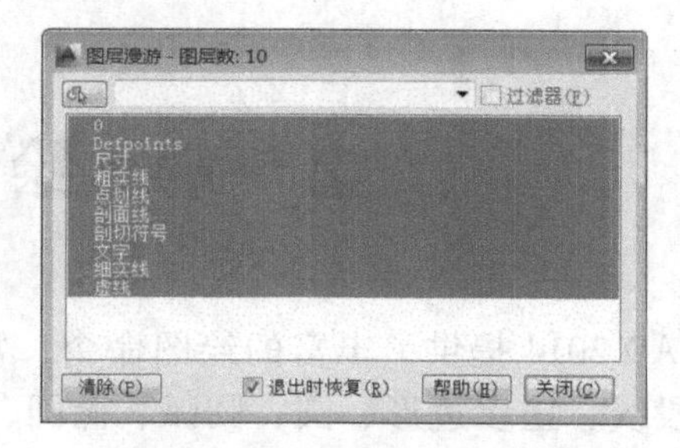

图 4-35 “图层漫游”对话框

2）在图层列表中选择“尺寸”图层，在绘图区中将只显示“尺寸”图层中的元素，如图 4-36 所示。

3）在“图层漫游”对话框中单击“选择对象”按钮，并在绘图区选取两个小圆。

4）按〈Enter〉键返回“图层漫游”对话框，此时，只有两小圆所在的图层上显亮，用户即可确定它们所在的图层，如图 4-37 所示。

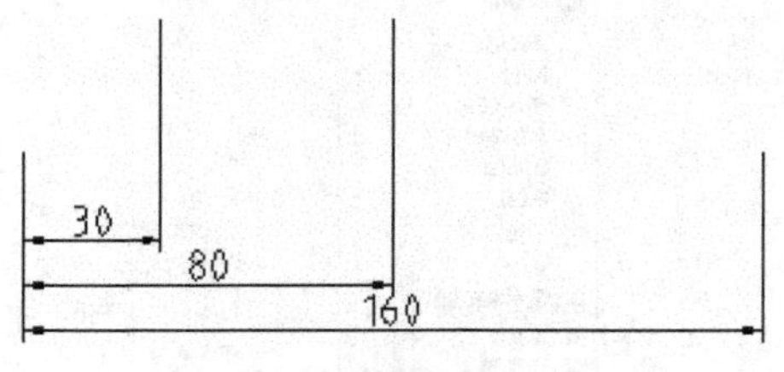

图 4-36 “图层漫游”示例

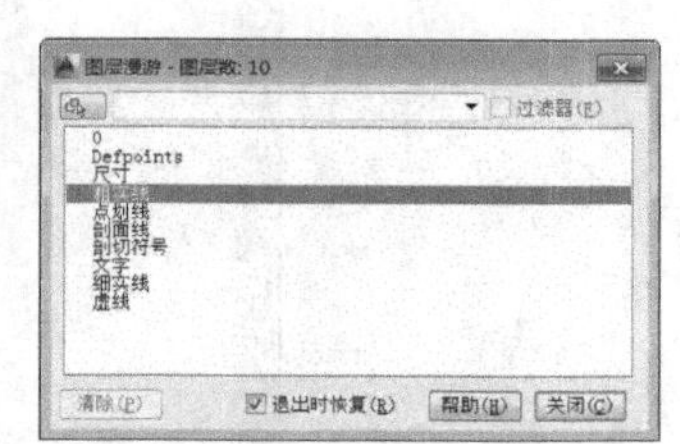

图 4-37 “图层漫游”对话框

4.6 习题

1. 用“图层特性管理器”创建新图层，图层、颜色、线型、线宽设置要求见表 4-2。

表 4-2 新图层设置要求

名 称	颜 色	线 型	线 宽
粗实线	白色（或黑色）	实线（CONTINUOUS）	0.7 mm
虚线	黄色	虚线（ACAD_ISO02W100）	默认
点画线	蓝色	点画线（ACAD_ISO04W100）	默认
双点画线	蓝色	双点画线（ACAD_ISO05W100）	默认
细实线	红色	实线（CONTINUOUS）	默认
剖面线	红色	实线（CONTINUOUS）	默认
尺寸	白色（或黑色）	实线（CONTINUOUS）	默认
文字	白色（或黑色）	实线（CONTINUOUS）	默认
剖切符号	白色（或黑色）	实线（CONTINUOUS）	0.7mm

2. 在创建的各新图层上绘制图形，并利用“图层”和“对象特性”工具栏来改变图形的设置。

第 5 章　绘制二维图形

AutoCAD 2014 提供了丰富的绘图命令，常用绘图命令包括：绘制点、直线、构造线、多线、多段线、正多边形、圆、圆弧、椭圆、椭圆弧、圆环、多线、样条曲线、云线、面域、区域覆盖等。可以从“绘图”工具栏和“绘图”菜单栏调用这些命令，如图 5-1 和图 5-2 所示。本章主要介绍如何调用命令来绘制二维图形。

图5-1　“绘图”工具栏　　　　图 5-2　“绘图”菜单栏

5.1　绘制点

点是组成图形的最基本的实体对象之一。利用 AutoCAD 可以方便地绘制各种形式的点。

5.1.1　设置点的样式

AutoCAD 提供了 20 种不同样式的点，用户可以根据需要进行设置。

1. 输入命令

可以执行以下命令　　。

- 菜单栏：选择“格式”→“点样式”命令。
- 命令行：输入 DDPTYPE。

2. 操作格式

执行上面命令之一，系统打开“点样式”对话框，如图 5-3 所示。

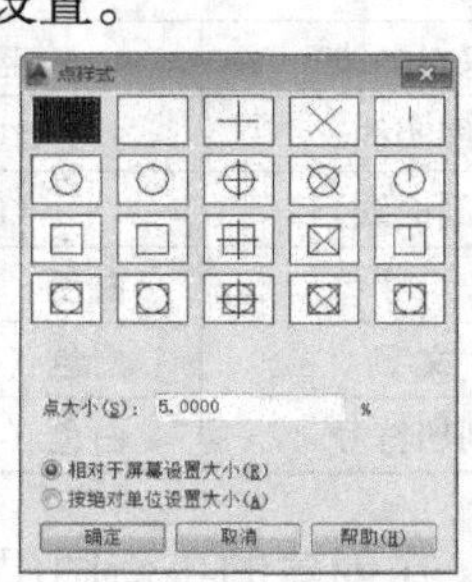

图 5-3　“点样式”对话框

“点样式”对话框中各选项功能如下。

- “点样式”：提供了 20 种样式，可以从中任选一种。
- “点大小”文本框：确定所选点的大小。
- “相对于屏幕设置大小”单选按钮：即点的大小随绘图区的变化而改变。
- “用绝对单位设置大小”单选按钮：即点的大小不变。

设置样式后，单击“确定”按钮，完成操作。

5.1.2 绘制单点或多点

在指定位置上绘制单一点或多个点。

1. 输入命令

可以执行以下命令。

- 工具栏：单击“点”按钮。
- 菜单栏：选择“绘图”→“点”→“单点”或“多点”命令。
- 命令行：输入 POINT。

2. 操作格式

系统提示：

```
命令:(输入命令)
指定点:(指定点的位置)
```

如果选用“单点”命令，在指定点位置后将结束操作；若选用“多点”命令则在指定点后，可以继续输入点的位置或按〈Esc〉键结束操作。

如果默认状态下的点样式过小，不易观察结果，可以重新设置点样式。

5.1.3 绘制等分点

在指定的对象上绘制等分点或在等分点处插入块（块的内容在后面章节介绍）。

1. 输入命令

可以执行以下命令。

- 菜单栏：选择“绘图”→“点”→“定数等分”命令。
- 命令行：输入 DIVIDE。

2. 操作格式

下面以图 5-4 为例，绘制直线 L。

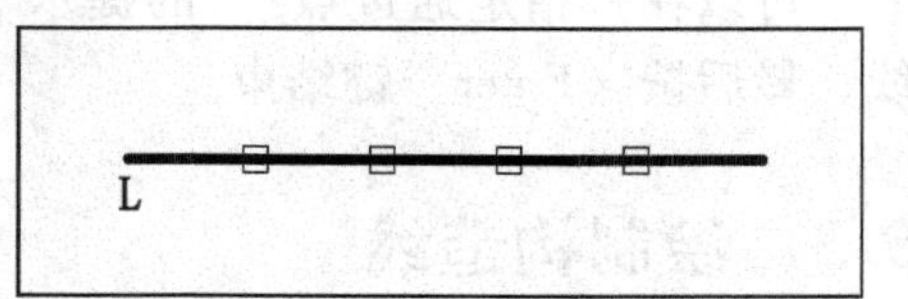

图 5-4 “定数等分”线段示例

系统提示：

```
命令:(输入命令)
选择要定数等分的对象:(选择直线 L)
输入线段数目或[块(B)]:(输入等分线段数目“5”)
```

按〈Enter〉键，完成操作，结果如图 5-4 所示。

5.1.4 绘制等距点

在指定的对象上用给定距离放置点或块。

1. 输入命令

可以执行以下命令 。

● 菜单栏：选择“绘图”→“点”→“定距等分”命令。

● 命令行：输入 MEASURE。

2. 操作格式

下面以图 5-5 为例，绘制直线 L。

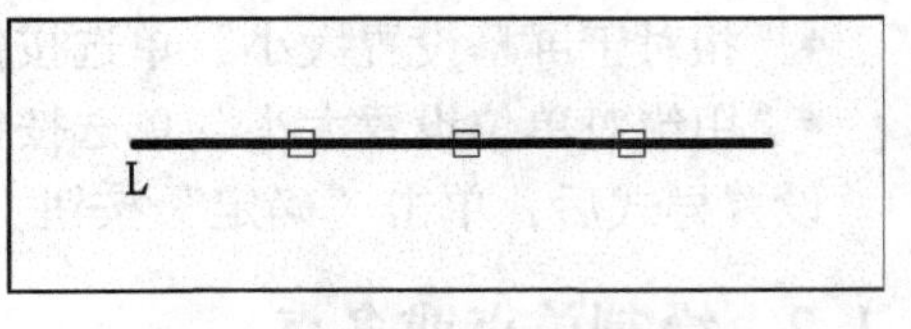

图 5-5 “定距等分”线段示例

系统提示：

命令：(输入命令)
选择要定距等分的对象：(选择直线 L 左端，一般以离选择线段对象点较近端为等距起点)
指定线段长度或[块(B)]：(输入线段长度“40”)

按〈Enter〉键，完成操作，结果如图 5-5 所示。

5.2 绘制射线

射线为一端固定、另一端无限延长的直线。

1. 输入命令

可以执行以下命令 。

● 菜单栏：选择“绘图”→“射线”命令。

● 命令行：输入 RAY。

2. 操作格式

命令：(输入命令)
指定起点：(指定起点)
指定通过点：(指定通过点，画出一条线)

可以在“指定通过点：”的提示下，指定多个通过点，来绘制以起点为端点的多条射线，最后按〈Enter〉键结束。

5.3 绘制构造线

构造线又叫参照线，是向两个方向无限延长的直线。构造线一般用作绘图的辅助线，其操作方法如下。

5.3.1 指定两点画线

该选项为默认项，可画一条或一组穿过起点和通过各点的无穷长直线。

1. 输入命令

可以执行以下命令 。

● 工具栏：单击“构造线”按钮 。

● 菜单栏：选择“绘图”→“构造线”命令。

- 命令行：输入 XLINE。

2. 操作格式

```
命令:(输入命令)
指定点或[水平(H)/垂直(V)/角度(A)/二等分(B)/偏移(O)]:(指定起点)
指定通过点:(指定通过点,画出一条线)
指定通过点:(指定通过点,再画一条线或按〈Enter〉键结束)
命令:
```

提示中各选项含义如下。

- 水平（H）：用于绘制通过指定点的水平构造线。
- 垂直（V）：用于绘制通过指定点的垂直构造线。
- 角度（A）：用于绘制通过指定点并呈指定角度的构造线。
- 二等分（B）：用于绘制通过指定角的平分线。
- 偏移（O）：复制现有的构造线，并指定偏移通过的点。

5.3.2 绘制水平构造线

该选项可以绘制一条或一组通过指定点并平行于 X 轴的构造线，其操作如下。

```
命令:(输入绘制构造线命令)
指定点或[水平(H)/垂直(V)/角度(A)/二等分(B)/偏移(O)]:(输入"H",按〈Enter〉键)
指定通过点:(指定通过点后画出一条水平线)
指定通过点:(指定通过点再画出一条水平线或按〈Enter〉键结束命令)
命令:
```

5.3.3 绘制垂直构造线

该选项可以绘制一条或一组通过指定点并平行于 Y 轴的构造线，其操作如下。

```
命令:(输入绘制构造线命令)
指定点或[水平(H)/垂直(V)/角度(A)/二等分(B)/偏移(O)]:(输入"V",按〈Enter〉键)
指定通过点:(指定通过点画出一条铅垂线)
指定通过点:(指定通过点再画出一条铅垂线或按〈Enter〉键结束命令)
命令:
```

5.3.4 绘制构造线的平行线

该选项可以绘制与所选直线平行的构造线，其操作如下。

```
命令:(输入绘制构造线命令)
指定点或[水平(H)/垂直(V)/角度(A)/二等分(B)/偏移(O)]:(输入"O",按〈Enter〉键)
指定偏移距离或[通过(T)]〈20〉:(输入偏移距离)
选择直线对象:(选取一条构造线)
指定要偏移的边:(指定在已知构造线的哪一侧偏移)
选择直线对象:(可重复绘制构造线或按〈Enter〉键结束命令)
命令:
```

若在“指定偏移距离或[通过(T)]〈20〉:”提示行输入 T，系统提示如下。

选择直线对象：(选择一条构造线或直线)
指定通过点：(指定通过点可以绘制与所选直线平行的构造线)
选择直线对象：(可同上操作再画一条线，也可按〈Enter〉键结束该命令)

5.3.5 绘制角度构造线

该选项可以绘制一条或一组指定角度的构造线，其操作如下。

命令：(输入绘制构造线命令)
指定点或[水平(H)/垂直(V)/角度(A)/二等分(B)/偏移(O)]：(输入“A”，按〈Enter〉键)

确定选项后，按提示先指定角度，再指定通过点即可绘制角度构造线。

5.4 绘制多边形

在 AutoCAD 中可以精确绘制 3～1024 边数的多边形，并提供了边长、内接圆、外切圆 3 种绘制方式，该功能绘制的多边形是封闭的单一实体。

5.4.1 边长方式

1. 输入命令

可以执行以下命令。

- 工具栏：单击“多边形”按钮⬠。
- 菜单栏：选择“绘图”→“多边形”命令。
- 命令行：输入 POLYGON。

2. 操作格式

命令：(输入命令)
输入侧面数〈4〉：(输入侧面的边数，默认边数为 4)
指定正多边形的中心点或[边(E)]：(输入“E”)
指定边的第一个端点：(输入边的第一个端点 1)
指定边的第二个端点：(输入边的第二个端点 2)
命令：

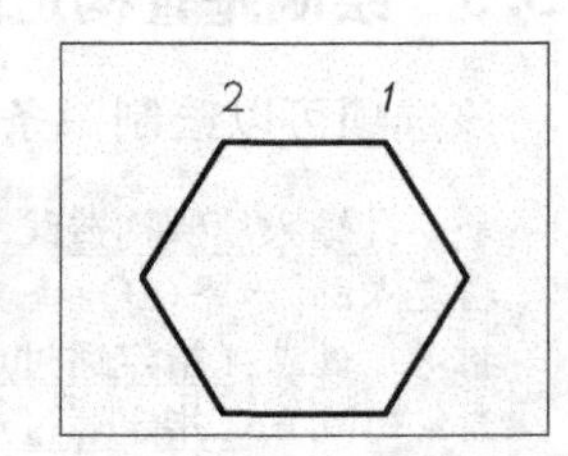

图5-6 边长方式绘制多边形

结果如图 5-6 所示。

5.4.2 内接圆方式

1. 输入命令

可以执行以下命令。

- 工具栏：单击“多边形”按钮⬠。
- 菜单栏：选择“绘图”→“多边形”命令。
- 命令行：输入 POLYGON。

2. 操作格式

命令：(输入命令)
输入边的数目〈4〉：(输入边数 6，默认边数为 4)

```
指定正多边形的中心点或[边(E)]:(指定多边形的中心点)
输入选项[内接于圆(I)/外切于圆(C)]〈I〉:(〈I〉为默认值,直接按〈Enter〉键)
指定圆的半径:(指定圆的半径)
命令:
```

按内接圆方式绘制多边形的结果如图 5-7 所示。

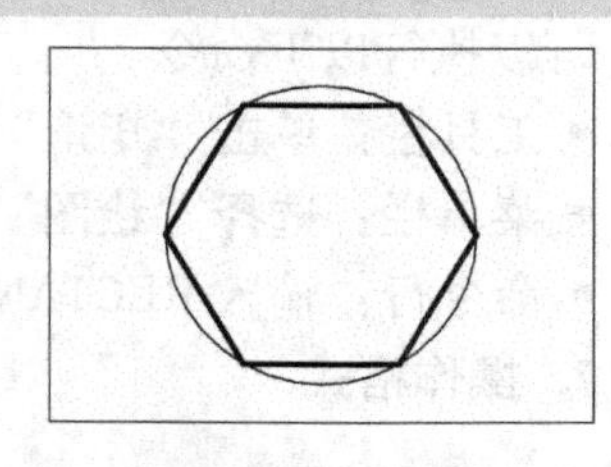

图 5-7　内接圆方式绘制多边形示例

5.4.3　外切圆方式

1. 输入命令

可以执行以下命令　　。

- 工具栏：单击“多边形”按钮。
- 菜单栏：选择“绘图”→“多边形”命令。
- 命令行：输入“POLYGON”。

2. 操作格式

```
命令:(输入命令)
输入边的数目〈4〉:(输入边数6,默认边数为4)
指定正多边形的中心点或[边(E)]:(指定多边形的中心点)
输入选项[内接于圆(I)/外切于圆(C)]〈I〉:(输入“C”)
指定圆的半径:(指定圆的半径)
命令:
```

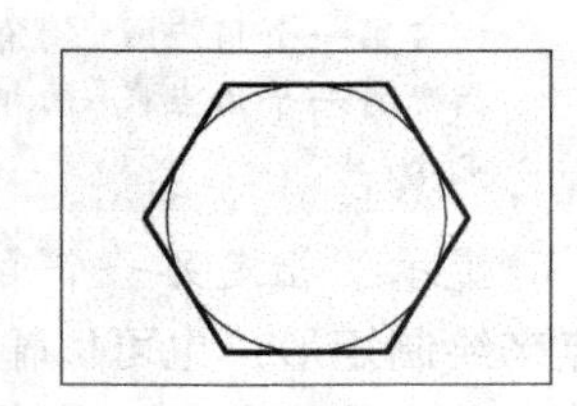

图 5-8　外切圆方式绘制多边形示例

按外切圆方式绘制多边形的结果如图 5-8 所示。

5.5　绘制矩形

该命令可以绘制矩形，并能按要求绘制倒角和圆角。该功能绘制出的矩形为封闭的单一实体。

5.5.1　绘制常规矩形

该方式按指定的两个对角点绘制矩形，以图 5-9 为例。

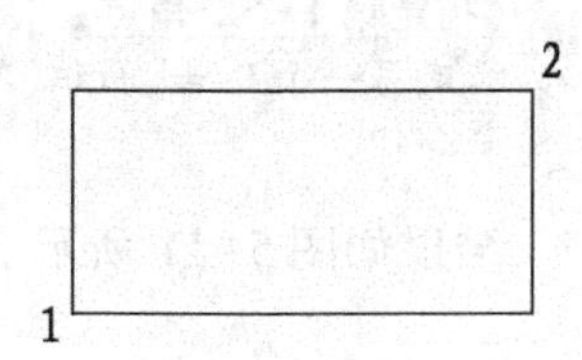

图 5-9　绘制矩形示例

1. 输入命令

可以执行以下命令　　。

- 工具栏：单击“矩形”按钮。
- 菜单栏：选择“绘图”→“矩形”命令。
- 命令行：输入 RECTANG。

2. 操作格式

```
命令:(输入命令)
指定第一个角点或[倒角(C)/标高(E)/圆角(F)/厚度(T)/宽度(W)]:(选取矩形第1个对角点1)
指定另一个角点或[面积(A)/尺寸(D)/旋转(R)]:(用鼠标选点或输入矩形另一个对角点2的坐标)
命令:
```

结果如图 5-9 所示。

5.5.2 绘制倒角矩形

该方式按指定的倒角尺寸，绘制倒角矩形，以图 5-10 为例。

1. 输入命令

可以执行以下命令　　。

- 工具栏：单击“矩形”按钮▭。
- 菜单栏：选择“绘图”→“矩形”命令。
- 命令行：输入 RECTANG。

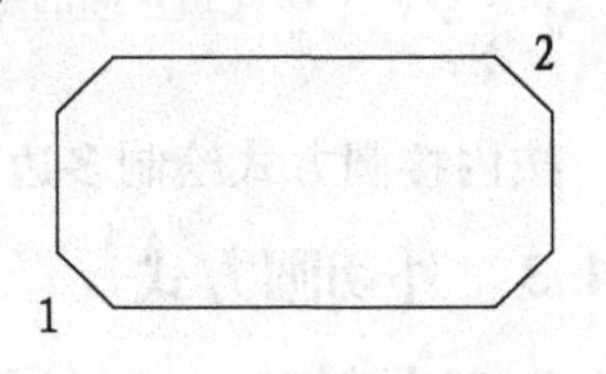

图 5-10　绘制倒角矩形示例

2. 操作格式

```
命令:(输入命令)
指定第 1 个角点或[倒角(C)/标高(E)/圆角(F)/厚度(T)/宽度(W)]:(输入“C”)
指定矩形的第 1 个倒角距离〈0.00〉:(输入“20”)
指定矩形的第 2 个倒角距离〈0.00〉:(输入“20”)
指定第一个角点或[倒角(C)/标高(E)/圆角(F)/厚度(T)/宽度(W)]:(指定 1 点)
指定另一个角点或[面积(A)/尺寸(D)/旋转(R)]:(指定 2 点)
命令:
```

提示“指定另一个角点[面积(A)/尺寸(D)/旋转(R)]:”时，可以直接指定另一个角点来绘制矩形；也可以输入 A，通过指定矩形的面积和长度（或宽度）绘制矩形；也可以输入 D，通过指定矩形的长度、宽度和矩形的另一个角点绘制矩形；也可以输入 R，通过指定旋转的角度和拾取两个参考点绘制矩形，结果如图 5-10 所示。

5.5.3 绘制倒圆角矩形

该方式按指定的圆角尺寸，绘制倒圆角矩形，以图 5-11 为例。

```
命令:(输入绘制矩形命令)
指定第 1 个角点或[倒角(C)/标高(E)/圆角(F)/厚度(T)/宽度(W)]:
(输入“F”)
指定矩形的圆角半径〈0.00〉:(输入“20”)
指定第 1 个角点或[倒角(C)/标高(E)/圆角(F)/厚度(T)/宽度(W)]:
(指定第 1 个对角点)
指定另一个角点[面积(A)/尺寸(D)/旋转(R)]:(指定另一个对角点)
命令:
```

图 5-11　绘制倒圆角矩形示例

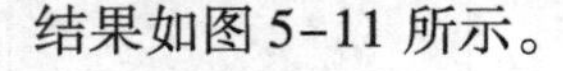
结果如图 5-11 所示。

5.6 绘制圆弧

ARC 命令可以根据指定的方式绘制圆弧，AutoCAD 提供了 11 种方式来绘制圆弧，绘制圆弧的方式如图 5-12 所示。

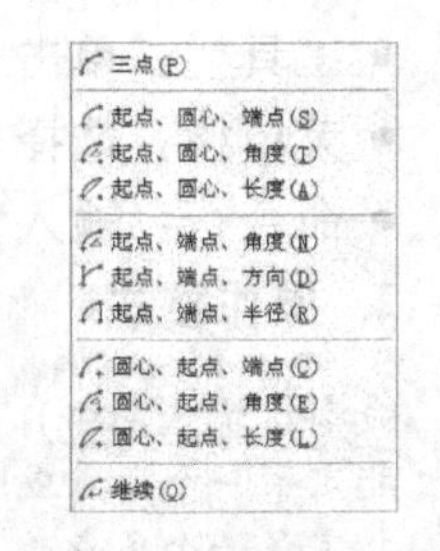

图 5-12　“圆弧”子菜单

5.6.1 三点方式

1. 输入命令

可以执行以下命令　　。

- 工具栏：单击“圆弧”按钮。
- 菜单栏：选择“绘图”→“圆弧”→“三点”命令。
- 命令行：输入 ARC。

一般情况使用菜单栏选择“圆弧”的命令较为方便。

2. 操作格式

以图 5-13 为例。

```
命令:(输入命令)
指定圆弧的起点或[圆心(C)]:(指定圆弧起点 A)
指定圆弧的第二点或[圆心(C)/端点(E)]:(指定 B 点)
指定圆弧的端点:(指定圆弧的端点 C)
命令:
```

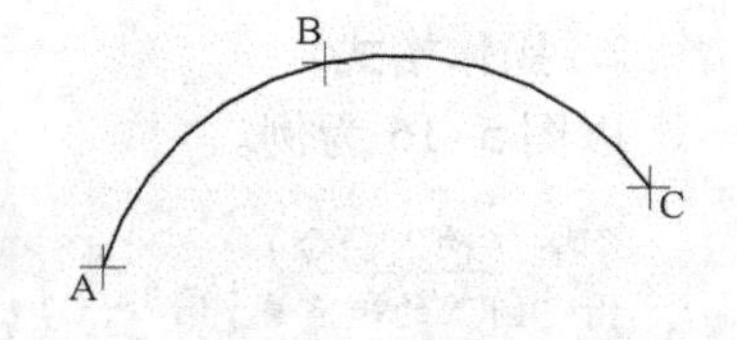

图 5-13 三点方式绘制圆弧示例

结果如图 5-13 所示。三点方式为默认方式。

5.6.2 起点、圆心、端点方式

1. 输入命令

可以执行以下命令。

- 工具栏：单击“圆弧”按钮。
- 菜单栏：选择“绘图”→“圆弧”→“起点、圆心、端点”命令。
- 命令行：输入 ARC。

2. 操作格式

以图 5-14 为例。

```
命令:(输入命令)
指定圆弧的起点或[圆心(C)]:(指定圆弧起点 A)
指定圆弧的起点或[圆心(C)/端点(E)]:(输入“C”)
指定圆弧的圆心:(指定圆心 O)
指定圆弧的端点或[角度(A)/弦长(L)]:(指定端点 B)
命令:
```

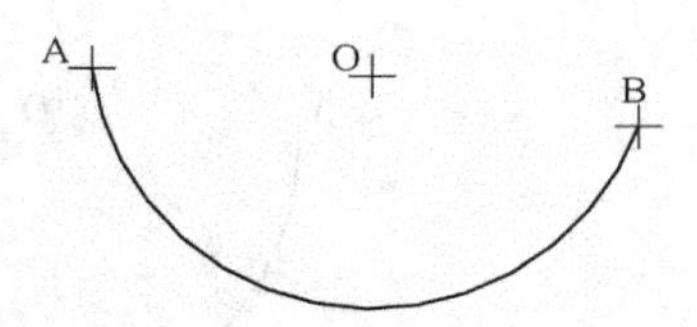

图 5-14 起点、圆心、端点方式绘制圆弧示例

结果如图 5-14 所示。

5.6.3 起点、圆心、角度方式

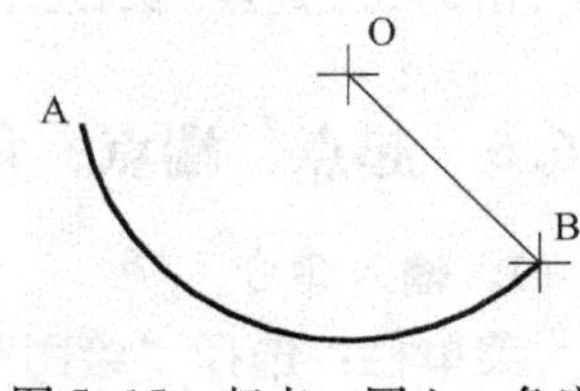

图 5-15 起点、圆心、角度方式绘制圆弧示例

1. 输入命令

菜单栏：选择“绘图”→“圆弧”→“起点、圆心、角度”命令。

2. 操作格式

以图 5-15 为例。

```
命令:(输入命令)
指定圆弧的起点或[圆心(C)]:(指定圆弧起点 A)
指定圆弧的第二点或[圆心(C)/端点(E)]:(输入“C”)
指定圆弧的圆心:(指定圆心 O)
指定圆弧的端点或[角度(A)/弦长(L)]:(输入“A”)
指定包含角:(输入包含角度 160)
命令:
```

结果如图 5-15 所示。默认状态下，角度方向设置为逆时针，输入正值，绘制的圆弧从起始点绕圆心沿逆时针方向绘出；如果输入负值，则沿顺时针方向绘出。

5.6.4 起点、圆心、长度方式

1. 输入命令

菜单栏：选择“绘图”→“圆弧”→“起点、圆心、长度”命令。

2. 操作格式

以图 5-16 为例。

```
命令:(输入命令)
指定圆弧的起点或[圆心(C)]:(指定圆弧起点 A)
指定圆弧的第二点或[圆心(C)/端点(E)]:(输入“C”)
指定圆弧的圆心:(指定圆心 O)
指定圆弧的端点[角度(A)/弦长(L)]:(输入“L”)
指定弦长:(输入“200”)
命令:
```

结果如图 5-16 所示。如果输入的弦长为“-200”，则显示为空缺部分，如图 5-17 所示。

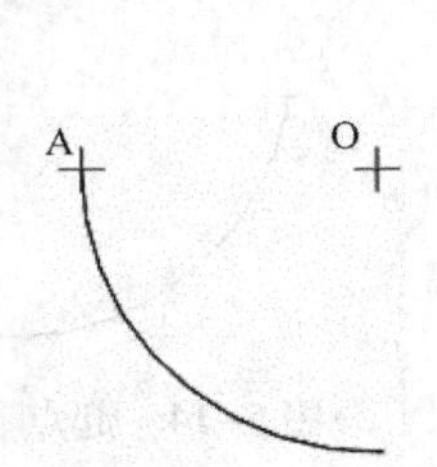

图 5-16 起点、圆心、长度绘制圆弧示例

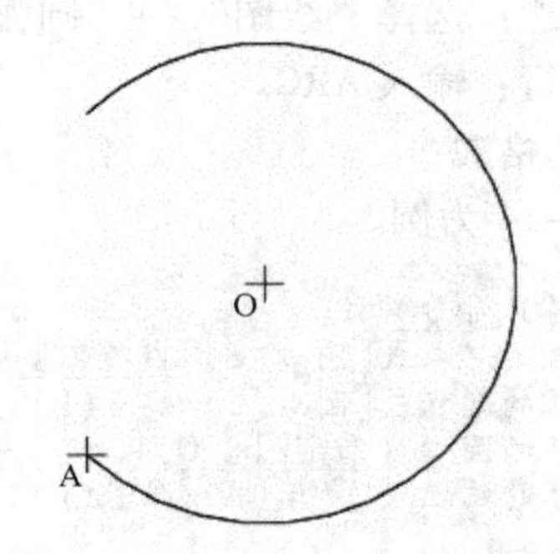

图 5-17 弧长为负值的结果示例

5.6.5 起点、端点、角度方式

1. 输入命令

菜单栏：选择“绘图”→“圆弧”→“起点、端点、角度”命令。

2. 操作格式

以图 5-18 为例。

```
命令:(选择“绘图”→“圆弧”→“起点、端点、角度”命令)
指定圆弧的起点或[圆心(C)]:(指定圆弧起点 A)
指定圆弧的第二点或[圆心(CE) / 端点(E)]:指定圆弧的端点:(指定圆弧的端点 B)
指定圆弧的圆心或[角度(A) / 方向(D) / 半径(R)]:指定包含角:(输入圆弧包含角 120)
命令:
```

结果如图 5-18 所示。

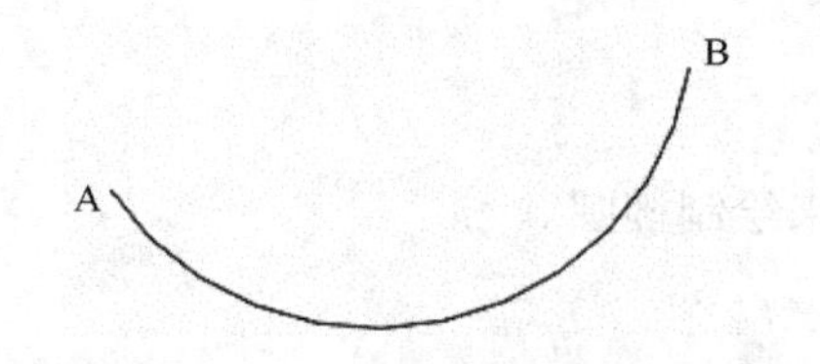

图 5-18　起点、端点、角度绘制圆弧示例

5.6.6　起点、端点、方向方式

1. 输入命令

菜单栏：选择“绘图”→“圆弧”→“起点、端点、方向”命令。

2. 操作格式

以图 5-19 为例。

```
命令:(选择“绘图”→“圆弧”→“起点、端点、方向”命令)
指定圆弧的起点或[圆心(C)]:(指定圆弧起点 a)
指定圆弧的第二点或[圆心(CE)/端点(E)]:指定圆弧的端点:(指定圆弧的端点 b)
指定圆弧的圆心或[角度(A)/方向(D)/半径(R)]:指定圆弧的起点切向:(指定圆弧的方向点)
命令:
```

所绘制圆弧以 A 点为圆弧起点，B 点为终点，所给方向点与弧起点的连线是该圆弧的矢量方向，如图 5-19 所示，AC 切向矢量确定了细实线圆弧的形状；AD 切向矢量确定了粗实线圆弧的形状。

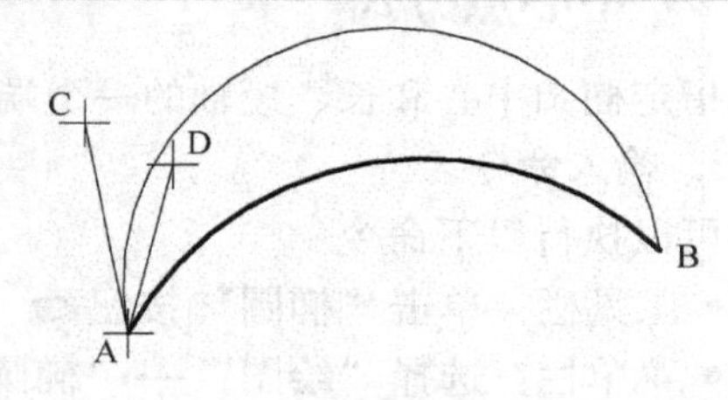

图 5-19　起点、端点、方向绘制圆弧示例

5.6.7　起点、端点、半径方式

1. 输入命令

菜单栏：选择“绘图”→“圆弧”→“起点、端点、半径”命令。

2. 操作格式

以图 5-20 为例。

```
命令:(选择“绘图”→“圆弧”→“起点、端点、半径”命令)
指定圆弧的起点或[圆心(C)]:(指定圆弧起点 A)
指定圆弧的起点或[圆心(C)/端点(E)]:(输入“E”)
指定圆弧的端点:(指定圆弧的端点 B)
指定圆弧的圆心或[角度(A)/方向(D)/半径(R)]:(输入“R”)
指定圆弧的半径:(输入“82”)
命令:
```

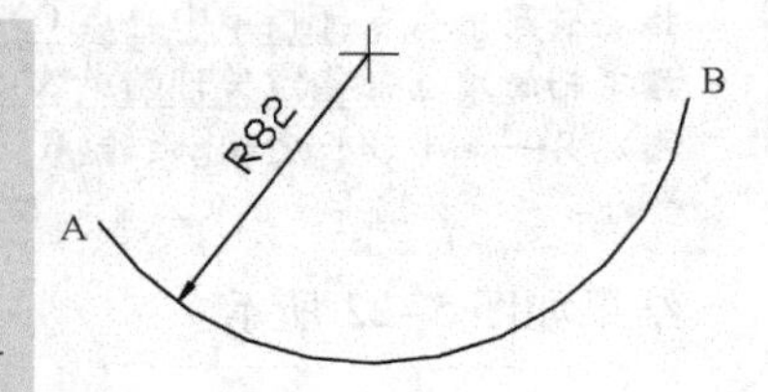

图 5-20　起点、端点、半径方式绘制圆弧示例

结果如图 5-20 所示。

5.7　绘制椭圆和椭圆弧

ELLIPSE 命令可以绘制椭圆和椭圆弧。AutoCAD 提供了 3 种画椭圆的方式，其操作如下。

5.7.1　轴端点方式

指定椭圆的 3 个轴端点来绘制椭圆。

1. 输入命令

可以执行以下命令　　。

- 工具栏：单击“椭圆”按钮。
- 菜单栏：选择“绘图”→“椭圆”命令。
- 命令行：输入 ELLIPSE。

2. 操作格式

```
命令:(输入命令)
指定椭圆的轴端点或[圆弧(A)/中心点(C)]:(指定长轴 A 点)
指定轴的另一个端点:(指定长轴另一个端点 B)
指定另一条半轴长度或[旋转(R)]:(指定 C 点确定短轴长度)
命令:
```

结果如图 5-21 所示。

图 5-21　轴端点方式绘制椭圆示例

5.7.2　中心点方式

指定椭圆中心和长、短轴的一个端点来绘制椭圆。

1. 输入命令

可以执行以下命令　　。

- 工具栏：单击“椭圆”按钮。
- 菜单栏：选择“绘图”→“椭圆”命令。
- 命令行：输入 ELLIPSE。

2. 操作格式

```
命令:(输入命令)
指定椭圆的轴端点或[圆弧(A)/中心点(C)]:(输入“C”)
指定椭圆中心点:(指定中心点 O)
指定轴的端点:(指定长轴端点 A)
指定另一条半轴长度或[旋转(R)]:(指定短轴端点 C)
命令:
```

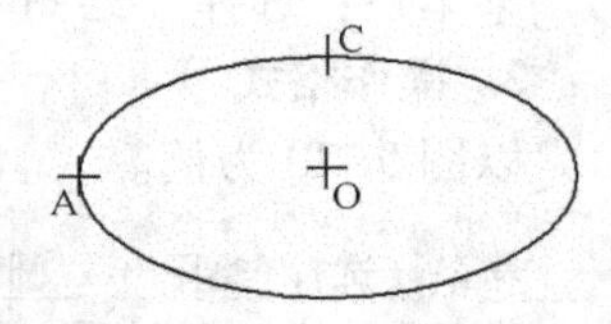

图 5-22　中心点方式绘制椭圆示例

结果如图 5-22 所示。

5.7.3　旋转角方式

此方式可以指定旋转角来绘制椭圆。旋转角是指其中一轴相对另一轴的旋转角度，当旋转角度为零时，将画成一个圆，当旋转角度 >89.4 时，命令无效。

1. 输入命令

可以执行以下命令　　。

- 工具栏：单击“椭圆”按钮。
- 菜单栏：选择“绘图”→“椭圆”命令。
- 命令行：输入 ELLIPSE。

2. **操作格式**

命令:(输入命令)
指定椭圆的轴端点或[圆弧(A)/中心点(C)]:(指定长轴端点 A)
指定轴的另一个端点:(指定长轴另一端点 B)
指定另一条半轴长度或[旋转(R)]:(输入“R”)
指定绕长轴旋转的角度:(输入“45”)
命令:

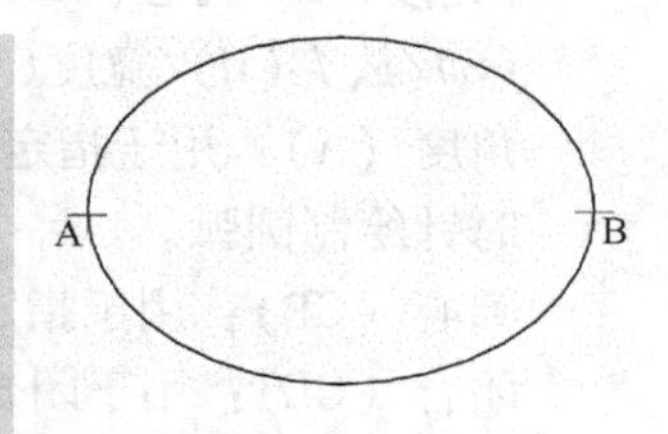

图 5-23 旋转角方式绘制椭圆示例

结果如图 5-23 所示。

5.7.4 绘制椭圆弧

绘制椭圆弧应先用上面的 3 种方式绘制出椭圆，然后指定起始点或起始角度和指定终点或终止角度。下面以轴端点方式举例，操作如下。

命令:(选择“绘图”→“椭圆”→“圆弧”命令)
指定椭圆弧的轴端点或[中心点(C)]:(指定点 A)
指定轴的另一个端点:(指定点 B)
指定另一条半轴长度或[旋转(R)]:(指定半轴端点 C)
指定起始角度或[参数(P)]:(输入起始角度“30”)
指定终止角度或[参数(P)/包含角度(I)]:(输入终止角度“-150”)
命令:

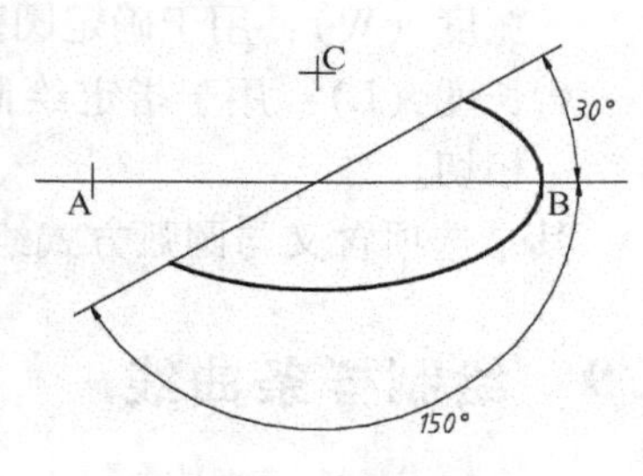

图 5-24 椭圆弧示例

结果如图 5-24 所示。

5.8 绘制多段线

多段线是由一组等宽或不等宽的直线或圆弧组成的单一实体，如图 5-25 所示。操作方法如下。

1. **输入命令**

可以执行以下命令 。

- 工具栏：单击“多段线”按钮。
- 菜单栏：选择“绘图”→“多段线”命令。
- 命令行：输入 PLINE。

图 5-25 多段线的示例

2. **操作格式**

命令:(输入命令)
指定起点:(指定多段线的起始点)
当前线宽为 0:(提示当前线宽是“0”)
指定下一点或[圆弧(A)/半宽(H)/长度(L)/放弃(U)/宽度(W)]:(指定下一点或选择选项)

3. **选项说明**

命令中的各选项功能如下。

- 指定下一点：按直线方式绘制多段线，线宽为当前值。
- 圆弧（A）：按圆弧方式绘制多段线。选择该选项后，系统提示：“指定圆弧的端点或

[角度(A)/圆心(CE)/闭合(CL)/方向(D)/半宽(H)/直线(L)/半径(R)/第二个点(S)/放弃(U)/宽度(W)]：各选项含义如下。

角度（A）：用于指定圆弧的圆心角。输入正值，逆时针绘制圆弧；输入负值，则顺时针绘制圆弧。

圆心（CE）：用于指定圆心来绘制圆弧。

闭合（CL）：用于闭合多段线，即将选定的最后一点与多段线的起点相连。

方向（D）：用于确定圆弧在起始点处的切线方向。

半宽（H）：用于确定圆弧线的宽度（即输入宽度的一半）。

直线（L）：用于转换成绘制直线的方式。

半径（R）：用于指定半径来绘制圆弧。

第二点（S）：用于输入第二点绘制圆弧。

放弃（U）：用于取消上一段绘制的圆弧。

宽度（W）：用于确定圆弧的宽度。

- 长度（L）：用于指定绘制的直线长度。其方向与前一段直线相同或与前一段圆弧相切。

其余选项含义与圆弧方式绘制的选项含义相同，这里不再重复。

5.9 绘制样条曲线

SPLINE 命令用来绘制样条曲线，操作方法如下。

1. 输入命令

可以执行以下命令　　。

- 工具栏：单击“样条曲线”按钮。
- 菜单栏：选择“绘图”→“样条曲线”→“拟合点”或“控制点”命令。
- 命令行：输入 SPLINE。

2. 操作格式。

以图 5-26 为例。

```
命令:(输入命令)
当前设置:方式=拟合；　节点=弦。
指定第一个点或[方式(M)/节点(K)/对象(O)]:(指定起点1或输入M)
输入下一个点或[起点切向(T)/公差(L)]:(指定第2点)
输入下一个点或[端点相切(T)/公差(L)/放弃(U)/闭合(C)]:(指定第3点)
输入下一个点或[端点相切(T)/公差(L)/放弃(U)/闭合(C)]:(指定第4点)
输入下一个点或[端点相切(T)/公差(L)/放弃(U)/闭合(C)]:(指定第5点)
输入下一个点或[端点相切(T)/公差(L)/放弃(U)/闭合(C)]:(指定第6点)
输入下一个点或[端点相切(T)/公差(L)/放弃(U)/闭合(C)]:(按〈Enter〉键)
命令:
```

结果如图 5-26 所示。

命令中的选项含义如下。

- 方式（M）：用于选择创建样条曲线的方法，有“拟合点”和“控制点”两种选项。

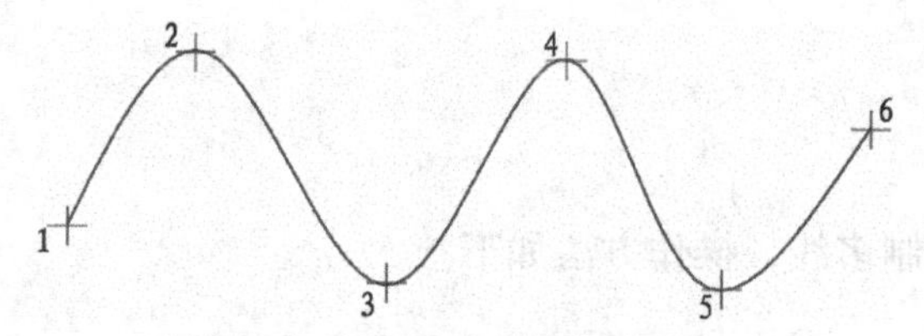

图 5-26　绘制"样条曲线"示例

当输入 M 时，系统显示"输入样条曲线创建方式[拟合(F)/控制点(CV)] ＜拟合＞"，此时输入 F，即指定拟合点来绘制样条曲线，如图 5-27a 所示；如果输入 CV，则指定控制点来绘制样条曲线，如图 5-27b 所示。

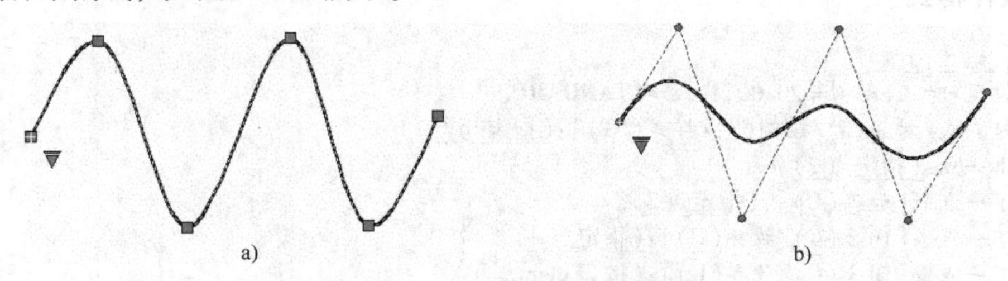

图 5-27　创建样条曲线的方法

a）使用拟合点绘制样条曲线　b）使用控制点绘制样条曲线

- 节点（K）：用于指定节点参数化，可以通过"弦""平方根"和"统一"选项来影响曲线在通过拟合点时的形状。"弦"选项通过编辑点在曲线上的十进制数值对编辑点进行定位；"平方根"选项通过节点间弦长的平方根对编辑点进行定位；"统一"选项使用连续的整数对编辑点进行定位。
- 对象（O）用于将一条二维或三维的多段线转换（拟合）成样条曲线。
- 起点切向（T）：使用基于切向创建样条曲线。
- 端点相切（T）：用于停止基于切向创建曲线。可通过指定拟合点继续创建样条曲线。
- 公差（L）：用于定距样条曲线必须经过的指定拟合点的距离。
- 放弃（U）：用于删除最后一个指定点。
- 闭合（C）：用于将样条曲线首尾封闭连接。选择此选项后，系统提示：指定终点的切线方向。

当系统提示："输入样条曲线创建方式[拟合(F)/控制点(CV)] ＜拟合＞："时，输入 CV，系统提示："指定第一个点或［方式(M)/阶数(D)/对象(O)]:"，其"阶数"用于设定可在每个范围中获得的最大"折弯"数，阶数可以为 1、2 或 3，如图 5-28 所示。

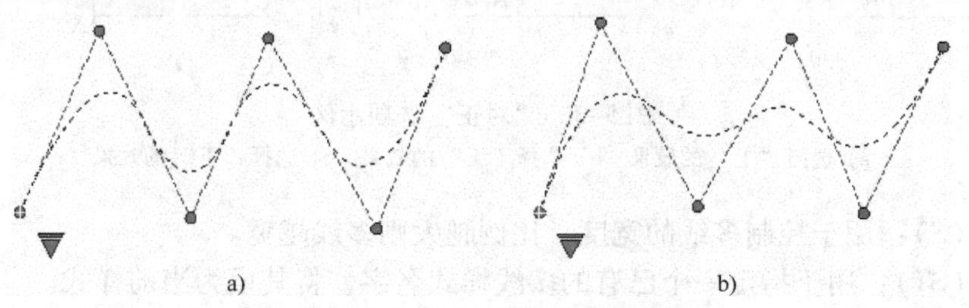

图 5-28　采用不同阶数时样条曲线的显示情况

a）阶数为 2 时绘制的曲线　b）阶数为 3 时绘制的曲线

5.10 绘制多线

MLINE 命令用来绘制多线，操作方法如下。

1. 输入命令

可以执行以下命令　　。

- 菜单栏：选择“绘图”→“多线”命令。
- 命令行：输入 MLINE。

2. 操作格式

```
命令:(输入命令)
当前设置:对正,比例=20.00,样式=STANDARD。
指定起点或[对正(J)/比例(S)/样式(ST)]:(指定起点1)
指定下一点:(指定点2)
指定下一点或[放弃(U)]:(指定点3)
指定下一点或[闭合(C)/放弃(U)]:(指定点4)
指定下一点或[闭合(C)/放弃(U)]:(按〈Enter〉键)
命令:
```

结果如图 5-29 所示，绘制多线与绘制直线方法相同。

3. 选项说明

- 对正（J）：用于确定多线相对于输入点的偏移位置。选择该选项后，系统提示：输入对正类型[上(T)/无(Z)/下(B)]〈下〉:

  上（T）：选择该选项，多线最上面的线随输入点移动，以上点为转折点，如图 5-30a 所示。

  无（Z）：选择该选项，多线的中心线随输入点移动，以中点为转折点，如图 5-30b 所示。

  下（B）：选择该选项，多线最下面的线随输入点移动，以下点为转折点，如图 5-30c 所示。

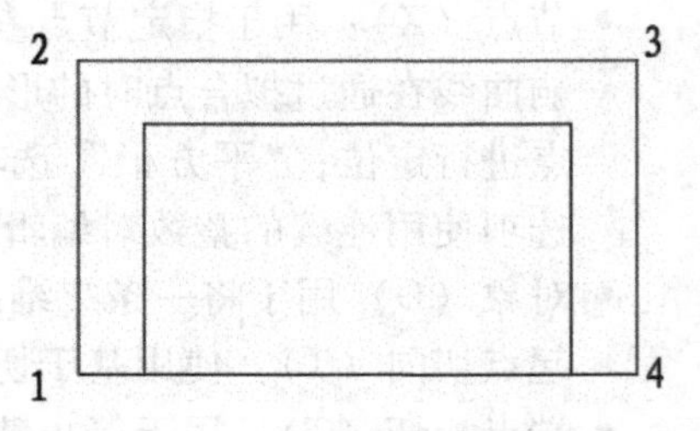

图 5-29　绘制多线示例

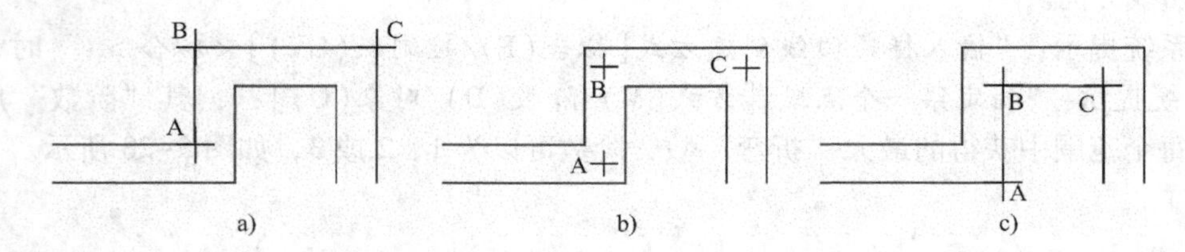

图 5-30　“对正”选项示例
a）选择“上”的效果　b）选择“无”的效果　c）选择“下”的效果

- 比例（S）：用于控制多线的宽度，比例越大则多线越宽。
- 样式（ST）：用于指定一个已有的多线样式名字，将其设为当前样式。

4. 设置多线样式

MLSTYLE 命令用于设置多线样式，可以在平行多线上指定单线的数量和单线特性，如单线的间距、颜色、线型图案、背景填充和端头样式等。

设置多线样式的操作步骤如下。

(1) 打开“多线样式”对话框

在菜单栏选择“格式”→“多线样式”命令或执行 MLSTYLE 命令，打开“多线样式”对话框，如图 5-31 所示。其各项功能如下。

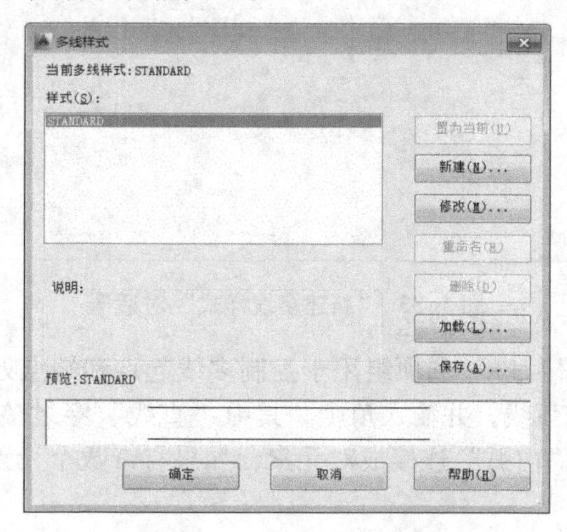

图 5-31 “多线样式”对话框

- “样式”列表框：显示已经加载的多线样式。
- “置为当前”按钮：在样式列表框中选择需要使用的多线样式后，单击该按钮，可以将其设置为当前样式。
- “新建”按钮：该按钮可以创建新多线样式。
- “修改”按钮：可以修改创建的多线样式。
- “重命名”按钮：可以重命名“样式”列表中选中的多线样式名称，但不能重命名标准（STANDARD）样式。
- “删除”按钮：删除“样式”列表框中的多线样式。
- “加载”按钮：可以从打开的对话框中，选取多线样式（.MLN），加载到当前图形中。
- “保存”按钮：可以将当前的多线样式保存为一个多线样式文件（*.mln）。

此外，当选中一种多线样式后在“多线样式”对话框的“说明”和“预览”区中还将显示该多线样式的说明信息和样式预览。

(2) 创建多线样式

在“多线样式”对话框中，单击“新建”按钮，打开“创建新的多线样式”对话框，如图 5-32 所示。

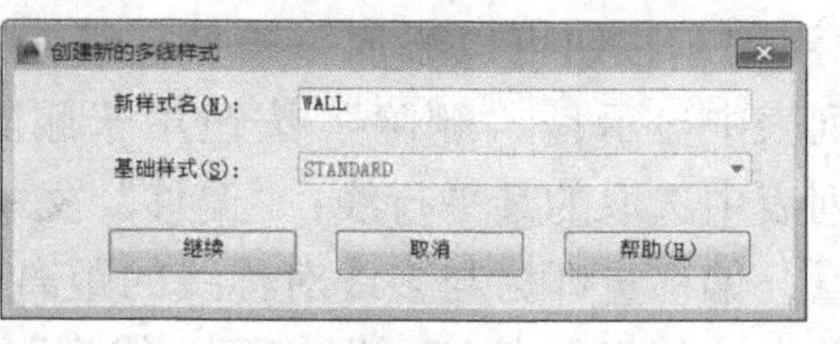

图 5-32 “创建新的多线样式”对话框

在“新样式名”文本框中输入新名称后，单击“继续”按钮，打开“新建多线样式”对话框，如图 5-33 所示。各选项的功能含义和设置步骤如下。

1) 添加说明。在“说明”文本框中可以输入多线样式的说明信息。当在“多线样式”列表中选中多线时，说明信息将显示在“说明”区域中。

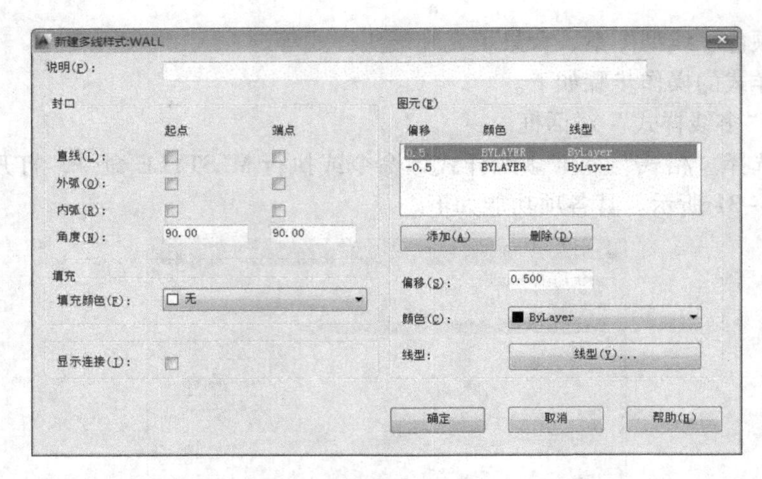

图 5-33　“新建多线样式”对话框

2）设置封口模式。“封口”选项组用于控制多线起点和端点处的样式。可以为多线的每个端点选择一条直线或弧线，并输入角度。其中“直线”穿过整个多线的端点，“外弧”连接最外层元素的端点，“内弧”连接成对元素，如果有奇数个元素，则中心线不连接，如图 5-34 所示。

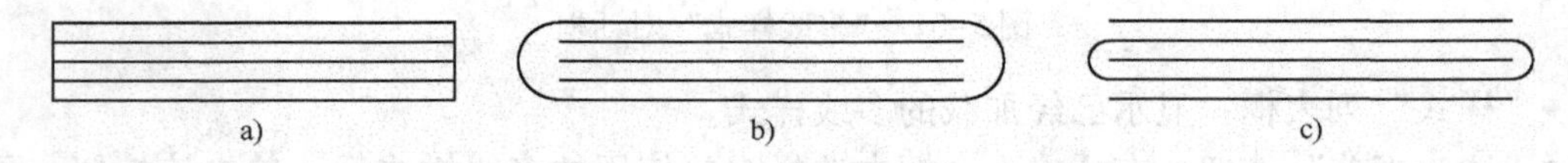

图 5-34　多线的封口样式

a）直线封口　b）外弧封口　c）内弧封口

3）设置填充颜色。“填充”选项组用于设置是否填充多线的背景。可以从“填充颜色”下拉列表框中选择所需的填充颜色作为多线的背景。如果不使用填充色，则在“填充颜色”下拉列表框中选择“无”即可。

4）设置转角连接线。“显示连接”复选框用于设置在多线的拐角处是否显示连接线。如图 5-35 所示。

5）设置组成元素的特性。“图元”选项组可以设置多线样式的元素特性。其中，“图元”列表框中列举了当前多线样式中各线条元素及其特性，包括线条元素的偏移量、线条颜色和线型。单击“添加”按钮可以添加一条平行线，并在“图元”列表中显示；“删除”按钮用于删除在“图元”列表中选取的某平行线；“偏移”文本框用于设置和修改“图元”列表中被选平行线的偏移量，偏移量即为与多线对称线的距离；“颜色”下拉列表框用于设置被选取的平行线颜色；单击“线型”按钮可以打开“线型”对话框，用于设置被选取的平行线线型样式。

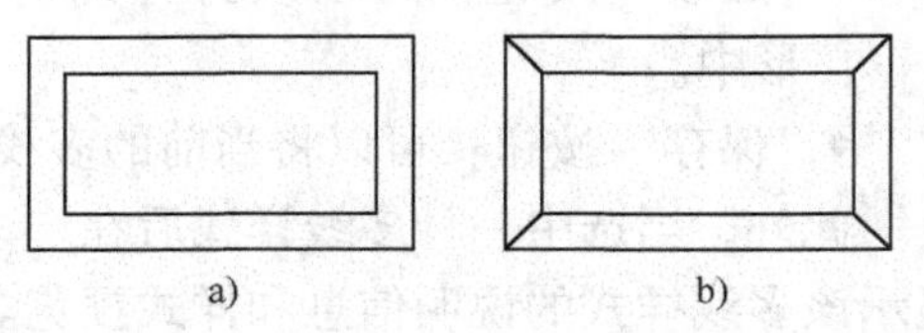

图 5-35　不显示连接与显示连接对比

a）不显示连接　b）显示连接

6）完成元素特性设置后，单击“确定”按钮，返回“多线样式”对话框。

（3）修改多线样式

在“多线样式”对话框中单击“修改”按钮，使用打开的“修改多线样式”对话框可以修改创建的多线样式，它与“创建新多线样式”对话框中的内容完全相同。用户可以参照创建多线样式的方法对多线样式进行修改。

5.11 绘制云线

REVCLOUD 命令可以绘制云状和树状线。云线是一条多段线。下面以图 5-36 为例进行介绍。

1. 输入命令

可以执行以下命令。

- 工具栏：单击“云线”按钮。
- 菜单栏：选择“绘图”→“修订云线”命令。
- 命令行：输入 REVCLOUD。

2. 操作格式

```
命令:(输入命令)
指定起点或[弧长(A)/对象(O)]〈对象〉:(输入“A”,选择弧长项)
指定最小弧长〈150〉:(指定最小弧长 200)
指定最大弧长〈300〉:(指定最大弧长 500)
指定起点或[对象(O)]〈对象〉:(指定起点)
沿云状线路径引导十字光标:(移动光标,云线随机绘出)
```

如果光标移动至起始点位置重合，云线为自动封闭状态，如图 5-36a 所示。如果光标在某一位置时右击，云线则为非封闭状态，并结束操作。

图 5-36　绘制云线示例

a）圆弧向外凸出　b）圆弧向内凹进

3. 选项说明

选择“对象”选项，可以将指定的图形对象转变成云线（此选项一般只对封闭对象有效）。当对象转换成云线后，默认云线中的各圆弧均向外凸出，此时系统提示询问：“是否改变云线上圆弧的凸出方向”，“No”表示不改变，“Yes”则表示改变，即云线上圆弧向内凹进，如图 5-36b 所示。另外，最大弧长不能大于最小弧长的 3 倍，否则操作不能进行。

5.12 绘制区域覆盖

WIPEOUT 命令可以创建一个区域，并用当前的绘图背景颜色覆盖该区域，即不显示或不打印该区域中已有的图形对象。下面以图 5-37 所示为例介绍。

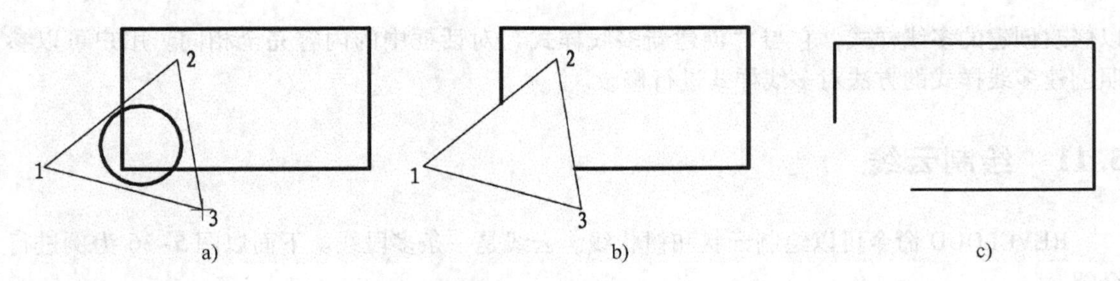

图 5-37　绘制覆盖区域示例
a）指定覆盖区域　b）覆盖以后显示边界　c）覆盖以后不显示边界

1. 输入命令

可以执行以下命令　　。

- 菜单栏：选择“绘图”→“覆盖区域”命令。
- 命令行：输入 WIPEOUT。

2. 操作格式

```
命令:(输入命令)
指定第一点或[边框(F)/多段线(P)]:〈多段线〉:(指定起点1)
指定下一点:(指定点2)
指定下一点或[放弃(U)]:(指定点3)
指定下一点或[闭合(C)/放弃(U)]:(按〈Enter〉键)
命令:
```

执行结果如图 5-37 所示。

3. 选项说明

- 边框（F）：用来确定是否显示覆盖区域的边界。选择该选项后，系统提示：“输入模式［开（ON）/关（OFF）］:”其中“ON”选项表示显示边界，如图 5-37b 所示；“OFF”选项则表示不显示边界，如图 5-37c 所示。
- 多段线（P）：用来将指定的多段线作为覆盖区域的边界而转换成覆盖区域。

如果要取消覆盖区域恢复原来的内容，可按照后面“删除对象”章节的内容执行。

5.13　实训

此节实训内容主要是绘制平面图形和绘制多段线。

5.13.1　绘制平面图形

此节练习绘制舌形、矩形和梅花平面图。

1. 使用多项命令绘制舌形图

（1）要求

按照给出的尺寸绘制图 5-38 所示舌形平面图。

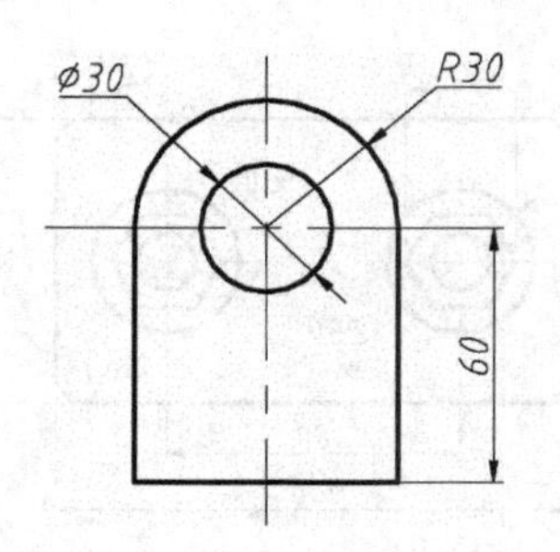

图 5-38　舌形平面图

(2) 操作步骤

1) 绘制中心孔。

命令:(选择“绘图”→“圆”→“圆心,半径”命令)
指定圆的圆心或[三点(3P)/两点(2P)/相切、相切、半径(T)]:(利用捕捉功能,选择中心线交点)
指定圆的半径或[直径(D)]:(输入“15”)

2) 绘制 AB 圆弧。

命令:(选择“绘图”→“圆”→“圆心,起点,端点”命令)
指定圆弧的圆心:(单击中心交点)
指定圆弧的起点:(输入“@ -30,0”)
指定圆弧的端点或[角度(A)/弦长(L)]:(输入“@30,0”)

结果如图 5-39 所示。

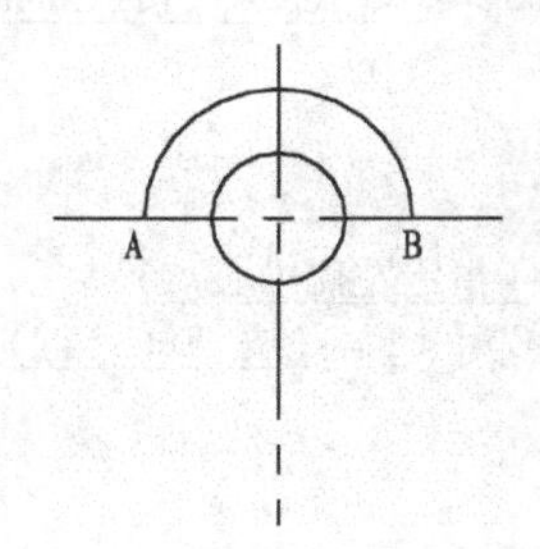

图 5-39　绘制舌形平面图示例

3) 绘制线段。

命令:(选择“绘图”→“直线”命令)
指定第一点:(单击鼠标,捕捉 A 点)
指定下一点或[放弃(U)]:(输入“@0,-60”)
指定下一点或[放弃(U)]:(输入“@60,0”)
指定下一点或[闭合(C)/放弃(U)]:(输入“@0,60”)
指定下一点或[闭合(C)/放弃(U)]:(按〈Enter〉键)
命令:

结果如图 5-38 所示。

2. 使用多项命令绘制平面图

(1) 要求

按照给出的尺寸绘制如图 5-40 所示的平面图，不标注尺寸。

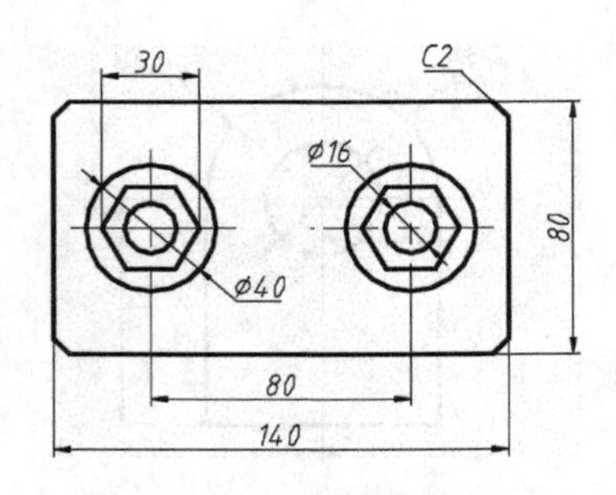

图 5-40　绘制平面图形

（2）操作步骤

1）绘制倒角矩形。

指定第一个角点或［倒角(C)/标高(E)/圆角(F)/厚度(T)/宽度(W)］:(输入“c”)
指定矩形的第一个倒角距离 <0.0000 >:(输入“10”)
指定矩形的第二个倒角距离 <10.0000 >:(输入“10”)
指定第一个角点或［倒角(C)/标高(E)/圆角(F)/厚度(T)/宽度(W)］:(指定第一个角点)
指定另一个角点或［面积(A)/尺寸(D)/旋转(R)］:(输入“@140 ，80”)

2）绘制左侧同心圆。

指定圆的圆心或［三点(3P)/两点(2P)/相切、相切、半径(T)］:(指定左侧圆心)
指定圆的半径或［直径(D)］<10.0000 >:(输入“8”,按〈Enter〉键)
指定圆的圆心或［三点(3P)/两点(2P)/相切、相切、半径(T)］:(指定左侧圆心)
指定圆的半径或［直径(D)］<8.0000 >:(输入“20”,按〈Enter〉键)

3）绘制多边形。

输入边的数目 <4 >:(输入“6”)
指定正多边形的中心点或［边(E)］:(指定左侧中心点)
输入选项［内接于圆(I)/外切于圆(C)］<I >:(按〈Enter〉键)
指定圆的半径:(输入“15”)

4）绘制右侧相同图形。

重复 2)、3）步骤可以绘制右侧的相同图形，也可以使用下一章介绍的复制命令绘制，则会更加快捷。绘制结果如图 5-40 所示。

3. 使用圆弧命令绘制梅花图形

（1）要求

绘制图 5-41 所示平面图。

（2）操作步骤

1）绘制 AB 圆弧。

命令:(输入“圆弧”命令)
指定圆弧的起点或［圆心(C)］:(指定 A 点坐标(200,100))
指定圆弧的第二个点或［圆心(C)/端点(E)］:(输入“e”)
指定圆弧的端点:(指定 B 点坐标“@80 <180”)
指定圆弧的圆心或［角度(A)/方向(D)/半径(R)］:(输入“r”)
指定圆弧的半径:(输入“40”)

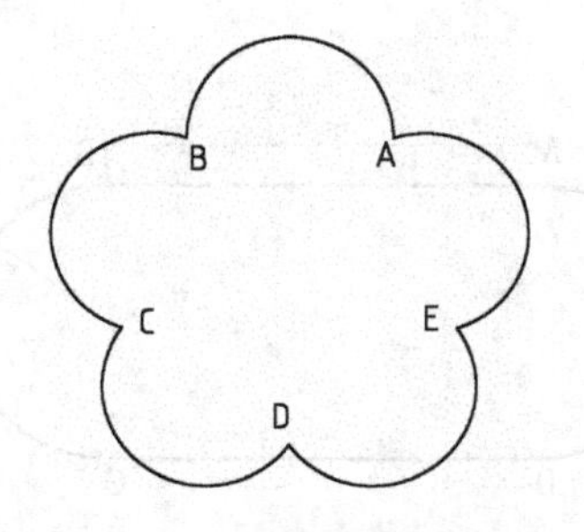

图 5-41　绘制梅花图形示例

2）绘制 BC 圆弧。

命令：(输入"圆弧"命令)
指定圆弧的起点或［圆心(C)］：(捕捉 B 点)
指定圆弧的第二个点或［圆心(C)/端点(E)］：(输入"e")
指定圆弧的端点：(指定 C 点坐标"@80 <252")
指定圆弧的圆心或［角度(A)/方向(D)/半径(R)］：(输入"a")
指定包含角：(输入"180")

3）绘制 CD 圆弧。

命令：(输入"圆弧"命令)
指定圆弧的起点或［圆心(C)］：(捕捉 C 点)
指定圆弧的第二个点或［圆心(C)/端点(E)］：(输入"c")
指定圆弧的圆心：(指定圆心坐标"@40 <324")
指定圆弧的端点或［角度(A)/弦长(L)］：(输入"a")
指定包含角：(输入"180")

4）绘制 DE 圆弧。

命令：(输入"圆弧"命令)
指定圆弧的起点或［圆心(C)］：(捕捉 D 点)
指定圆弧的第二个点或［圆心(C)/端点(E)］：(输入"c")
指定圆弧的圆心：(指定圆心坐标"@40 <36")
指定圆弧的端点或［角度(A)/弦长(L)］：(输入"L")
指定弦长：(输入"80")

5）绘制 EA 圆弧。

命令：(输入"圆弧"命令)
指定圆弧的起点或［圆心(C)］：(捕捉 E 点)
指定圆弧的第二个点或［圆心(C)/端点(E)］：(输入"e")
指定圆弧的端点：(捕捉 A 点)
指定圆弧的圆心或［角度(A)/方向(D)/半径(R)］：(输入"d")
指定圆弧的起点切向：(输入"@20 <18")

执行命令结果如图 5-41 所示。

5.13.2　绘制多段线

此节练习绘制多段线。使用多段线命令，按照如图 5-42 所示尺寸绘制键形平面图，不标注尺寸。

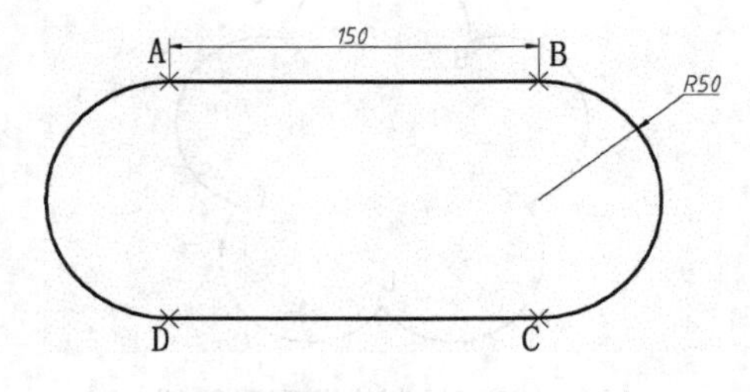

图 5-42 键形平面图

操作步骤如下。

1）绘制 AB 线段。

命令:(选择“绘图”→“多段线”命令)
指定起点:(单击鼠标指示“A”点)
指定下一个点或[圆弧(A)/半宽(H)/长度(L)/放弃(U)/宽度(W)]:(输入“@150,0”)

2）绘制 BC 圆弧。

指定下一点或[圆弧(A)/闭合(C)/半宽(H)/长度(L)/放弃(U)/宽度(W)]:(输入“a”)
指定圆弧的端点或[角度(A)/圆心(CE)/闭合(CL)/方向(D)/半宽(H)/直线(L)/半径(R)/第二个点(S)/放弃(U)/宽度(W)]:(输入“r”)
指定圆弧的半径:(输入“50”)
指定圆弧的端点或[角度(A)]:(输入“a”)
指定包含角:(输入“-180”)
指定圆弧的弦方向 <0>:(输入“-90”)

3）绘制 CD 线段。

指定圆弧的端点或[角度(A)/圆心(CE)/闭合(CL)/方向(D)/半宽(H)/直线(L)/半径(R)/第二个点(S)/放弃(U)/宽度(W)]:(输入“L”)
指定下一点或[圆弧(A)/闭合(C)/半宽(H)/长度(L)/放弃(U)/宽度(W)]:(输入“-150,0”)

4）绘制 DA 圆弧。

指定下一点或 [圆弧(A)/闭合(C)/半宽(H)/长度(L)/放弃(U)/宽度(W)]: (输入“a”)
指定圆弧的端点或[角度(A)/圆心(CE)/闭合(CL)/方向(D)/半宽(H)/直线(L)/半径(R)/第二个点(S)/放弃(U)/宽度(W)]:(输入“r”)
指定圆弧的半径:(输入“50”)
指定圆弧的端点或 [角度(A)]:(输入“a”)
指定包含角:(输入“-180”)
指定圆弧的弦方向 <180>:(输入“90”)
指定圆弧的端点或[角度(A)/圆心(CE)/闭合(CL)/方向(D)/半宽(H)/直线(L)/半径(R)/第二个点(S)/放弃(U)/宽度(W)]:(按〈Enter〉键)
命令:

结果如图 5-42 所示。

5.14 习题

1. 运用“定数等分点”和“圆弧”命令绘制铣刀平面图，如图 5-43a 所示。

步骤提示：

1）首先设置点样式。

2）绘制中心线；分别绘制 $R20$、$R30$、$R70$ 和 $R80$ 的同心圆。

3）分别在最外层和内层圆上执行“定数等分点”命令，等分数为18，如图5-43b所示。

4）打开“捕捉”工具栏，执行“圆弧”命令。单击“捕捉点”按钮一次，可以捕捉一个定位点。

5）绘制长弧，执行“起点、端点、角度”命令。系统提示：

指定圆弧的起点或[圆心(C)]：(捕捉最外层圆上的点)
指定圆弧的端点：(捕捉里层圆上的点)
指定包含角：输入45。

6）绘制短弧，执行“起点、端点、角度”命令。系统提示：

指定圆弧的起点或[圆心(C)]：(捕捉最外层圆上的点)
指定圆弧的端点：(捕捉里层圆上的点)
指定包含角：(输入30)

7）绘制圆弧结束，如图5-43c所示。

8）删除外层的两个大圆，结果如图5-43a所示。

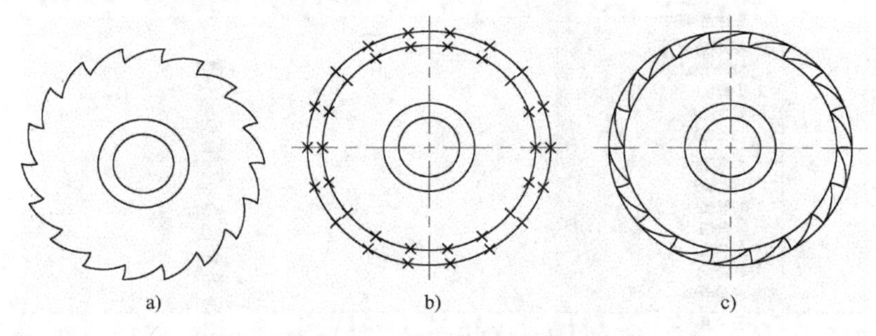

图5-43　绘制铣刀平面图示例

a）绘制完成图　b）等分点示例　c）绘制圆弧连接各点

2. 绘制零件的三视图，如图5-44所示。

3. 绘制零件的三视图，如图5-45所示。

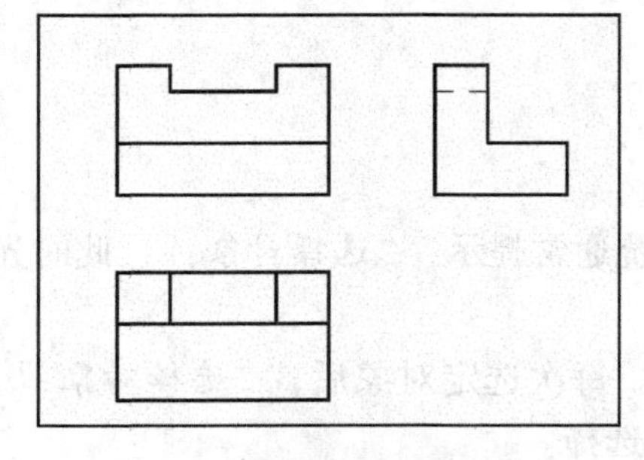

图5-44　三视图练习示例1

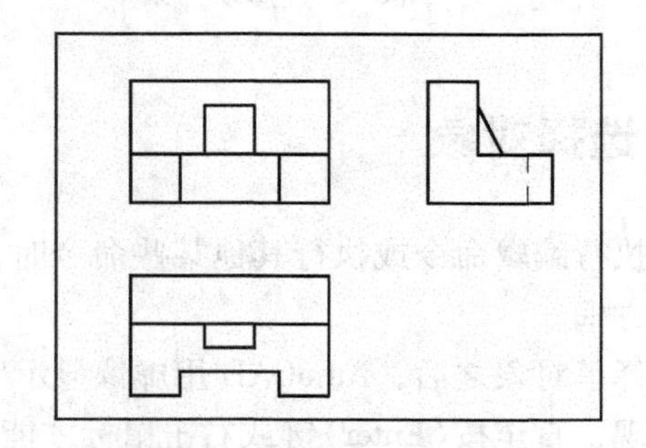

图5-45　三视图练习示例2

提示：三视图的基本投影规律可以利用构造线或栅格显示来确定。

第6章　编辑图形

编辑图形是指在绘图过程中对图形进行修改。图形的编辑一般包括删除、复制、移动、旋转、偏移、阵列、缩放、拉伸、拉长、修剪、延伸、打断、倒角、圆角、分解等。通过AutoCAD 提供的“修改”菜单（如图6-1 所示）、“修改”工具栏（如图6-2 所示），可以执行 AutoCAD 2014 的大部分图形编辑命令。

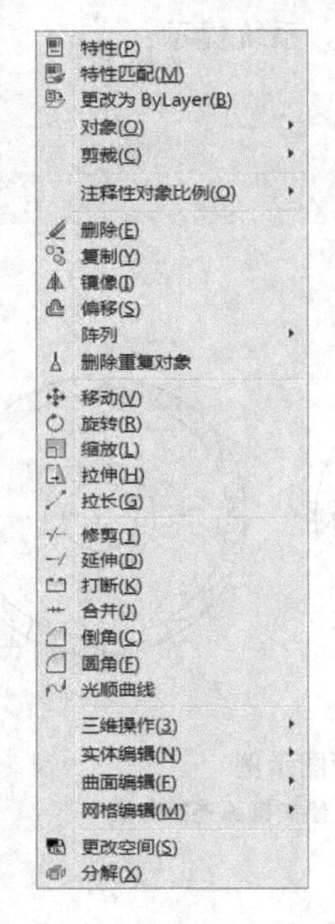

图6-1　“修改”菜单

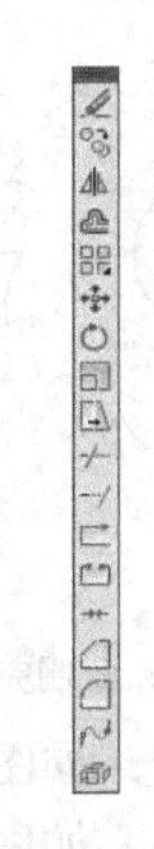

图6-2　“修改”工具栏

6.1　选择对象

当执行编辑命令或执行其他某些命令时，系统通常提示：“选择对象：”，此时光标变为一个小方框。

选择了对象之后，AutoCAD 用虚像显示它们。每次选定对象后，“选择对象：”提示会重复出现，直至按〈Enter〉键或右击鼠标才能结束选择。

当选择对象时，在命令行的“选择对象：”提示下输入“?”后按〈Enter〉键，将提示如下信息：“需要点或窗口(W)/上一个(L)/窗交(C)/框(BOX)/全部(ALL)/栏选(F)/圈围(WP)/圈交(CP)/编组(G)/添加(A)/删除(R)/多个(M)/前一个(P)/放弃(U)/自动

(AU)/单个(SI)/子对象(SU)/对象(O):"。下面介绍一些常用的选择对象方法。

1. 直接点取方法

这是默认的选择方式，当提示“选择对象”时，光标显示为小方框（即拾取框），移动光标，当光标压住所选择的对象时单击，该对象变为虚线时表示被选中，并可以连续选择其他对象。

2. 全部方式

当提示“选择对象”时，输入“ALL”后按〈Enter〉键，即选中绘图区中的所有对象。

3. 窗口方式

当提示“选择对象”时，在默认状态下，用鼠标指定窗口的一个顶点，然后移动鼠标，再单击确定一个矩形窗口，如图 6-3 所示，如果从左向右移动指针来确定矩形，则完全处在窗口内的对象被选中，如图 6-3a 中的 C1；如果从右向左移动指针来确定矩形，则完全处在窗口内的对象和与窗口相交的对象均被选中，如图 6-3b 中的 C1、C2、L1，此方式即为“框（BOX）”方式。

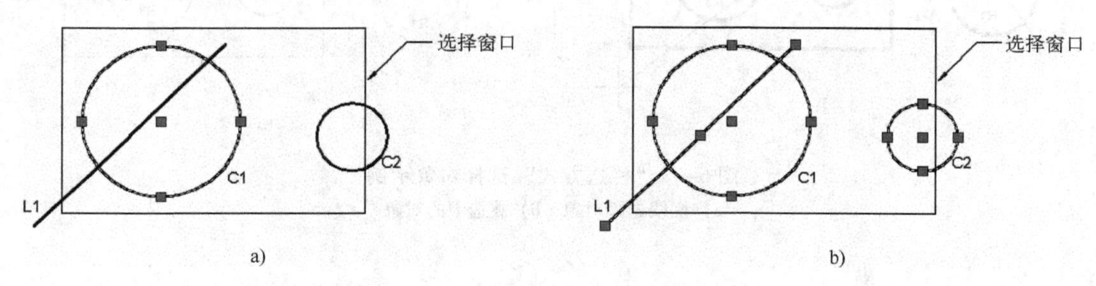

图 6-3 “窗口方式”选择对象示例

a)“窗口（W）”选择对象 b)“框（BOX）”选择对象

4. 窗交方式

当提示“选择对象”时，输入“C”后按〈Enter〉键，可以通窗口方式选取对象，不管从哪一个方向拖动窗口，与窗口相交的所有对象和窗口内的对象均被选中。

5. 圈围方式

当提示“选择对象”时，输入“WP”后按〈Enter〉键，然后依次输入第一角点，第二角点…，绘制出一个不规则的多边形窗口，完全位于该窗口内的对象均被选中。

6. 前一个方式

当提示“选择对象”时，输入“P”后按〈Enter〉键，将选中在当前操作之前的操作中所选定的对象。

7. 上一个方式

当提示“选择对象”时，输入“L”后按〈Enter〉键，将选中最后一次绘制的对象。

8. 栏选方式

当提示“选择对象”时，输入“F”后按〈Enter〉键，系统提示：

> 第一栏选点:(指定围线第一点)
> 指定直线的端点或[放弃(U)]:(指定一些点,形成折线)

与该折线（围线）相交的对象均被选中，如图 6-4 所示，被选中的对象包括 R1、

C1、R3。

9. 删除方式

在已经加入到选择集的情况下，再在“选择对象”提示下，输入“R”后按〈Enter〉键，进入删除方式。

在“删除对象”提示时，可以选择删除对象，将其移出选择集。

10. 添加方式

在删除方式下输入“A”后按〈Enter〉键，然后提示“选择对象”，即返回到了添加方式。

11. 放弃方式

在提示“选择对象”时，输入“U”后按〈Enter〉键，可以取消最后选择的对象。

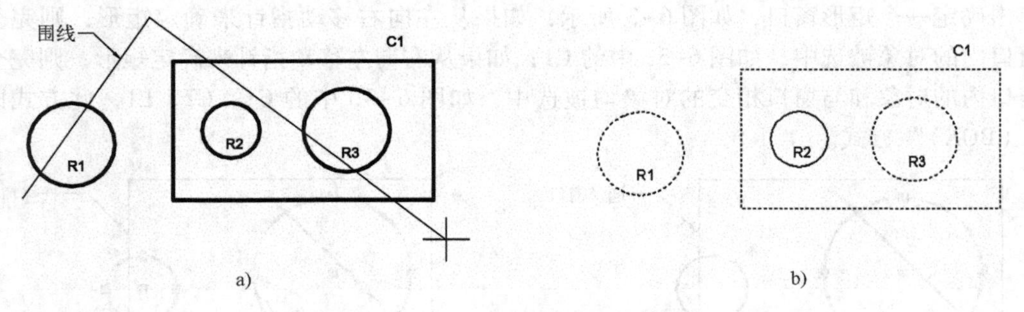

图 6-4 “栏选方式”选择对象示例
a）围线选择对象 b）被选中的对象

6.2 删除对象

该功能可以删除指定的对象。

1. 输入命令

可以执行以下命令。

- 工具栏：单击“删除”按钮。
- 菜单栏：选择“修改”→“删除”命令。
- 命令行：输入 ERASE。

2. 操作格式

命令：(输入命令)
选择对象：(选择要删除的对象)
选择对象：(按〈Enter〉键或继续选择对象)

当需要恢复被删除的对象时，可以输入“OOPS”命令，按〈Enter〉键，则最后一次删除的对象将被恢复，并且在“删除”命令执行一段时间后，仍能恢复，这和“U”命令不同。

6.3 复制对象

该功能可以复制单个或多个相同的对象。

1. 输入命令

可以执行以下命令 。

- 工具栏：单击“复制”按钮。
- 菜单栏：选择“修改”→“复制”命令。
- 命令行：输入 COPY。

2. 操作格式

命令:(输入命令)
选择对象:(选择要复制的对象)
选择对象:(按〈Enter〉键或继续选择对象)
当前设置： 复制模式 = 单个。
指定基点或[位移(D)/模式(O) /多个(M)]〈位移〉:(指定基点 1)
指定第二点或[阵列(A)]〈使用第一个点作为位移〉:(指定位移点 2)
命令:

结果如图 6-5 所示。当在指定基点时输入“D”后，系统提示：“指定位移〈0.0000, 0.0000, 0.0000〉:”，输入位移点坐标后，按位移点复制；当在指定基点时输入“O”后，系统提示：“输入复制模式选项[单个(S)/多个(M)] < 多个 >:”，输入“M”后，系统可进行单个复制或多个复制对象操作，默认模式为单个复制。

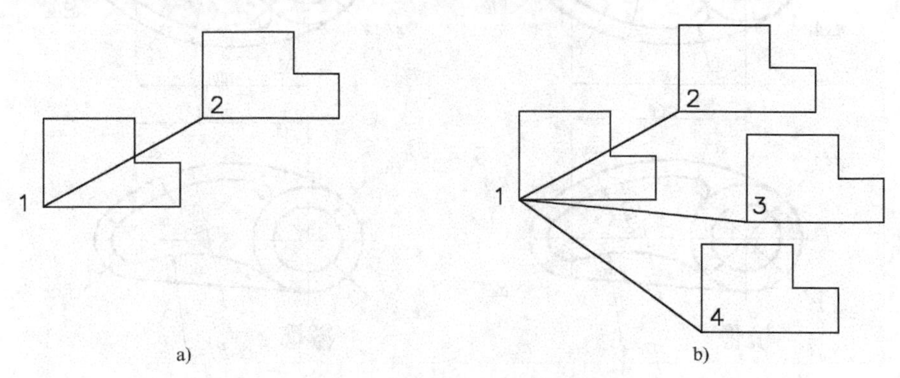

图 6-5 “复制”对象示例
a)“单个”复制对象 b)“多个”复制对象

6.4 镜像对象

当绘制的图形对称时，可以只画其一半，然后利用镜像功能复制出另一半来。

1. 输入命令

可以执行以下命令 。

- 工具栏：单击“镜像”按钮。
- 菜单栏：选择“修改”→“镜像”命令。
- 命令行：输入 MIRROR。

2. 操作命令

命令：（输入命令）
选择对象：（选择要镜像的对象 P1）
选择对象：（按〈Enter〉键或继续选择对象）
指定镜像线的第一点：（指定对称线 y 的任意一点）
指定镜像线的第二点：（指定对称线 y 的另一点）
是否删除源对象？[是(Y)/否(N)]〈N〉：（按〈Enter〉键）
命令：

执行镜像命令，如图 6-6 所示。若输入“y”，则删除源对象，只绘制出新的对象。

使用 MIRRTEXT 系统变量可以控制文字的镜像方向。如果 MIRRTEX T 参数为 0，则文字对象方向不镜像，如图 6-6a 所示；如果 MIRRTEXT 参数为 1，则文字对象完全镜像，如图 6-6b 所示。

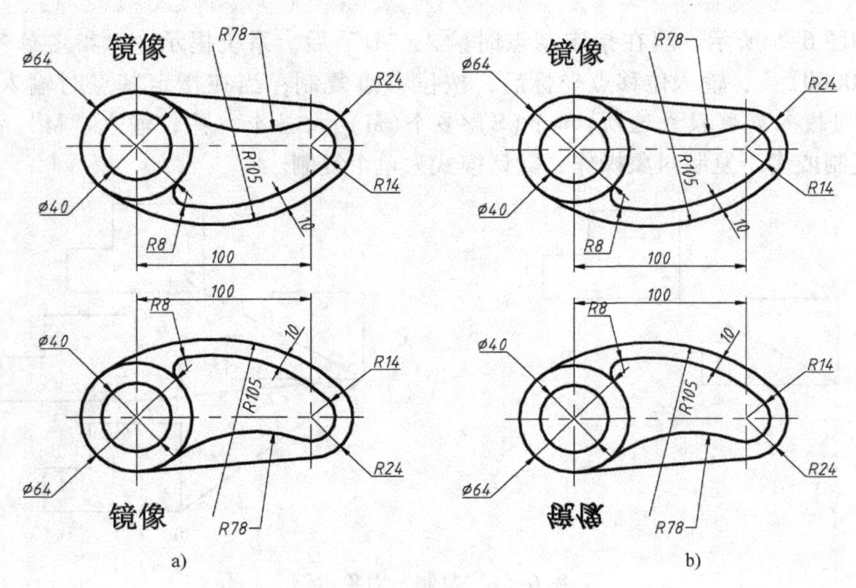

图 6-6 “镜像”对象示例
a）MIRRTEXT 参数为 0 时 b）MIRRTEXT 参数为 1 时

6.5 偏移对象

偏移对象是指将选定的线、圆、弧等对象做同心偏移复制，根据偏移距离的不同，形状不发生变化，但其大小重新计算，如图 6-7a 所示。对于直线则可看作是平行复制，如图 6-7b所示。下面以图 6-7 所示结果为例进行介绍。

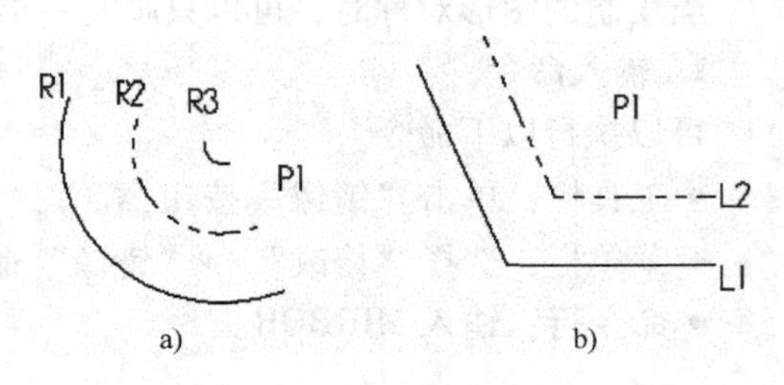

图 6-7 偏移对象示例

6.5.1　指定偏移距离方式

1. 输入命令

可以执行以下命令　　。

- 工具栏：单击“偏移”按钮。
- 菜单栏：选择“修改”→“偏移”命令。
- 命令行：输入 OFFSET。

2. 操作格式

命令:(输入命令)
指定偏移距离或[通过(T)/删除(E)/图层(L)]〈1.00〉:(指定偏移距离)
选择要偏移的对象或[退出(E)/放弃(U)]〈退出〉:(选择对象 R1)
指定要偏移的那一侧上的点,或[退出(E)/多个(M)/放弃(U)]〈退出〉:(指定偏移方位 P1)
选择要偏移的对象或[退出(E)/多个(M)/放弃(U)]〈退出〉:(继续执行偏移命令或按〈Enter〉键退出)

执行偏移命令，结果如图 6-7 所示。

6.5.2　指定通过点方式

1. 输入命令

可以执行以下命令　　。

- 工具栏：单击“偏移”按钮。
- 菜单栏：选择“修改”→“偏移”命令。
- 命令行：输入 OFFSET。

2. 操作格式

命令(输入命令)
指定偏移距离或[通过(T)/删除(E)/图层(L)]〈1.00〉:(输入“T”)
选择要偏移的对象或[退出(E)/放弃(U)]〈退出〉:(选择要偏移的对象)
指定通过点或[退出(E)/多个(M)/放弃(U)]:(指定偏移对象的通过点)
选择要偏移的对象或[退出(E)/放弃(U)]〈退出〉:(选择要偏移的对象或按〈Enter〉键退出)

6.6　阵列对象

对选择的对象进行不同方式的多重复制。对象的阵列有矩形、环形、路径 3 种类型。

6.6.1　创建矩形阵列

任意组合对象的行、列和层，使其围绕 XY 平面中的基点旋转阵列。

1. 输入命令

可以执行以下命令　　。

- 工具栏：单击“阵列”按钮。
- 菜单栏：选择“修改”→“阵列”→“矩形阵列”命令。
- 命令行：输入 ARRAYRECT。

2. 操作格式

命令:(输入命令)
选择对象:(选择要阵列的对象)
选择对象:(继续选择要阵列的对象或按〈Enter〉键)
类型 = 矩形　关联 = 是。
为项目数指定对角点或[基点(B)/角度(A)/计数(C)]:(移动鼠标来确定阵列对象数量后单击或输入"C")
指定对角点以间隔项目或[间距(S)]:(使用鼠标直接指定对角点或输入"S")
按 Enter 键接受或[关联(AS)/基点(B)/行(R)/列(C)/层(L)/退出(X)]<退出>:(按〈Enter〉键或选择选项)
命令:

结束命令后，阵列结果如图 6-8b 所示。

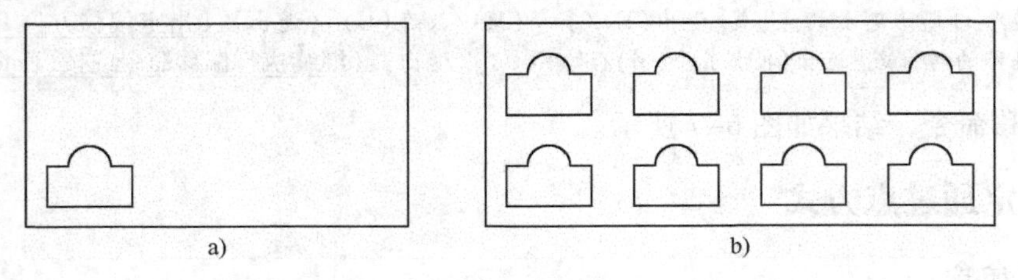

图 6-8　矩形阵列对象示例
a）阵列对象　b）阵列结果

阵列关联性可以快速修改整个阵列中的对象，阵列可以为关联或非关联。

- 关联（AS）：单个阵列对象类似于块。编辑阵列对象的特性，例如间距或对象数目，而不影响阵列对象之间的关系，编辑源对象可以更改阵列中的所有对象。阵列默认为关联。在命令行中输入 AS，系统提示：创建关联阵列[是(Y)否(N)]<是>:(可根据需要输入命令或按〈Enter〉键)。
- 非关联：阵列中的对象各自独立，更改一个对象不会影响其他对象。

选项中的“基点、角度、计数”分别用来创建阵列的基点、旋转角度与行和列。

6.6.2　创建环形阵列

将对象围绕指定的中心点或旋转轴以循环运动均匀分布。

使用中心点创建环形阵列时，旋转轴为当前 UCS 的 Z 轴。可以通过指定两个点重新定义旋转轴。阵列的旋转方向取决于角度输入的是正值还是负值。

1. 输入命令

可以执行以下命令　　。

- 菜单栏：选择“修改”→“阵列”→“矩形阵列”命令。
- 命令行：输入 ARRAYPOLAR。

2. 操作格式

命令:(输入命令)
选择对象:(选择要阵列的对象)
选择对象:(继续选择要阵列的对象或按〈Enter〉键)

类型 = 极轴　关联 = 是
指定阵列的中心点或［基点(B)/旋转轴(A)］:(移动鼠标确定阵列的中心点或选择选项)
输入项目数或［项目间角度(A)/表达式(E)］<4>:(指定阵列对象数目或选择选项)
指定填充角度(+ = 逆时针、- = 顺时针)或［表达式(EX)］<360>:(按〈Enter 键〉或选择选项)
按 Enter 键接受或［关联(AS)/基点(B)/项目(I)/项目间角度(A)/填充角度(F)/行(ROW)/层(L)/旋转项目(ROT)/退出(X)］:(按〈Enter 键〉或选择选项)
命令:

结束命令后，阵列结果如图 6-9a 所示。

图 6-9　环形阵列对象示例
a）阵列时旋转项目　b）阵列时不旋转项目

选项中的“中心点”用于确定环形阵列的中心，可以输入坐标值或单击鼠标，在绘图区内确定中心点；“基点”用来创建阵列的基点；“旋转轴”用来创建阵列的旋转轴；“项目间角度”用来指定对象之间的角度；“表达式”是表达参数的数据形式；“关联”用来指定对象的关联性；“填充角度”用来指定对象阵列的圆心角，默认为360°，输入正值则逆时针方向阵列；“旋转项目”用于确定是否绕基点旋转阵列对象，如图 6-9 所示。阵列默认为旋转阵列对象。

6.6.3　创建路径阵列

将对象沿路径或部分路径均匀地分布。

1. 输入命令

可以执行以下命令　。

- 菜单栏：选择“修改”→“阵列”→“路径阵列”命令。
- 命令行：输入 ARRAYPATH。

2. 操作格式

命令:(输入命令)
选择对象:(选择要阵列的对象)
选择对象:(继续选择要阵列的对象或按〈Enter〉键)
类型 = 路径　关联 = 是。
选择路径曲线:(指定路径的曲线)
输入沿路径的项数或［方向(O)/表达式(E)］<方向>:(指定路径阵列的数目)

指定沿路径的项目之间的距离或[定数等分(D)/总距离(T)/表达式(E)]<沿路径平均定数等分(D)>:(指定对象之间的距离或选择选项)
按 Enter 键接受或[关联(AS)/基点(B)/项目(I)/行(R)/层(L)/对齐项目(A)/Z 方向(Z)/退出(X)]<退出>:(按〈Enter〉键或选择选项)
命令:

结束命令后，阵列结果如图 6-10b 所示。

图 6-10　路径阵列对象示例
a）阵列对象　b）阵列结果

选项中的“定数等分”用于沿路径等分间距，“总距离”用于指定路径总距离，“对齐项目”用于确定对象是否和路径对齐，“Z 方向”用于指定所有对象是否保持 Z 轴方向。

6.7　移动对象

将对象移动到指定位置。

1. 输入命令

可以执行以下命令。

- 工具栏：单击“移动”按钮。
- 菜单栏：选择“修改”→“移动”命令。
- 命令行：输入 MOVE。

2. 操作格式

命令:(输入命令)
选择对象:(选择要移动的对象)
选择对象:(按〈Enter〉键或继续选择对象)
指定基点或位移[位移(D)]〈位移〉:(指定基点 A 或位移)

此时有两种选择：即选择基点或输入位移量。

- 指定基点：任选一点作为基点，根据提示指定第二点，按〈Enter〉键，系统将对象沿两点所确定的位置矢量移动至新位置。此选项为默认项。如图 6-11 所示为指定基点移动示例。

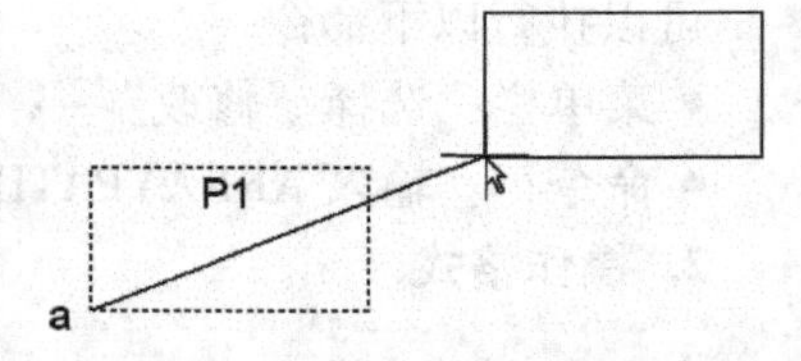

图 6-11　移动对象示例

- 移位：在提示基点或位移时，输入当前对象沿 X 轴和 Y 轴的位移量，然后在系统提示“指定第二个点或〈使用第一点作为位移〉:”时，按〈Enter〉键，系统将移动到矢量确定的新位置。

6.8 旋转对象

使对象绕基点按指定的角度进行旋转。

6.8.1 指定旋转角方式

1. 输入命令

可以执行以下命令 。

- 菜单栏：选择“修改”→“旋转”命令。
- 工具栏：单击“旋转”按钮。
- 命令行：输入 ROTATE。

2. 操作格式

命令：(输入命令)
选择对象：(选择要旋转的对象)
选择对象：(按〈Enter〉键或继续选择对象)
指定基点：(指定圆心为旋转基点)
指定旋转角度或[复制(C)/参照(R)]：60(指定旋转角 60°)

命令结束后，操作结果如图 6-12 所示。

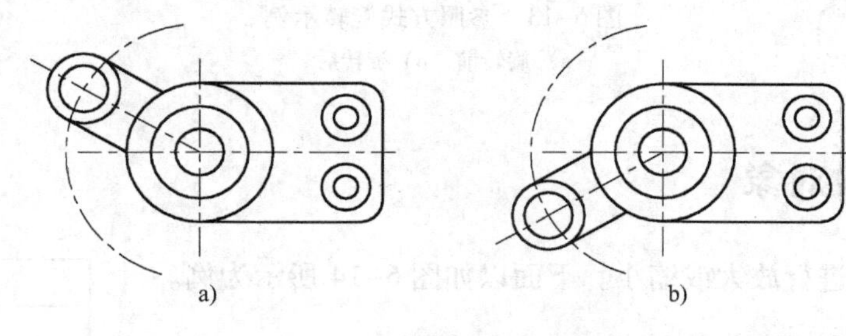

图 6-12 旋转示例
a）旋转前 b）旋转后

指定旋转角方式为默认项。如果直接输入旋转角度值，系统完成旋转操作。如果输入值为正，沿逆时针方向旋转；否则，沿顺时针方向旋转。当选择“C”时，旋转后，源对象保留。

6.8.2 参照方式

1. 输入命令

可以执行以下命令 。

- 菜单栏：选择“修改”→“旋转”命令。
- 工具栏：单击“旋转”按钮。
- 命令行：输入 ROTATE。

2. 操作格式

命令：(输入命令)
选择对象：(选择要旋转的对象)

选择对象：(按<Enter>键或继续选择对象)
指定基点：(指定旋转基点 P1)
指定旋转角度或[复制(C)/参照(R)]：(输入“R”)
指定参照角<0>：(指定参考角度即原角度 80°)
指定新角度或[点(P)]：(输入角度“30”)
命令：

按参照方式旋转对象。执行该选项后，系统提示：“输入参照方向的角度值”，默认值为“0”，输入参照角度值后，系统提示：“指定新角度”，输入相对于参照方向的角度值。系统完成旋转操作，实际旋转角度为新角度减去参照角度。参照方式旋转后如图 6-13 所示。

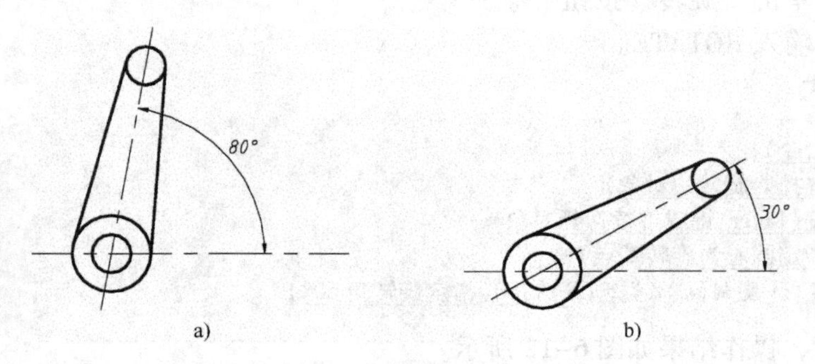

图 6-13　参照方式旋转示例
a）旋转前　b）旋转后

6.9　比例缩放对象

将对象按比例进行放大或缩小。下面以如图 6-14 所示为例。

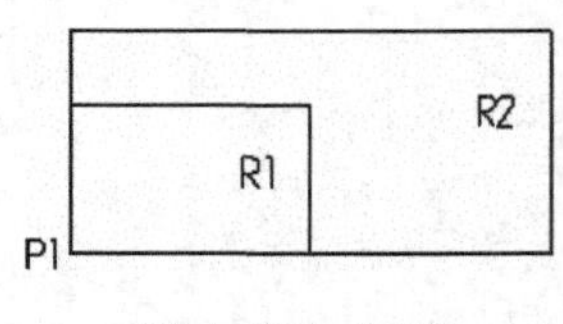

图 6-14　比例缩放对象示例

6.9.1　指定比例因子方式缩放

1. 输入命令

可以执行以下命令。

- 工具栏：单击“缩放”按钮。
- 菜单栏：选择“修改”→“缩放”命令。
- 命令行：输入 SCALE。

2. 操作格式

命令：(输入命令)
选择对象：(选择要缩放的对象 R1)
选择对象：(按<Enter>键或继续选择对象)
确定基点：(指定基点 P1)
指定比例因子或[复制(C)/参照(R)]<1.00>：(指定比例因子)
命令：

比例因子即为图形缩放的倍数。当 0 < 比例因子 < 1 时，为缩小对象；当比例因子 > 1

时，则放大对象。执行后，按〈Enter〉键，系统按照输入的比例因子来完成缩放操作。结果如图 6-14 所示。当选择“C”时，旋转后，源对象保留。

6.9.2　参照方式缩放

1. 输入命令

可以执行以下命令　　。

- 工具栏：单击“缩放”按钮。
- 菜单栏：选择“修改”→“缩放”命令。
- 命令行：输入 SCALE。

2. 操作格式

```
命令:(输入命令)
选择对象:(选择要缩放的对象)
选择对象:(按〈Enter〉键或继续选择对象)
确定基点:(指定基点)
指定比例因子或[复制(C)/参照(R)]〈1.00〉:(输入“R”)
指定参考长度〈1〉:(指定参照长度即原对象的任一个尺寸 80)
指定新长度:(指定缩放后该尺寸的大小 100)
命令:
```

按参照方式缩放对象。输入“R”后，执行该选项，系统提示：“指定参照长度〈1〉:”，指定参考图形的原长度（任何尺寸）后，系统再提示：“指定新长度:”，输入新的长度（新图形对应的尺寸）后，按〈Enter〉键，系统完成缩放操作。当新的长度 > 原长度时，图形为放大，反之则缩小。参照方式缩放示例如图 6-15 所示。

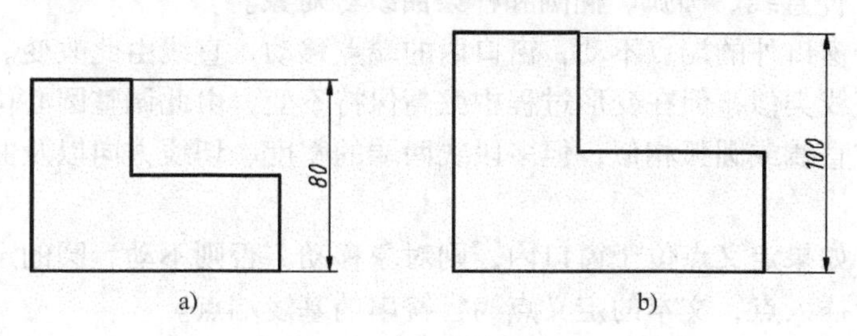

图 6-15　参照方式缩放

a）缩放前　b）缩放后

6.10　拉伸对象

将对象进行拉伸或移动。执行该命令必须使用窗口方式选择对象。整个对象位于窗口内时，执行结果是移动对象；当对象与选择窗口相交时，执行结果则是拉伸或压缩对象。下面以图 6-16 为例介绍。

1. 输入命令

可以执行以下命令　　。

- 工具栏：单击“拉伸”按钮。

● 菜单栏：选择“修改”→“拉伸”命令。

● 命令行：输入 STRETCH。

2. 操作格式

命令：(输入命令)
选择对象：(用窗口方式从左向右选择要拉伸的对象，包括竖直中心线右侧的所有对象，如图 6-16a 所示的虚线部分)
选择对象：(按〈Enter〉键或继续选择对象)
指定基点或 [位移 (D)]〈位移〉：(指定圆心为基点)
指定第二点〈使用第一个点作为位移〉：(移动鼠标指定基点移动位置)

命令结束后，操作结果如图 6-16b 所示。

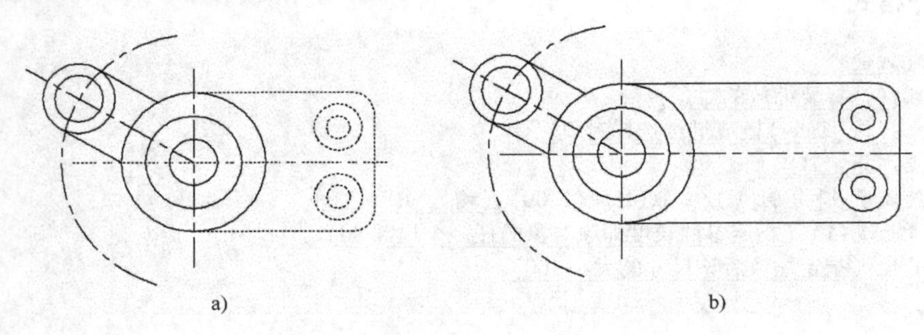

图 6-16 拉伸示例
a）拉伸前 b）拉伸后

3. 移动规则说明

该选项只能拉伸直线、圆弧、椭圆和样条曲线等对象。

● 直线：位于窗口外的端点不动，窗口内的端点移动，直线由此改变。

● 圆弧：与直线类似，但在变形过程中弦高保持不变，由此调整圆心位置。

● 多段线：与直线或圆弧相似，但多段线两端的宽度、切线方向以及曲线拟合信息均不改变。

● 其他对象：如果定义点位于窗口内，则对象移动，否则不动，圆的定义点为圆心，块的定义点为插入点，文本的定义点为字符串的基线端点。

6.11 延伸对象和修剪对象

此节介绍延伸和修剪对象的方法。

6.11.1 延伸对象

将选择的对象延伸到指定的边界。

1. 输入命令

可以执行以下命令 。

● 工具栏：单击“延伸”按钮--/。

● 菜单栏：选择“修改”→“延伸”命令。

● 命令行：输入 EXTEND。

2. 操作格式

命令：(输入命令)
当前设置：投影 = UCS 边 = 无 (当前设置的信息)
选择边界的边。
选择对象或〈全部选择〉：(选择边界对象为下边的水平线)
选择对象：(按〈Shift〉键或继续选择对象)
选择要延伸的对象，或按住〈Shift〉键选择要修剪的对象，或[栏选(F)/窗交(C)/投影(P)/边(E)/放弃(U)]：(选择要延伸的对象)

命令结束后，操作结果如图 6-17b 所示。

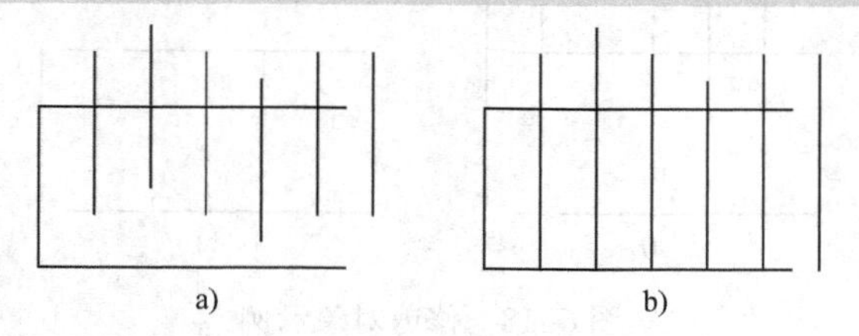

图 6-17 延伸对象示例
a) 延伸对象前 b) 延伸对象后

3. 选项说明

命令和提示中的选项功能如下。

● 选择要延伸的对象：该选项为默认值，选择要延伸的对象后，系统将该对象延伸到指定的边界边。
● 按住〈Shift〉键选择要修剪的对象：按下〈Shift〉键，可以选择要修剪的对象。利用〈Shift〉键可以在延伸和修剪功能之间进行切换。如当前延伸状态下，按下〈Shift〉键选择要修剪的对象，可以对所选对象进行修剪。
● 栏选/窗交：用于确定选择对象的方式。
● 投影：用来确定执行延伸的空间。
● 边：用来确定执行延伸的模式。如果边界的边太短，延伸对象延伸后不能与其相交，AutoCAD 会假想延伸边界边，使延伸对象延伸到与其相交位置，该模式为默认模式。另一种模式是根据边的实际位置进行延伸，也就是说延伸后如果不能相交，则不执行延伸。
● 放弃：取消上一次的操作。

6.11.2 修剪对象

将对象修剪到指定边界。下面以图 6-18 为例进行介绍。

1. 输入命令

可以执行以下命令 。

● 工具栏：单击“修剪”按钮 。
● 菜单栏：选择“修改”→“修剪”命令。
● 命令行：输入 TRIM。

2. 操作格式

命令：(输入命令)
当前设置：投影 = UCS 边 = 无 (当前设置的信息)
选择剪切边。
选择对象或〈全部选择〉：(选择边界对象为上边的水平线)
选择对象：(按〈Enter〉键或继续选择对象)

```
选择要修剪的对象,或按住〈Shift〉键选择要延伸的对象,或[栏选(F)/窗交(C)/投影(P)/边(E)/删除(R)/放弃(U)]:(选择要修剪的直线上端)
命令:
```

命令结束后，操作结果如图 6-18b 所示。

当系统提示："选择要修剪的对象，或按住〈Shift〉键选择要延伸的对象，或[栏选(F)/窗交(C)/投影(P)/边(E)/删除(R)/放弃(U)]:"时输入 e，系统提示："输入隐含边延伸模式[延伸(E)/不延伸(N)]<延伸>:"输入"n"，与边界不相交的线不修剪，结果如图 6-19b 所示。

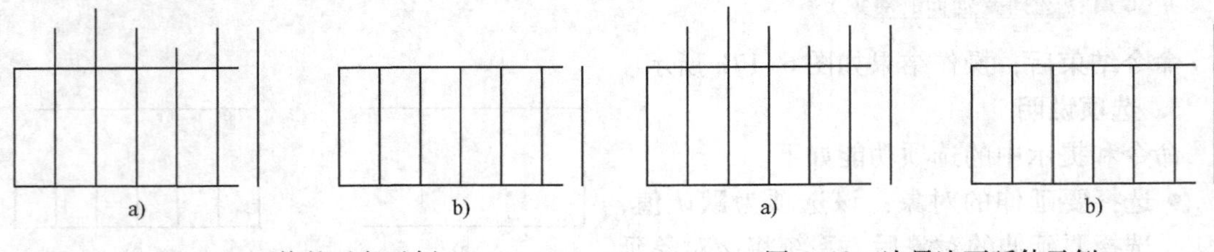

图 6-18　修剪对象示例
a）修剪前　b）修剪后

图 6-19　边界边不延伸示例
a）延伸前　b）延伸后

6.12　打断对象和合并对象

此节介绍打断和合并对象的方法。

6.12.1　直接指定两断点

删除对象上的某一部分或把对象分成两部分。

1. 输入命令

可以执行以下命令　　。

- 工具栏：单击"打断"按钮。
- 菜单栏：选择"修改"→"打断"命令。
- 命令行：输入 BREAK。

2. 操作格式

```
命令:(输入命令)
选择对象:(选择对象指定打断点 1)
指定第二个打断点或[第一点(F)]:(指定打断点 2)
命令:
```

6.12.2　先选取对象，再指定两个断点

1. 输入命令

可以执行以下命令　　。

- 工具栏：单击"打断"按钮。
- 菜单栏：选择"修改"→"打断"命令。
- 命令行：输入 BREAK。

2. 操作格式

命令:(输入命令)
选择对象:(选择断开对象)
指定第二个打断点或[第一点(F)]:(输入"F")
指定第一个打断点:(指定断开点1)
指定第二个打断点:(指定断开点2)
命令:

结束打断操作，此方法可用于精确打断。

说明：

在该命令提示指定第二断开点时，系统提供3种方式来指定第二断点。

- 如果直接拾取对象上的第二点，系统将删除对象两点间的部分。
- 如果输入"@"后按〈Enter〉键，将在第二点处断开。
- 如果在对象的一端之外指定第二点，系统将删除对象位于第一点和第二点之间的部分。

另外在切断圆或圆弧时，由于圆和圆弧有旋转方向性，断开的部分是从打断点1到打断点2之间逆时针旋转的部分，所以指定第一点时应考虑删除段的位置，如图6-20所示。图6-20a为打断对象，图6-20b为经点a至点b逆时针打断对象后的结果，图6-20c为经点a至点b顺时针打断对象后的结果。

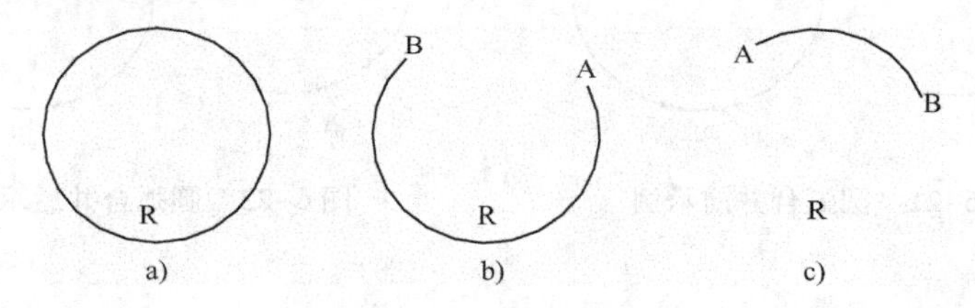

图6-20　打断对象示例
a）打断对象　b）逆时针打断对象　c）顺时针打断对象

6.12.3　在选取点处打断

操作步骤如下。

命令:(单击"打断"按钮 □)
选择对象:(选择对象)
指定第二个打断点或[第一点(F)]:f(当前信息提示)
指定第一个打断点:(在对象上指定打断点)
指定第二个打断点:@ (当前信息提示)
命令:

说明：

结束命令后，被打断的对象以指定的分解点为界打断为两个实体，外观上没有任何变化，此时可以利用选择对象的夹点显示来辨识是否已打断。

6.12.4　合并对象

根据需要连接某一连续图形上的两个部分，或者将某段圆弧闭合为整圆。

1. 输入命令

可以执行以下命令　　。

- 工具栏：单击“命并”按钮。
- 菜单栏：选择“修改”→“合并”命令。
- 命令行：输入JOIN。

2. 操作格式

命令：(输入命令)
选择源对象：(选择要合并的对象)
选择圆弧，以合并到源或进行[闭合(L)]：(选择需要合并的另一部分对象，按〈Enter〉键)
命令：

说明：

图6-21为需要合并的对象示例，图6-22为合并对象后的示例。如果选择“闭合(L)”选项，则可将选择的任意一段圆弧闭合为一个整圆。如图6-22b所示。选择对象时，应该注意选择的次序，这里与打断对象的方法类似，选择方向不同，闭合效果也不同。

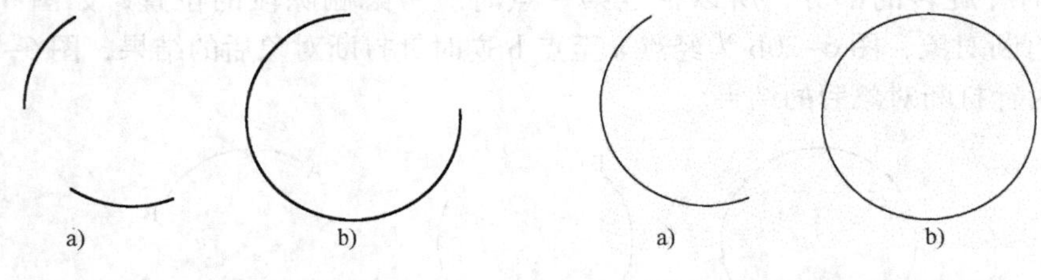

图6-21　圆弧合并前示例　　图6-22　圆弧合并后示例

6.13　倒角和倒圆角

此节介绍绘制倒角和倒圆角的方法。

6.13.1　倒角

对两条相交直线或多段线等对象绘制倒角。

1. 输入命令

可以执行以下命令　　。

- 工具栏：单击“倒角”按钮。
- 菜单栏：选择“修改”→“倒角”命令。
- 命令行：输入CHAMFER。

2. 操作格式

命令：(输入命令)
(“修剪”模式)当前倒角距离1=10.00，距离2=10.00　(当前设置提示)
选择第一条直线或[放弃(U)/多段线(P)/距离(D)/角度(A)/修剪(T)/方式(E)/多个(M)]：(选择第一条直线或选项)

命令中各选项功能如下。

● 选择第一条直线：默认项。执行该选项，系统提示："选择第二条直线"，且按当前倒角设置进行倒角。

●"距离（D）"：用于指定第一个和第二个倒角距离，两倒角距离可相等，也可不相等。输入D，执行该选项，系统提示如下。

指定第一个倒角距离〈10.00〉:(指定第一个倒角距离)
指定第二个倒角距离〈10.00〉:(指定第二个倒角距离)
选择第一条直线或[放弃(U)/多段线(P)/距离(D)/角度(A)/修剪(T)/方式(E)/多个(M)]:(选择第一条直线)
选择第二条直线,或按住〈Shift〉键选择要应用角点的直线:(选择第二条直线)
命令:

依次指定倒角距离和选择直线后，系统完成倒角操作，如图6-23所示。选择对象时可以按住〈Shift〉键，用0值替代当前的倒角距离。

● 角度（A）：该选项可以根据一个倒角距离和一个角度进行倒角。输入"A"，执行该选项，系统提示如下。

指定第一条直线的倒角长度〈10.00〉:(指定第1个倒角距离)
指定第二条直线的倒角角度〈0〉:(指定倒角角度)
选择第一条直线或[放弃(U)/多段线(P)/距离(D)/角度(A)/修剪(T)/方式(E)/多个(M)]:(选择第一条直线)
选择第二条直线:(选择第二条直线)
命令:

依次指定倒角距离、角度和选择直线后，系统完成倒角操作，如图6-24所示。

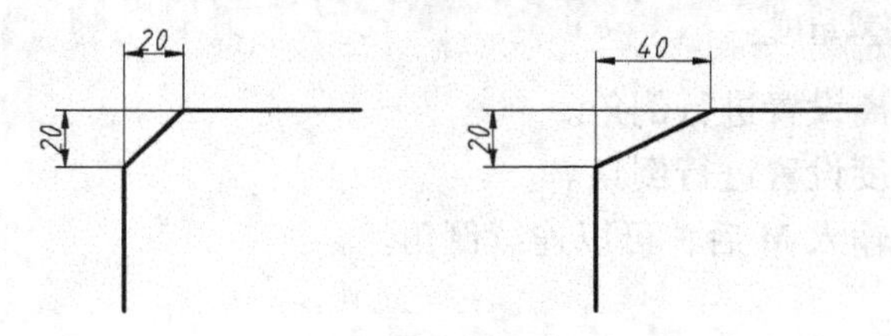

图6-23 指定距离方式倒角示例

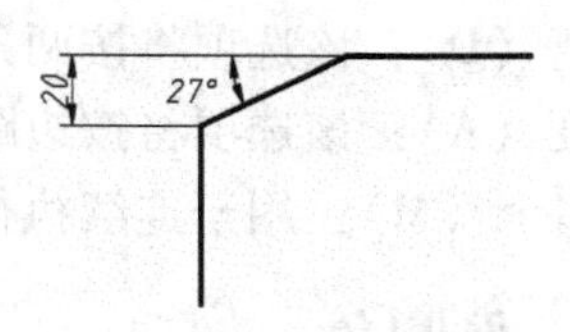

图6-24 指定距离、角度方式倒角示例

● 修剪（T）：用于确定倒角时倒角边是否剪切。输入T，执行该选项，系统提示如下。

输入修剪模式选项[修剪(T)/不修剪(N)]〈修剪〉:(指定修剪或不修剪)

如图6-25所示。图6-25b为倒角修剪后情况，图6-25c为倒角不修剪的示例。

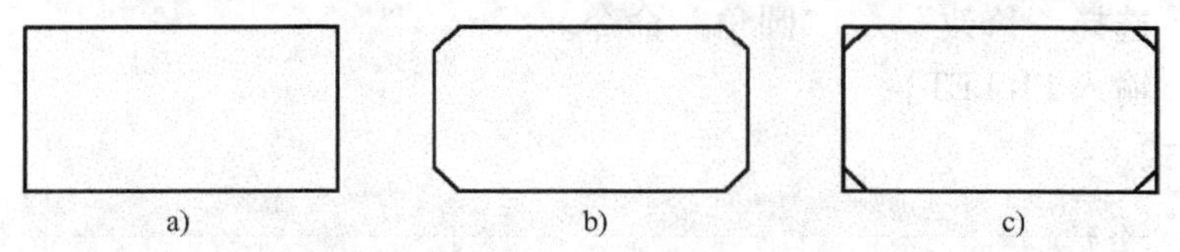

图6-25 绘制倒角示例
a）倒角前 b）倒角修剪 c）倒角不修剪

● 多段线（P）：用于以指定的倒角距离对多段线进行倒角。此方法和矩形倒角类同，具体操作如下。

命令:(输入命令)
模式 = 修剪　当前倒角距离 1 = 10.00,距离 2 = 10.00(当前设置提示)
选择第一条直线或[放弃(U)/多段线(P)/距离(D)/角度(A)/修剪(T)/方式(E)/多个(M)]:(输入"D")
指定第一个倒角距离〈10.00〉:(指定第 1 个倒角距离 20)
指定第二个倒角距离〈10.00〉:(指定第 2 个倒角距离 20)
选择第一条直线或[放弃(U)/多段线(P)/距离(D)/角度(A)/修剪(T)/方式(E)/多个(M)]:(输入"P")
选择二维多段线:(选择多段线)
命令:

依次指定倒角距离和选择直线后，系统完成倒角操作，结果如图 6-26 所示。

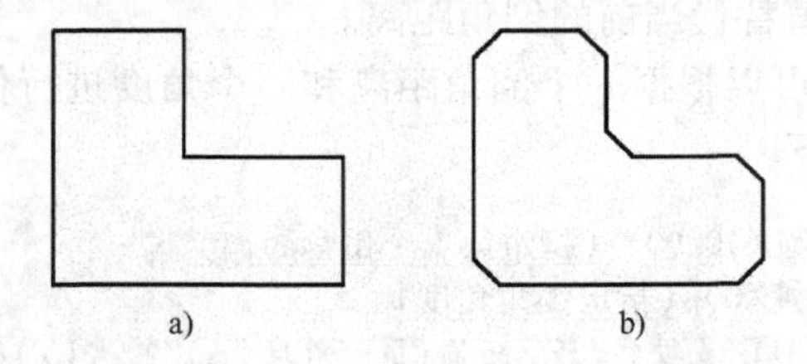

图 6-26　多段线的倒角示例
a）倒角前的多段线　b）倒角后的多段线

- 方式（E）：用于确定按什么方式倒角。输入 E，执行该选项，系统提示如下。

输入修剪方法[距离(D)/角度(A)]:(指定距离或角度)

距离（D）：该选项将按两条边的倒角距离设置进行倒角。
角度（A）：该选项将按边距离和倒角角度设置进行倒角。

- 多个（M）：用于连续执行倒角命令。输入 M 后，可以连续倒角。

6.13.2　倒圆角

为两对象进行倒圆角操作。

1. 输入命令

可以执行以下命令之一。

- 工具栏：单击"圆角"按钮。
- 菜单栏：选择"修改"→"圆角"命令。
- 命令行：输入 FILLET。

2. 操作格式

命令:(输入命令)
当前模式:模式 = 修剪,半径 = 10.00　(当前设置提示)
选择第一个对象或[放弃(U)/多段线(P)/半径(R)/修剪(T)/多个(M)]:(选择第一个对象或选项)

命令中各选项含义如下。

- 选择第一个对象：默认项。选择第一个对象后，系统提示如下。

```
选择第二个对象,或按住〈Shift〉键选择要应用角点的对象:(选择第2个对象)
命令:
```

系统按当前设置完成倒圆角操作。结果如图6-27所示。

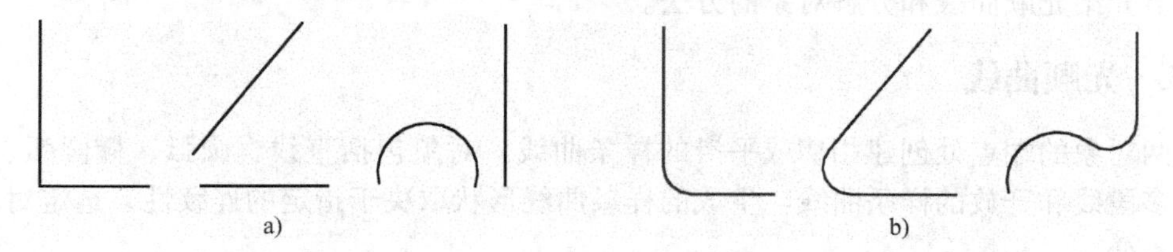

图6-27　倒圆角示例

a）倒圆角前　b）倒圆角后

- 半径（R）：用于确定和改变圆角的半径。输入"R"，执行该选项，系统提示如下。

```
指定圆角半径〈10.00〉:(输入半径值)
选择第一个对象或[放弃(U)/多段线(P)/半径(R)/修剪(T)/多个(M)]:(选择第一个对象)
选择第二个对象:(选择第二个对象)
命令:
```

系统按指定圆角半径完成倒圆角操作。

- 修剪（T）：用于确定倒圆角时的边角是否剪切。结果如图6-28所示。

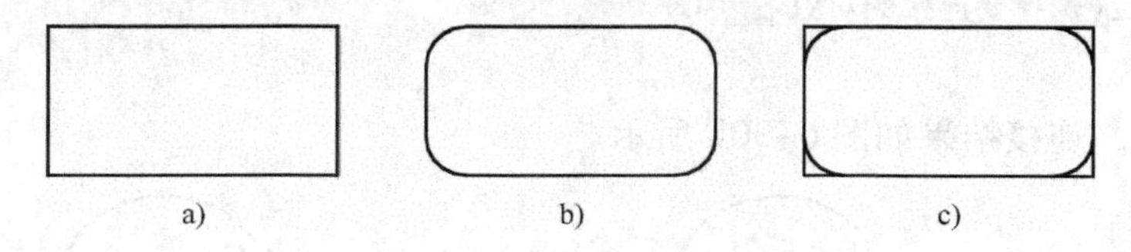

图6-28　倒圆角示例

a）倒圆角前　b）倒圆角修剪　c）倒圆角不修剪

- 多段线（P）：选择该选项将对多段线以当前设置进行倒圆角。输入"R"，执行该选项，系统提示如下。

```
当前设置:模式=修剪　半径=20　(当前设置提示)
选择第一个对象或[放弃(U)/多段线(P)/半径(R)/修剪(T)/多个(M)]:(输入"P")
选择二维多段线:(选择多段线)
命令:
```

依次指定半径和选择对象后，系统完成倒圆角操作，结果如图6-29所示。

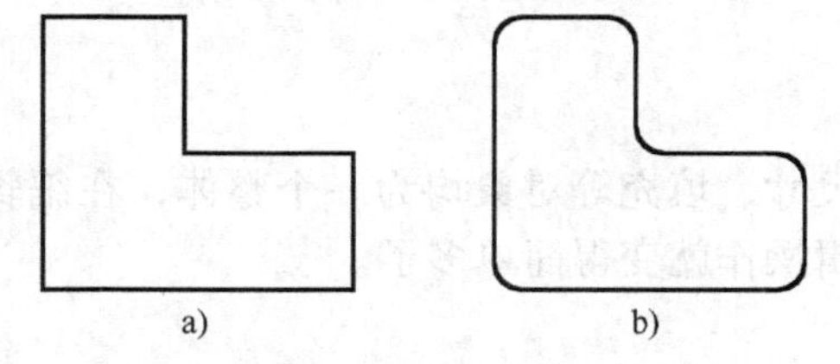

图6-29　多段线的倒圆角示例

a）倒圆角前　b）倒圆角后

6.14 光顺曲线和分解对象

此节介绍光顺曲线和分解对象的方法。

6.14.1 光顺曲线

在两对象的端点处创建相切或平滑的样条曲线。对象包括直线、圆弧、椭圆弧、螺旋、开放的多段线和开放的样条曲线。生成的样条曲线形状取决于指定的连续性，选定对象的长度保持不变。

1. 输入命令

可以执行以下命令 。

- 工具栏：单击“光顺曲线”按钮。
- 菜单栏：选择“修改”→“光顺曲线”命令。
- 命令行：输入 BLEND。

2. 操作格式

```
命令:(输入命令)
连续性 = 平滑。
选择第一个对象或[连续性(CON)]:(选择对象的端点 B 或选项)
选择第二个点:(选择要连接的对象端点 C)
命令:
```

命令结束后，连接结果如图 6-30b 所示。

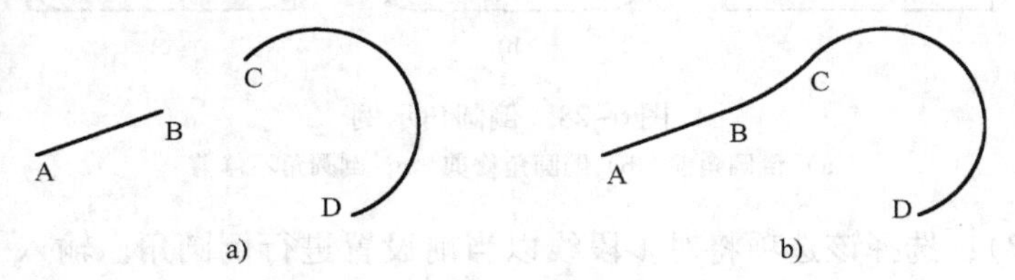

图 6-30 光顺曲线的示例

a）光顺连接前 b）光顺连接后

说明：

如果选择“连续性（CON)”选项，系统提示：“输入连续性[相切(T)/平滑(S)]<切线>”，选择“相切”，创建一条3阶样条曲线，在连接处具有相切连续性；选择“平滑”，则创建一条 5 阶样条曲线，在连接处具有曲率连续性。

6.14.2 分解对象

矩形、多段线、块、尺寸、填充等对象均为一个整体，在编辑时，命令常常无法执行，如果把它们分解开来，编辑操作就变得简单多了。

1. 输入命令

可以执行以下命令 。

- 工具栏：单击“分解”按钮。

● 菜单栏：选择“修改”→“分解”命令。
● 命令行：输入 EXPLODE。

2. 操作格式

命令：(输入命令)
选择对象：(选择要分解的对象)
选择对象：(按〈Enter〉键或继续选择对象)

系统完成分解操作。一般分解后的对象无特殊表征，可以用选择对象的方法进行验证。如果不能一次选择原对象整体时，即证明对象整体已被分解，如图 6-31 所示。

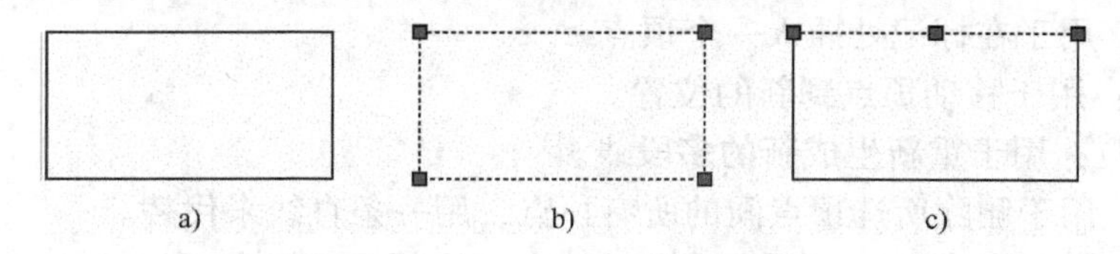

图 6-31　对象分解示例
a）原对象　b）对象未分解被选择　c）对象已分解被选择

6.15　编辑多段线

本节主要介绍编辑多段线的方法。

1. 输入命令

可以执行以下命令　　。
● 工具栏：单击“编辑多段线”按钮。
● 菜单栏：选择“修改”→“对象”→“多段线”命令。
● 命令行：输入 PEDIT。

2. 操作格式

命令：(输入命令)
选择多段线或[多条(M)]：(选择要编辑的多段线)
输入选项[打开(O)/合并(J)/宽度(W)编辑顶点(E)/拟合(F)/样条曲线(S)/非曲线化(D)/线型生成(L)/放弃(U)]：(选择选项)
命令：

3. 选项说明

命令中各选项功能如下。
● 选择多段线：用于选择要编辑的多段线。如果选择了非多段线，并且该线条可以转换成多段线，则系统提示是否可以转换成多段线，输入 Y，则将普通线条转换成多段线。
● 打开（O）：如果该多段线本身是闭合的，则提示为打开。选择打开，则将最后一条封闭该多段线的线条删除，形成不封口的多段线。如果选择的多段线是打开的，则提示为闭合（C）。选择了闭合，则首尾相连形成封闭的多段线。
● 合并（T）：用于将与多段线端点精确相连的其他直线、圆弧、多段线合并成一条多段线，该多段线必须是不封闭的。

- 宽度（W）：用于设置该多段线的全程宽度。
- 编辑顶点（E）：用于对多段线的各个顶点进行单独编辑。选择该项后，提示如下。

[下一个(N)/上一个(P)/打断(B)/插入(I)/移动(M)/重生成(R)/拉直(S)/切向(T)/宽度(W)/退出(X)]〈N〉:(选择选项)

各选项的功能如下。

下一个（N）：用于选择下一个顶点。

上一个（P）：用于选择上一个顶点。

打断（B）：用于将多段线一分为二。

插入（Z）：用于在标记处插入一个顶点。

移动（M）：用于移动顶点到新的位置。

重生成（R）：用于重新生成新的多段线。

拉直（S）：用于删除所选顶点间的所有顶点，用一条直线来代替。

切向（T）：用于在当前标记顶点处设置切向以控制曲线拟合。

宽度（W）：用于设置每一独立的线段宽度。

退出（X）：用于退出顶点编辑。

- 拟合（F）：用于产生通过各顶点，且彼此相切的光滑曲线。如图 6-32 所示。
- 样条曲线（S）：用于对多段线进行样条拟合，以图 6-32a 中的多段线为例，样条曲线拟合后如图 6-33 所示。

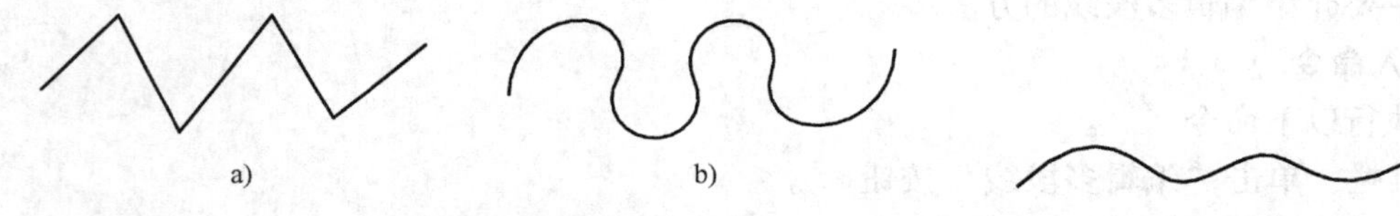

图 6-32　多段线拟合示例

a）多段线拟合前　b）多段线拟合后

图 6-33　多段线拟合样条曲线示例

- 非曲线化（D）：用于取消拟合或样条曲线，返回直线状态。
- 线型生成（L）：用于控制多段线在顶点处的线型。
- 放弃（U）：用于取消最后的编辑。

6.16　编辑样条曲线

编辑样条曲线的定义，如控制点数量和权值、拟合公差及起点相切和端点相切。

1. 输入命令

可以执行以下命令　　。

- 工具栏：单击“样条曲线”按钮。
- 菜单栏：选择“修改”→“对象”→“样条曲线”命令。
- 命令行：输入 SPLINEDIT。

2. 操作格式

命令:(输入命令)

```
选择样条曲线:(选择要编辑的样条曲线)
输入选项[闭合(C)/合并(J)/拟合数据(F)/编辑顶点(E)/转换为多段线(P)/反转(R)/放弃(U)/退出(X)]<退出>:(选择选项)
命令:
```

3. 选项说明

命令中各选项功能如下。

- 选择样条曲线：选择需要编辑的样条曲线。被选样条曲线显示出控制点，如图 6-34 所示。

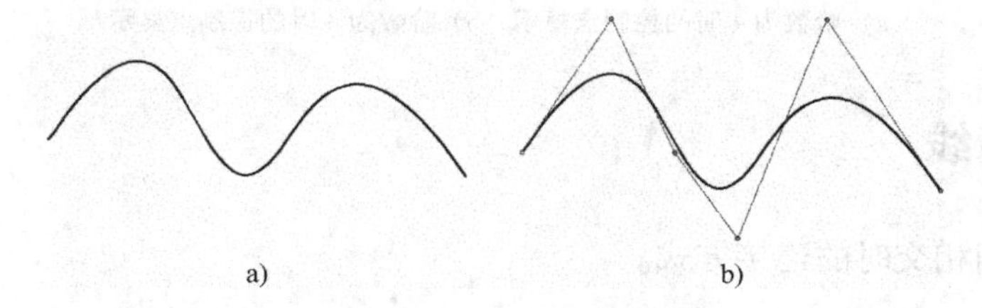

图 6-34　样条曲线被选后的控制点显示情况

a）样条曲线被选中前　b）样条曲线被选中后

- 闭合（C）/打开（O）：用于控制是否封闭或打开样条曲线。
- 合并（J）：用于将选定的样条曲线、直线和圆弧在重合端点处合并到现有样条曲线。
- 拟合数据（F）：用于编辑确定样条位置的控制点，选择该选项后提示，“输入拟合数据选项[添加(A)/闭合(C)/删除(D)/移动(M)/清理(P)/相切(T)/公差(L)/退出(X)]”

添加（A）：用于在样条曲线中增加拟合点。

删除（D）：用于删除拟合点并且用其余点重新拟合样条曲线。

移动（M）：用于移动拟合点到新位置。

清理（P）：用于删除图形数据库中样条曲线的拟合数据。

相切（T）：用于确定样条曲线的起点和端点切向。

公差（L）：用于使用新的公差值将样条曲线重新拟合至现有点。

- 编辑顶点（E）：用于精密调整样条曲线定义。选择该选项后提示：“输入顶点编辑选项[添加(A)/删除(D)/提高阶数(E)/移动(M)/权值(W)/退出(X)]<退出>:”。

添加（A）：用于增加样条曲线的控制点数量。

删除（D）：用于减少样条曲线的控制点数量。

提高阶数（E）：用于增加样条曲线的控制点。输入大于当前阶数的值将增加整个样条曲线的控制点数，使控制更为严格，如图 6-35 所示。阶数的最大值为 26。

移动（M）：用于重新确定样条曲线的控制顶点并清理拟合点。

权值（W）：用于改变控制点的权值。权值的大小控制样条曲线和控制点的距离，可以改变样条曲线的形状。权值越大，样条曲线越接近控制点。

退出（*）：用于退出编辑顶点，返回控制点编辑状态。

- 转换为多段线（P）：用于将样条曲线转换为多段线。
- 反转（R）：用于改变样条曲线的方向，即起点和终点互换。
- 放弃（U）：用于取消最后一次修改操作。

● 退出（X）：用于结束当前编辑样条曲线的操作命令。

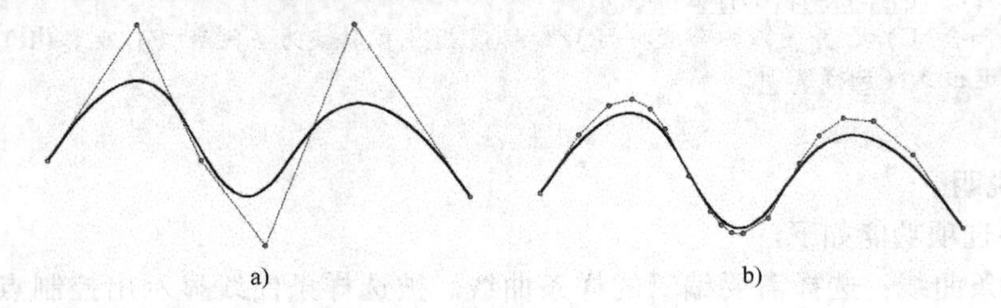

图 6-35　样条曲线提高阶数的示例

a）阶数为 4 时的控制点显示　b）阶数为 8 时的控制点显示

6.17　编辑多线

控制多线之间相交时的连接方式。

1. 输入命令

可以执行以下命令　　。

● 菜单栏：选择“修改”→“对象”→“多线”命令。

● 命令行：输入 MLEDIT。

2. 操作格式

命令：(输入命令)

系统打开“多线编辑工具”对话框，如图 6-36 所示。

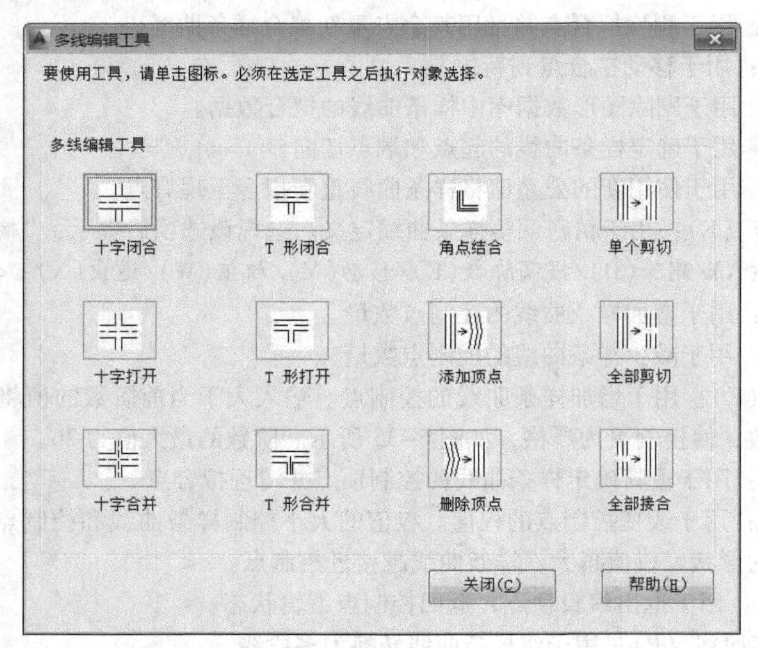

图 6-36　“多线编辑工具”对话框

选择图标后，返回到绘图区，系统提示如下。

```
选择第一条多线:(选择第一条多线)
选择第二条多线或放弃(U):(选择第二条多线)
选择第一条多线或放弃(U):(继续选择或按〈Enter〉键)
```

多线编辑结果如图 6-37 所示。

“多线编辑工具”对话框中的各图标选项功能如下。

- 十字闭合 ：由两条线相交形成一个封闭的十字交叉口，第一条多线在交叉点处被第二条多线断开，第二条多线保持原状。结果如图 6-37 所示。
- 十字打开 ：由两条多线相交形成一个开放的十字交叉口。第一条多线在交点处全部断开，第二条多线的外边线被第一条多线断开，其内部的线保持原状。编辑结果如图 6-38 所示。

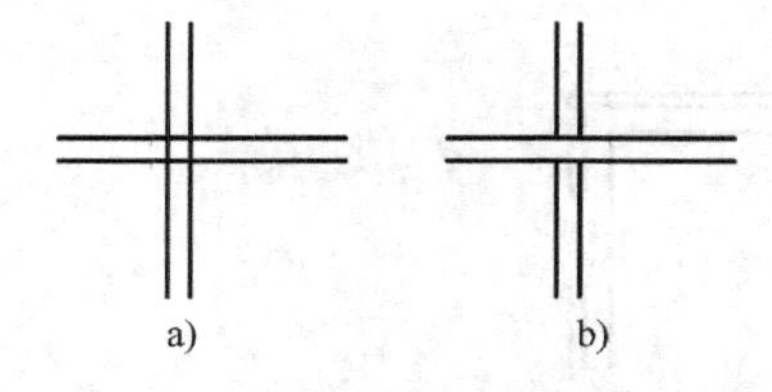

图 6-37 “十字闭合”多线编辑示例
a）编辑前 b）编辑后

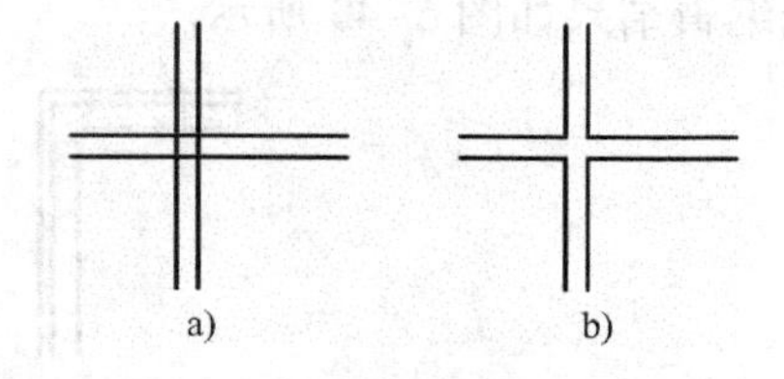

图 6-38 “十字打开”多线编辑示例
a）编辑前 b）编辑后

- 十字合并 ：由两条多线相交形成一个汇合的十字交叉口。两条多线的外边直线在交点处断开，其内部的线保持原状。
- T 形闭合 ：由两条多线相交形成一个封闭的 T 形交叉口。第一条直线在交点处全部断开，第二条多线保持原状。编辑结果如图 6-39 所示。
- T 形打开 ：由两条多线相交形成一个开放的 T 形交叉口。第一条直线在交点处全部断开，第二条多线外边线被断开，其内部的线保持原状。编辑结果如图 6-40 所示。

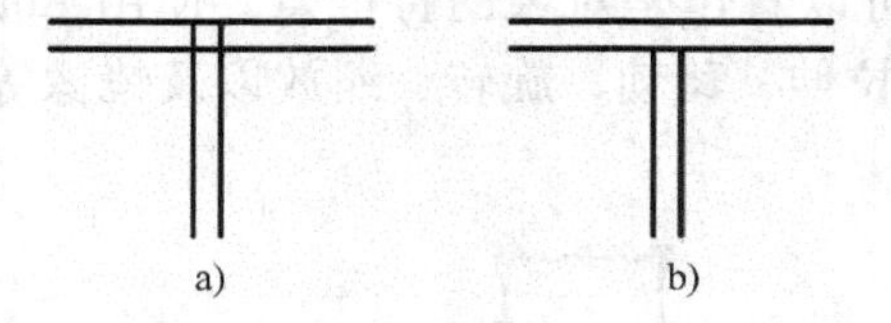

图 6-39 “T 形闭合”多线编辑示例
a）编辑前 b）编辑后

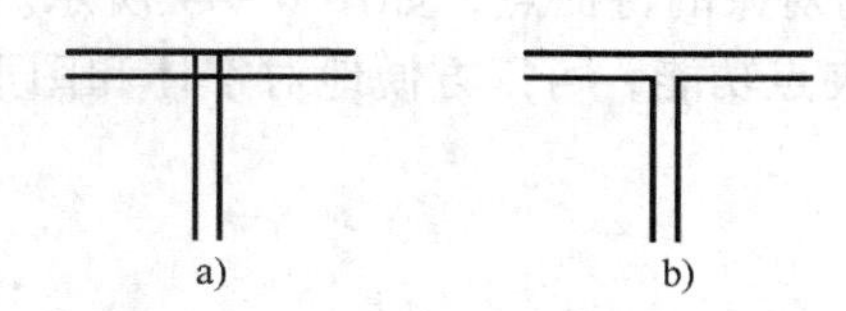

图 6-40 “T 形打开”多线编辑示例
a）编辑前 b）编辑后

- T 形合并 ：由两条多线相交形成一个汇合的 T 形交叉口。两条线除最里边的线保持原状外，其余各条线断开。
- 角点结合 ：由两条多线相交成一个角连接。编辑结果如图 6-41 所示。
- 添加顶点 ：增加一个顶点。
- 删除顶点 ：删除一个顶点。
- 单个剪切 ：断开多线中的一条线。编辑结果如图 6-42 所示。

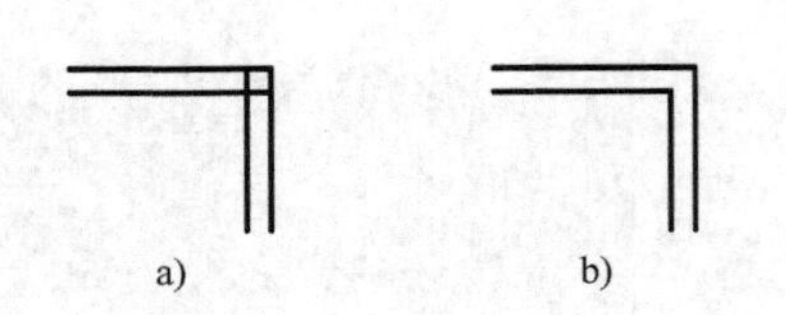

图 6-41 “角点结合”多线编辑示例
a）编辑前 b）编辑后

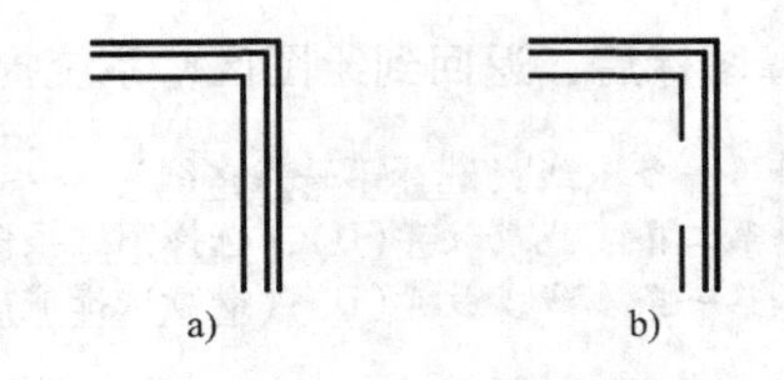

图 6-42 “单个剪切”多线编辑示例
a）编辑前 b）编辑后

- 全部剪切 ：断开全部多线。选择图标后，系统提示如下。

```
选择多线:(选择第一条多线,指定断开的第一点)
选择第二个点:(指定断开的第二个点)
选择多线或放弃(U):(继续选择或按〈Enter〉键)
```

多线编辑结果如图 6-43 所示。

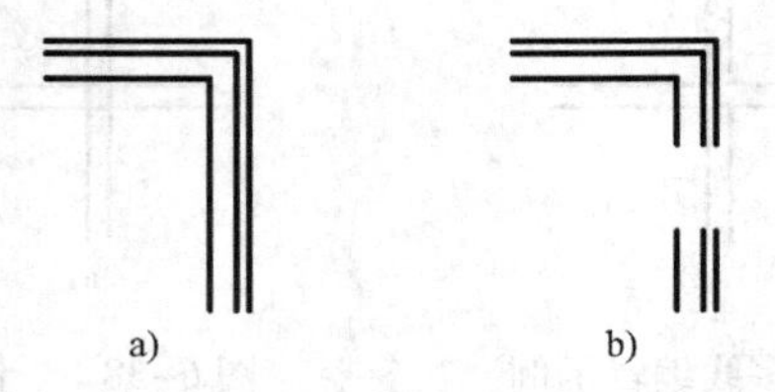

图 6-43 “全部剪切”多线编辑示例
a）编辑前 b）编辑后

- 全部接合 ：连接全部多线。

6.18 使用夹点功能编辑对象

在没有执行任何命令的情况下，用鼠标选择对象后，这些对象上出现若干个蓝色小方格，称为对象的特征点，如图 6-44 所示。夹点可以看作是对象的特征点。使用 AutoCAD 2014 的夹点功能，可以方便地对字体和图形进行拉伸、移动、旋转、缩放以及镜像等编辑操作。

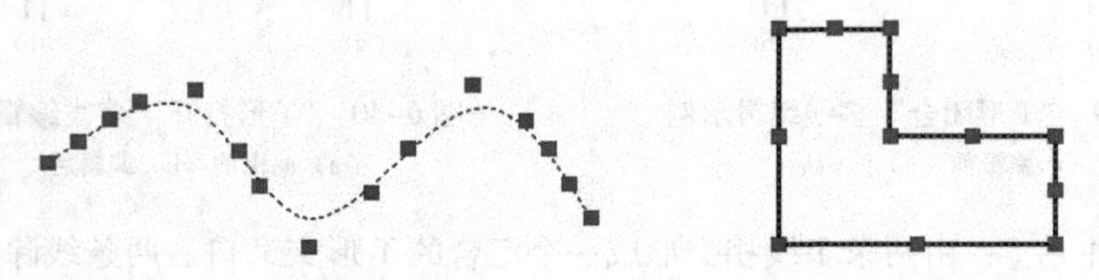

图 6-44 显示对象夹点的示例

6.18.1 夹点功能的设置

1. 输入命令

可以执行以下命令 。

- 菜单栏：选择“工具”→“选项”命令，在弹出的“选项”对话框中单击“选择集”选项卡。

- 命令行：输入 DDGRIPS。

执行此命令后，打开“选项”对话框的“选择集”选项卡，如图 6-45 所示。

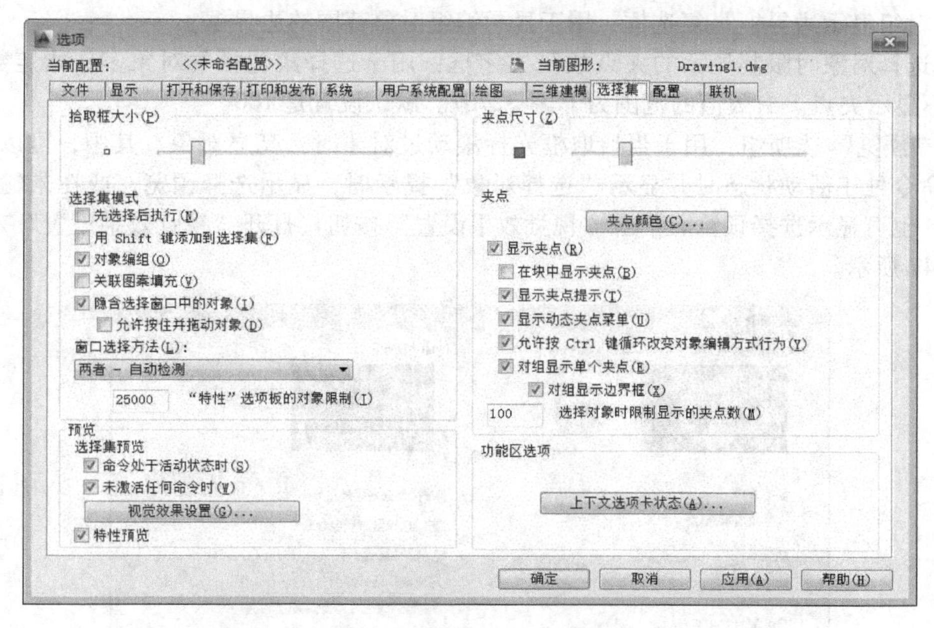

图 6-45 “选择集”选项卡

2. 选项说明

“选择集”选项卡有关夹点的选项功能如下。

1）“夹点尺寸”选项组：用于调整特征点的大小。

2）“夹点”选项组：用于指定不同夹点状态和元素的颜色。

- “夹点颜色”按钮：单击该按钮，打开“夹点颜色”对话框，如图 6-46 所示。

“夹点颜色”对话框各选项功能如下。

“未选中夹点颜色”下拉列表框：用于控制未选定夹点的颜色。

- “选中夹点颜色”下拉列表框：用于控制选定夹点的颜色。
- “悬停夹点颜色”下拉列表框：用于控制光标暂停在未选定夹点上时该夹点的颜色。

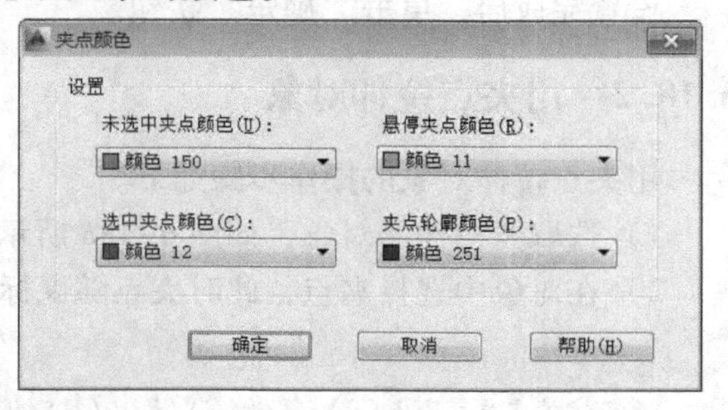

图 6-46 “夹点颜色”对话框

“夹点轮廓颜色”下拉列表框：用于控制夹点轮廓的颜色。

- “显示夹点”复选框：用于打开夹点功能。
- “在块中显示夹点”复选框：用于确定块中夹点的显示。
- “显示夹点提示”复选框：用于当光标位于特征点时，是否出现特定的提示。
- “显示动态夹点菜单”复选框：用于控制在将光标悬停在多功能夹点上时动态菜单的显示。

- “允许按 Ctrl 键循环改变对象编辑方式行为”复选框：用于允许按〈Ctrl〉键循环改变多功能夹点对象的编辑方式。
- “对组显示单个夹点”复选框：用于显示对象组的单个夹点。
- “对组显示边界框”复选框：用于显示编组对象范围的边界框。
- “选择对象时限制显示的夹点数”文字框：用于选择集包括的对象多于指定数量时，不显示夹点。有效值的范围为 1 ~ 32767。默认设置是 100。

3）“预览”选项组：用于当拾取框光标滚动过对象时，亮显对象。其中，可以选择仅当某个命令处于活动状态时并显示“选择对象”提示时，显示选择预览；或在未输入任何命令时，也可显示选择预览。单击“视觉效果设置”按钮，打开“视觉效果设置”对话框，如图 6-47 所示。

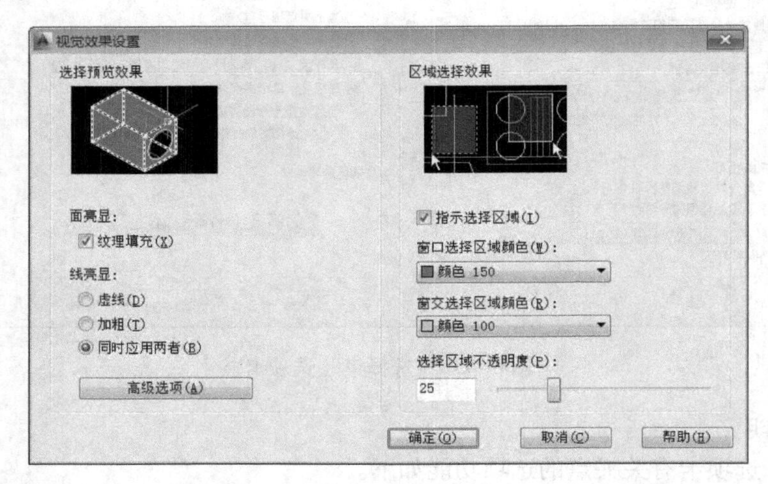

图 6-47 “视觉效果设置”对话框

设置完成后，单击“确定”按钮。

6.18.2 用夹点拉伸对象

用夹点拉伸对象的操作步骤如下。

1）选取要拉伸的对象，如图 6-48a 所示。

2）在对象中选择夹点，此时夹点随鼠标的移动而移动，如图 6-48b 所示。系统提示：

```
拉伸
指定拉伸点或[基点(B)/复制(C)/放弃(U)/退出(X)]:
```

各选项的功能如下。

- 指定拉伸点：用于指定拉伸的目标点。
- 基点（B）：用于指定拉伸的基点。
- 复制（C）：用于在拉伸对象的同时复制对象。
- 放弃（U）：用于取消上次的操作。
- 退出（X）：退出夹点拉伸对象的操作。

3）移动到目标位置时，单击鼠标，即可把夹点拉伸到需要位置。如图 6-48c 所示。

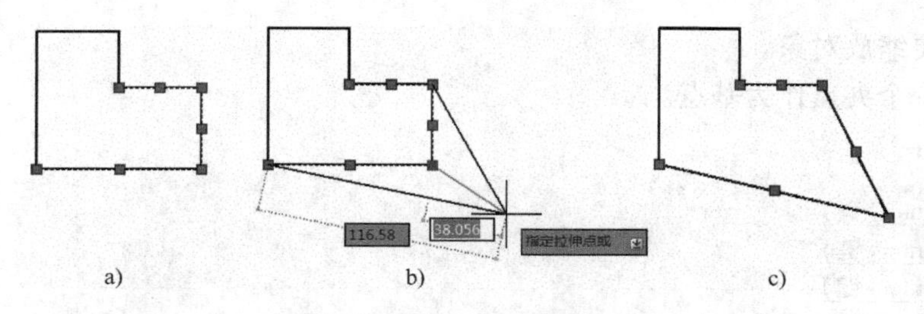

图 6-48　夹点拉伸对象示例

6.18.3　用夹点移动对象

用夹点移动对象的操作步骤如下。

1）选取移动对象。

2）指定一个夹点作为基点，如图 6－49a 所示。

系统提示：

```
拉伸(按〈Enter〉键)
移动
指定移动点或[基点(B)/复制(C)/放弃(U)/退出(X)]:(指定移动点或选择选项)
```

3）指定目标位置后，系统完成夹点移动对象，结果如图 6-49b 所示。

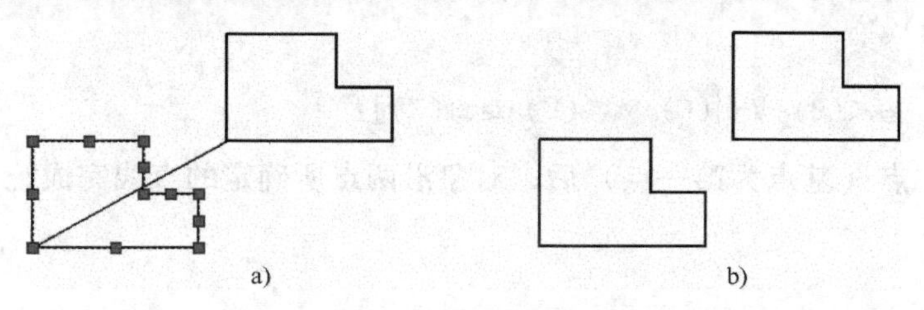

图 6-49　夹点移动对象示例

6.18.4　用夹点旋转对象

用夹点旋转对象的操作步骤如下。

1）选取要旋转的对象。

2）指定一个夹点作为基点。

系统提示：

```
拉伸(按〈Enter〉键)
移动(按〈Enter〉键)
旋转
指定旋转角度或[基点(B)/复制(C)/放弃(U)/参照(R)/退出(X)]:
```

3）在命令行输入旋转角度，系统完成夹点旋转对象。

6.18.5　用夹点缩放对象

用相对夹点来缩放对象，同时还可以进行多次复制。其操作步骤如下。

1）选取要缩放对象。

2）指定一个夹点作为基点。

系统提示：

```
拉伸(按〈Enter〉键)
移动(按〈Enter〉键)
旋转(按〈Enter〉键)
缩放
指定比例因或[基点(B)/复制(C)/放弃(U)/参照(R)/退出(X)]：
```

3）在命令行输入缩放比例后，按〈Enter〉键。系统完成夹点缩放对象。

6.18.6 用夹点镜像对象

用夹点镜像对象的操作步骤如下。

1）选取要缩放的对象。

2）指定一个夹点作为基点。

系统提示：

```
拉伸(按〈Enter〉键)
移动(按〈Enter〉键)
旋转(按〈Enter〉键)
缩放(按〈Enter〉键)
镜像
指定第二点或[基点(B)/复制(C)/放弃(U)/退出(X)]：
```

3）指定第二点（基点为第一点）后，对象沿两点所确定的直线完成镜像。

6.19 实训

6.19.1 绘制阵列图

此节练习阵列图的绘制。

1. 绘制矩形阵列图

（1）要求

绘制如图 6-50 所示的矩形阵列图形。

（2）操作步骤

```
命令：(输入“ARRAYRECT”)
选择对象：(选择要阵列的对象)
选择对象：(按〈Enter〉键)
为项目数指定对角点或［基点(B)/角度(A)/计数(C)］<计数>：(输入“C”或按〈Enter〉键)
输入行数或［表达式(E)］〈4〉：(输入“3”)
输入列数或［表达式(E)］〈4〉：(输入“3”)
指定对角点以间隔项目或［间距(S)］〈间距〉：(输入“S”)
指定行之间的距离或［表达式(E)］〈30〉：(输入“40”)
```

指定列之间的距离或［表达式(E)］〈45〉：(输入“50”)
按 Enter 键接受或［关联(AS)/基点(B)/行(R)/列(C)/层(L)/退出(X)］〈退出〉：按〈Enter〉键)

命令结束后，阵列结果如图 6-50b 所示。

当命令提示：“为项目数指定对角点或［基点(B)/角度(A)/计数(C)］〈计数〉”：(输入“A”)，“指定行轴角度〈0〉”：(输入“15”)，以下操作同上，结果如图 6-50c 所示。

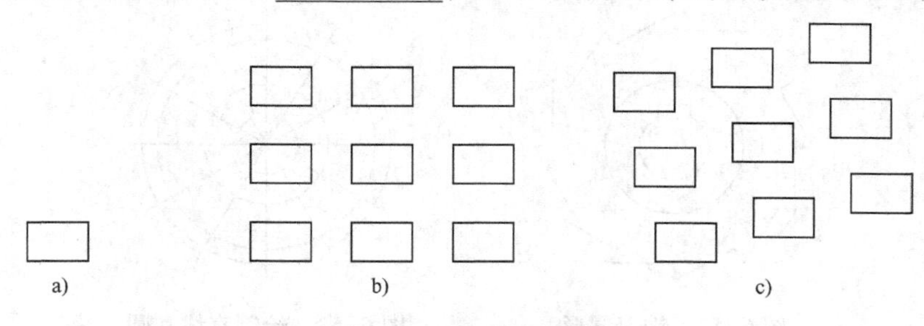

图 6-50　矩形阵列示例
a）源对象　b）矩形阵列　c）角度矩形阵列

2. 绘制路径阵列图

（1）要求

绘制如图 6-51 所示的矩形阵列图形。

（2）操作步骤

命令：(输入“ARRAYPATH”)
选择对象：(选择要阵列的对象)
选择对象：(按〈Enter〉键)
选择路径曲线：(选择路径曲线)
输入沿路径的项数或［方向(O)/表达式(E)］<方向>：(按〈Enter〉键或输入“6”)
指定基点或［关键点(K)］<路径曲线的终点>：(按〈Enter〉键)
指定与路径一致的方向或［两点(2P)/法线(NOR)］<当前>：(按〈Enter〉键)
输入沿路径的项目数或［表达式(E)］<4>：(输入“6”)
指定沿路径的项目之间的距离或［定数等分(D)/总距离(T)/表达式(E)］<沿路径平均定数等分(D)>：(输入“D”)
按<Enter>键接受或［关联(AS)/基点(B)/项目(I)/行(R)/层(L)/对齐项目(A)/Z 方向(Z)/退出(X)］<退出>：(按〈Enter〉键，阵列结果如图 6-51b 所示；若输入“A”，系统提示：)
是否将阵列项目与路径对齐？［是(Y)/否(N)］<是>：(输入“N”，按〈Enter〉键)

命令结束后，阵列结果如图 6-51 所示。

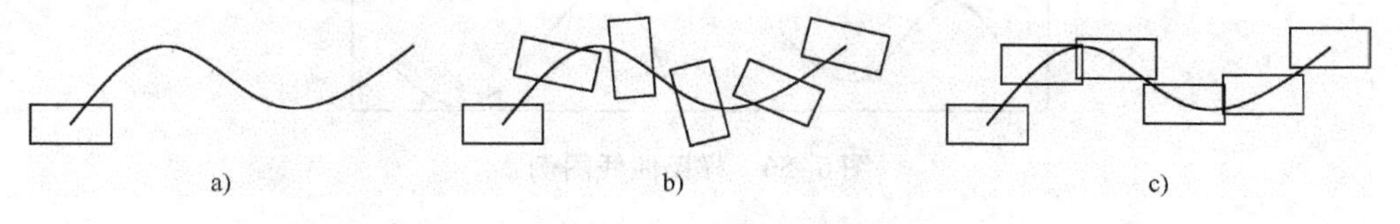

图 6-51　路径阵列示例
a）源对象和路径　b）路径阵列　c）不对齐路径阵列

6.19.2　绘制铣刀图形

此节通过图形绘制，进一步练习综合编辑的方法。

（1）要求

绘制如图 6-52 所示的铣刀图形。

（2）操作步骤

1）先使用“圆”命令绘制 4 个同心圆和中心孔键槽；使用“直线”和“旋转”命令复制出射线，结果如图 6-53 所示。

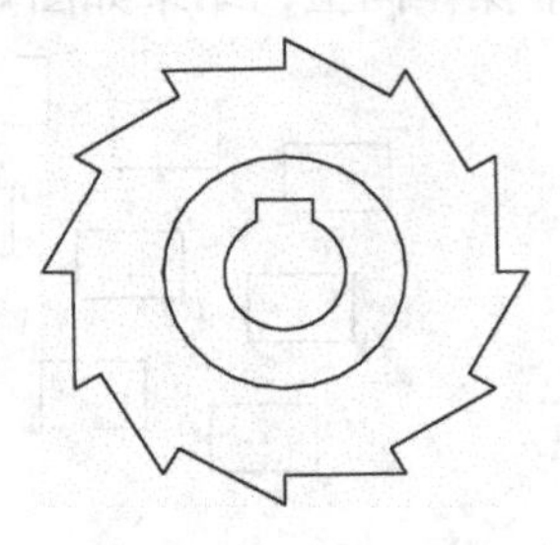

图 6-52　铣刀图形

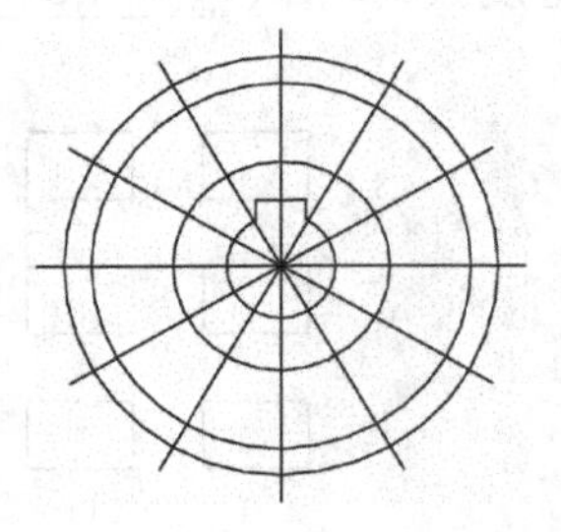

图 6-53　绘制直线和圆

2）使用捕捉交点和“直线”命令，绘制两个大圆与射线交点的各连线，如图 6-54 所示。

3）删除外圆。

4）使用“修剪”命令，修剪射线，如图 6-55 所示。

图 6-54　绘制连线

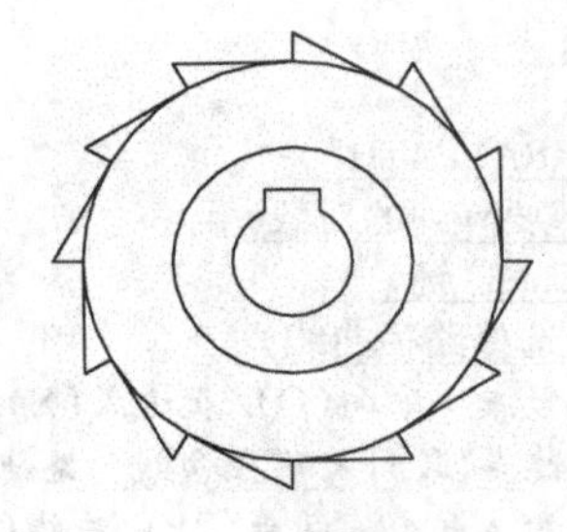

图 6-55　修剪线条

5）删除内切圆，完成图形绘制，如图 6-52 所示。

6.19.3　连接样条曲线

此节进行光滑连接样条曲线的练习，如图 6-56 所示。

图 6-56　样条曲线图例

操作步骤如下。

1）绘制样条曲线。

命令:(输入“SPLINE”或单击“绘图”工具栏“样条曲线”按钮~)
当前设置:方式 = 拟合 ，　节点 = 弦

指定第一个点或[方式(M)/节点(K)/对象(O)]:(指定起点)
输入下一个点或[起点切向(T)/公差(L)]:(指定第2点)
输入下一个点或[端点相切(T)/公差(L)/放弃(U)/闭合(C)]:(指定第3点)
输入下一个点或[端点相切(T)/公差(L)/放弃(U)/闭合(C)]:(指定端点)
输入下一个点或[端点相切(T)/公差(L)/放弃(U)/闭合(C)]:(按〈Enter〉键)
命令:

重复执行以上操作，结果如图6-56所示。

2）相切连接样条曲线。

命令:(输入"BLEND"或单击"修改"工具栏"光顺曲线"按钮)
连续性=相切
选择第一个对象或[连续性(CON)]<切线>:(选择对象的端点)
选择第二个点:(选择要连接的对象端点)
命令:

命令结束后，结果如图6-57a所示。

3）平滑连接样条曲线。

命令:(输入"BLEND"或单击"修改"工具栏"光顺曲线"按钮)
连续性=相切
选择第一个对象或[连续性(CON)]<切线>:(输入"CON")
输入连续性[相切(T)/平滑(S)]<切线>:(输入"S")
选择第一个对象或[连续性(CON)]:(选择对象的端点)
选择第二个点:(选择要连接的对象端点)
命令:

命令结束后，结果如图6-57b所示。

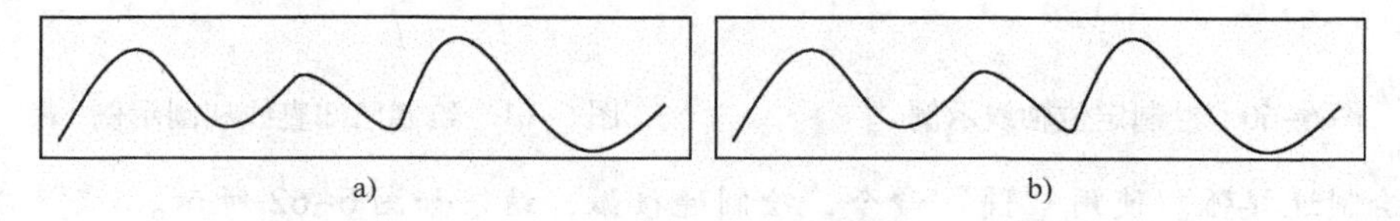

图6-57 平顺连接曲线示例
a）相切连接曲线 b）平滑连接曲线

6.20 习题

1. 熟练掌握常用的编辑命令是提高绘图速度和准确绘图的关键。对本章的编辑命令应反复练习。对复制、镜像、偏移、阵列、移动、旋转、比例、拉伸、修剪、延伸、打断、倒角、分解等命令的例题要多做几遍。

2. 绘制如图6-58所示的端盖平面图形。

提示：利用捕捉和栅格功能绘制4个同心圆，再绘制1个正六边形，然后使用"阵列"命令绘制其余正六边形。

3. 绘制如图6-59所示的圆弧连接图形，不标注尺寸。

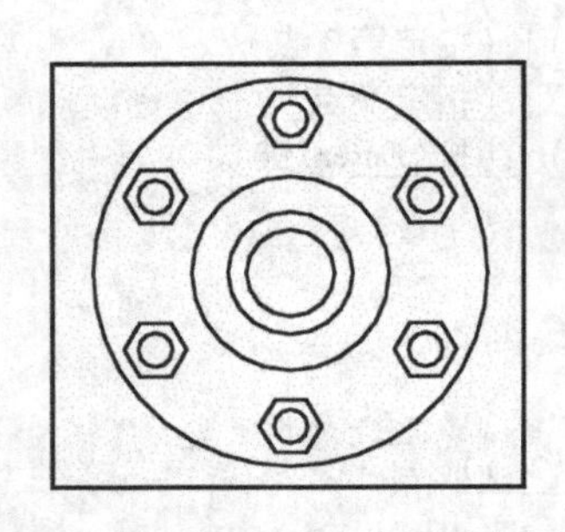

图 6-58　端盖图形练习示例图

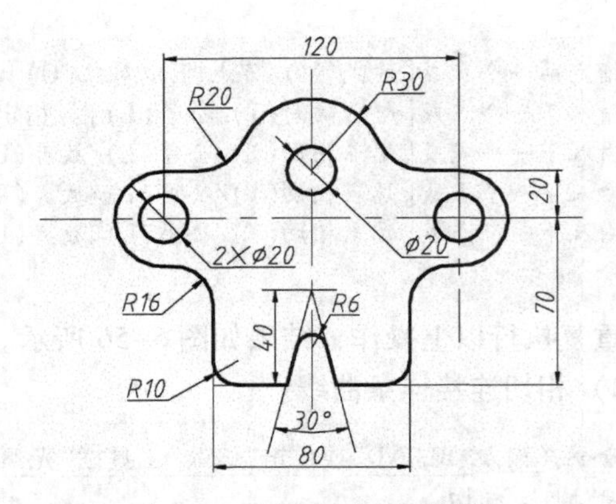

图 6-59　圆弧连接图形示例

步骤提示：

1）绘制定位轴线。使用“构造线”命令，绘制各定位轴线；使用“放射线”命令绘制30°角度界线，如图 6-60 所示。

2）绘制已知直线和已知圆。使用“直线”和“圆”命令，根据尺寸绘制已知直线和已知圆，如图 6-61 所示。

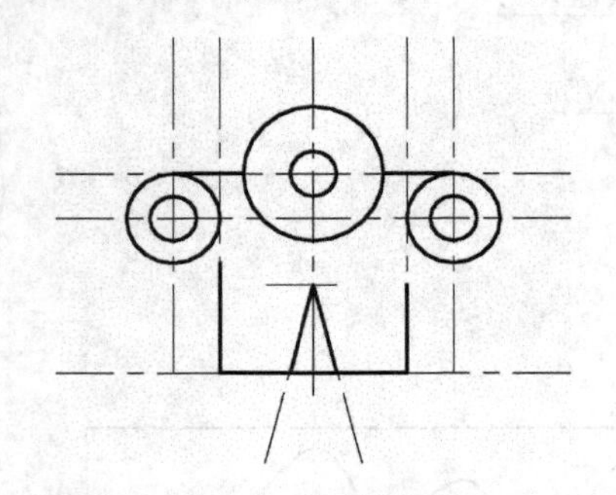

图 6-60　绘制定位轴线示例

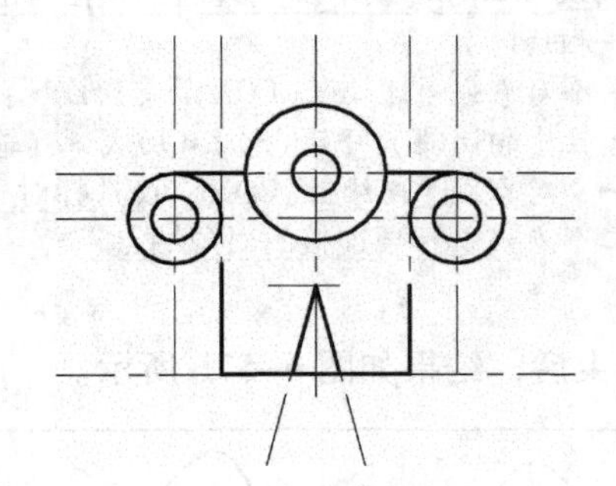

图 6-61　绘制已知直线和圆示例

3）绘制连接弧。使用“圆”命令，绘制连接弧，结果如图 6-62 所示。

4）修剪多余线条。使用“修剪”命令，先选边界，再选修剪对象，多次修剪后，结果如图 6-63 所示。

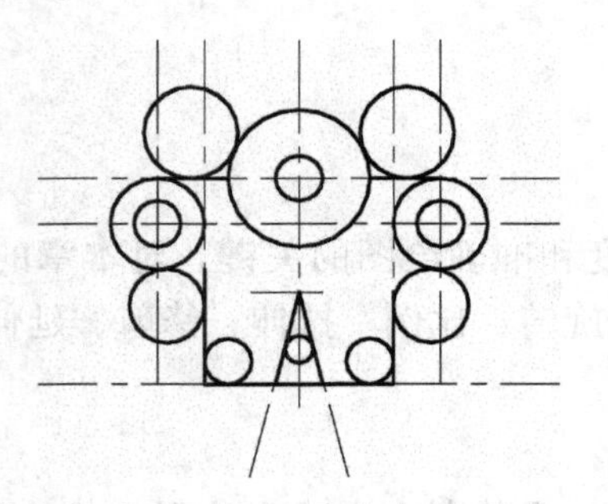

图 6-62　绘制连接弧示例

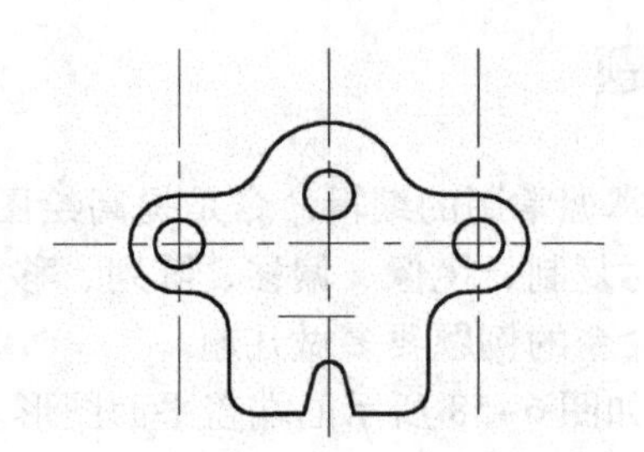

图 6-63　修剪多余线条示例

第 7 章　文字注释与创建表格

工程图中，除了有表达对象形状的图形，还应有必要的文字注释，例如标题栏、明细栏、技术要求等。AutoCAD 2014 具有很好的文字处理功能，它可使图中的文字符合各种制图标准，并且增强了创建和编辑表格的功能，可以自动生成各类数据表格。

7.1　设置文字样式

图样的文字样式既应符合国家制图标准的要求，又需根据实际情况来设置文字的大小、方向等。所以要对文字样式进行设置。

1. 输入命令

可以执行以下命令。

- 工具栏：单击“文字”工具栏“文字样式”按钮 。
- 菜单栏：选择“格式”→“文字样式”命令。
- 命令行：输入 STYLE。

2. 操作格式

执行命令后，系统打开“文字样式”对话框，如图 7-1 所示。

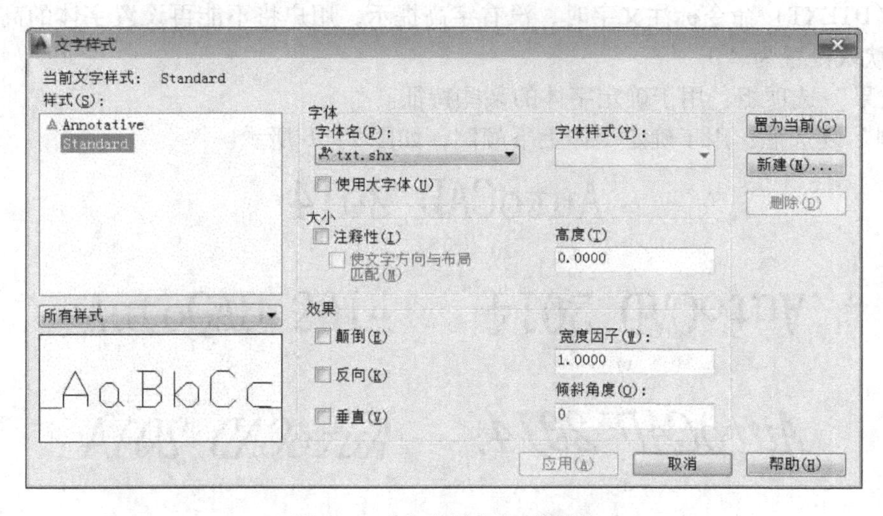

图 7-1　“文字样式”对话框

3. 选项说明

“文字样式”对话框中各选项的功能如下。

- “样式”选项组：用于设置当前样式，创建文字样式和删除已有文字样式。

“样式”列表框：用于显示当前图形中已定义的文字样式。“Standard”为默认文字样式。

下拉列表框：用于选择“所有样式”和“正在使用的样式”。

预览框：预览所选文字样式的注释效果。

● “置为当前”按钮：用于将选中样式置为当前。

● “新建”按钮：用于创建新的文字样式。单击“新建”按钮，打开“新建文字样式”对话框，如图 7-2 所示。用户可以在“样式名”文本框中输入新的样式名。单击“确定”按钮，即可创建新的文字样式名。

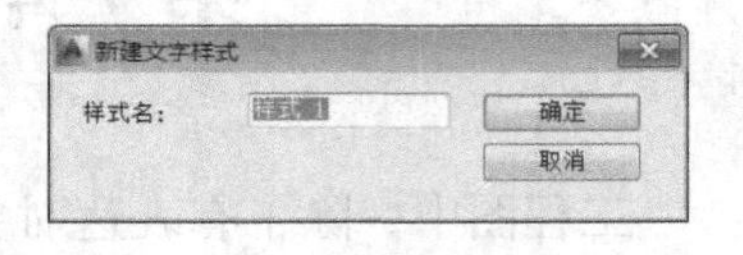

图 7-2 “新建文字样式”对话框

● “删除”按钮：用于删除在列表框中被选中的文字样式。当前文字样式不可删除。

● “字体”选项组：用于确定字体以及相应的格式等。

“字体名”下拉列表框：用于显示当前所有可选的字体名。

“字体样式”下拉列表框：用于显示指定字体的格式，如斜体、粗体或常规字体。当选择相应字体名时，该下拉列表框才可用。

“使用大字体”复选框：用于设置符合制图标准（＊.shx）的字体。当用户选中该复选框时，请注意下拉列表框的名称变化。原“字体名”下拉列表框变成“SHX 字体”下拉列表框，原“字体样式”下拉列表框改变为“大字体”下拉列表框，可选择其中相应的大字体。

● “大小”选项组：用于确定字体的高度等。

“注释性”复选框：用于激活“使文字方向与布局匹配”复选框。用户可以通过该复选框，指定图纸空间视口中的文字方向与布局方向匹配。

“高度”文本框：用于设置字体高度。这里设置的字体高度为固定值，在今后使用“单行文字”（DTEXT）命令标注文字时，没有字高提示，用户将不能再设置字体的高度。故建议此处按默认设置为“0”。

● “效果”选项组：用于确定字体的某些特征。

“颠倒”复选框：用于确定字体上下颠倒，如图 7-3b 所示。

AutoCAD 2014

a)

b)　　c)

AutoCAD 2014　　AutoCAD 2014

d)　　e)

图 7-3　文字“效果”示例

a）正常　b）颠倒　c）反向　d）倾斜　e）反倾斜

“反向”复选框：用于确定字体反向排列，如图 7-3c 所示。

“垂直”复选框：用于确定字体垂直排列。

“宽度因子”文本框：用于确定字体宽度与高度的比值，输入小于 1.0 的值时将拉长文字，输入大于1.0的值时则压缩文字。

“倾斜角度”文本框：用于设置文字的倾斜角度。角度为正值时，字体向右倾斜，如图7-3d所示；角度为负值时，字体则向左倾斜如图7-3e所示。

- “应用”按钮：用于确定用户对文字样式的设置。

7.2 标注文字

此节介绍单行文字和多行文字的标注方法。

7.2.1 标注单行文字

该命令可以标注单行文字，用来创建比较简短的文字对象。

1. 输入命令

可以执行以下命令。

- 工具栏：单击“文字”工具栏“单行文字”按钮。
- 菜单栏：选择“绘图”→“文字”→“单行文字”命令。
- 命令行：输入TEXT。

2. 操作格式

```
命令:(输入命令)
当前文字样式:Standard  当前文字高度:0.000  (显示当前文字样式和高度)
指定文字的起点或[对正(J)/样式(S)]:(指定文字的起点或选择选项)
指定高度<0.000>:(指定文字高度)
指定文字的旋转角度<0>:(指定文字的旋转角度值)
输入文字。
```

3. 选项说明

命令中各选项的功能如下。

- 指定文字的起点：用于指定文字标注的起点，并默认为左对齐方式。
- 对正（J）：指定文字的对齐方式。在命令行输入J，按 < Enter > 键后，系统提示：

```
输入选项[对齐(A)/布满(F)/居中(C)/中间(M)/右对齐(R)/左上(TL)/中上(TC)/右上(TR)/左中(ML)/正中(MC)/右中(MR)/左下(BL)/中下(BC)/右下(BR)]:
```

命令中选项含义如下。

对齐（A）：用于指定输入文字基线的起点和终点，使文字的高度和宽度可自动调整，使文字均匀分布在两点之间。输入A，设置字高“25”，分别执行：“指定文字基线的第一个端点：(指定文字起点)”和“指定文字基线的第二个端点：(指定文字终点)”命令，输入文字后，显示结果如图7-4所示。

布满（F）：用于指定输入文字基线起点和终点，文字高度保持不变，使输入的文字宽度自由调整，均匀分布在两点之间。输入F后，分别执行：“指定文字基线的第一个端点：(指定文字起点)”和“指定文字基线的第二个端点：(指定文字终点)”命令，指定字高为“25”，输入文字后，显示结果如图7-5所示。

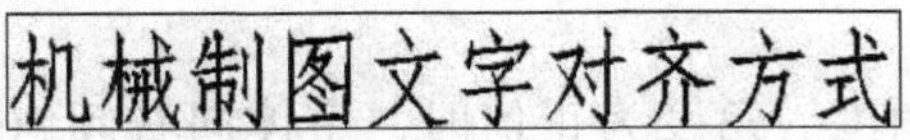

机械制图文字对齐方式

图 7-4　文字“对齐”方式示例

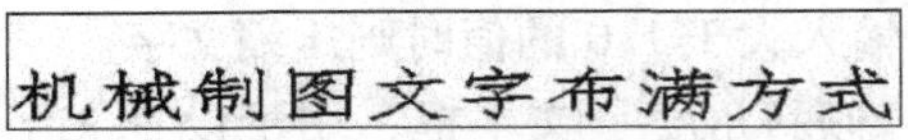

机械制图文字布满方式

图 7-5　文字“布满”方式示例

居中（C）：用于指定文字行基线的中点，输入字体高度和旋转角度。

中间（M）：用于指定一点，把该点作为文字中心和高度中心，输入字体高度和旋转角度。

右对齐（R）：用于将文字右对齐，指定文字行基线的终点，输入字体高度和旋转角度。

左上（TL）：用于指定文字行顶线的起点，如图 7-6 所示。

中上（TC）：用于指定文字行顶线的中点，如图 7-6 所示。

右上（TR）：用于指定文字行顶线的终点，如图 7-6 所示。

左中（ML）：用于指定文字行中线的起点，如图 7-6 所示。

正中（MC）：用于指定文字行中线的中点，如图 7-6 所示。

右中（MR）：用于指定文字行中线的终点，如图 7-6 所示。

左下（BL）：用于指定文字行底线的起点，如图 7-6 所示。

中下（BC）：用于指定文字行底线的中点，如图 7-6 所示。

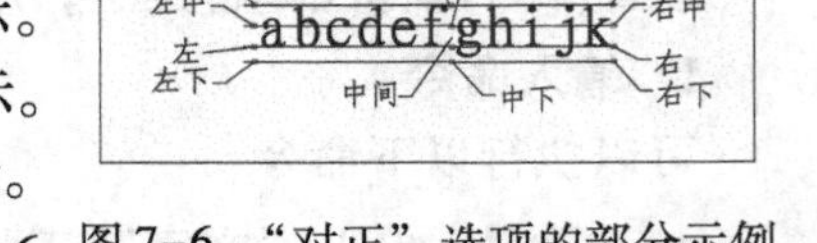

图 7-6　“对正”选项的部分示例

右下（BR）：用于指定文字行底线的终点，如图 7-6 所示。

● 样式（S）：用于确定已定义的文字样式作为当前文字样式。

7.2.2　标注多行文字

注写多行文字，多行文字又叫段落文字。常用来创建较为复杂的文字说明，如图样的技术要求等。

1. 输入命令

可以执行以下命令　　。

● 工具栏：单击“文字”工具栏“多行文字”按钮 A。

● 菜单栏：选择“绘图”→“文字”→“多行文字”命令。

● 命令行：输入 MTEXT。

2. 操作格式

命令：(输入命令)
当前文字样式：Standard 当前文字高度 0.000　(显示当前文字标注样式和高度，鼠标指针呈 A 状)
指定第一角度：(指定多行文字框的第一角点位置)
指定对角点或[高度(H)/对正(J)/行距(L)/旋转(R)/样式(S)/宽度(W)/栏(C)]：(指定对角点或选择选项)

命令提示中各选项功能如下。

● “指定对角点”：该选项为默认项，用于确定对角点。对角点可以通过拖动鼠标来确定。两对角点形成的矩形框作为文字行的宽度，以第一个角点作为矩形框的起点，并打开“多行文字编辑器”，如图 7-7 所示。

● 高度（H）：用于确定文字的高度。

● 对正（J）：用于设置标注多行文字的排列对齐形式。

● 行距（L）：用于设置多行文字的行间距。

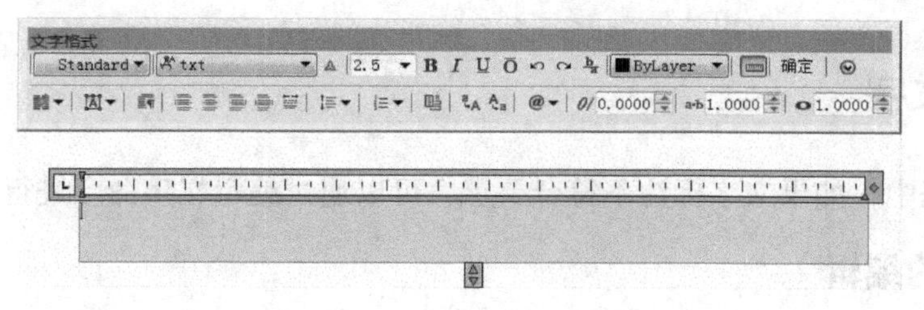

图 7-7　多行文字编辑器

- 旋转（R）：用于设置多行文字的旋转角度。
- 样式（S）：用于设置多行文字样式。
- 宽度（W）：用于指定多行文字行的宽度。输入 W 后，打开“多行文字编辑器”对话框，如图 7-7 所示，可以直接使用鼠标拖动标尺来改变宽度。
- 栏（C）：用于设置多行文字栏的种类。输入 C 后，可以选择栏类型：动态(D)、静态(S)和不分栏(N)，例如默认 < 动态(D) >后，指定栏宽、栏间距宽度和栏高。

打开“多行文字编辑器”对话框，可以直接使用鼠标拖动标尺来改变其宽度。

3. 多行文字编辑器

AutoCAD 2014 使用的“多行文字编辑器”由“文字格式”工具栏和文字输入窗口组成。如图 7-7 所示。下面自左向右介绍各选项的功能和含义。

- “文字样式”下拉列表框：列出了当前已有的文字样式。选择字体后，可从列表中选择样式，来设置文字样式。
- “字体”下拉列表框：用于设置或改变字体。
- “字高”下拉列表框：用于指定字体高度。
- “粗体”按钮：用于确定字体是否以粗体形式标注（只对 TTF 字体有效）。
- “斜体”按钮：用于确定字体是否以斜体形式标注（只对 TTF 字体有效）。
- “下画线”按钮：用于确定字体是否加下画线标注。
- “上画线”按钮：用于确定字体是否加上画线标注。
- “放弃”按钮：用于取消上一个操作。
- “重做”按钮：用于恢复所做的取消。
- “堆叠”按钮：用于确定字体是否以堆叠形式标注。利用“/”“^”“#”符号，可以用不同的方式表示分数。在分子、分母中间输入“/”符号可以得到一个标准分式；在分子、分母中间输入“#”符号，则可以得到一个被“/”分开的分式；在分子、分母中间输入“^”可以得到左对正的公差值。操作方法是从左向右选取字体对象，单击“堆叠”按钮即可，如图 7-8 所示。

a)	b)
abcd/efgh	$\frac{abcd}{efgh}$
1234#5678	$^{1234}/_{5678}$
abcd^efgh	$\begin{array}{l} abcd \\ efgh \end{array}$

图 7-8　堆叠形式标注示例
a）“堆叠”前　b）“堆叠”后

- “颜色”下拉列表框：用于设置文字的颜色。

另外还有“确定”按钮，用于完成文字输入和编辑后，结束操作命令。

7.3 编辑文字

在绘图过程中，如果文字标注不符合要求，可以通过编辑文字命令进行修改。

7.3.1 文字的编辑

1. 改变单行文字

利用“编辑文字”对话框对已注写的文字进行编辑。

(1) 输入命令

可以执行以下命令。

- 菜单栏：选择“修改”→“对象”→“文字”→“编辑”命令。
- 命令行：输入 DDEDIT。

(2) 操作格式

```
命令:(输入命令)
选择注释对象或[放弃(U)]:(选择注释对象)
```

选择的文字对象如果是用单行文字（TEXT）命令标注的，系统直接在文字附近打开文字编辑框，如图 7-9 所示，并在文字编辑框中显示出所选文字，进行修改后，按〈Enter〉键结束编辑。

AutoCAD 2014

图 7-9 文字编辑框

单行文字的“编辑”命令可以改变文字，但不能改变文字的字高和对正方式。如果需要改变字高和对正方式，操作如下。

2. 改变单行文字高度

```
命令:(在菜单栏选择“修改”→“对象”→“文字”→“比例”命令)
选择对象:(选择注释对象)
选择对象:(按〈Enter〉键)
输入缩放的基点选项[现有(E)/左对齐(L)/居中(C)/中间(M)/右对齐(R)/左上(TL)/中上(TC)/右上(TR)/左中(ML)/正中(MC)/右中(MR)/左下(BL)/中下(BC)/右下(BR)]〈左对齐〉:(选择选项或按〈Enter〉键)
指定新模型高度或[图纸高度(P)/匹配对象(M)/比例因子(S)]:(输入字体新高度)
命令:
```

执行命令后，改变字体高度。

3. 改变单行文字的行宽

```
命令:(在菜单栏选择“修改”→“对象”→“文字”→“对正”命令)
选择对象:(选择注释对象)
选择对象:(按〈Enter〉键)
输入对正选项[左对齐(L)/对齐(A)/布满(F)/居中(C)/中间(M)/右对齐(R) /左上(TL)/中上(TC)/右上(TR)/左中(ML)/正中(MC)/右中(MR)/左下(BL)/中下(BC)/右下(BR)]〈左对齐〉:(选择选项或按〈Enter〉键)
命令:
```

执行命令后，改变字体的“对正”方式。

4. 编辑多行文字

命令:(输入命令)
选择注释对象或[放弃(U)]:(选择注释对象)

选择的文字对象应该是用多行文字（MTEXT）命令标注的，系统打开如图 7-10 所示的多行文字编辑器，并在编辑框中显示所选文字。“多行文字编辑器”可以对多行文字的文字和文字格式进行修改，包括字型、字高和颜色等，在文字编辑器的第二行工具里面还包括：分栏、对正、段落、对齐、行距、编号、大小写、符号、倾斜角度、追踪、宽度因子、标尺和选项等，这些工具的使用方法和 Office 里面的 Word 文字处理软件相似，这里不再详述。进行修改后，单击“确定”按钮结束编辑命令。

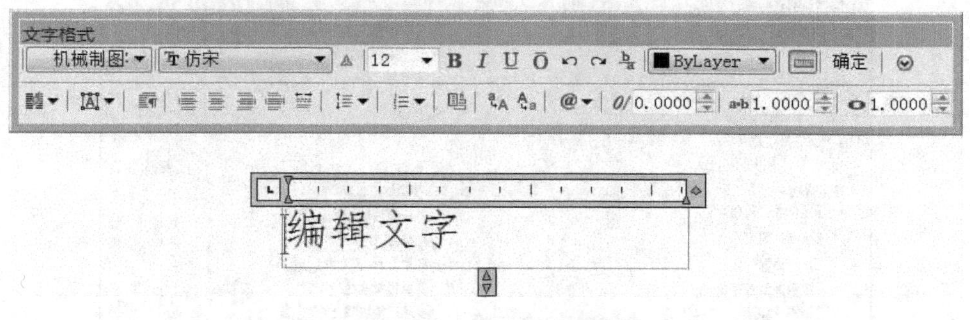

图 7-10　多行文字编辑器

7.3.2　查找与替换文字

查找与替换指定的文字。

1. 输入命令

可以执行以下命令　　。

- 工具栏：单击“文字”工具栏“查找”按钮。
- 菜单栏：选择“编辑”→“查找”命令。
- 命令行：输入 FIND。

2. 操作格式

命令:(输入命令)

系统打开“查找和替换”对话框，如图 7-11 所示。

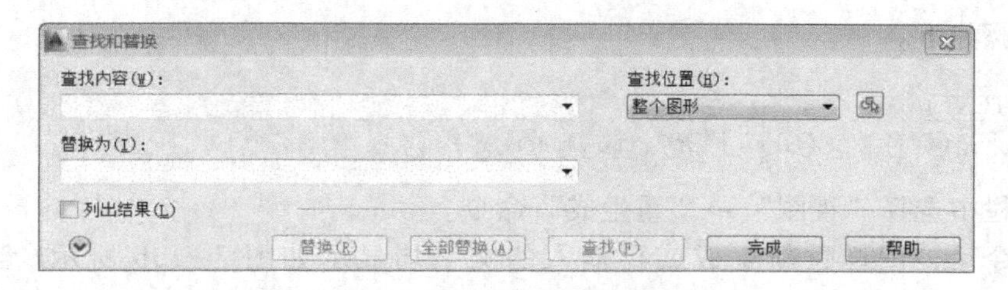

图 7-11　“查找和替换”对话框

3. 选项说明

“查找和替换”对话框中各选项功能如下。

- “查找内容”文字框：用于输入要查找的字符串，也可以从下拉列表框中选择。
- “查找位置”下拉列表框：用于确定查找范围，可以通过下拉列表框在“整个图形”和“当前选择”之间选择，也可以通过单击右侧的“选择”按钮从屏幕上直接拾取文字对象来确定搜索范围。
- “替换为”文本框：用于输入替换的新字符对象，也可以通过下拉列表选择。单击按钮⊙，打开“搜索选项”和“文字类型”选项组，如图 7-12 所示，可以确定查找与替换的范围。

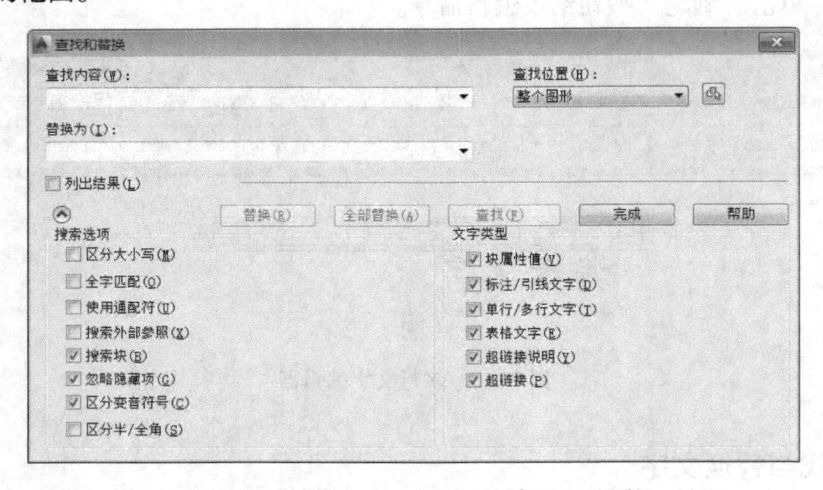

图 7-12 “搜索选项”和“文字类型”选项组

- “查找”按钮：用于开始查找文字对象，并可连续在查找范围内查找。
- “替换”按钮：用于替换当前查到的文字。
- “全部替换”按钮：用于对查找范围内的所有符合条件的内容进行替换。

当查找和替换完成后，可单击“关闭”按钮，结束操作。

7.3.3 文字的快速显示

QTEXT 命令可以控制文字的快速显示方式。当图样中有大量文字时，会影响到一些命令操作的速度，可以使用 QTEXT 命令，以矩形框来表示相应的文字长度、高度以及所在位置，但不显示内容，以便加速图样的重新生成。

操作步骤如下。

```
命令:(QTEXT)
输入模式[开(ON)]/关(OFF)]〈开〉:(按〈Enter〉键)
```

在菜单栏中选择“视图”→“重生成”命令。

执行命令后，图样重新生成或再输入的文字均显示如图 7-13b 所示。当再次输入 QTEXT 命令时，输入 OFF，选择“视图”→“重生成”命令，则返回快速显示之前的状态。

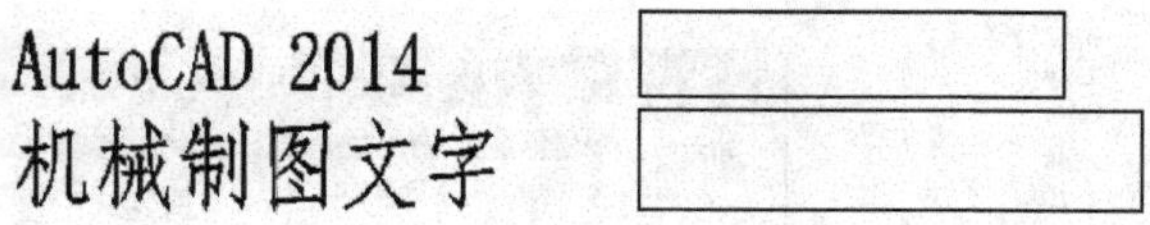

AutoCAD 2014

机械制图文字

a) b)

图 7-13 文字快速显示的示例

a）快速显示之前 b）快速显示

7.3.4 特殊字符的输入

1. 单行文字输入特殊字符

在实际绘图时，常常需要标注一些特殊字符。下面介绍一些特殊字符在 AutoCAD 2014 中输入单行文字时的应用，表 7-1 为特殊字符的表达方法，特殊字符的标注示例如图 7-14 所示。

表 7-1 特殊字符的表达方法

符 号	功能说明
%%O	上画线
%%U	下画线
%%D	度（°）
%%P	正负公差（±）符号
%%C	直径符号
%%%	百分比（%）符号
%%nnn	标注与 ASCⅡ码 nnn 对应的符号

a)	b)
abc%%Odef%%Oghi	abcdefghi
abc%%Udefghi	abcdefghi
60%%D,%%P	60° ，±
%%C80,85%%%	Ø80,85%

图 7-14 特殊字符标注示例

a）输入特殊符号 b）结束命令后

说明：

1）“%%O”和“%%U”分别是上画线和下画线的开关，第一次输入符号为打开，第二次输入符号为关闭。

2）以“%%”号引导的特殊字符只有在输入命令结束后才会转换过来。

3）“%%”号单独使用没有意义，系统将删除它以及后面的所有字符。

2. 多行文字输入特殊字符

在多行文字编辑器的工具栏里有“符号”按钮 @▾，单击此按钮，打开“符号”下拉菜单，如图 7-15 所示。根据需要选择选项后，可以将符号直接插入文字注释当中，非常方便。还可以在“符号”下拉菜单中选择“其他”命令，打开“字符映射表”对话框，如图 7-16 所示，以供选用。

图 7-15 “符号”下拉菜单

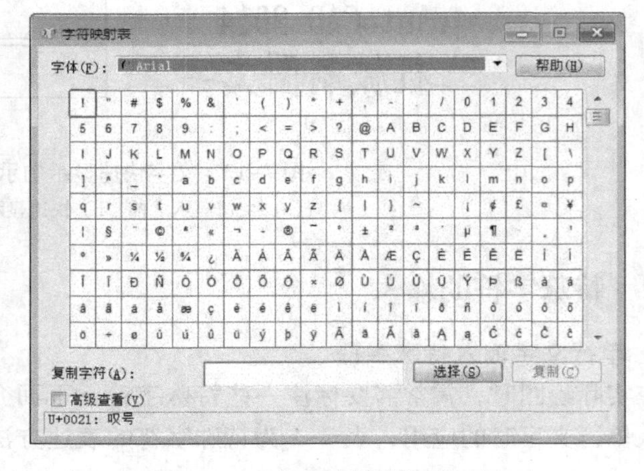

图 7-16 “字符映射表”对话框

7.4 表格

表格通过行和列以一种简洁清晰的形式提供信息。创建表格对象时，首先创建一个空白表格，然后在表格的单元中添加内容。AutoCAD 2014 增强了创建和编辑表格的功能，可以自动生成各类的数据表格。用户可以直接引用软件默认的格式制作表格，也可以自定义表格样式。

7.4.1 创建表格样式

用户可以根据需要自定义表格样式。其步骤如下。

1）输入命令。

可以执行以下命令 。

- 工具栏：单击“表格样式”按钮。
- 菜单栏：选择“格式”→“表格样式”命令。
- 命令行：输入 TABLESTYLE。

执行命令后，打开“表格样式”对话框，如图 7-17 所示。

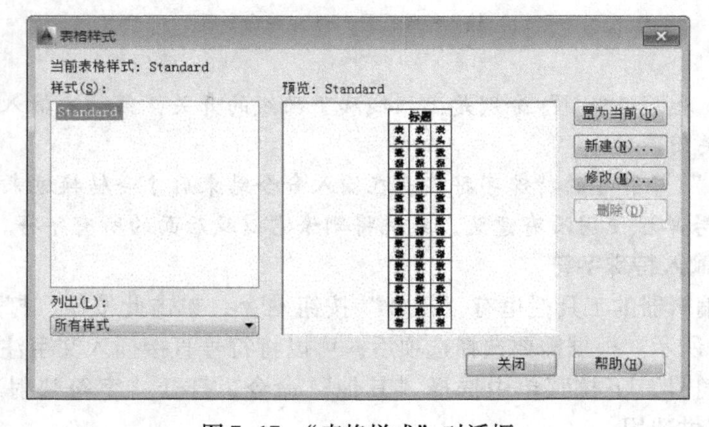

图 7-17 “表格样式”对话框

2）单击“新建”按钮，打开“创建新的表格样式”对话框，如图 7-18 所示。

3）在“新样式名”文本框中输入样式名称，例如“表格样式一”。单击“继续”按钮，打开“新建表格样式：表格样式一”对话框，如图 7-19 所示。

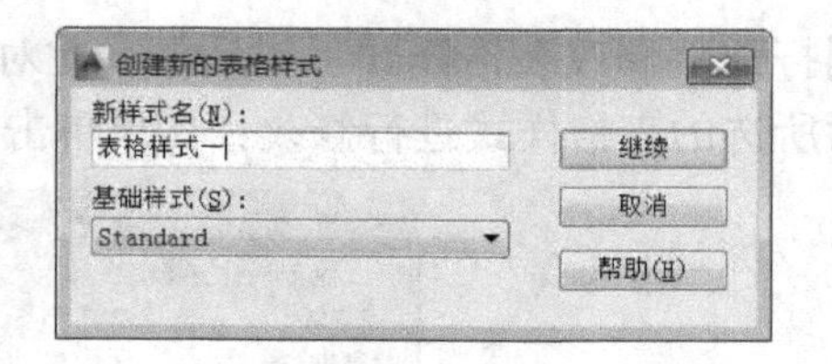

图 7-18 “创建新的表格样式”对话框

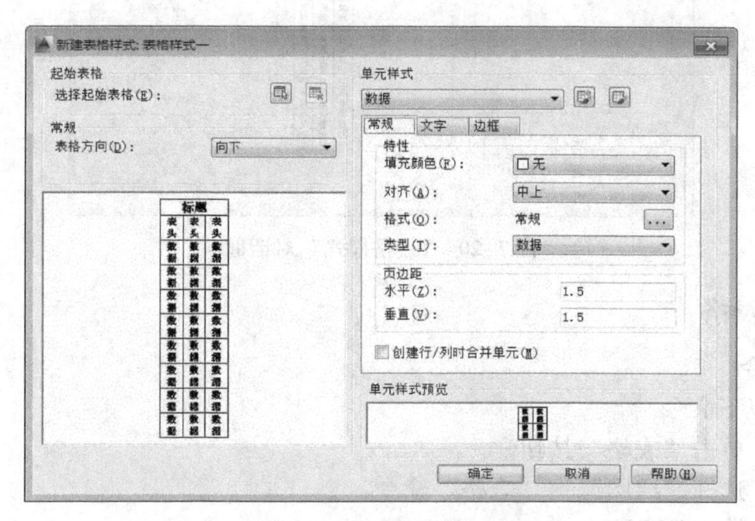

图 7-19 “新建表格样式”对话框

“新建表格样式”对话框的“单元样式”选项组中包括：“单元样式”下拉列表框、“常规”选项卡、“文字”选项卡、“边框”选项卡和单元样式预览框。

- “单元样式”下拉列表框：用于选择标题、表头或数据等单元样式。
- “常规”选项卡：用于设置数据行的填充颜色、对齐方式、格式、类型、页边距等特性。
- “文字”选项卡：用于设置文字的样式、高度、颜色、角度等特性。
- “边框”选项卡：用于设置表格边框格式、线宽、线型、颜色和双线间距等。

“起始表格”选项组：单击“选择表格”按钮，可以在图形中指定一个表格用作样例，从而设置此表格样式的格式；单击“删除表格”按钮，可以将表格从当前指定的表格样式中删除。

- “常规”选项卡：用于确定表格创建方向。在“表格方向”下拉列表框中选择“向下”选项，将创建由上而下读取的表格，标题行和列标题行位于表格的顶部；选择“向上”选项，将创建由下而上读取的表格，标题行和列标题行位于表格的底部。左下侧为表格设置预览框。

4）根据需要设置“新建表格样式”对话框后，单击“确定”按钮，关闭对话框，完成创建表格样式。

5）选择“格式”→“表格样式”命令，打开“表格样式”对话框，在“样式”列表框中显示“表格样式一”样式名，如图 7-20 所示。

如果单击“置为当前”按钮，可将其设置为当前表格样式；如果单击“修改”按钮，则打开“修改表格样式”对话框，此对话框的内容和“新建表格样式”对话框相同，可以对所选的表格样式进行修改；如果单击“删除”按钮，则将选中的表格样式删除。

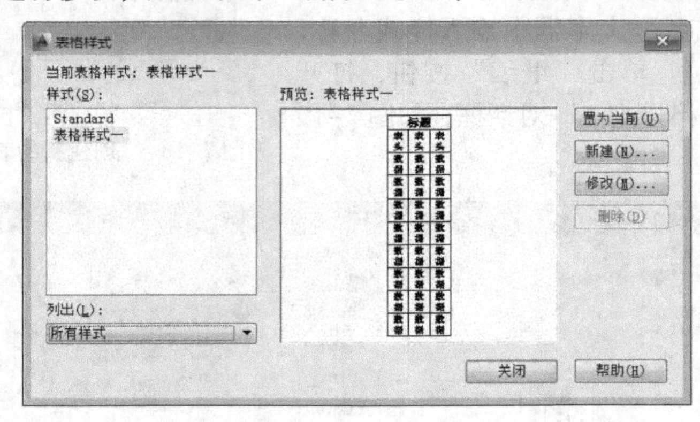

图 7-20 “表格样式”对话框

7.4.2 创建表格

1. 输入命令

可以执行以下命令　　。

- 工具栏：单击“表格”按钮。
- 菜单栏：选择“绘图”→“表格”命令。
- 命令行：输入 TABLE。

2. 操作格式

命令:(输入命令)

执行命令后，打开“插入表格”对话框，如图 7-21 所示。

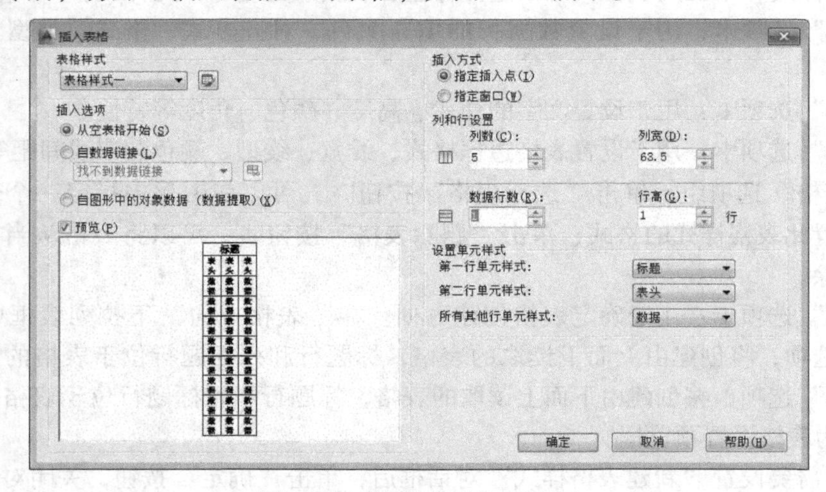

图 7-21 “插入表格”对话框

“插入表格”对话框中的各选项功能如下。

- “表格样式”下拉列表框：用来选择系统提供或用户自定义的表格样式。单击其后的“表格样式”按钮，可以在打开的对话框中创建或修改新的表格样式。

●“插入选项”选项组：用来指定插入表格的方式。

“从空表格开始”单选按钮：用来手动创建填充数据的空表格。

“自数据链接”单选按钮：用来从外部电子表格中的数据创建表格。

“自图形中的对象数据”单选按钮：启动“数据提取”向导。

●“插入方式”选项组：包括“指定插入点”和“指定窗口”两个单选按钮。

选择“指定插入点”单选按钮，可以在绘图区中的某点插入固定大小的表格。

选择“指定窗口”单选按钮，可以在绘图区中通过拖动表格边框来创建任意大小的表格。

●“列和行设置”选项组：可以改变“列数”“列宽”“数据行数”和“行高”文本框中的数值，来调整表格的外观大小。

●“设置单元样式”选项组：用来指定新表格中不包含起始表格时的行单元格式。

“第一行单元样式”：用来指定表格中第一行的单元样式。“标题”为默认单元样式。

“第二行单元样式”：用来指定表格中第二行的单元样式。“表头”为默认单元样式。

“所有其他行单元样式”：用来指定表格中所有其他行的单元样式。默认情况下，为“数据”单元样式。

根据需要设置“插入表格”对话框后，单击“确定”按钮，关闭对话框，返回绘图区。

指定插入点：拖动表格至合适位置后，单击鼠标，完成表格创建。

7.4.3 编辑表格

1. 使用“表格”工具栏编辑表格

单击表格单元，在单元格上方显示“表格”工具栏，如图 7-22 所示。

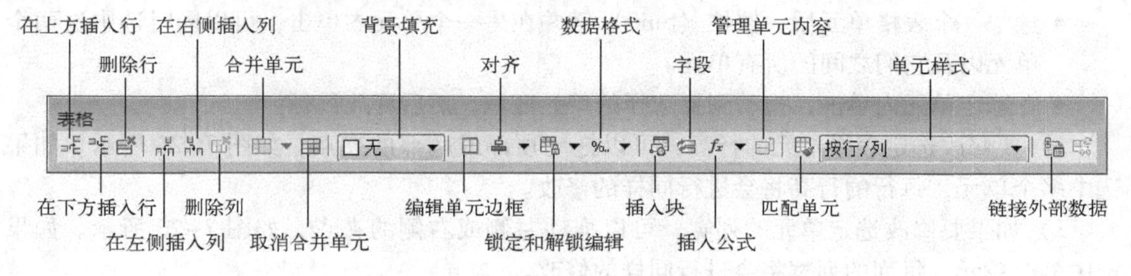

图 7-22 “表格”工具栏

利用“表格”工具栏可以快速编辑表格。

2. 使用夹点编辑表格

使用夹点功能可以快速修改表格，如图 7-23 所示，其步骤如下。

1）单击表格线以选中该表格，显示夹点。

2）单击以下夹点之一。

●“左上”夹点：用于移动表格。

●“左下”夹点：用于修改表格高度并按比例修改所有行高。

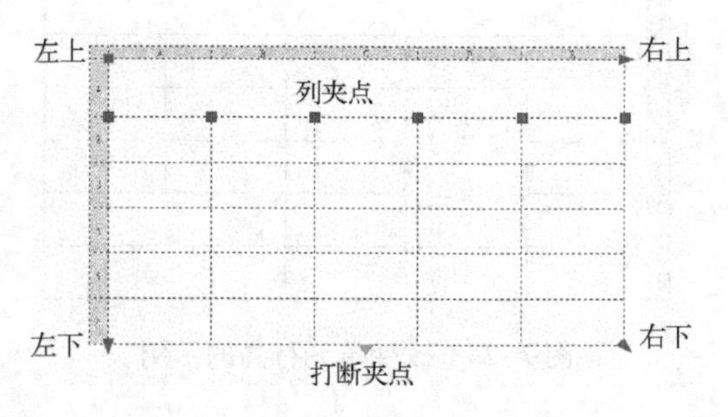

图 7-23 夹点示意图

●“右上”夹点：用于修改表格宽度并按比例修改所有列高。

●“右下”夹点：用于同时修改表格高和表格宽并按比例修改行和列。

- “列夹点”（在列标题行的顶部）：用于修改列的宽度，并加宽或缩小表格以适应此修改。
- “Ctrl +列夹点”：加宽或缩小相邻列而不改变被选表格宽。

最小列宽是单个字符的宽度。空白表格的最小行高是文字的高度加上单元边距。

3）“表格打断夹点”：拖动“表格打断夹点”至合适位置，可以将表格拆分为主要和次要的表格部分。如图 7-24 所示。

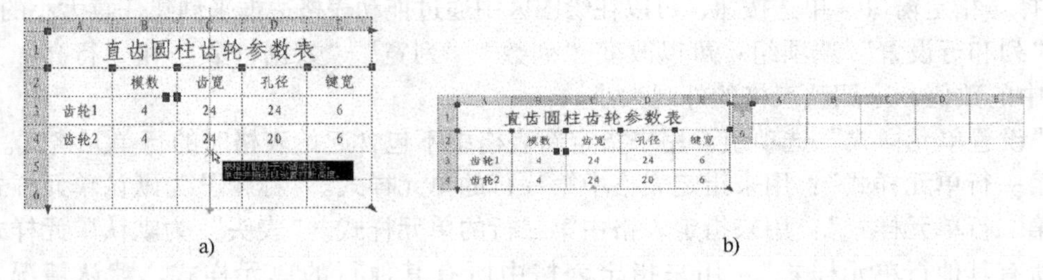

图 7-24　“表格打断”示例

a）拖动“表格打断夹点”　b）打断后的表格

4）按〈Esc〉键可以取消选择。

3. 使用夹点修改表格中单元

使用夹点修改表格中单元的步骤如下。

1）使用以下方法之一选择一个或多个要修改的表格单元。

- 在单元内单击鼠标。
- 选中一个表格单元后，按住〈Shift〉键并在另一个单元内单击，可以同时选中这两个单元以及它们之间的所有单元。
- 在选定单元内单击，拖动到要选择的单元区域，然后释放鼠标。

2）要修改选定表格单元的行高，可以拖动顶部或底部的夹点，如图 7-25 所示。如果选中多个单元，每行的行高将会进行同样的修改。

3）如果要修改选定单元的列宽，可以拖动左侧或右侧的夹点，如图 7-26 所示。如果选中多个单元，每列的列宽将会进行同样的修改。

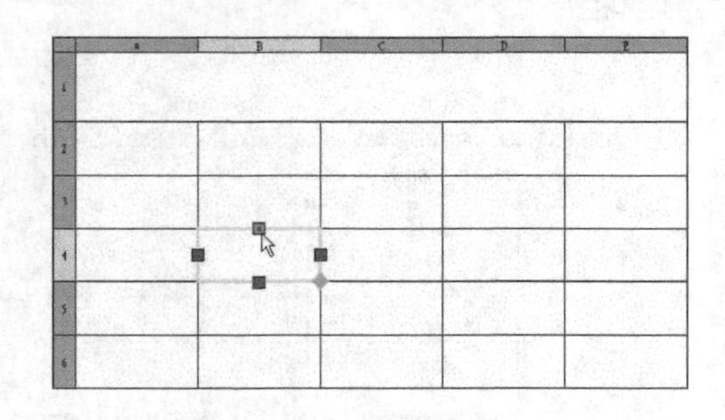

图 7-25　改变单元行高的示例

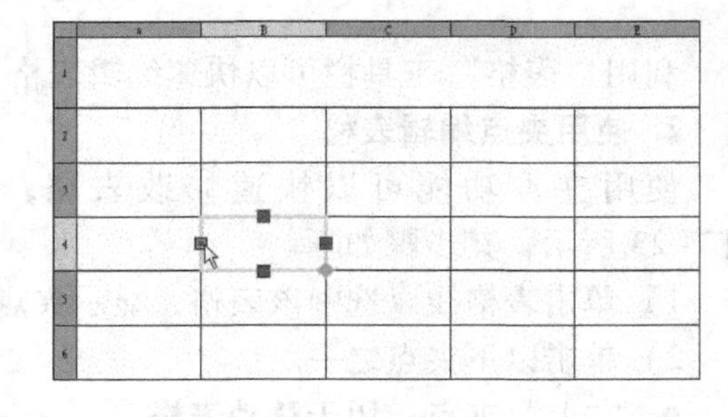

图 7-26　改变单元行宽的示例

4）如果要合并选定的单元，如图 7-27 所示，右击打开相应的快捷菜单，选择“合并单元”命令即可。如果选择了多个行或列中的单元，可以按行或按列合并。

5）夹点区右下角的夹点为填充柄，单击或拖动填充柄可以自动增加数据，如果拖动的是文字，将对其复制，如图 7-28 所示。

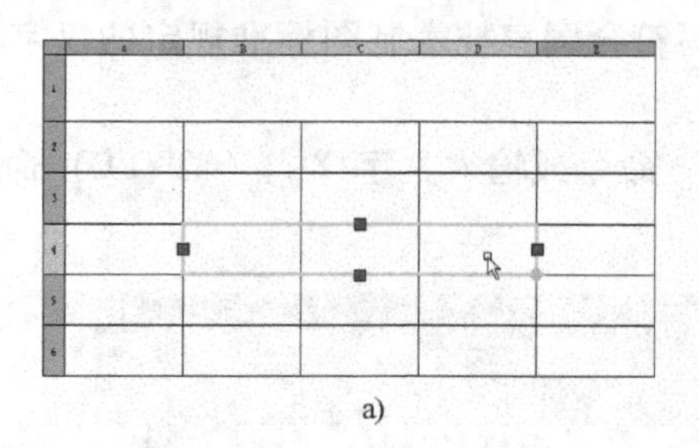

a)

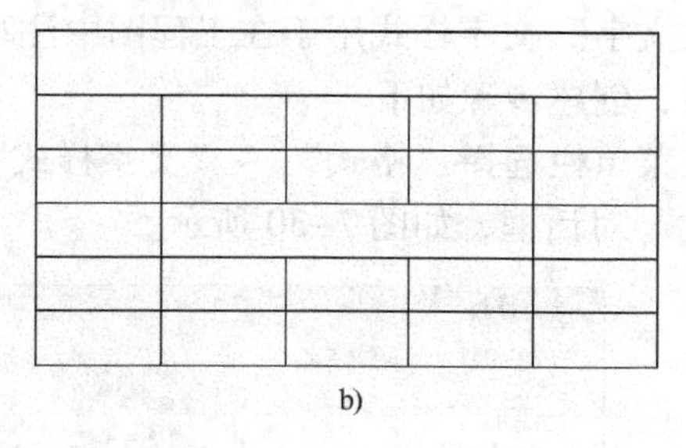

b)

图 7-27 “合并单元”示例

a）选定多个单元 b）合并多个单元

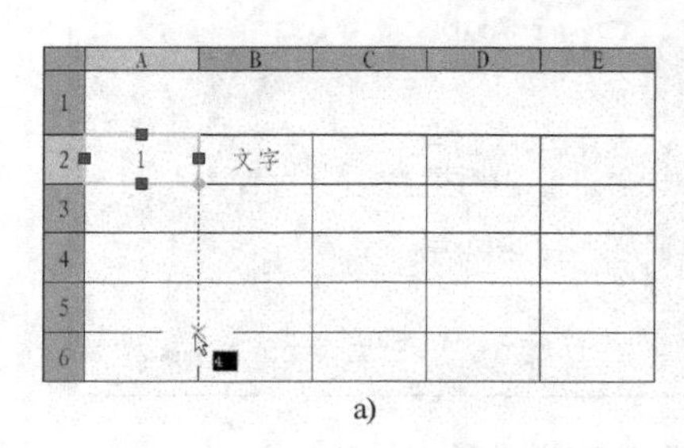

a)

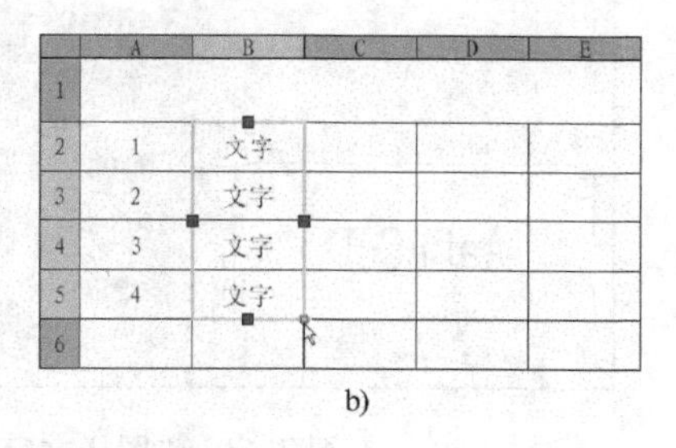

b)

图 7-28 “填充柄”拖动示例

a）拖动“填充柄” b）“数据”和“文字”填充示例

6）按〈Esc〉键可以取消选择。

4. 使用快捷菜单编辑表格

在选中单元格时，右击打开快捷菜单，可以在表格中添加列或行。其操作步骤如下。

1）在要添加列或行的表格单元内右击，打开快捷菜单，如图 7-29 所示。

2）可以选择以下选项之一，在多个单元内添加多个列或行。

- 选择“列”→“在左侧插入”命令或“在右侧插入”命令。
- 选择“行”→“在上方插入”命令或“在下方插入”命令。

3）按〈Esc〉键可以取消选择。

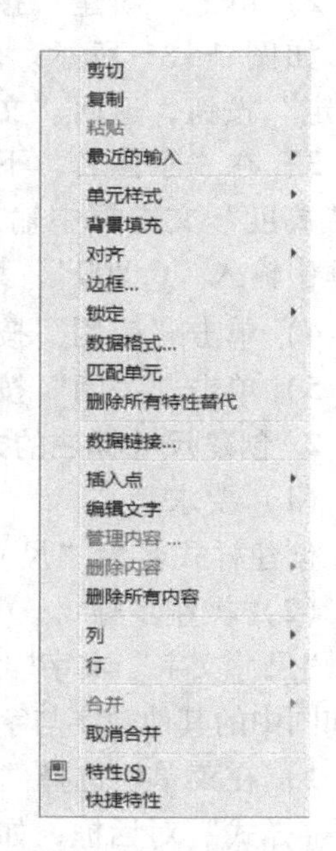

图 7-29 表格的快捷菜单

7.5 实训

此节进行文字注释和表格创建的练习。

7.5.1 文字的注释

此节练习创建文字注释和文字样式。

1. 创建文字注释的文字样式

（1）要求

创建样式名为“图样文字”的文字样式。

（2）操作步骤

“图样文字”文字样式用于在工程图中注写符合国家技术制图标准规定的汉字（长仿宋体、直体），创建步骤如下。

1）在菜单栏选择“格式”→“文字样式”命令或输入文字样式（STYLE）命令，打开“文字样式”对话框，如图 7-30 所示。

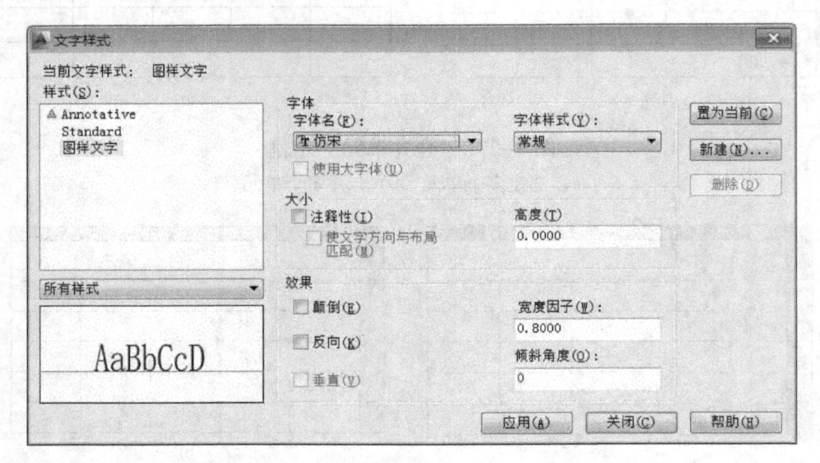

图 7-30 “图样文字”文字样式创建示例

2）单击“新建”按钮，打开“新建文字样式”对话框，如图 7-31 所示。输入“图样文字”样式名，单击“确定”按钮，返回“文字样式”对话框。

图 7-31 “图样文字”样式名创建示例

3）在“字体名”下拉列表框中选择“T 仿宋”字体；在“高度”文本框中输入“0.0000”；在“宽度因子”文本框中输入“0.800”，其他选项使用系统默认值。

4）单击“应用”按钮，完成创建。

5）单击“关闭”按钮，退出“文字样式”对话框，结束命令。

2. 创建尺寸标注的文字样式

（1）要求

创建样式名为“尺寸文字”的文字样式。

（2）操作步骤

“尺寸文字”文字样式用于绘制工程图的数字与字母。该文字样式使所注尺寸中的尺寸数字和图中的其他数字与字母符合国家技术制图标准（ISO 字体、一般用斜体），创建步骤如下。

1）在菜单栏选择“格式”→“文字样式”命令或输入文字样式（STYLE）命令，打开“文字样式”对话框，如图 7-32 所示。

2）单击“新建”按钮，弹出“新建文字样式”对话框，输入“尺寸文字”文字样式名，单击“确定”按钮，返回“文字样式”对话框。

3）在“字体名”下拉列表框中选择“isocp. shx”字体，由于字体文件中已经考虑了字的宽高比，因此在“宽度因子”文本框中输入“1”，在“倾斜角度”文本框中输入“15”，其他选项使用默认值。

4）单击“应用”按钮，完成创建。

5）单击“关闭”按钮，退出“文字样式”对话框，结束命令。

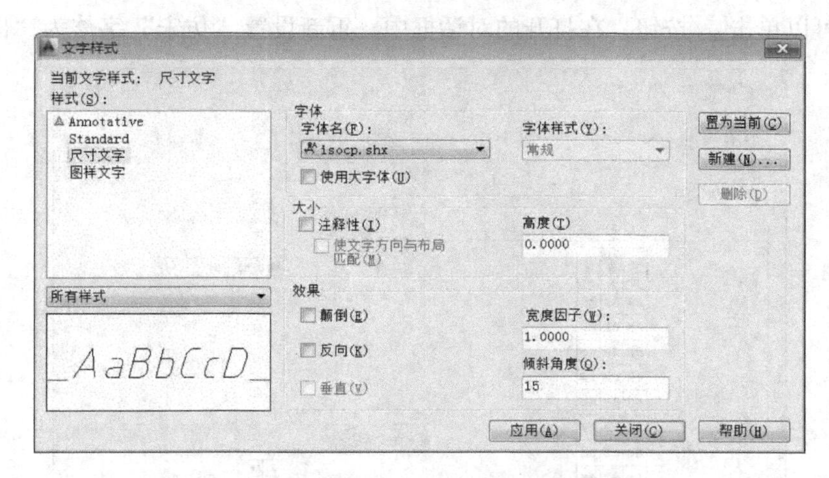

图 7-32 “图样尺寸”文字样式创建示例

7.5.2 创建表格

此节进行创建表格的练习。

1. 自定义表格样式

（1）要求

创建名为“表格样式”的表格样式。

（2）操作步骤

1）在菜单栏选择“格式”→“表格样式”命令，打开“表格样式”对话框。

2）单击“表格样式”对话框“新建”按钮，打开“创建新的表格样式”对话框。

3）在“新样式名”文本框中输入“表格样式”。单击“继续”按钮，打开“新建表格样式：表格样式”对话框，如图 7-33 所示。

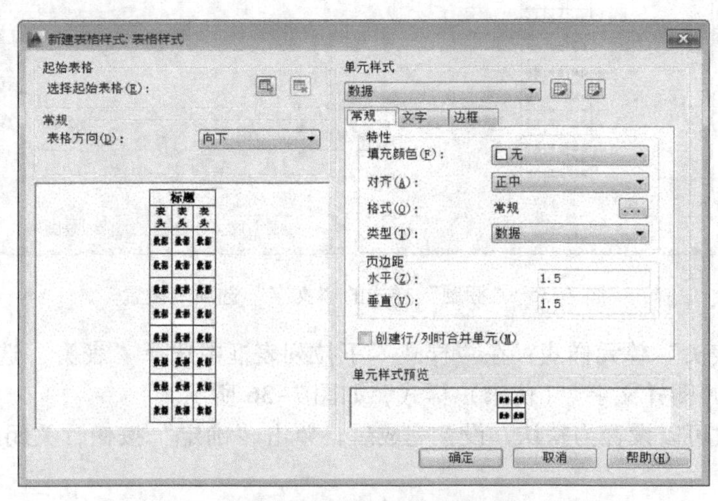

图 7-33 “新建表格样式：表格样式”对话框

4）设置“数据”单元样式：在“常规”选项卡中，选择对齐方式为“正中”，如图 7-33 所示。在“文字”选项卡中，选择“图样文字”样式，如图 7-34 所示。如果未设置文字样式可以单击[...]按钮，在打开的对话框中，重新设置“仿宋”字体为“图样文字”。

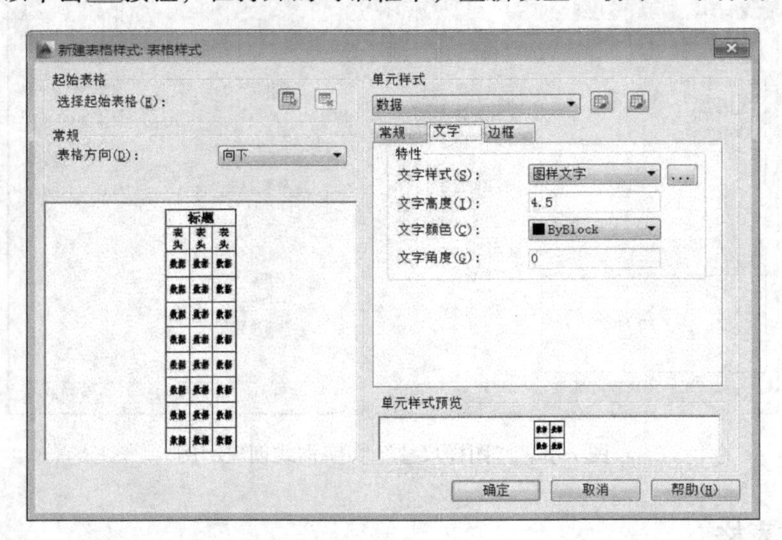

图 7-34 “数据”样式的“文字”选项卡设置

5）设置“标题”单元样式：在“样式”下拉列表框中选择“标题”选项，在“文字”选项卡中，选择“图样文字”（仿宋）样式，如图 7-35 所示。

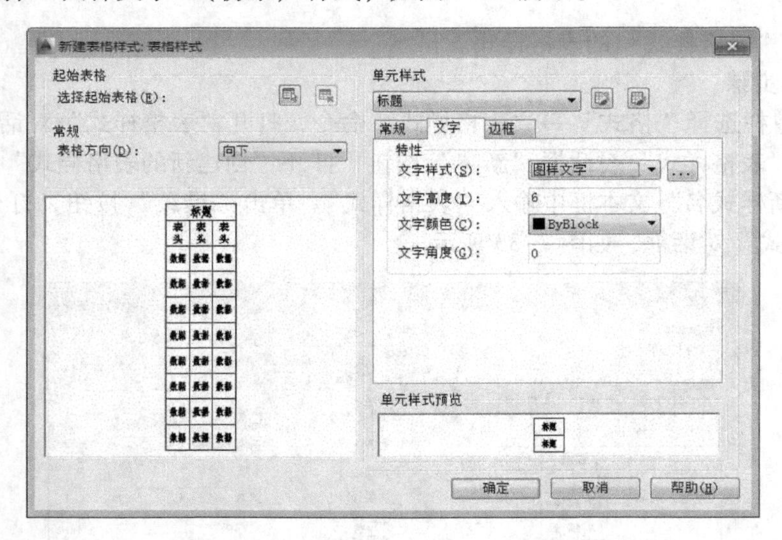

图 7-35 “标题”样式的“文字”选项卡设置

6）设置“表头”单元样式：在“样式”下拉列表框中选择“表头”选项，在“文字”选项卡中，选择“图样文字”（仿宋）样式，如图 7-36 所示。

7）其他参数可以设置为默认，设置完成后，单击“确定”按钮，关闭对话框，完成创建表格样式。

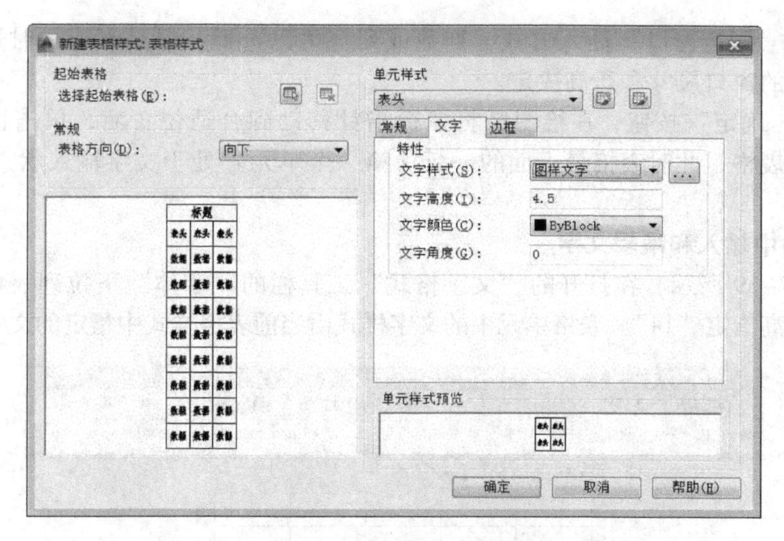

图 7-36 “表头”样式的“文字”选项卡设置

2. 创建表格

（1）要求

创建如图 7-37 所示的表格。

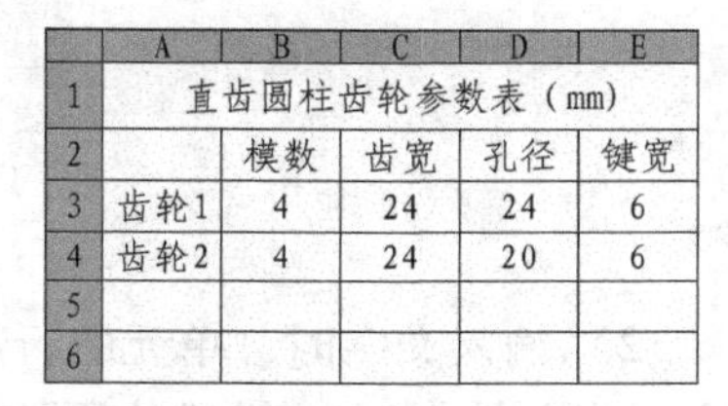

	A	B	C	D	E
1	直齿圆柱齿轮参数表（mm）				
2		模数	齿宽	孔径	键宽
3	齿轮1	4	24	24	6
4	齿轮2	4	24	20	6
5					
6					

图 7-37 创建零件参数表格

（2）操作步骤

1）在菜单栏选择“绘图”→“表格”命令。

2）打开“插入表格”对话框，在“表格样式”下拉列表框中选择一个表格样式（或单击按钮创建一个新的表格样式）。

3）选择插入方式：指定插入点法。

4）设置列数和列宽：分别输入“5”和“60”。

5）设置行数和行高：分别输入“4”和“4”。设置结果如图 7-38 所示。

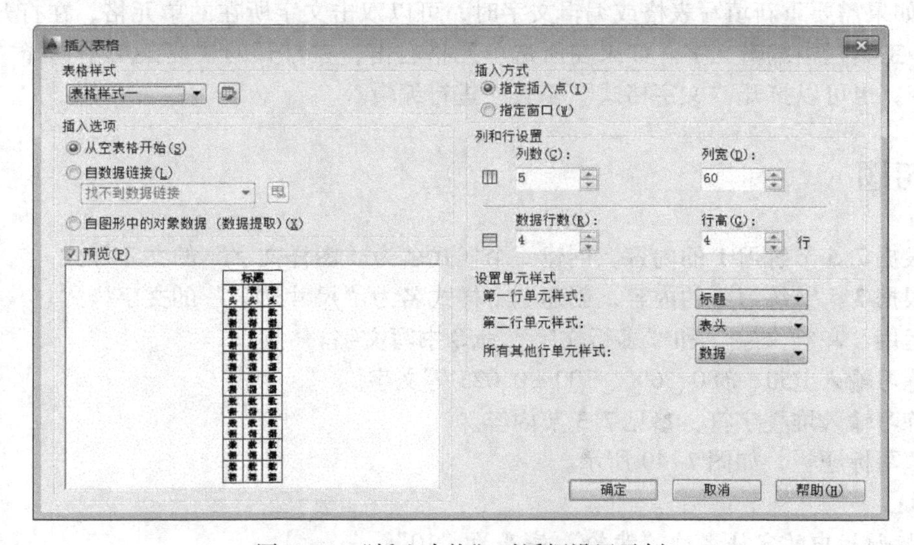

图 7-38 “插入表格”对话框设置示例

如果使用“指定窗口”插入方式，列数或列宽可以选择，但是不能同时选择两者；行数由用户指定的窗口尺寸和行高决定。

6）单击“确定”按钮，在绘图区将鼠标指针移动到合适位置后，单击鼠标指定插入点，完成创建表格，此时表格最上面的一行（第一个单元）处于文字输入状态，如图 7-39 所示。

3. 在表格中输入和编辑文字

1）如图 7-39 所示，在打开的“文字格式”工具栏的“字体”下拉列表框中选择“仿宋”字体，字高指定“14”。表格单元中的文字样式由当前表格样式中指定的文字样式控制。

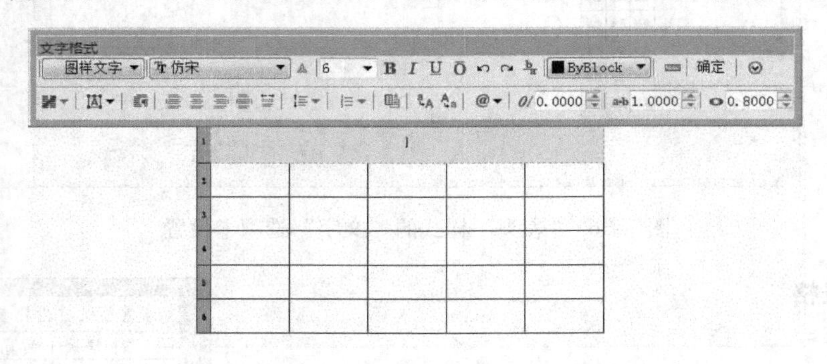

图 7-39　创建表格示例

2）输入文字时，单元的行高会自动加大以适应输入文字的行数。要移动到下一个单元时，可以按〈Tab〉键或使用“方向键”向左、右、上和下移动。当输入文字时，需要结束单元命令，按〈Enter〉键后，方可使用方向键移动，转动鼠标滚轮，可以调整表格的显示大小。

3）分别选择表格第 3、4 行单元格中的文字，在“表格”工具栏中或右击，在打开的快捷菜单中选择“对齐”→“正中”命令，设置文字为居中对齐。

4）单击“文字格式”工具栏的“确定”按钮，完成创建表格文字，如图 7-37 所示。

5）如果需要重新填写表格或编辑文字时，可以双击文字所在的单元格，在打开的“文字格式”工具栏中编辑文字。如果在所选单元格右击，在打开的快捷菜单中选择“编辑文字”命令，也可以打开“文字格式”工具栏进行编辑。

7.6　习题

1. 根据 7.5 节练习 1 的内容，创建一个样式名为“图样文字”的文字样式。
2. 根据 7.5 节练习 2 的内容，创建一个样式名为“尺寸文字”的文字样式。
3. 运用“单行文字”和“多行文字”命令书写文字。
4. 练习输入 R50、ϕ80、60°、100 ± 0.025 等文字。
5. 练习输入堆叠字符，参见 7.3 节内容。
6. 填写标题栏，如图 7-40 所示。

提示：

1）标题栏中的零件名称“齿轮”字高为“10”。

2）标题栏中的单位名称“黄河水利机械厂”字高为“7”。

3）其余字高为“5”。

4）在填写过程中，文字可能偏移不到位，利用夹点功能可以比较方便地移动文字。

7. 注写“技术要求”，如图 7-41 所示。

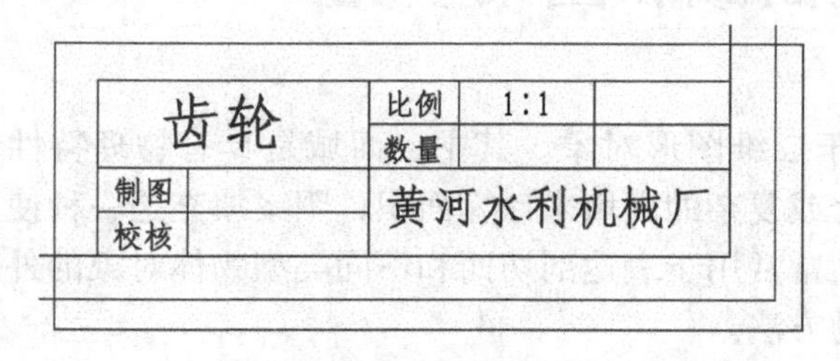

图 7-40　填写“标题栏”练习

技术要求

1. 未注圆角R3。

2. 铸造不允许有砂眼及缩孔。

图 7-41　填写“技术要求”练习

提示：

1）技术要求的标题字高为“7”。

2）技术要求的内容字高为“5”。

8. 练习创建表格。

第 8 章　创建面域和图案填充

在 AutoCAD 中，面域和图案填充也属于二维图形对象。其中，面域是具有物理特性的二维封闭区域，可以将现有面域组合成单个或复杂的面域来计算面积；图案填充是一种使用指定线条图案来充满指定区域的图形对象，常常用于表达剖切面和不同类型物体对象的外观纹理。本章主要介绍创建面域和图案填充的方法。

8.1　创建面域

面域是具有边界的平面区域，它是一个面对象，边界可以是直线、多段线、圆、圆弧、椭圆和样条曲线的组合，内部可以包含孔。下面分别介绍使用“面域”和“边界”命令来创建面域。

8.1.1　使用“面域”命令创建

使用 REGION 命令可以创建面域。

1. 输入命令

可以执行以下命令　　。

- 工具栏：单击“面域”按钮。
- 菜单栏：选择“绘图”→“面域”命令。
- 命令行：输入 REGION。

2. 操作格式

命令：(输入命令)
选择对象：(选择要创建为面域的对象)
选择对象：(按〈Enter〉键)

命令结束后，效果如图 8-1 所示。

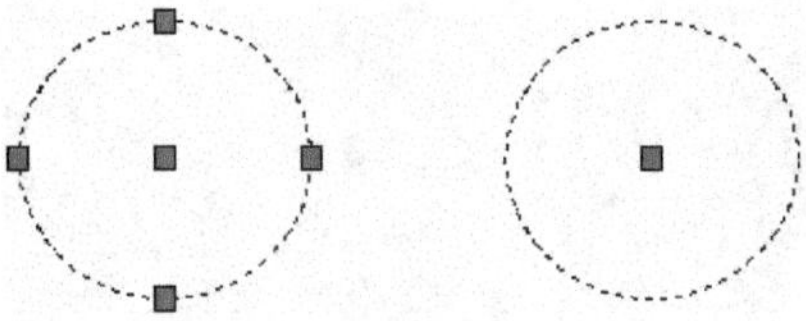

图 8-1　平面圆和面域被选中的效果

8.1.2　使用“边界”命令创建

使用 BOUNDAR 命令也可以创建面域。

1. 输入命令

可以执行以下命令　　。

- 菜单栏：选择“绘图”→“边界”命令。
- 命令行：输入 BOUNDARY。

2. 操作格式

命令：(输入命令)

打开“边界创建”对话框，如图 8-2 所示。

在“对象类型”下拉列表框中选择“面域”选项，单击“拾取点”按钮，在绘图区中选择要创建面域的区域，按〈Enter〉键后，系统创建的图形是一个面域，而不是边界。

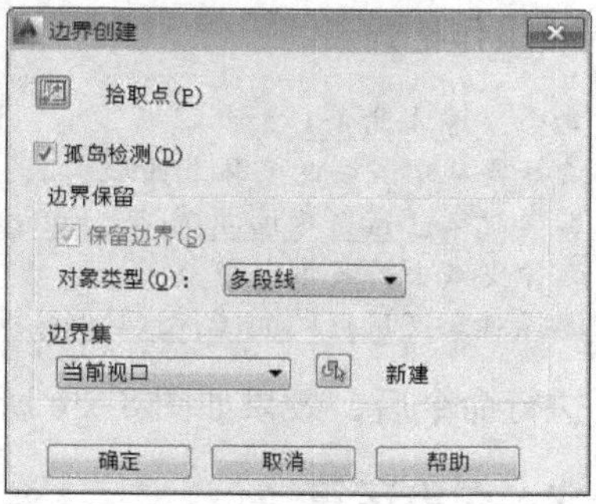

图 8-2 “边界创建”对话框

8.2 编辑面域

在 AutoCAD 2014 中，可以对面域进行布尔运算，即对其进行并集、差集和交集运算。

8.2.1 并集运算

此命令可以将选择的面域合并为一个图形。

1. 输入命令

可以执行以下命令 。

- 工具栏：单击“实体编辑”工具栏“并集”按钮。
- 菜单栏：选择“修改”→“实体编辑”→“并集”命令。
- 命令行：输入 UNION。

2. 操作格式

命令：(输入命令)
选择对象：(选择矩形和圆面域，按〈Enter〉键)

执行命令后，效果如图 8-3b 所示。

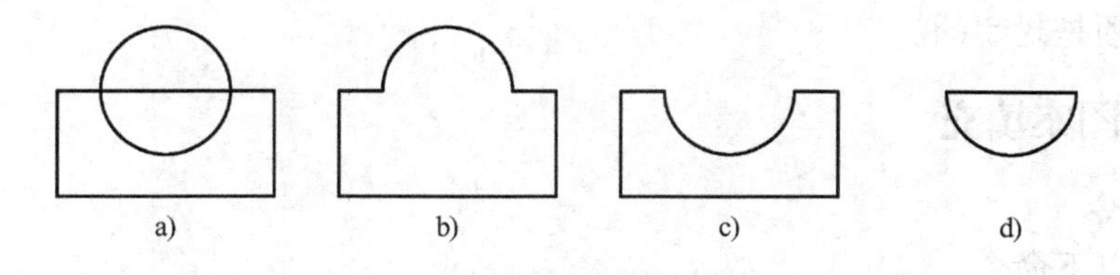

图 8-3 编辑面域示例
a）原始面域 b）“并集”面域 c）“差集”面域 d）“交集”面域

8.2.2 差集运算

此命令可以将选择的其中一个面域减去另一个面域。

1. 输入命令

可以执行以下命令 。

- 工具栏：单击“实体编辑”工具栏“差集”按钮。
- 菜单栏：选择“修改”→“实体编辑”→“差集”命令。
- 命令行：输入 SUBTRACT。

2. 操作格式

命令:(输入命令)
选择要从中减去的实体或面域...。
选择对象:(选择矩形面域,按〈Enter〉键)
选择要减去的实体或面域……。
选择对象:(选择圆面域,按〈Enter〉键)

执行命令后，效果如图 8-3c 所示。

8.2.3 交集运算

此命令可以将各个面域的公共部分创建为一个图形。

1. 输入命令

可以执行以下命令 。

- 工具栏：单击“实体编辑”工具栏“交集”按钮。
- 菜单栏：选择“修改”→“实体编辑”→“交集”命令。
- 命令行：输入 INTERSECT。

2. 操作格式

命令:(输入命令)
选择对象:(选择矩形和圆面域,按〈Enter〉键)

执行命令后，效果如图 8-3d 所示。

8.3 创建图案填充

创建图案填充就是设置填充的图案、样式、比例等参数。首先应创建一个区域边界，这个区域边界必须是封闭的。

8.3.1 设置图案填充

1. 输入命令

可以执行以下命令 。

- 工具栏：单击“图案填充”按钮。
- 菜单栏：选择“绘图”→“图案填充”命令。
- 命令行：输入 BHATCH。

2. 操作格式

命令:(输入命令)

打开“图案填充和渐变色”对话框，如图 8-4 所示。

3. 选项说明

“图案填充和渐变色”对话框有“图案填充”和“渐变色”两个选项卡，本节主要介绍“图案填充”选项卡，关于“渐变色”选项卡的介绍见 8.3.3 节。

“图案填充”选项卡用于进行与填充图案相关的设置，各选项含义如下。

1）“类型和图案”选项组。

- “类型”下拉列表框：用于确定填充图案的类型。其中“预定义”选项用于指定系统提供的填充图案；“用户定义”选项用于选择用户已定义的填充图案；“自定义”选项用于选择用户临时定义的填充图案。
- “图案”下拉列表框：用于确定系统提供的填充图案，也可以单击右侧的“浏览”按钮[...]，打开“填充图案选项板”对话框，如图 8-5 所示。其中有“ANSI”“ISO”“其他预定义”和“自定义”选项卡，用户进行选择后，单击“确定”按钮，返回“图案填充和渐变色”对话框。

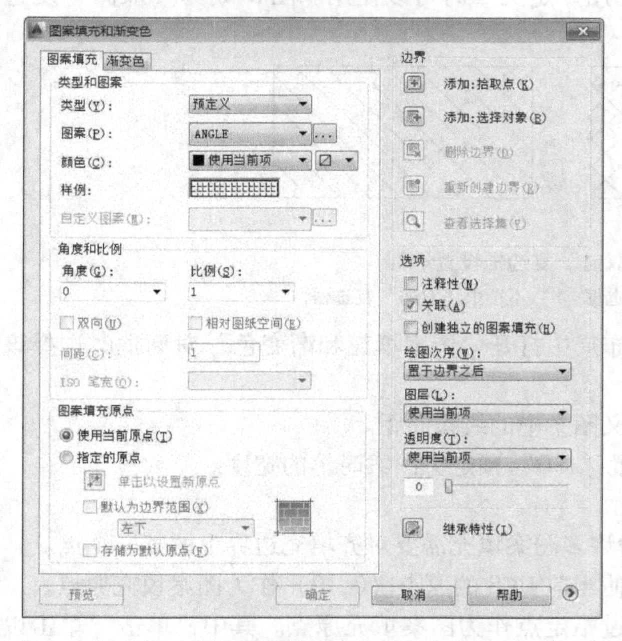

图 8-4 “图案填充和渐变色”对话框

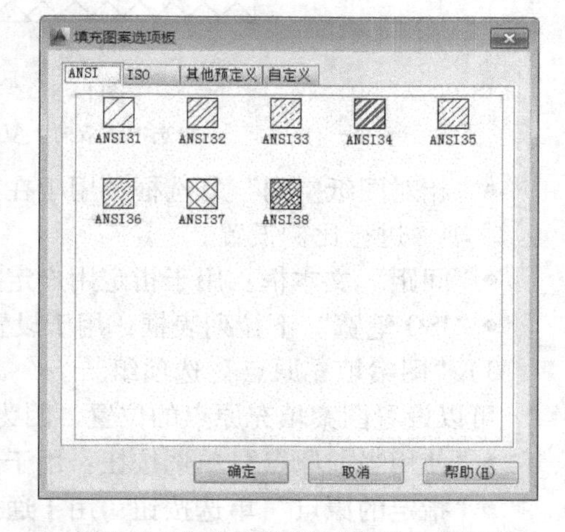

图 8-5 “填充图案选项板”对话框

- “自定义图案”下拉列表框：当填充类型选择为“自定义”时，此列表框可以使用，或单击右侧“浏览”按钮[...]，在打开的对话框中选择自定义图案。

2）“角度和比例”选项组。

- “角度”下拉列表框：用于指定填充图案相对当前 UCS 坐标系统的 X 轴的角度。角度的默认设置为“0”。图 8-6 为金属剖面线的“角度”设置示例。

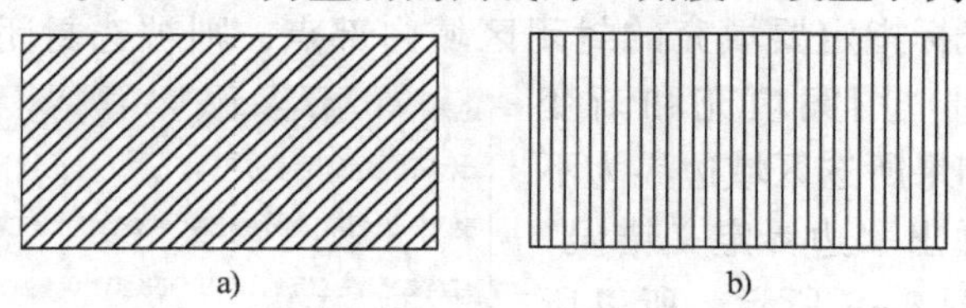

图 8-6 填充图案“角度”设置示例

a）角度为 45°时 b）角度为 0°时

- “比例”下拉列表框：用于指定填充图案的比例参数。默认设置为“1”，可以根据需要进行放大或缩小。图 8-7 为金属剖面线的“比例”设置示例。

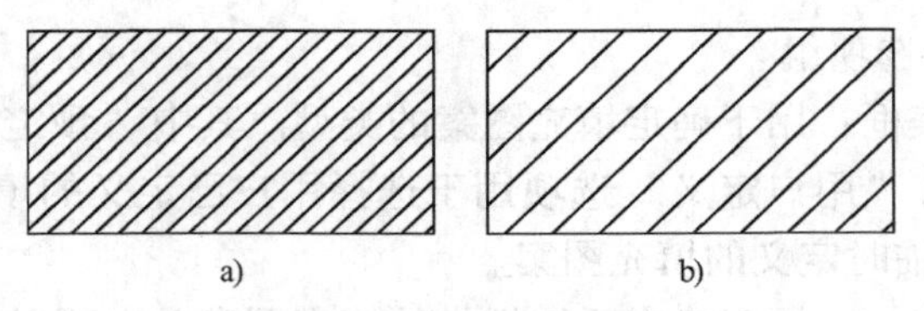

图 8-7　填充图案“比例”设置示例

a）比例为 2 时　b）比例为 4 时

- “双向”复选框：用于在原来的图案上再画出第二组相互垂直的交叉图线。该项只有在“类型”下拉列表框中选择为“用户定义”时可以使用。图 8-8 为“双向”复选框设置示例。

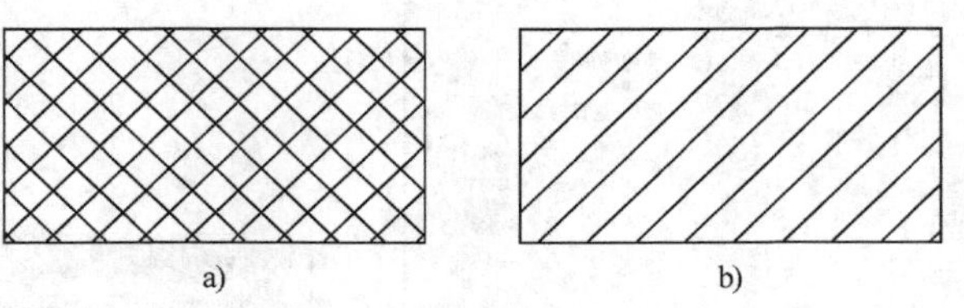

图 8-8　“双向”复选框设置示例

a）选中“双向”复选框　b）不选中“双向”复选框

- “相对图纸空间”复选框：用于在布局中打开“图案填充和渐变色”对话框时选择该项，进行比例设置。
- “间距”文本框：用于指定用户定义图案中的线条间距。
- “ISO 笔宽”下拉列表框：用于设置“ISO”预定义图案时笔的宽度。

3）“图案填充原点”选项组。

可以设置图案填充原点的位置，因为许多图案填充需要对齐填充边界上的某一个点。

- “使用当前原点”单选按钮：用于使当前 UCS 的原点（0，0）作为图案填充原点。
- “指定的原点”单选按钮：用于通过指定点作为图案填充原点。其中，单击“单击以设置新原点”按钮，可以从绘图窗口中选择某一点作为图案填充原点；选中“默认为边界范围”复选框，可以以填充边界的左下角、右下角、右上角、左上角或圆心作为图案填充原点；选中“存储为默认原点”复选框，可以将指定的点存储为默认的图案填充原点。

4）“边界”选项组。

- “添加：拾取点”按钮：以拾取点的方式确定填充区域的边界。单击此按钮，切换到绘图区，用光标指定要填充的封闭区域内部点，则被选封闭区域为虚线显示，按〈Enter〉键返回“图案填充和渐变色”对话框。如果所选区域边界为不封闭时，系统弹出“边界定义错误”对话框信息如图 8-9 所示。所以所选区域边界应由各图形对象组成包围该点的封闭区域。

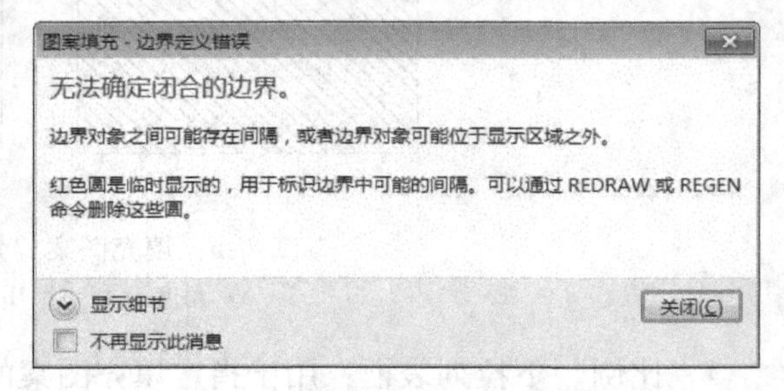

图 8-9　“边界定义错误”对话框

- “添加：选择对象”按钮：以选取对象方式确定填充区域的边界。其操作方法与拾取点方法类似。此方法虽然可以用于将所选对象组成不封闭的区域边界，但在不封闭处会发生填充断裂或不均匀现象，如图 8-10 所示。

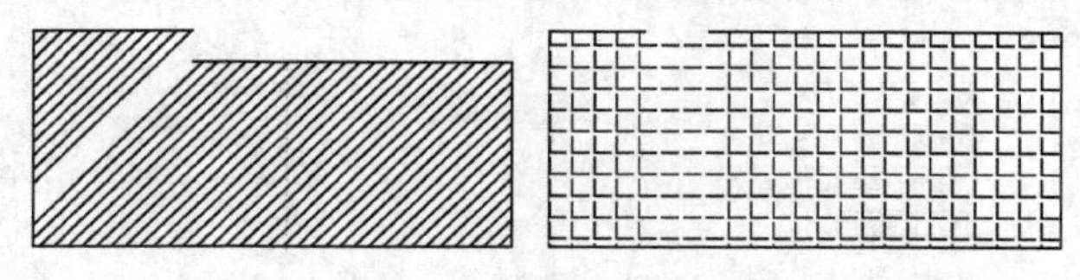

图 8-10 “选择对象”方式边界不封闭的填充结果

- “删除边界”按钮：用于取消系统自动计算或用户指定的边界。
- “重新创建边界”按钮：用于重新创建图案填充边界。
- “查看选择集”按钮：用于显示当前所定义的填充边界。单击该按钮，切换到绘图窗口，已定义的填充边界将亮显。

5）“选项”选项组。

- “注释性”复选框：用于指定图案填充为注释性。此特性会自动完成缩放注释过程，从而使注释能够以正确的大小在图纸上打印或显示。
- “关联”复选框：选中该复选框，图案填充对象与填充边界对象关联。也就是对已填充的图形做修改时，填充图案随边界的变化而自动填充，如图 8-11b 所示。否则图案填充对象和填充边界对象不关联，即对已填充的图形进行修改时，填充图案不随边界的修改而变化，如图 8-11c 所示。

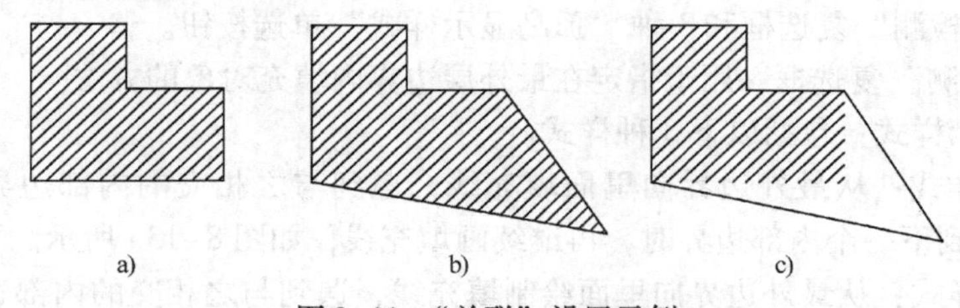

图 8-11 “关联”设置示例

a）拉伸前 b）选中“关联”复选框的拉伸结果 c）未选“关联”复选框的拉伸结果

- “创建独立的图案填充”复选框：用于创建独立的图案填充。
- “绘图次序”下拉列表框：用于指定图案填充的绘图顺序，图案填充可以放在图案填充边界及所有其他对象之后或之前。
- “图层”下拉列表框：用于为图层指定新的图案填充对象，替代当前图层。
- “透明度”下拉列表框：用于设定新图案填充或填充的透明度，替代当前对象的透明度。
- “继承特性”按钮：用于选择图中已填充的图案作为当前填充图案。
- “预览”按钮：用于预览图案的填充效果。

预览图案填充后，可以按〈Esc〉键返回“图案填充和渐变色”对话框，单击“确定”按钮结束图案填充设置。

8.3.2 设置孤岛和边界

在进行图案填充时，将填充区域内部的封闭边界称为“孤岛”。单击“图案填充和渐变色”对话框右下角的按钮⊙，将显示更多选项，可以对孤岛和边界进行设置，如图 8-12 所示。

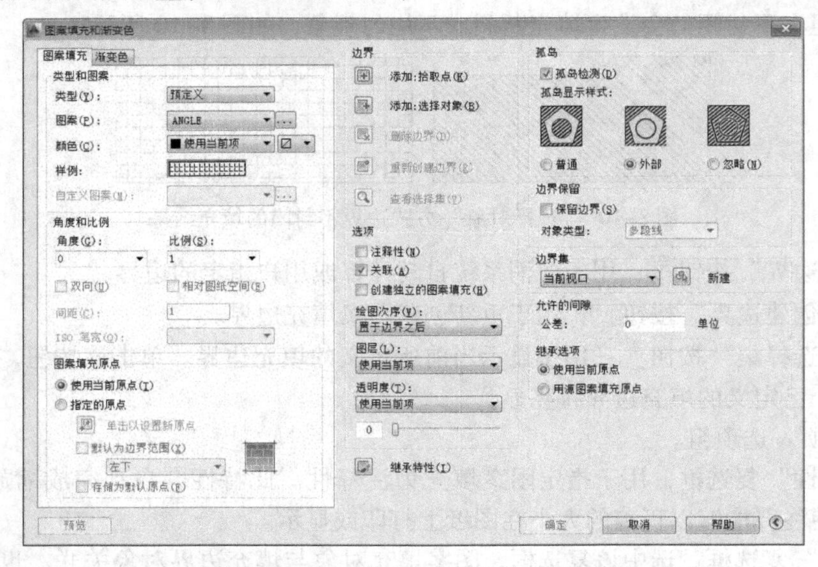

图 8-12　设置孤岛和边界的“图案填充和渐变色”对话框

各选项的功能如下。

（1）“孤岛”选项组

包括“孤岛检测”复选框和 3 种“孤岛显示样式”单选按钮。

1）“孤岛检测”复选框：用于指定在最外层边界内填充对象的方法。

2）孤岛显示样式：包括以下 3 种样式。

- “普通”样式：从最外边界向里面填充线，遇到与之相交的内部边界时，断开填充线，在遇到下一个内部边界时，再继续画填充线，如图 8-13a 所示。
- “外部”样式：从最外边界向里面绘制填充线，遇到与之相交的内部边界时断开填充线，并不再继续往里面绘制，如图 8-13b 所示。
- “忽略”样式：忽略所有孤岛，所有内部结构都被填充覆盖，如图 8-13c 所示。

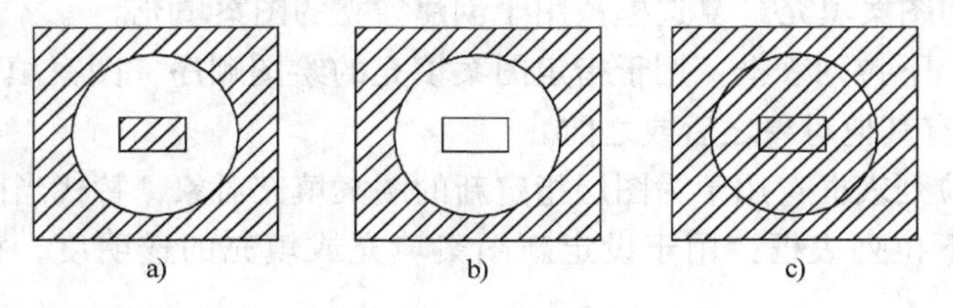

图 8-13　“孤岛显示样式”设置示例

a）“普通”样式　b）“外部”样式　c）“忽略”样式

（2）“边界保留”选项组

- “保留边界”复选框：用于确定是否保留边界对象。
- “对象类型”下拉列表框：用于指定新建边界对象的类型。

（3）“边界集”选项组

- “边界集”下拉列表框：用于指定边界对象的范围。

● “新建” 按钮：用于选择创建边界集的对象。

（4）“允许的间隙” 选项组

通过 “公差” 文本框设置允许的间隙大小。在该参数范围内，可以将一个几乎封闭的区域看作是一个闭合的填充边界。默认值为 “0” 时，对象是完全封闭的区域。

（5）“继承选项” 选项组

用于确定在使用继承属性创建图案填充时图案填充原点的位置，可以是当前原点或源图案填充的原点。

8.3.3 使用渐变色填充图形

使用 “图案填充和渐变色” 对话框的 “渐变色” 选项卡，可以创建单色或双色渐变色进行图案填充，如图 8-14 所示。其中的各选项功能如下。

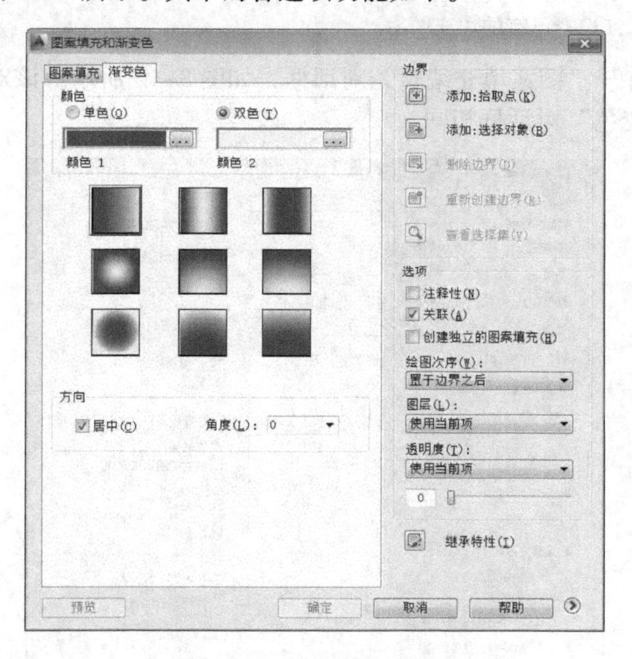

图 8-14 “渐变色” 选项卡

（1）“颜色” 选项组

● “单色” 单选按钮：用于确定一种颜色填充。

● “双色” 单选按钮：用于确定两种颜色填充。

单击右侧 “游览” 按钮[...]，打开 “选择颜色” 对话框，用来选择填充颜色。

当用一种颜色填充时，利用 “双色” 单选按钮右边的滑块，可以调整所填充颜色的浓淡度。当以两种颜色填充时，“双色” 单选按钮右边的滑块改变为与其上面相同的颜色框按钮，用于调整另一种颜色。

● “渐变图案” 预览窗口：显示当前设置的渐变色效果，9 个图像按钮显示 9 种效果。

（2）“方向” 选项组

● “居中” 复选框：用于确定颜色从中心渐变，否则颜色呈不对称渐变。

● “角度” 文本框：用于确定以渐变色方式填充颜色时的旋转角度。

8.4 编辑图案填充

编辑已有的填充图案。

1. 输入命令

可以执行以下命令。

- 工具栏：单击“编辑图案填充”按钮。
- 菜单栏：选择“修改”→“对象”→“图案填充”命令。
- 命令行：输入 HATCHEDIT。

2. 操作格式

命令:(输入命令)
选择关联填充对象:(选择已有的填充图案)

选择对象后，打开“图案填充编辑”对话框，如图 8-15 所示。该对话框中各选项含义与“图案填充和渐变色”对话框相同。

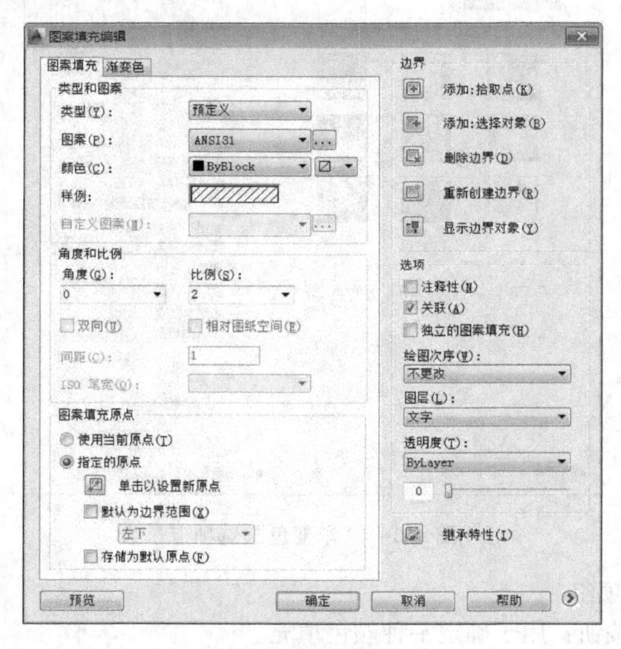

图 8-15 “图案填充编辑”对话框

8.5 使用对象特性编辑

“对象特性”命令不仅可以修改对象的属性，同时也可以查询对象的属性。

8.5.1 使用对象特性

1. 输入命令

可以执行以下命令。

● 工具栏：单击“对象特性”按钮。

● 菜单栏：选择“修改”→“特性”命令或选择“工具”→“选项板”→“特性”命令。

● 命令行：输入 PROPERTIES。

2. 操作格式

命令:<u>(输入命令)</u>

打开“特性”对话框，如图 8-16 所示。

3. 选项说明

1）“常规”选项组：用于设置所有图形对象具有的共同属性，包括颜色、图层、线型、打印样式、线宽、厚度等。

2）“三维效果”选项组：用于设置所选图形对象的材质、阴影显示等三维效果。

3）“几何图形”选项组：用于设置所选图形对象的几何顶点、标高、面积和长度等特性。

4）在“特性”窗口中单击“快速选择”按钮，打开“快速选择”对话框，如图 8-17 所示，“快速选择”对话框中各选项功能如下。

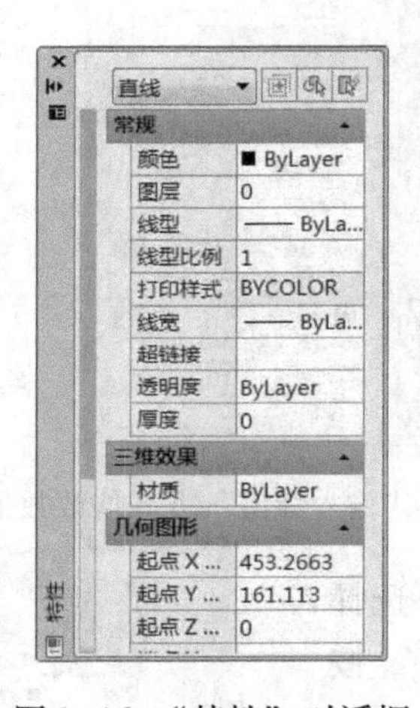

图 8-16 “特性”对话框

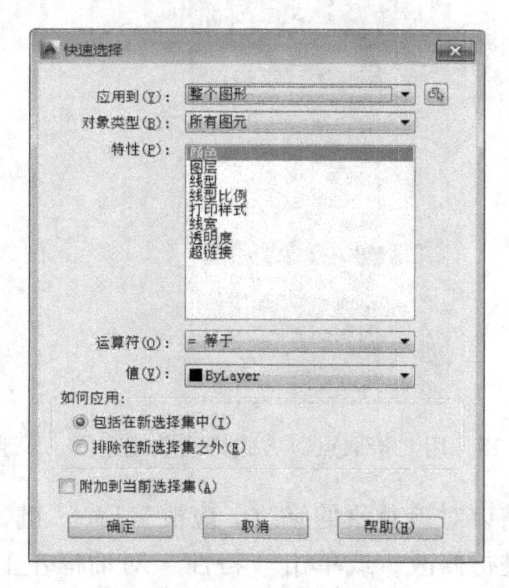

图 8-17 “快速选择”对话框

● “应用到”下拉列表框：用于选择所设置的特性要应用到的对象范围，如“当前选择”或“整个图形”。

● “对象类型”下拉列表框：用于选择应用到的对象。

● “特性”列表框：用于选择要修改的特性。

● “运算符”下拉列表框：其中包括“等于”“不等于”“大于”“小于”“全部选择”等选项。

“等于”：表示选取满足“值”所对应的对象。

“不等于”：表示选取不符合“值”所对应的对象。

“大于”：表示选取大于“值”所对应的对象。

"小于"：表示选取小于"值"所对应的对象。

"全部选择"：表示选取所有满足"值"所对应的对象。

8.5.2　对象特性编辑方法

输入命令后，打开"特性"对话框，在"命令"状态下，选择所要修改的对象（对象特征点上出现蓝色小方框即为选中），选中后，"特性"对话框中将显示所选中对象的有关特性。用"特性"对话框修改对象的特性，一般可归纳为以下两种情况。

1. 修改数值选项

修改数值选项有两种方法。

- 用"拾取点"方式修改。如图 8-18 所示，单击需修改的选项，该行最后会立即显示一个"拾取点"按钮，单击该按钮，即可在绘图区中用拖动的方法给出所选直线的起点或终点的新位置，确定后即修改此选项。
- 用"输入新值"方式修改。如图 8-19 所示，单击需修改的选项，再单击其数值，选中后输入新值代替原有的值，按〈Enter〉键确定后即修改此选项。

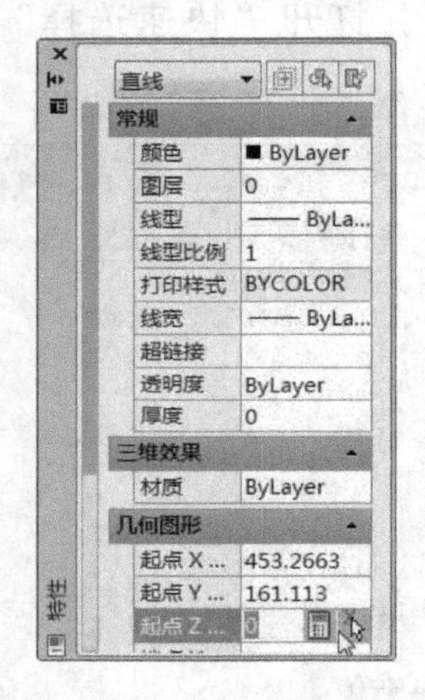

图 8-18　用"拾取点"方式修改数值选项

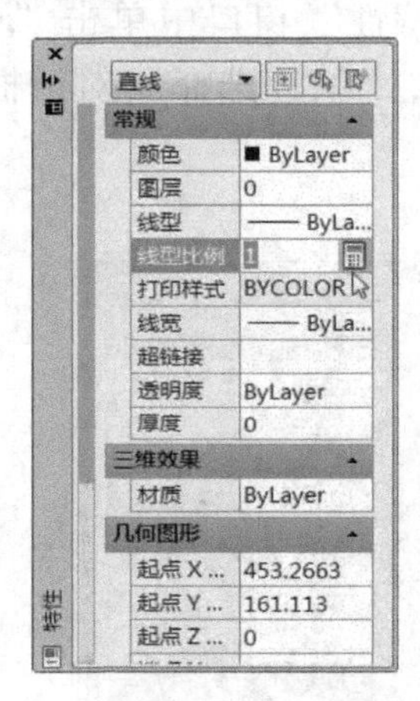

图 8-19　用"输入新值"方式修改数值选项

若要结束对该对象的修改，应按〈Esc〉键，然后可再选择其他对象进行修改，或单击"特性"对话框左上角"关闭"按钮，关闭该对话框，结束命令。

说明：

在"特性"对话框"常规"选项组显示的"线型比例"数值是该对象的"当前对象缩放比例"，当某条（或某些）虚线或点画线的长短间隔不合适或不在线段处相交时，可单击"线型比例"选项，用上述输入新值的方法修改其当前线型比例值（绘制工程图一般只在 0.6～1.3 调整），直至虚线或点画线的长短间隔合适或在线段处相交。

图 8-20　用"特性"对话框修改直线的颜色示例

2. 修改有下拉列表框的选项

修改有下拉列表框的选项如图 8-20 所示，其修改步骤如下。

1）单击需要修改的选项，该行最后会立即显示下拉列表按钮。

2）单击下拉列表按钮打开下拉列表，如图 8-20 所示为“颜色”下拉列表。

3）从下拉列表中选取所需选项即可。

4）按〈Esc〉键，结束对该对象的修改。

5）选择其他对象，重复上述操作进行修改，或单击“特性”对话框左上角的“关闭”按钮，关闭该对话框，结束命令。

说明：

AutoCAD 的“特性”对话框具有自动隐藏功能。设置自动隐藏的方法是：单击“特性”对话框标题栏上的“自动隐藏”按钮，使之变成形状，即激活了自动隐藏功能。此时当鼠标指针移至对话框外时，只显示“特性”对话框标题栏；当鼠标指针移至对话框标题栏上时，“特性”对话框自动展开。这样就可以节约很大一部分绘图区面积，使绘图更方便。

若要取消自动隐藏功能，应再次单击“自动隐藏”按钮，使之恢复形状。

8.6 实训

1. 创建图案填充示例

下面以图 8-21 为例填充金属剖面线，操作步骤如下。

1）单击工具栏中“图案填充”按钮，打开“图案填充和渐变色”对话框，如图 8-22 所示。

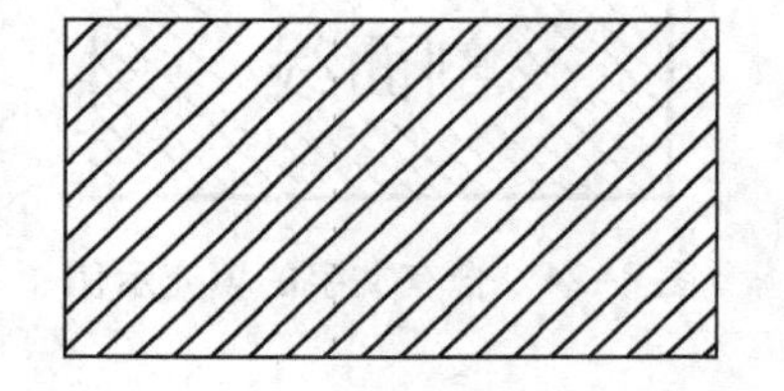

图 8-21 金属剖面线填充示例

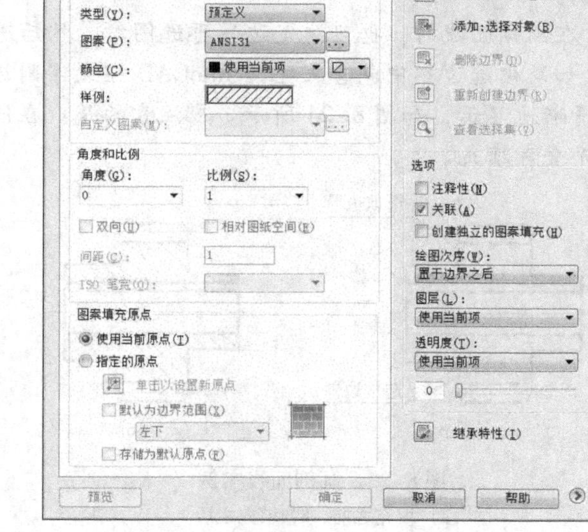

图 8-22 “图案填充和渐变色”对话框设置示例

2）“类型”设置为“预定义”；“图案”设置为“ANSI 31”；“角度”设置为“0”；“比例”设置为“1”，设置结果如图 8-22 所示。

3）单击“拾取点”按钮。在绘图区的封闭框中选择内部点，按〈Enter〉键，返回“图案填充和渐变色”对话框。

4）预览设置效果。单击“预览”按钮，进入绘图状态，显示图案填充结果。预览后按〈Enter〉键，返回“图案填充和渐变色”对话框。若剖面线间距值不合适，可修改“比例”值，修改后再预览，直至满意。

5）单击“确定”按钮，系统完成图案填充，结果如图 8-21 所示。

2. 绘制齿轮图形中的剖面线

绘制如图 8-23 所示图形中的剖面线，操作步骤如下。

1）输入命令。在工具栏上单击“图案填充”按钮，打开“图案填充和渐变色”对话框，如图 8-4 所示。

2）选择剖面线类型。在“类型和图案”选项组中，先在“类型”下拉列表框中选择“预定义”，再单击“图案”下拉列表框右侧的按钮，在弹出的“填充图案选项板”对话框中选择所需剖面线，单击“确定”按钮返回“图案填充和渐变色”对话框。

3）设置剖面线缩放比例和角度。在“角度和比例”选项组中设置“角度”为“0”，“比例”为“2”。

4）设置剖面线边界。单击“拾取点”按钮，进入绘图状态，在如图 8-23 所示“1”“2”两区域内各选取一点，选中后剖面线边界呈虚线显示，然后按〈Enter〉键返回“图案填充和渐变色”对话框。

5）预览设置效果。单击“预览”按钮，进入绘图状态，显示绘制剖面线结果。预览后按〈Enter〉键，返回“图案填充和渐变色”对话框。若剖面线间距值不合适，可修改“比例”值，修改后再预览，直至满意。

6）绘出剖面线。预览结果满意后，单击“确定”按钮结束该命令，绘出剖面线。

说明：

1）在画剖面线时，也可先定边界再选图案，然后进行相应设置。

2）如果被选边界中包含文字，AutoCAD 在文字附近的区域内不进行填充，这样，文字就可以清晰地显示，如图 8-24 所示。应注意的是：在使用“忽略”填充方式时，将忽略这一特性而全部填充。

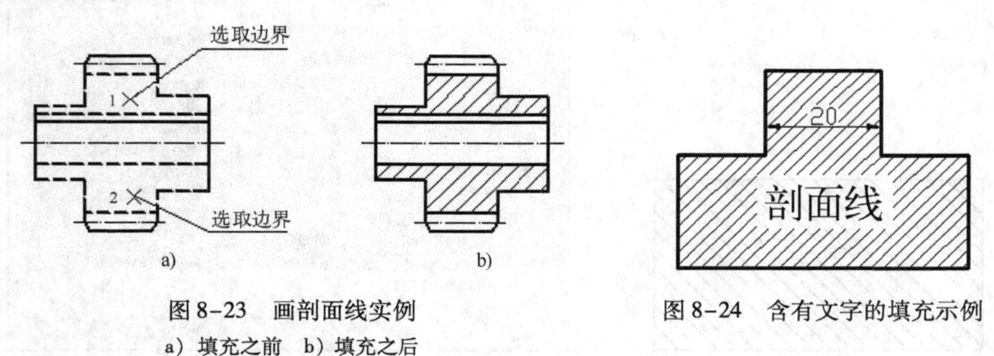

图 8-23　画剖面线实例
a）填充之前　b）填充之后

图 8-24　含有文字的填充示例

8.7　习题

1. 练习图案填充设置，根据如图 8-25 所示图形进行图案选择、方向、比例、双向、关联等设置练习。

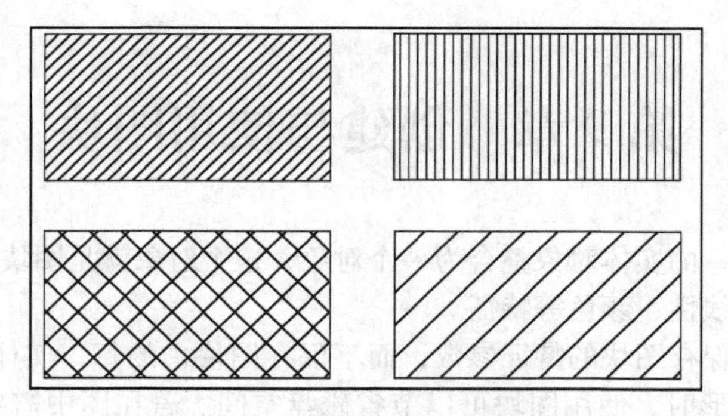

图 8-25　图案填充设置练习

2. 理解图案填充的“孤岛”概念，进行孤岛设置，完成如图 8-26 所示图形。

3. 根据如图 8-27 所示的齿轮图样，进行绘制，完成填充。

提示：填充区域应是封闭的，否则填充失败。

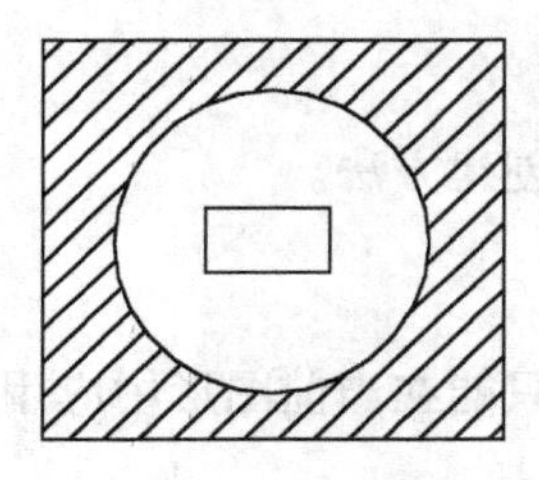

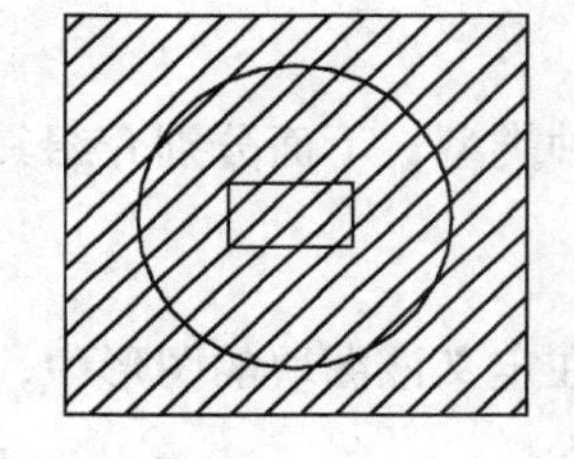

图 8-26　孤岛填充练习

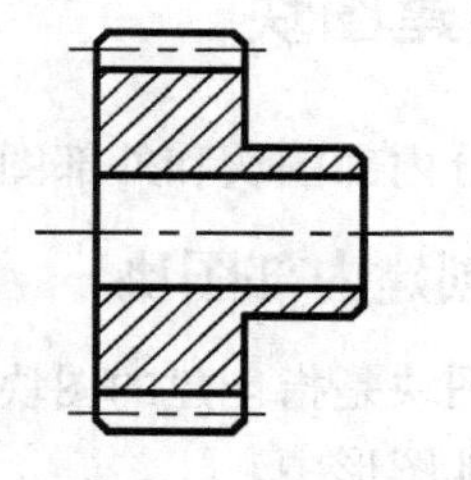

图 8-27　齿轮图样

第9章　创建与使用图块

将一个或多个单一的实体对象整合为一个对象，这个对象就是图块。图块中的各实体可以具有各自的图层、线性、颜色等特征。

插入的图块只能保存图块的特征参数，而不保存图块中的每一实体的特征参数。因此，在绘制相对复杂的图形时，使用图块可以节省磁盘空间。若在图中需要多处重复插入图块时，绘图效率愈加明显提高，如果对当前图块进行修改或重新定义，则图中的所有该图块均会自动修改，从而节省了时间。在应用时，图块作为一个独立的、完整的对象进行操作，可以根据需要按一定比例和角度将图块插入到需要的位置。

9.1　创建图块

图块分内部图块和外部图块两种类型，下面分别介绍其创建方法。

9.1.1　创建内部图块

内部图块是指创建的图块保存在定义该图块的图形中，只能在当前图形中应用，而不能插入到其他图形中。

1. 输入命令

可以执行以下命令。

- 工具栏：单击“创建块”按钮。
- 菜单栏：选择“绘图”→“块”→“创建”命令。
- 命令行：输入 BLOCK。

2. 操作格式

命令：(输入命令)

执行命令后将打开“块定义”对话框，如图9-1所示。

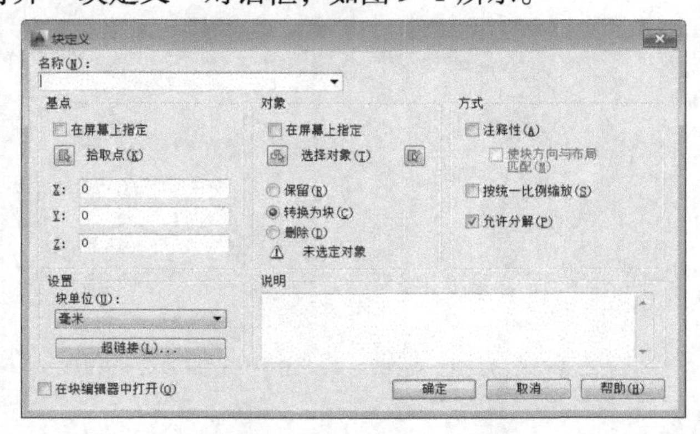

图9-1　“块定义”对话框

3. 选项说明

● “名称”文本框：用于输入新建图块的名称。

● “基点”选项组：用于设置该图块插入基点的 X、Y、Z 坐标。

● “对象”选项组：用于选择要创建图块的实体对象。

“选择对象”按钮：用于在绘图区选择对象。

“快速选择”按钮：用于在打开的“快速选择”对话框中定义选择集。

“保留”单选按钮：用于创建图块后保留原对象。

“转换为块”单选按钮：用于创建图块后，将选定对象转换为图形中的块。

“删除”单选按钮：用于创建图块后，删除原对象。

● “方式”选项组：用于设置创建的图块是否允许分解和是否按统一比例缩放等。

● “说明”文本框：用于输入图块的简要说明。

● “设置”选项组：用于指定图块的设置。其中包括“块单位”和“超链接”两个选项。

“块单位”下拉列表框：用于设置插入图块的缩放单位。

“超链接”按钮：用于打开“插入超链接”对话框，在该对话框中可以插入超链接文档。

4. 创建内部图块示例

下面以图 9-2 为例，介绍如何创建内部图块，其操作步骤如下。

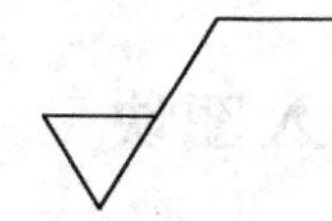

图 9-2　创建内部图块的图形

1）单击“创建块”按钮，打开“块定义”对话框。

2）在“名称”文本框中输入“表面粗糙度符号”。

3）单击“基点”选项组中“拾取点”按钮，在绘图区指定基点。

命令行提示：

```
指定插入点:(在图上指定图块的插入点)
```

指定插入点后，返回“块定义”对话框。也可在该按钮下面的“X”“Y”“Z”文本框中输入坐标值来指定插入点。

4）单击“对象”选项组中“选择对象”按钮，在绘图区指定对象。

命令行提示：

```
选择对象:(选择要定义为块的对象)
选择对象:(按〈Enter〉键)
```

选择对象后，返回“块定义”对话框，单击“确定”按钮，完成创建图块的操作。

9.1.2　创建外部图块

外部图块与内部图块的区别是，创建的图块作为独立文件保存，可以插入到任何图形中去，并可以对图块进行打开和编辑。

1. 输入命令

命令行：输入 WBLOCK。

2. 操作格式

执行命令后，打开“写块”对话框，如图 9-3 所示。

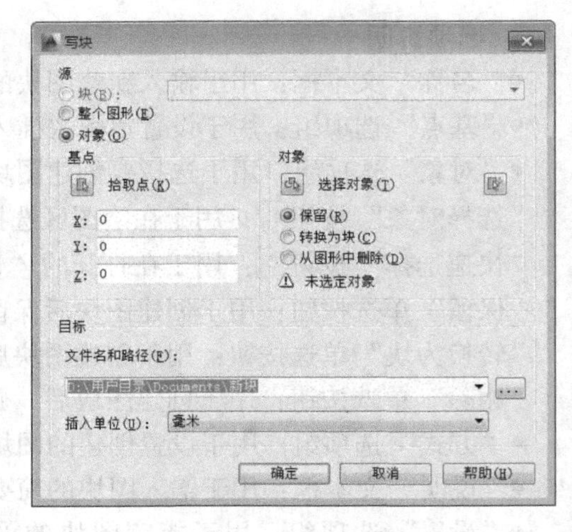

图 9-3 “写块”对话框

3. 选项说明

1）“源”选项组：用于确定图块定义范围。

- “块”单选按钮：用于在右侧的下拉列表框中选择已保存的图块。
- “整个图形”单选按钮：用于将当前整个图形确定为图块。
- “对象”单选按钮：用于选择要定义为块的实体对象。

2）“基点”选项组和“对象”选项组的定义与 9.1.1 创建内部图块中的选项含义相同。

3）“目标”选项组：用于指定保存图块文件的名称和路径，也可以单击“浏览”按钮，打开“浏览图形文件”对话框，指定名称和路径。

“插入单位”下拉列表框：用于设置插入图块的单位。

9.2 插入图块

1. 输入命令

可以执行以下命令。

- 工具栏：单击“插入块”按钮。
- 菜单栏：选择“插入”→“块”命令。
- 命令行：输入 INSERT。

2. 操作格式

执行命令后将会打开“插入”对话框，如图 9-4 所示。在“名称”文本框中选择相应的图块名。

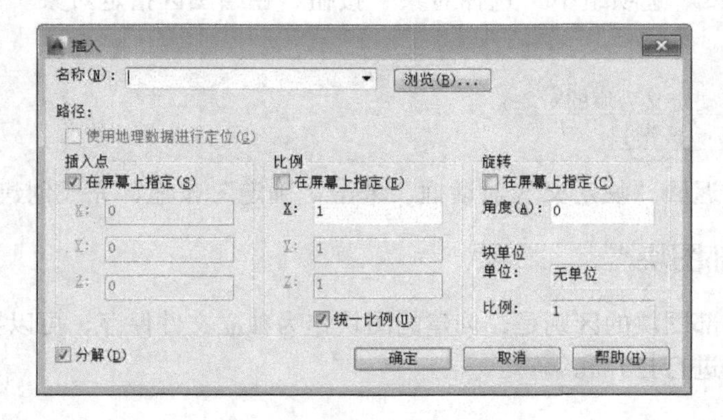

图 9-4 “插入”对话框

单击“确定”按钮，关闭“插入”对话框。系统提示：

指定插入点或[比例(S)/X/Y/Z/旋转(R)/预览比例(PS)/PX/PY/PZ 预览旋转(PR)]：(指定插入点)

如果是有定义属性的图块，系统提示：

输入“图块”编号(a1)：(输入需要的图块编号)

系统完成插入图块操作。

3. 选项说明

“插入”对话框中各选项功能如下。

- “名称”文本框：用于输入或选择已有的图块名称。也可以单击“浏览”按钮，在打开的“选择图形文件”对话框中选择需要的外部图块。
- “插入点”选项组：用于确定图块的插入点。可以直接在“X”“Y”“Z”文本框中输入点的坐标，也可以通过选中“在屏幕上指定”复选框，在绘图区内指定插入点。
- “比例”选项组：用于确定图块的插入比例。可以直接在“X”“Y”“Z”文本框中输入块的 3 个方向坐标，也可以通过选中“在屏幕上指定”复选框，在绘图区内指定。如果选中“统一比例”复选框，3 个方向的比例相同，只需要输入 X 方向的比例即可。
- “旋转”选项组：用于确定图块插入的旋转角度，可以直接在“角度”文本框中输入角度值，也可以选中“在屏幕上指定”复选框，在绘图区上指定。
- “分解”复选框：用于确定是否把插入的图块分解为各自独立的对象。

9.3 编辑图块

1. 编辑内部图块

图块作为一个整体可以被复制、移动、删除，但是不能直接对它进行编辑。要想编辑图块中的某一部分，首先将图块分解成若干实体对象，再对其进行修改，最后重新定义。操作步骤如下。

1）选择“修改”→“分解”命令。

2）选取需要的图块。

3）编辑图块。

4）从菜单栏中选择“绘图”→“块”→“创建”命令。

5）在“块定义”对话框中重新定义块的名称。

6）单击“确定”按钮，结束编辑操作。

执行结果是当前图形中所有插入的该图块都自动修改为新图块。

2. 编辑外部图块

外部图块是一个独立的图形文件，可以使用“打开”命令将其打开，修改后再保存即可。

9.4 设置图块属性

属性就像附在商品上面的标签一样，包含有该产品的相关信息。图块属性是从属于图块的非图形信息，即图块中的文本对象，它是图块的一个组成部分，与图块构成一个整体。在插入图块时用户可以根据提示，输入属性定义的值，从而快捷地使用图块。

9.4.1 定义图块属性

1. 输入命令

可以执行以下命令。

- 菜单栏：选择“绘图”→“块”→“定义属性”命令。
- 命令行：输入 ATTDEF。

2. 操作格式

命令：(输入命令)

执行命令后将会打开“属性定义”对话框，如图 9-5 所示。

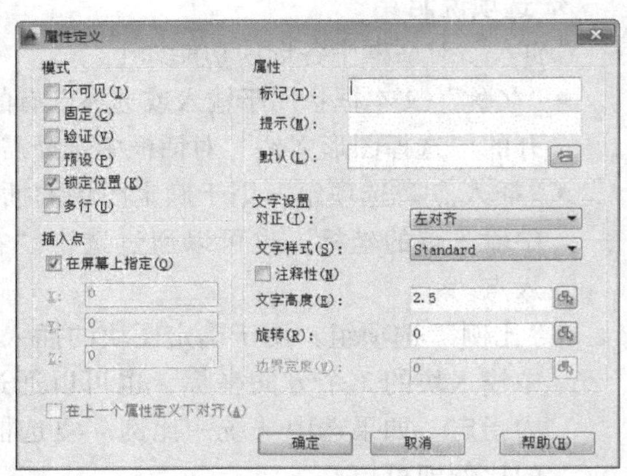

图 9-5 “属性定义”对话框

3. 选项说明

(1)“模式”选项组

用于设置属性模式。

- “不可见”复选框：用于确定属性值在绘图区是否可见。
- “固定”复选框：用于确定属性值是否是常量。
- “验证”复选框：用于在插入属性图块时，提示用户核对输入的属性值是否正确。
- “预设”复选框：用于设置属性值，在以后的属性图块插入过程中，不再提示用户属性值，而是自动地填写预设属性值。
- “锁定位置”复选框：用于锁定属性定义在图块中的位置。
- “多行”复选框：用于设置为多行文字的属性。

(2)“属性”选项组

用于输入属性定义的数据。

- “标记”文本框：用于输入所定义属性的标志。
- “提示”文本框：用于输入插入属性图块时需要提示的信息。
- “默认”文本框：用于输入图块默认的属性值。

(3)“插入点”选项组

用于确定属性文本排列在图块中的位置。可以直接在输入点插入点的坐标值，也可以选中“在屏幕上指定”复选框，在绘图区指定。

(4)“文字设置”选项组

用于设置属性文本对齐方式、样式以及注释性等特性。

- “对正”下拉列表框：用于选择文字的对齐方式。

- “文字样式”下拉列表框：用于选择字体样式。
- “文字高度”文本框：用于在文本框中输入高度值，也可以单击右侧按钮后，在绘图区指定两点来确定文字的高度。
- “旋转”文本框：用于在文本框中输入旋转角度值，也可以单击右侧按钮后，在绘图区指定文字的旋转角度。

（5）“在上一个属性定义下对齐”复选框

用于确定该属性采用上一个属性的字体、字高以及倾斜度，且另起一行，与上一属性对齐。

9.4.2 编辑图块属性

DDEDIT 命令可以修改图块定义的属性名、提示内容及默认属性值。

1. 输入命令

可以执行以下命令 。

- 工具栏：单击“编辑图块”按钮。
- 菜单栏：选择“修改”→“对象”→“属性”→“单个”命令。
- 命令行：输入 DDEDIT。

2. 操作格式

命令:(输入命令)
选择注释对象或[放弃(U)]:(选择要编辑的图块对象)

打开“增强属性编辑器”对话框，如图 9-6 所示。该对话框有 3 个选项卡：“属性”“文字选项”和“特性”。

（1）“属性”选项卡

“属性”选项卡的列表框显示了图块中的每个属性的“标记”“提示”和“值”。在列表框中选择某一属性后，在“值”文本框中将显示出该属性对应的属性值，用户可以通过它来修改属性值。

（2）“文字选项”选项卡

“文字选项”选项卡用于修改属性文字的格式，该选项卡如图 9-7 所示。

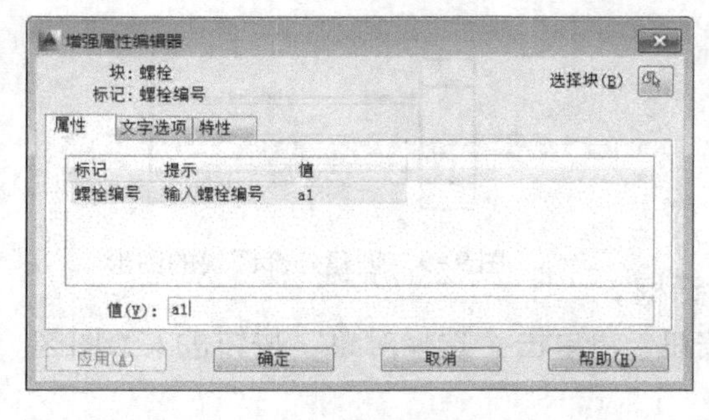

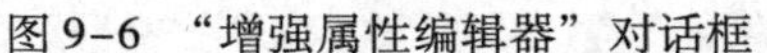
图 9-6 “增强属性编辑器”对话框

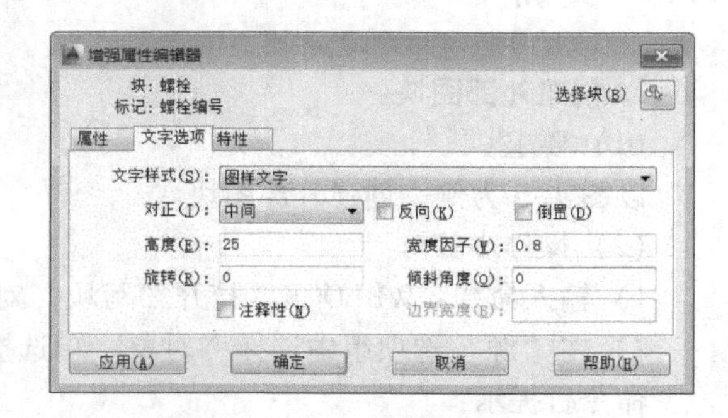

图 9-7 “文字选项”选项卡

- “文字选项”选项卡中的各选项功能如下。
- “文字样式”下拉列表框：用于设置文字的样式。

- “对正”下拉列表框：用于设置文字的对齐方式。
- “高度”文本框：用于设置文字的高度。
- “旋转”文本框：用于设置文字的旋转角度。
- “反向”复选框：用于确定在文字行是否反向显示。
- “倒置”复选框：用于确定文字是否上下颠倒显示。
- “宽度因子”文本框：用于设置文字的宽度系数。
- “倾斜角度”文本框：用于设置文字的倾斜角度。

(3)“特性”选项卡

“特性”选项卡用于修改属性文字的图层以及其线宽、线型、颜色及打印样式等，该选项卡如图9-8所示。

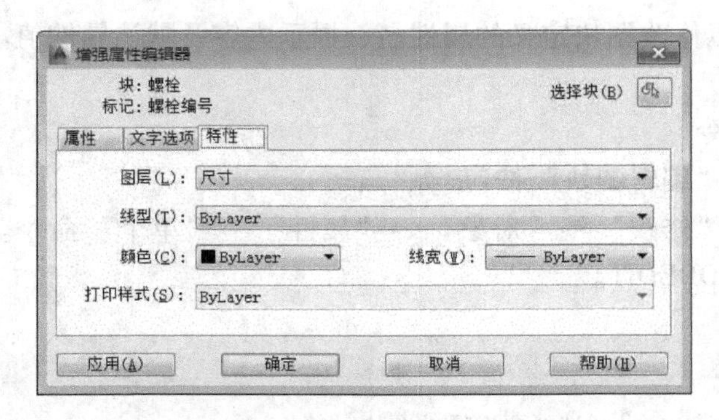

图9-8 “特性”选项卡

在“增强属性编辑器”对话框中，除上述3个选项卡外，还有“选择块”和“应用”等按钮。其中单击“选择块”按钮，可以切换到绘图区并选择要编辑的图块对象；单击“应用”按钮，可以确认已进行的修改。

单击“确定”按钮，系统再次提示：

```
选择注释对象或[放弃(U)]:(按〈Enter〉键,结束命令)
```

9.5 实训

1. 创建外部图块

(1) 要求

以图9-9为例，创建外部图块。

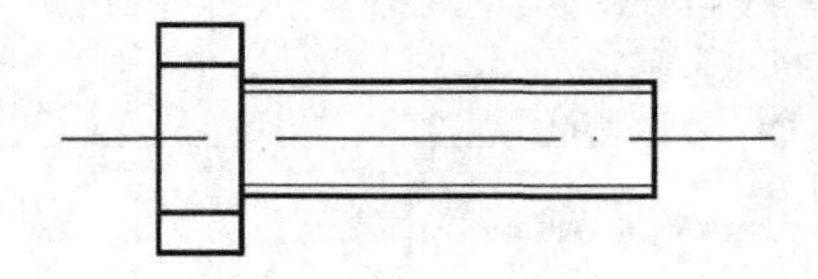

图9-9 创建外部图块的图形

(2) 操作步骤

1) 输入命令：WBLOCK，打开“写块”对话框。

2) 在“源”选项组中选择“对象”单选按钮，再单击“选择对象”按钮进入绘图区。命令行提示：

```
选择对象:(选择要定义为块的对象)
选择对象:(按〈Enter〉键)
```

选择对象后，返回“写块”对话框。

3）在“文件名和路径”文本框中输入要创建的图块名称和存放路径。

4）单击“基点”选项组中的“拾取点”按钮，进入绘图区。

命令行提示：

```
指定插入基点:(指定图块上的插入点)
```

指定插入点后，返回“写块”对话框，也可在该按钮下面的“X”“Y”“Z”文本框中输入坐标值来指定插入点。

单击“确定”按钮，完成创建外部图块的操作。

2. 插入图块

（1）要求

将图 9-2 所示的图块插入图中。

（2）操作步骤

1）单击“插入块”按钮，打开“插入”对话框。

2）在“名称”下拉列表框中选择“表面粗糙度符号”。

3）在“插入点”选项组中选中“在屏幕上指定”复选框，单击“确定”按钮。

4）移动鼠标在绘图区内指定插入点，完成图块插入的操作，如图 9-10 所示。

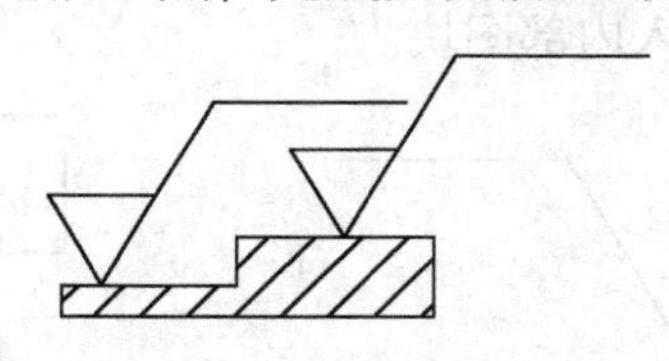

图 9-10　插入图块示例

3. 定义图块属性

（1）要求

执行 ATTDEF 命令，将图 9-11 所示图形定义为带属性的图块。

图 9-11　螺栓图形

（2）操作步骤

1）在命令行输入 ATTDEF 命令并按〈Enter〉键，打开“属性定义”对话框。

2）在“标记”文本框中输入“编号”；在“提示”文本框中输入“输入螺栓编号”；在“默认”文本框中输入默认值，如“a1”。

3）选中“在屏幕上指定”复选框，在绘图区确定属性的插入点。

4）在“对正”下拉列表框中选择“中间”；在“文字样式”下拉列表框中选择“工程图中的汉字”；在“高度”按钮右侧的文本框中输入 5，设置后的“属性定义”对话框如图 9-12 所示。

5）单击“确定”按钮，完成定义图块属性的操作，结果如图 9-13 所示。

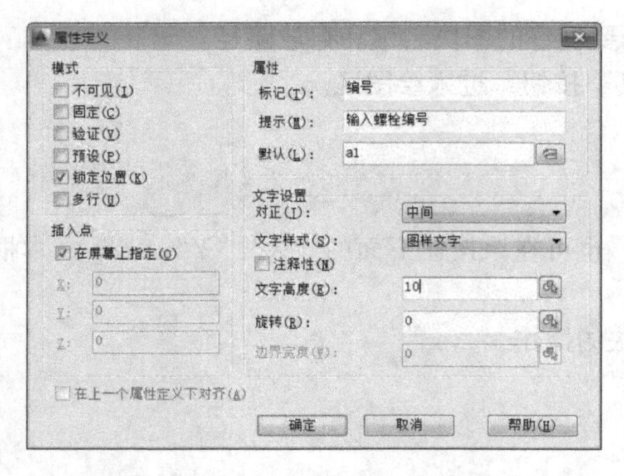

图 9-12　设置后的“属性定义”对话框示例

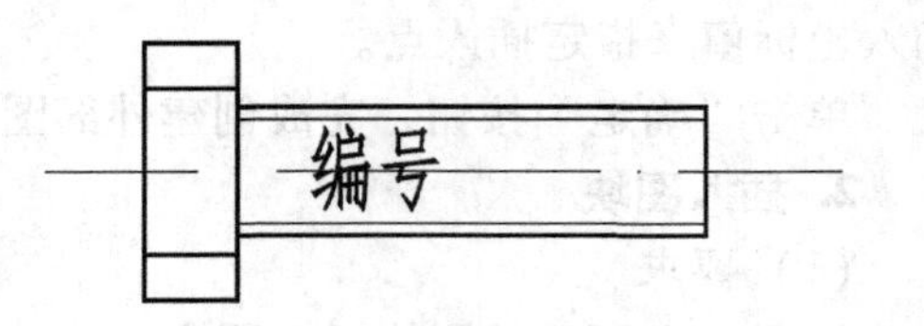

图 9-13　定义图块属性结果示例

9.6　习题

1. 绘制如图 9-14 所示的“表面粗糙度”符号和“几何公差基准”符号，根据 9.1.1 节内容创建内部图块，并练习插入内部图块。

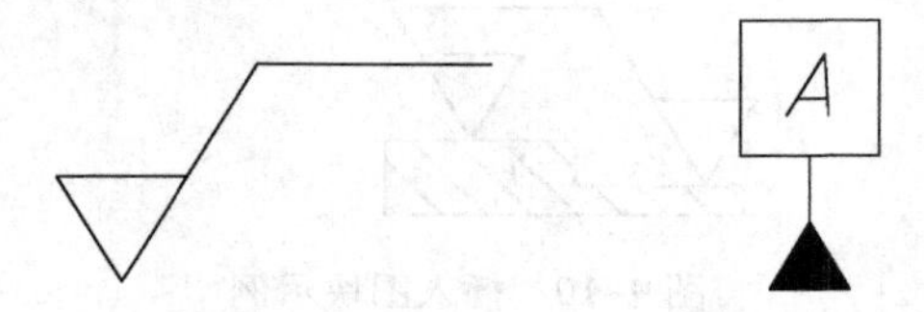

图 9-14　表面粗糙度符号和几何公差基准符号—图块练习

提示：

1）绘制表面粗糙度符号图形时，可以使用“多边形”命令绘制出正三角形，再利用“延伸”命令将右侧斜边的长度延伸 100%，完成图形绘制。

2）绘制基准符号的等边三角形时，可以先绘制竖直和水平底线，然后捕捉竖直线的中点，分别使用“@10<-60”和“@10<-120”命令绘制两斜线，经过修剪和图案填充，完成图形绘制。

2. 绘制如图 9-15 所示的螺栓图形，根据 9.1.2 节内容创建外部图块，并练习插入外部图块。

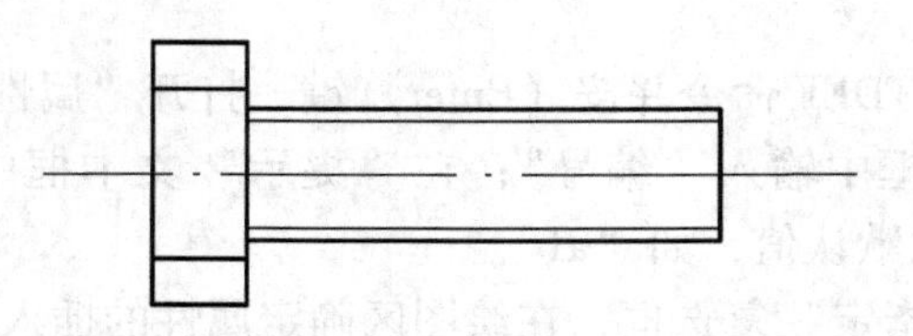

图 9-15　螺栓图形—图块练习

第 10 章　尺 寸 标 注

尺寸标注是绘图设计中的一项重要内容。图形只能表达物体的形状，而物体的大小和结构间的相对位置必须由尺寸标注来确定。AutoCAD 2014 提供了一套完整的尺寸标注系统，可以使用户方便快捷地完成图形对象的尺寸标注，同时具有强大的尺寸编辑功能。

10.1　尺寸的组成和标注类型

本节介绍尺寸的组成和标注类型。

10.1.1　尺寸的组成

工程图中一个完整的尺寸一般由尺寸线、尺寸界线、尺寸起止符号（箭头）、尺寸数字 4 部分组成，如图 10-1 所示。

1. 尺寸线

尺寸线用于表示尺寸标注的方向。必须以直线或圆弧的形式单独画出，不能用其他线条替代或与其他线条重合。

2. 尺寸界线

尺寸界线用于表示尺寸标注的范围。可以单独绘出，也可以利用轴线轮廓作为尺寸界线，一般情况下尺寸界线与尺寸线垂直。

3. 尺寸起止符号

尺寸起止符号用于表示尺寸标注的起始和终止位置。制图标准中规定尺寸起止符号有两种形式，如图 10-2 所示。机械图样主要是用箭头来表示起止符号，当尺寸过小时也可以用点来代替箭头。

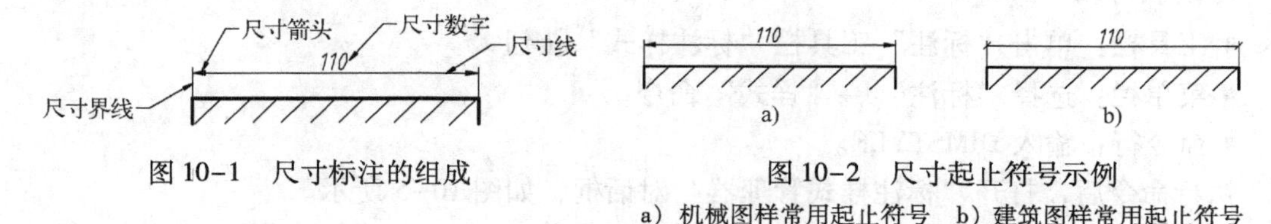

图 10-1　尺寸标注的组成

图 10-2　尺寸起止符号示例
a）机械图样常用起止符号　b）建筑图样常用起止符号

4. 尺寸数字

尺寸数字用于表示尺寸位置的实际测量值（大小）。尺寸数字可注写在尺寸线的上方或中断位置，但不能与尺寸线重叠。

10.1.2　尺寸标注的类型

AutoCAD 2014 提供了 10 多种尺寸标注类型，分别为：快速标注、线性、对齐、弧长、坐标、半径、折弯、直径、角度、基线、连续、标注间距、标注打断、多重引线、公差、圆心标记等，在“标注”菜单和“标注”工具栏中列出了尺寸标注的类型，如图 10-3 和图 10-4 所示。下面将分别介绍各类型的标注方法。

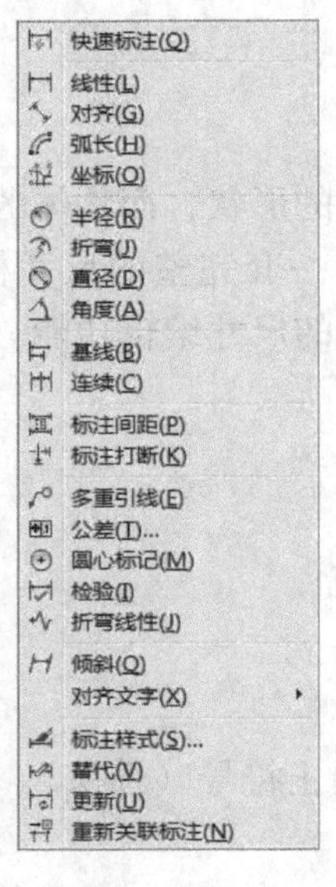

图 10-3 “标注”菜单

图 10-4 “标注”工具栏

10.2 设置尺寸标注的样式

尺寸标注时，必须符合有关制图的国家标准规定，所以在进行尺寸标注时，要对尺寸标注的样式进行设置，以便得到正确、统一的尺寸样式。

10.2.1 标注样式管理器

1. 输入命令

可以执行以下命令　　。

- 工具栏：单击“标注”工具栏“标注样式”按钮。
- 菜单栏：选择“标注”→“样式”命令。
- 命令行：输入 DIMSTYLE。

执行命令后，打开“标注样式管理器”对话框，如图 10-5 所示。

2. 选项说明

“标注样式管理器”对话框中的各选项功能如下。

- “当前标注样式”标签：用于显示当前使用的标注样式名称，这里为“ISO-25”。
- “样式”列表框：用于列出当前图中已有的尺寸标注样式。
- “列出”下拉列表框：用于确定在“样式”列表框中所显示的尺寸标注样式范围。可以在“所有样式”和“正在使用的样式”两个选项中选择。
- “预览”框：用于预览当前尺寸标注样式的标注效果。

- “说明”框：用于对当前尺寸标注样式的说明。
- “置为当前”按钮：用于将指定的标注样式置为当前标注样式。
- “新建”按钮：用于创建新的尺寸标注样式。单击“新建”按钮后，打开“创建新标注样式”对话框，如图 10-6 所示。

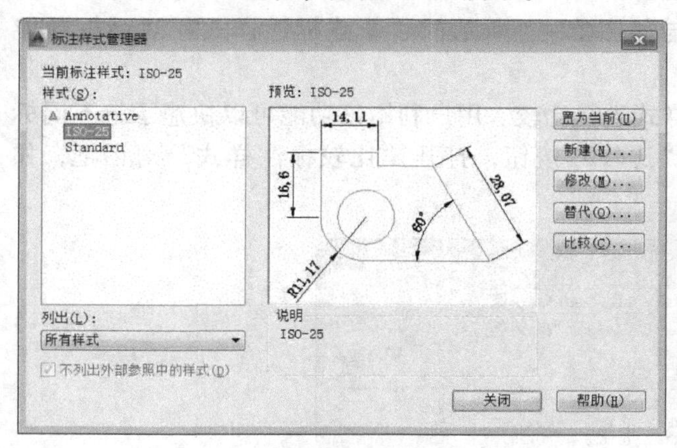

图 10-5 “标注样式管理器”对话框

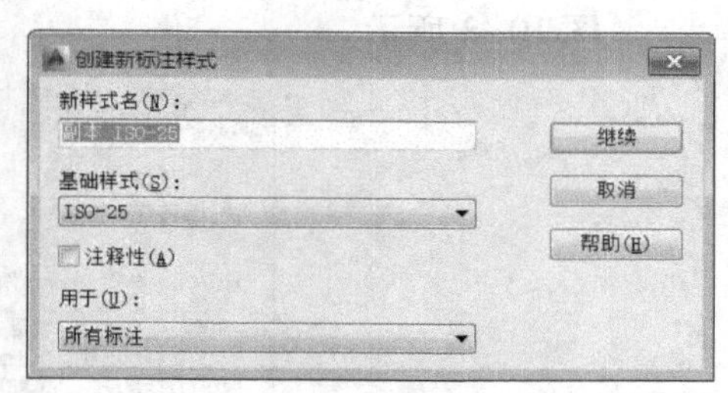

图 10-6 “创建新标注样式”对话框

在“创建新标注样式”对话框中，各选项的说明如下。

“新样式名”文本框：用于确定新尺寸标注样式的名字。

“基础样式”下拉列表框：用于确定以哪一个已有的标注样式为基础来定义新的标注样式。

“用于”下拉列表框：用于确定新标注样式的应用范围，包括“所有标注”“线性标注”“角度标注”“半径标注”“直径标注”“坐标标注”“引线与公差”等范围供用户选择。

完成上述设置后，单击“继续”按钮，打开“新建标注样式”对话框，如图 10-7 所示。其中各选项卡的内容和设置方法将在后面小节中详细介绍。设置完成后，单击“确定”按钮，返回“标注样式管理器”对话框。

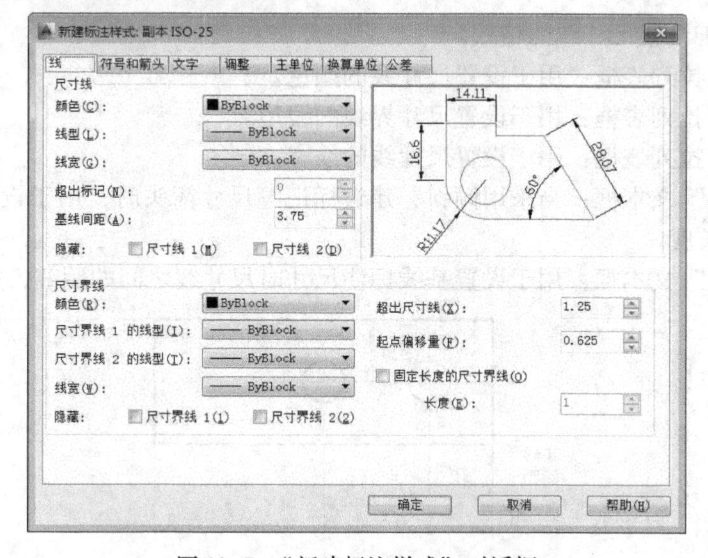

图 10-7 “新建标注样式”对话框

- “修改”按钮：用于修改已有的标注尺寸样式。单击“修改”按钮，可以打开“修改标注样式”对话框，此对话框与如图 10-7 所示的“新建标注样式”对话框功能类似。
- “替代”按钮：用于设置当前样式的替代样式。单击“替代”按钮，可以打开“替代标注样式”对话框，此对话框与如图 10-7 所示的“新建标注样式”对话框功能类似。
- “比较”按钮：用于对两个标注样式进行比较。用户利用该功能可以快速了解不同标注样式之间的设置差别，单击“比较”按钮，打开“比较标注样式”对话框，如图 10-8 所示。

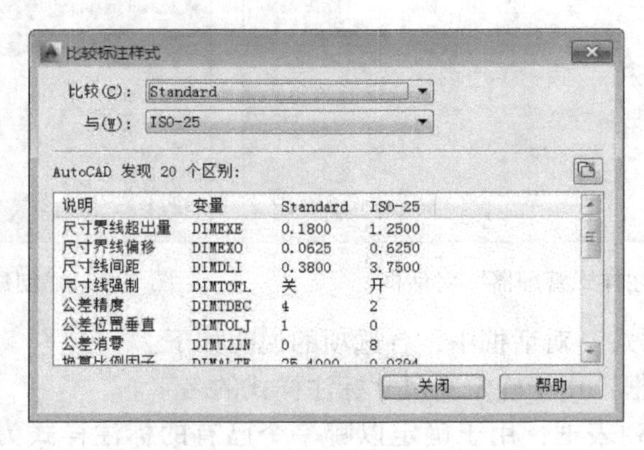

图 10-8 “比较标注样式”对话框

10.2.2 “线”选项卡设置

“线”选项卡用于设置尺寸线、尺寸界线的格式和属性，如图 10-7 所示。选项卡中各选项功能如下。

(1)“尺寸线”选项组

该选项组用于设置尺寸线的格式。

- “颜色”下拉列表框：用于设置尺寸线的颜色。
- “线型”下拉列表框：用于设置尺寸界线的线型。
- “线宽”下拉列表框：用于设置尺寸线的线宽。
- “超出标记”文本框：当采用倾斜、建筑标记等尺寸箭头时，用于设置尺寸线超出尺寸界线的长度。
- “基线间距”文本框：用于设置基线标注尺寸时尺寸线之间的距离，如图 10-9 所示。

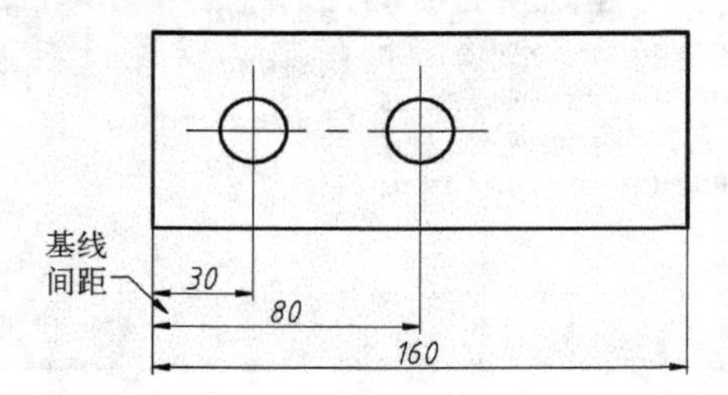

图 10-9 “基线间距”设置示例

- “隐藏”：“尺寸线 1”“尺寸线 2” 两个复选框分别用于确定是否显示第一条或第二条尺寸线，如图 10-10 所示。“尺寸线 1”“尺寸线 2” 的顺序确定和尺寸的起始点与终止点位置有关，起始点为 1，终止点为 2。

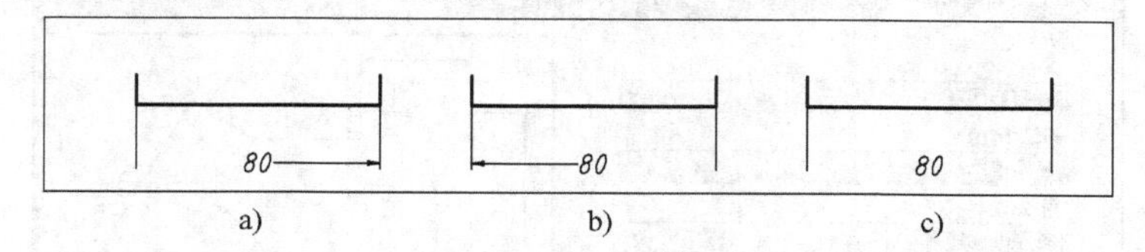

图 10-10　隐藏尺寸线示例
a）隐藏尺寸线 1　b）隐藏尺寸线 2　c）隐藏尺寸线 1 和尺寸线 2

（2）“尺寸界线” 选项组

该选项组用于设置尺寸界线的格式。

- “颜色” 下拉列表框：用于设置尺寸界线的颜色。
- “尺寸界线 1 的线型” 下拉列表框：用于设置尺寸界线 1 的线型。
- “尺寸界线 2 的线型” 下拉列表框：用于设置尺寸界线 2 的线型。
- “线宽” 下拉列表框：用于设置尺寸界线的宽度。
- “超出尺寸线” 文本框：用于设置尺寸界线超出尺寸线的长度，如图 10-11 所示。
- “起点偏移量” 文本框：用于设置尺寸界线的起点与被标注对象的距离，如图 10-12 所示。

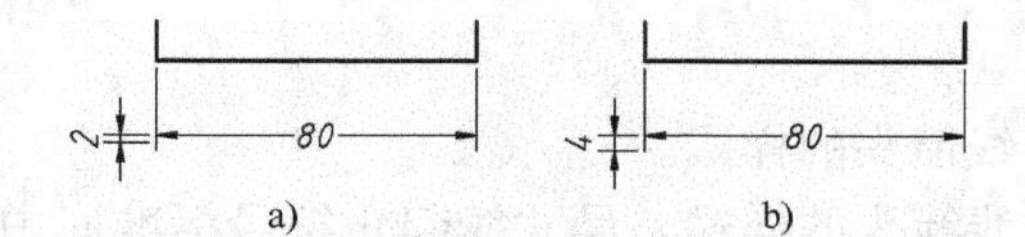

图 10-11　尺寸界线超出尺寸线示例
a）超出尺寸线为 2 时　b）超出尺寸线为 4 时

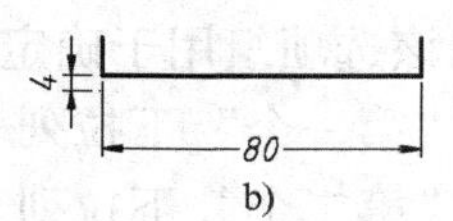

图 10-12　起点偏移量设置示例
a）起点偏移量为 2 时　b）起点偏移量为 4 时

- “隐藏”：“尺寸界线 1” 和 “尺寸界线 2” 复选框分别用于确定是否显示第一条尺寸界线或显示第二条尺寸界线，如图 10-13 所示。

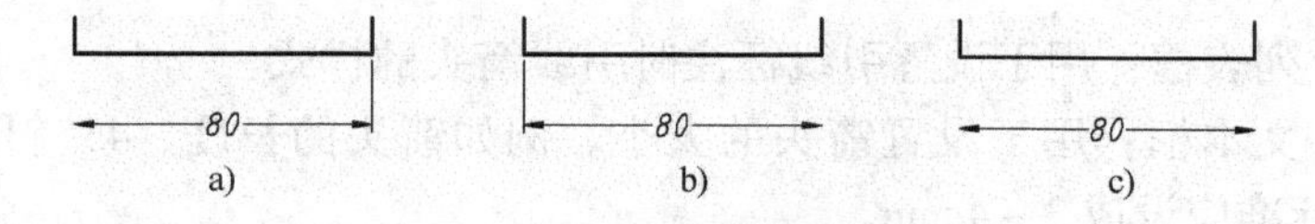

图 10-13　隐藏尺寸界线示例
a）隐藏尺寸界线 1　b）隐藏尺寸界线 2　c）隐藏尺寸界线 1 和 2

- “固定长度的尺寸界线” 复选框：用于使用特定长度的尺寸界线来标注图形，其中在 “长度” 文本框中可以输入尺寸界线的数值。

（3）“预览” 框

右上角的 “预览” 框用于显示在当前标注样式设置后的标注效果。

10.2.3　“符号和箭头” 选项卡设置

“符号和箭头” 选项卡用于设置箭头、圆心标记、弧长符号等的格式和属性，如图 10-14

所示。选项卡中各选项功能如下。

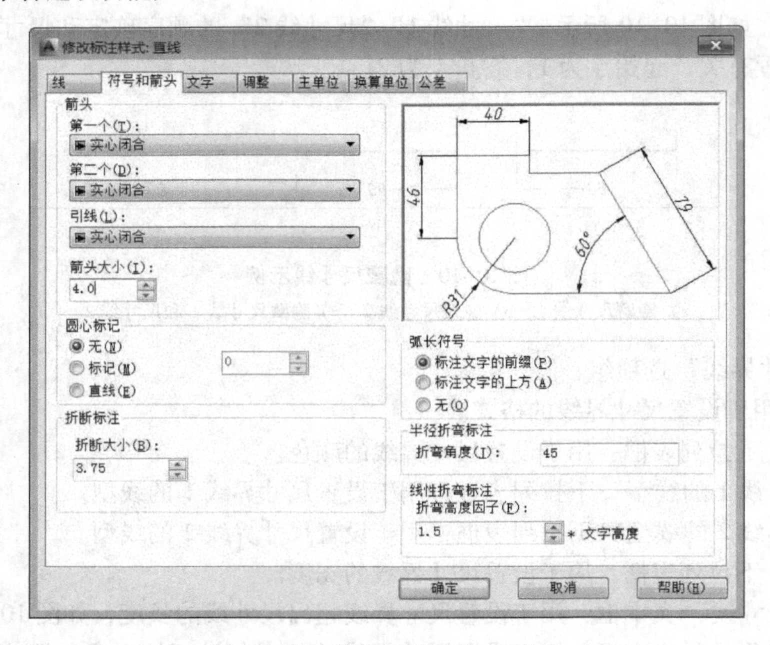

图 10-14 “符号和箭头”选项卡

（1）“箭头”选项组

该选项组用于确定尺寸线起止符号的样式。

“第一个”下拉列表框：用于设置第一尺寸线箭头的样式。

“第二个”下拉列表框：用于设置第二尺寸线箭头的样式。尺寸线起止符号标准库中有 19 种，在工程图中常用的有下列几种。

- 实心闭合（即箭头）。
- 倾斜（即细 45°斜线）。
- 建筑标记（中粗 45°斜线）。
- 小圆点。

“引线”下拉列表框：用于设置引线标注时引线箭头的样式。

“箭头大小”文本框：用于设置箭头的大小。例如箭头的长度、45°斜线的长度、圆点的大小，按制图标准应设成 3 ~4 mm。

（2）“圆心标记”选项组

该选项组用于确定圆或圆弧的圆心标记样式。

“标记”“直线”和“无”单选钮：用于设置圆心标记的类型。

“大小”下拉列表框：用于设置圆心标记的大小。

（3）“弧长符号”选项组

在“弧长符号”选项组中，可以设置弧长符号显示的位置，包括“标注文字的前缀”“标注文字的上方”和“无”3 种方式，分别如图 10-15 所示。

（4）“半径标注折弯”选项组

在“折弯角度”文本框中，可以设置在标注圆弧半径时，标注线的折弯角度大小。

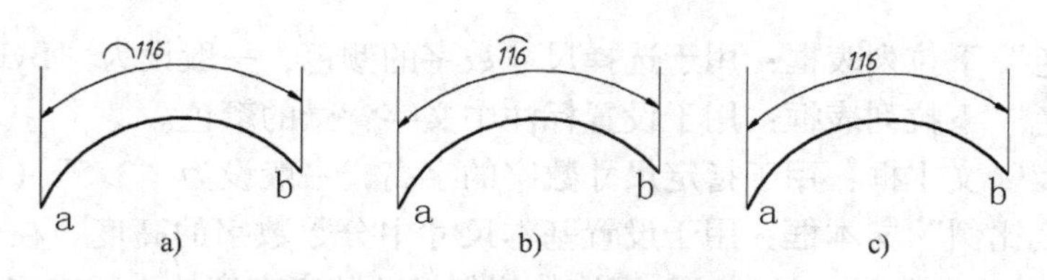

图 10-15　弧长符号的位置设置示例

a）标注文字的前缀　b）标注文字的上方　c）无

10.2.4 “文字”选项卡设置

“文字”选项卡用于设置尺寸文字的外观、位置以及对齐方式等，如图 10-16 所示。选项卡中各选项功能如下。

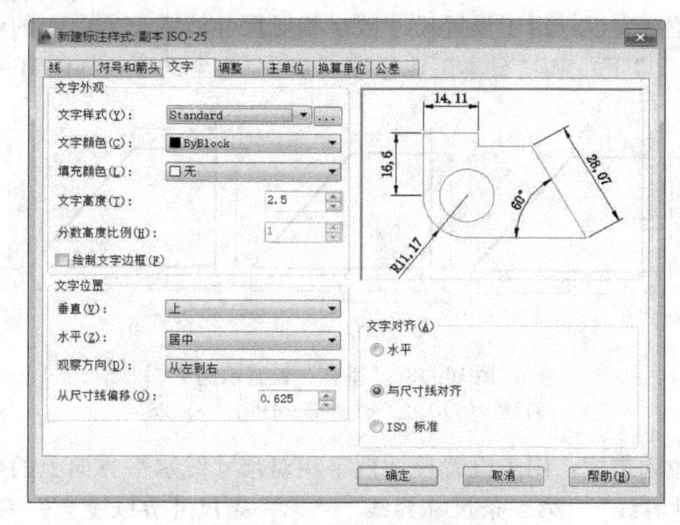

图 10-16　“文字”选项卡

(1)“文字外观”选项组

该选项组用于设置尺寸文字的样式、颜色、大小等。

- “文字样式”下拉列表框：用于选择尺寸数字的样式，也可以单击右侧的“浏览”按钮[...]，从打开的“文字样式”对话框中选择样式或设置新样本，如图 10-17 所示。

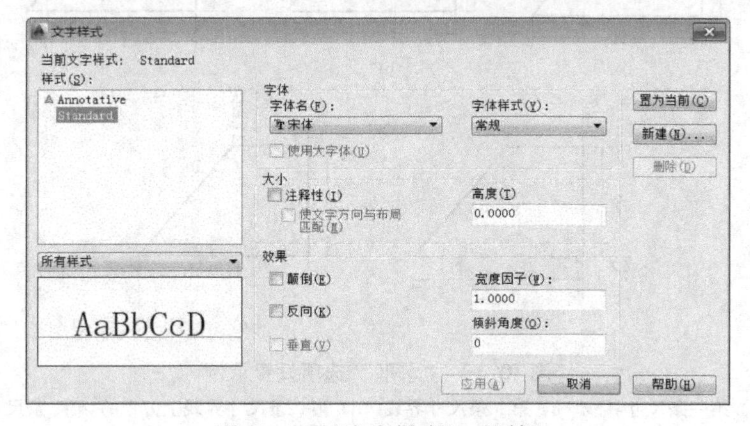

图 10-17　“文字样式”对话框

- “文字颜色”下拉列表框：用于选择尺寸数字的颜色，一般设为“ByLayer（随层）”。
- “填充颜色”下拉列表框：用于设置标注中文字背景的颜色。
- “文字高度”文本框：用于指定尺寸数字的字高，一般设为“3.5”（单位为 mm）。
- “分数高度比例”文本框：用于设置基本尺寸中分数数字的高度。在分数高度比例文本框中输入一个数值，AutoCAD 用该数值与尺寸数字高度的乘积来指定基本尺寸中分数数值的高度。
- “绘制文字边框”复选框：用于给尺寸数字绘制边框。例如：尺寸数字“30”注写为“30”的形式。

(2)“文字位置”选项组

该选项组用于设置尺寸文字的位置。

- “垂直”下拉列表框：用于设置尺寸数字相对尺寸线垂直方向上的位置。有“居中”“上”“外部”“下”和“日本工业标准（JIS）”5 个选项，如图 10-18 所示。

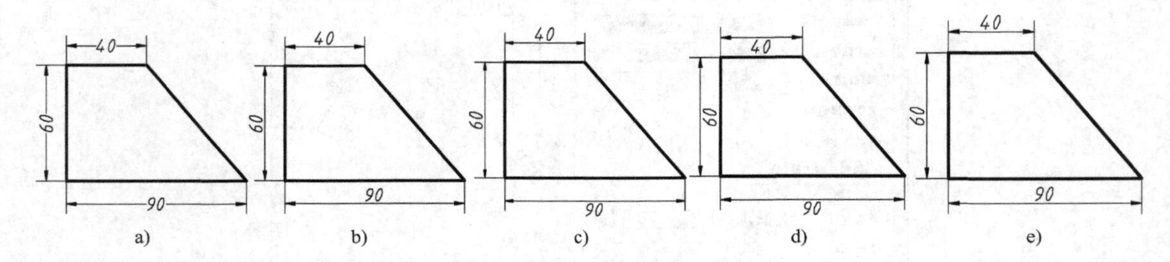

图 10-18 “垂直”设置示例

a）居中 b）上 c）外部 d）下 e）JIS

- “水平”下拉列表框：用于设置尺寸数字相对尺寸线水平方向上的位置。有“居中”“第一条尺寸界线”“第二条尺寸界线”“第一条尺寸界线上方”和“第二条尺寸界线上方”5 个选项，如图 10-19 所示。

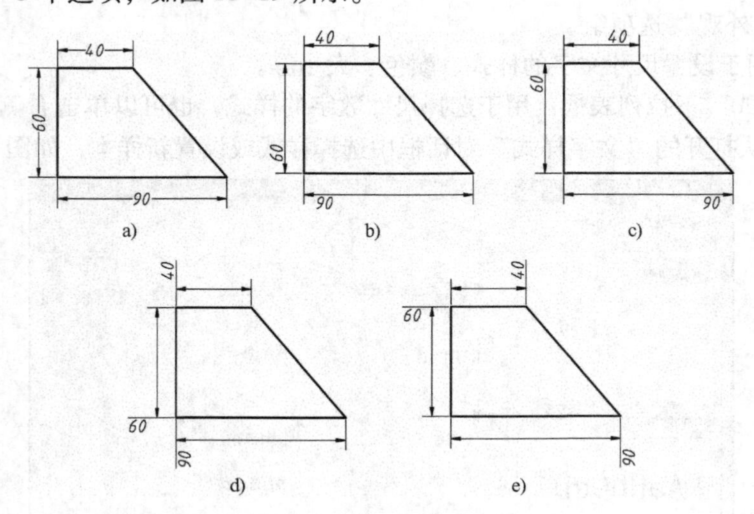

图 10-19 “水平”选项设置示例

a）居中 b）第一条尺寸界线 c）第二条尺寸界线 d）第一条尺寸界线上方 e）第二条尺寸界线上方

- “观察方向”下拉列表框：用于设置文字的观察方向。
- “从尺寸线偏移”文本框：用于设置尺寸数字与尺寸线之间的距离。

（3）“文字对齐”选项组

该选项组用于设置标注文字的书写方向。

- “水平”单选按钮：用于确定尺寸数字是否始终沿水平方向放置，如图 10-20a 所示。
- “与尺寸线对齐”单选按钮：用于确定尺寸数字是否与尺寸线始终平行放置，如图 10-20b 所示。
- “ISO 标准”单选按钮：用于确定尺寸数字是否按 ISO 标准设置。尺寸数字在尺寸界线以内与尺寸线方向平行放置；尺寸数字在尺寸界线以外时则水平放置。

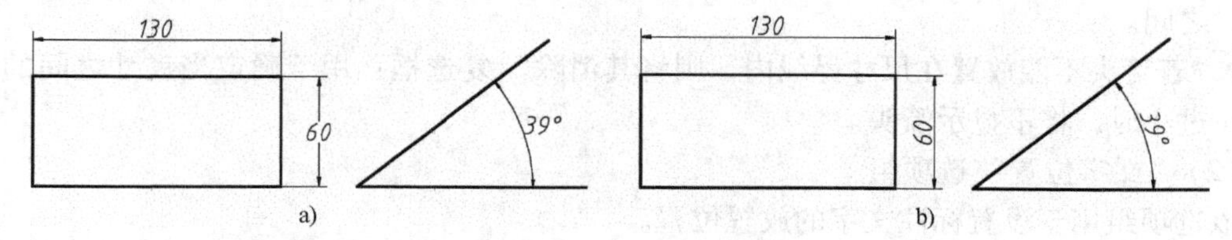

图 10-20　文字对齐示例

a）“水平”选项示例　b）“与尺寸线对齐”选项示例

10.2.5　“调整”选项卡设置

“调整”选项卡用于设置尺寸数字、尺寸线和尺寸箭头的相互位置，如图 10-21 所示。选项卡中各选项功能如下。

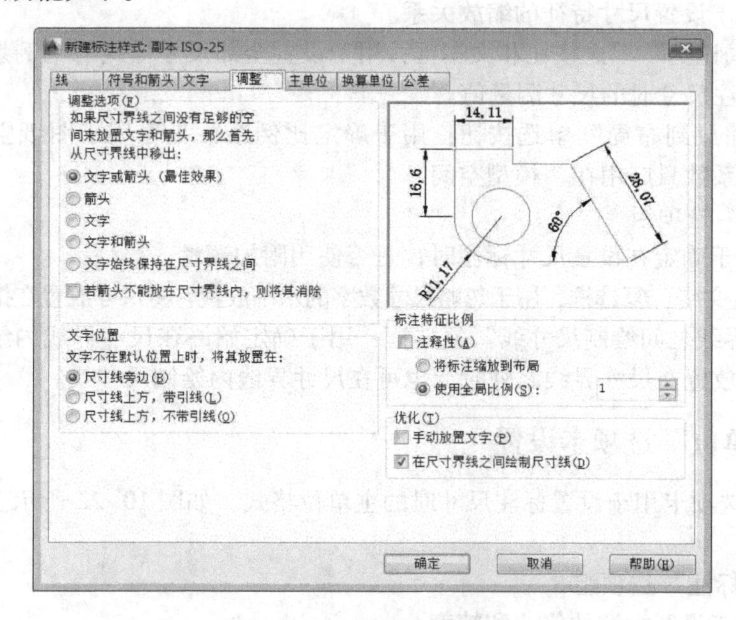

图 10-21　“调整”选项卡

（1）“调整选项”选项组

该选项组用于设置尺寸数字和箭头的位置。

- “文字或箭头（最佳效果）”单选按钮：用于系统自动移出尺寸数字和箭头，使其达到最佳的标注效果。
- “箭头”单选按钮：用于确定当尺寸界线之间的空间过小时，移出箭头，将其绘制在尺寸界线之外。
- “文字”单选按钮：用于确定当尺寸界线之间的空间过小时，移出文字，将其放置在尺寸界线外侧。
- “文字和箭头”单选按钮：用于确定当尺寸界线之间的空间过小时，移出文字与箭头，将其绘制在尺寸界线外侧。
- “文字始终保持在尺寸界线之间”单选按钮：用于确定将文字始终放置在尺寸界线之间。
- “若箭头不能放置在尺寸界线内，则将其消除”复选框：用于确定当尺寸之间的空间过小时，将不显示箭头。

（2）“文字位置”选项组

该选项组用于设置标注文字的放置位置。

- “尺寸线旁边”单选按钮：用于确定将尺寸数字放在尺寸线旁边。
- “尺寸线上方，带引线”单选按钮：用于当尺寸数字不在默认位置时，若尺寸数字与箭头都不足以放到尺寸界线内，可移动鼠标自动绘出一条引线标注尺寸数字。
- “尺寸线上方，不带引线”单选按钮：用于当尺寸数字不在默认位置时，若尺寸数字与箭头都不足以放到尺寸界线内，按引线模式标注尺寸数字，但不画出引线。

（3）“标注特征比例”选项组

该选项组用于设置尺寸特征的缩放关系。

- “使用全局比例”单选按钮和文本框：用于设置全部尺寸样式的比例系数。该比例不会改变标注尺寸时的尺寸测量值。
- “将标注缩放到布局”单选按钮：用于确定比例系数是否用于图纸空间。默认状态下，比例系数只应用在“模型空间”。

（4）“优化”选项组

该选项组用于确定在设置尺寸标注时，是否使用附加调整。

- “手动放置文字”复选框：用于忽略尺寸数字的水平放置，将尺寸放置在指定的位置上。
- “在尺寸界线之间绘制尺寸线”复选框：用于确定始终在尺寸界线内绘制尺寸线。当尺寸箭头放置在尺寸界线之外时，也可在尺寸界线内绘制尺寸线。

10.2.6 “主单位”选项卡设置

“主单位”选项卡用于设置标注尺寸时的主单位格式，如图 10-22 所示。选项卡中的各项功能如下。

（1）“线性标注”选项组

该选项组用于设置标注的格式和精度。

- “单位格式”下拉列表框：用于设置线型尺寸标注的单位，默认为“小数”。
- “精度”下拉列表框：用于设置线性标注尺寸的精度，即保留小数点后的位数。
- “分数格式”下拉列表框：用于确定分数形式标注尺寸时的标注格式。

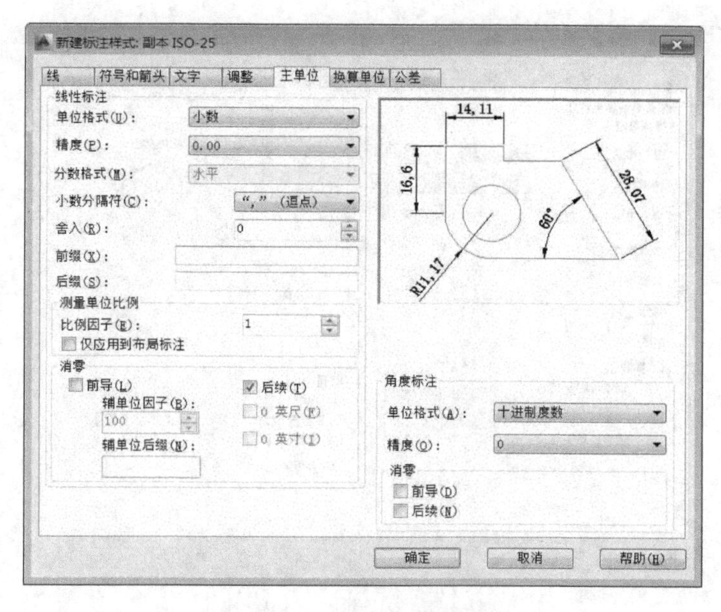

图 10-22 “主单位”选项卡

- “小数分隔符”下拉列表框：用于确定小数形式标注尺寸时的分隔符形式。包括“小圆点”“逗号”和“空格”3 个选项。
- “舍入”文本框：用于设置测量尺寸的舍入值。
- “前缀”文本框：用于设置尺寸数字的前缀。
- “后缀”文本框：用于设置尺寸数字的后缀。
- “比例因子”文本框：用于设置尺寸测量值的比例。
- “仅应用到布局标注”复选框：用于确定是否把现行比例系数仅应用到布局标注。
- “前导”复选框：用于确定尺寸小数点前面的零是否显示。
- “后续”复选框：用于确定尺寸小数点后面的零是否显示。

(2)“角度标注”选项组

该选项组用于设置角度标注时的标注形式、精度等。

- “单位格式”下拉列表框：用于设置角度标注的尺寸单位。
- “精度”下拉列表框：用于设置角度标注尺寸的精度，即保留小数点后的位数。
- “前导”和“后续”复选框：用于确定角度标注尺寸小数点前、后的零是否显示。

10.2.7 “换算单位”选项卡设置

“换算单位”选项卡用于设置线性标注和角度标注换算单位的格式，如图 10-23 所示。选项卡中各选项功能如下。

(1)“显示换算单位”复选框

该复选框用于确定是否显示换算单位。

(2)“换算单位”选项组

该选项组用于显示换算单位时，确定换算单位的单位格式、精度、换算单位倍数、舍入精度及前缀、后缀等。

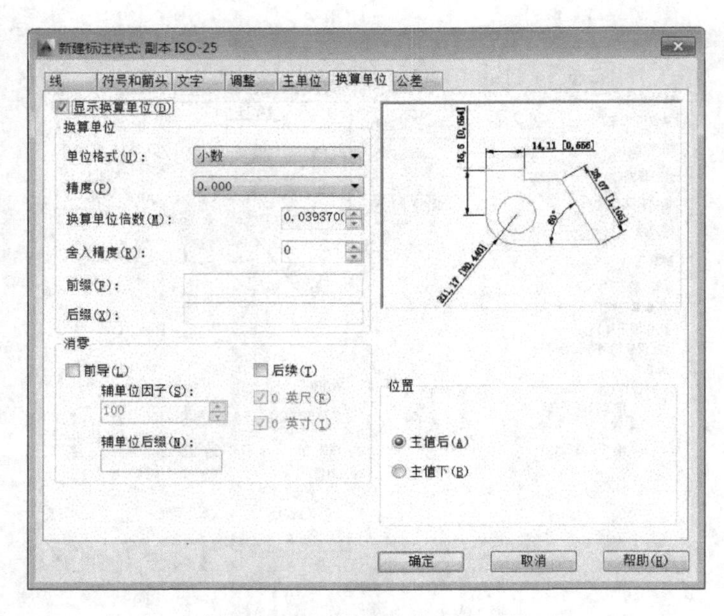

图 10-23 “换算单位”选项卡

(3)“消零”选项组

该选项组用于确定是否有消除换算单位的前导或后续零。

(4)“位置”选项组

该选项组用于确定换算单位的放置位置，包括“主值后”“主值下”两个单选按钮。

10.2.8 “公差”选项卡设置

“公差”选项卡用于设置尺寸公差样式、公差值的高度及位置，如图 10-24 所示。选项卡中各选项的功能如下。

图 10-24 “公差”选项卡

（1）“公差格式”选项组

该选项组用于设置公差标注格式。

- “方式”下拉列表框：用于设置公差标注方式。通过下拉列表可以选择“无”“对称”“极限偏差”“极限尺寸”“基本尺寸”等，其标注形式如图 10-25 所示。

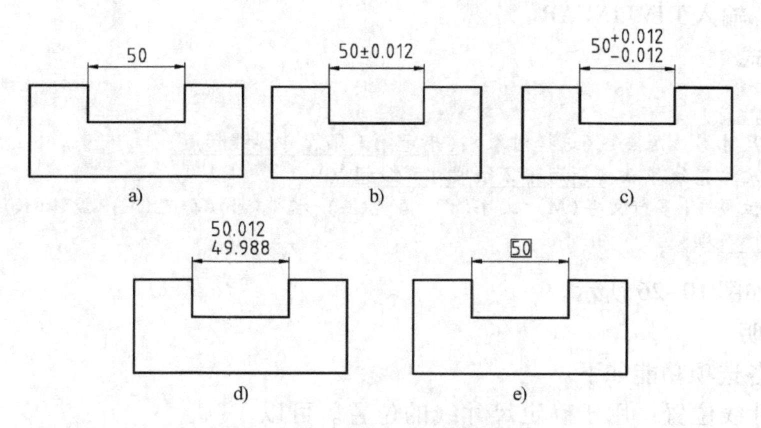

图 10-25　公差标注格式示例

a）无　b）对称　c）极限偏差　d）极限尺寸　e）基本尺寸

- “精度”下拉列表框：用于设置公差值的精度。
- “上偏差”/“下偏差”文本框：用于设置尺寸的上、下偏差值。
- “高度比例”文本框：用于设置公差数字的高度比例。
- “垂直位置”下拉列表框：用于设置公差数字相对基本尺寸的位置，可以通过下拉列表框进行选择。

“顶”：公差数字与基本尺寸数字的顶部对齐。

“中”：公差数字与基本尺寸数字的中部对齐。

“下”：公差数字与基本尺寸数字的下部对齐。

（2）“消零”选项组

- “前导”/“后续”复选框：用于确定是否消除公差值的前导和后续零。

（3）“换算单位公差”选项组

该选项组用于设置换算单位的公差样式。在选择了“公差格式”选项组中的“方式”下拉列表框时，可以使用该选项。

- “精度”下拉列表框：用于设置换算单位的公差值精度。

10.3　标注尺寸

本节介绍各种类型尺寸的标注方法，其中包括长度、半径、直径、角度和圆心等。

10.3.1　标注线性尺寸

水平、垂直、旋转尺寸的标注。

1. 输入命令

可以执行以下命令   。

- 工具栏：单击“标注”工具栏“线性标注”按钮。
- 菜单栏：选择“标注”→“线性”命令。
- 命令行：输入 DIMLINEAR。

2. 操作格式

命令:(输入命令)
指定第一条尺寸界线原点或〈选择对象〉:(指定第 1 条尺寸界线起点)
指定第二条尺寸界线原点:(指定第 2 条尺寸界线起点)
指定尺寸线位置或[多行文字(M)/文字(T)/角度(A)/水平(H)/垂直(V)/旋转(R)]:(指定尺寸线的位置或选择选项)

标注结果如图 10-26 所示。

3. 选项说明

命令中的各选项功能如下。

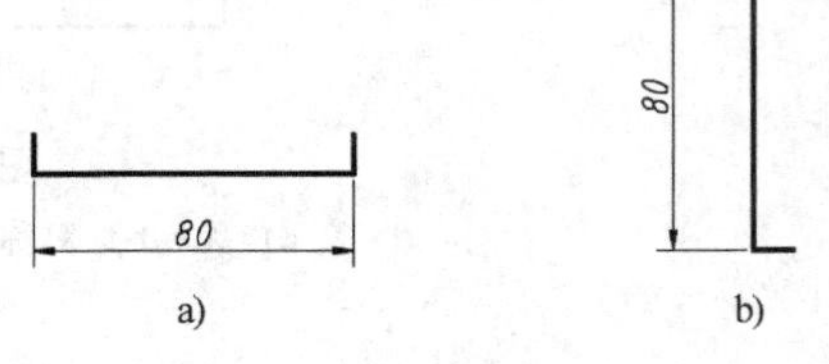

图 10-26 标注线型尺寸示例
a）水平标注 b）垂直标注

- 指定尺寸线位置：用于确定尺寸线的位置。可以通过移动光标来指定尺寸线的位置，确定位置后，则按自动测量的长度标注尺寸。
- 多行文字（M）：用于使用“多行文字编辑器”编辑尺寸数字。
- 文字（T）：用于使用单行文字方式标注尺寸数字。
- 角度（A）：用于设置尺寸数字的旋转角度。
- 水平（H）：用于尺寸线水平标注。
- 垂直（V）：用于尺寸线垂直标注。
- 旋转（R）：用于尺寸线旋转标注。

10.3.2 标注对齐尺寸

标注倾斜方向的尺寸，如图 10-27 所示。

1. 输入命令

可以执行以下命令   。

- 工具栏：单击“标注”工具栏“对齐标注”按钮。
- 菜单栏：选择“标注”→“对齐”命令。
- 命令行：输入 DIMALIGNED。

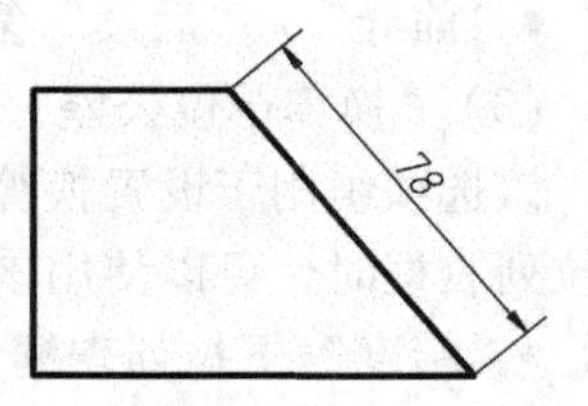

图 10-27 标注对齐尺寸示例

2. 操作格式

命令:(输入命令)
指定第 1 条尺寸界线原点或〈选择对象〉:(指定第 1 条尺寸界线起点)
指定第 2 条尺寸界线原点:(指定第 2 条尺寸界线起点)
指定尺寸线位置或[多行文字(M)/文字(T)/角度(A)]:(指定尺寸线位置或选择选项)

以上各选项含义与线性标注选项含义类同。

10.3.3 标注弧长尺寸

标注弧长尺寸，如图 10-28 所示。

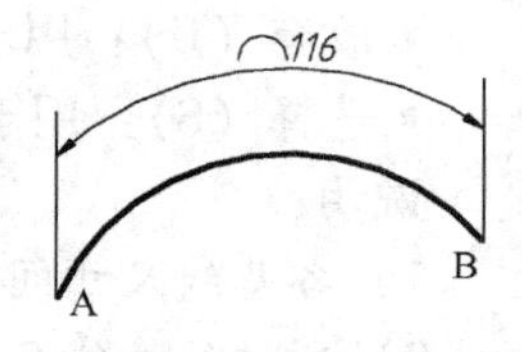

图 10-28 弧长标注示例

1. 输入命令

可以执行以下命令。

- 工具栏：单击“标注”工具栏“弧长标准”按钮。
- 菜单栏：选择“标注”→“弧长”命令。
- 命令行：输入 DIMARC。

2. 操作格式

命令：(输入命令)
选择弧线段或多线段弧线段：(选取弧线段)
指定弧长标注位置或[多行文字(M)文字(T)角度(A)部分(P)引线(L)]：(拖动鼠标牵引位置，单击结束命令)

10.3.4 标注基线尺寸

基线标注可以把已存在的一个线性尺寸的尺寸界线作为基线，来引出多条尺寸线。下面以图 10-29 为例介绍此命令。

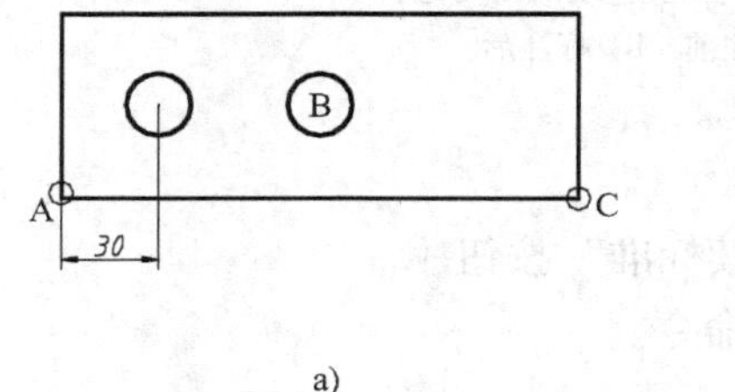

a)

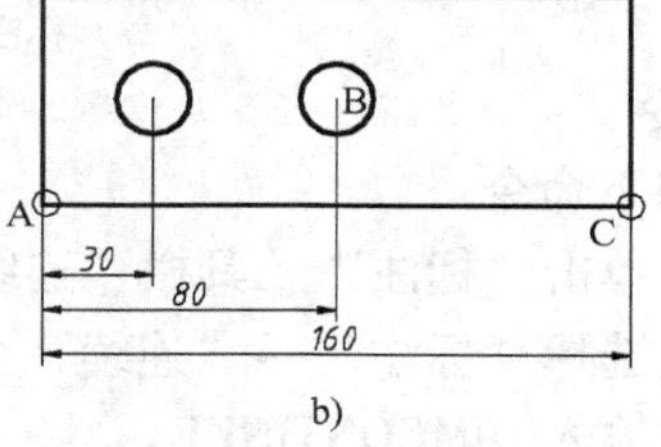

b)

图 10-29 基线尺寸标注示例

a）标注前 b）标注后

1. 输入命令

可以执行以下命令。

- 工具栏：单击“标注”工具栏“基线标注”按钮。
- 菜单栏：选择“标注”→“基线”命令。
- 命令行：输入 DIMBASELINE。

2. 操作格式

命令：(输入命令)
选择基准标注：(指定已存在的线性尺寸界线为起点，如图 10-29 中的点 A)
指定第二条尺寸界线原点或[放弃(U)/选择(S)]〈选择〉：(指定第 1 个基线尺寸的第 2 条尺寸界线起点 B，创建 80 的尺寸标注)
指定第二条尺寸界线原点或[放弃(U)/选择(S)]〈选择〉：(指定第 2 个基线尺寸的第 2 条尺寸界线起点 C，创建 160 的尺寸标注)
指定第二条尺寸界线原点或[放弃(U)/选择(S)]〈选择〉：(指定第 3 个基线尺寸的第 2 条尺寸界线起点或按〈Enter〉键结束命令)
选择基准标注：(可另选择一个基准尺寸同上操作进行基线尺寸标注或按〈Enter〉键结束命令)

其中各选项含义如下。

- 指定第二条尺寸界线原点：用于确定第一点后，系统进行基线标注，并提示下一次操作命令。
- 放弃（U）：用于取消上一次操作。
- 选择（S）：用于确定另一尺寸界线进行基线标注。

说明：

1）各基线尺寸间的距离是在尺寸样式中预设定的，详见 10.2.2 节内容。

2）所注的基线尺寸数值只能使用 AutoCAD 的已设值，若需变化，则要更改基线设置。

10.3.5 标注连续尺寸

在同一尺寸线水平或垂直方向连续标注尺寸。下面以图 10-30 为例。

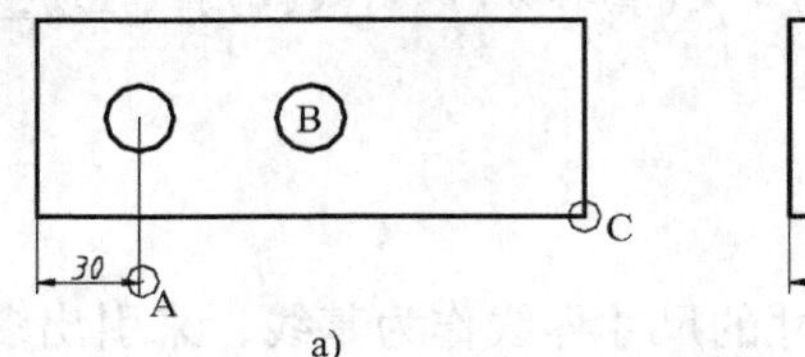

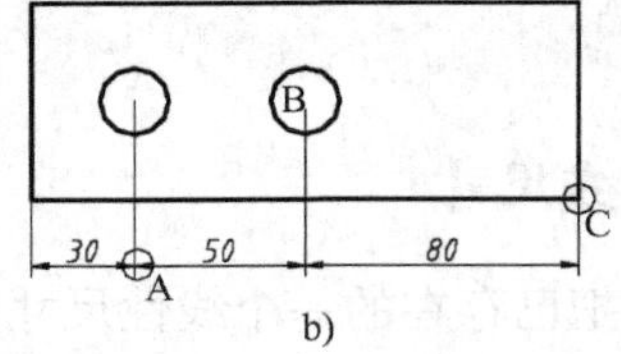

图 10-30 标注连续尺寸示例

a）标注前 b）标注后

1. 输入命令

可以执行以下命令 。

- 工具栏：单击“标注”工具栏“连续标准”按钮。
- 菜单栏：选择“标注”→“连续”命令。
- 命令行：输入 DIMCONTINUE。

2. 操作格式

命令：<u>（输入命令）</u>

选择基准标注：<u>（指定已存在的线性尺寸界线为起点，如图 10-30 所示的点 A）</u>

指定第二条尺寸界线原点或［放弃(U)/选择(S)］〈选择〉：<u>（指定第 1 个连续尺寸的第 2 条尺寸界线起点 B，创建 50 的尺寸标注）</u>

指定第二条尺寸界线原点或［放弃(U)/选择(S)］〈选择〉：<u>（指定第 2 个连续尺寸的第 2 条尺寸界线起点 C，创建 80 的尺寸标注）</u>

指定第二条尺寸界线原点或［放弃(U)/选择(S)］〈选择〉：<u>（指定第 3 个连续尺寸的第 2 条尺寸界线起点或按〈Enter〉键结束命令）</u>

选择基准标注：<u>（可另选择一个基准尺寸同上操作进行连续尺寸标注或按〈Enter〉键结束命令）</u>

其中各选项含义与基准标注中选项含义类同。

10.3.6 标注半径尺寸

标注圆弧的半径尺寸，如图 10-31 所示。

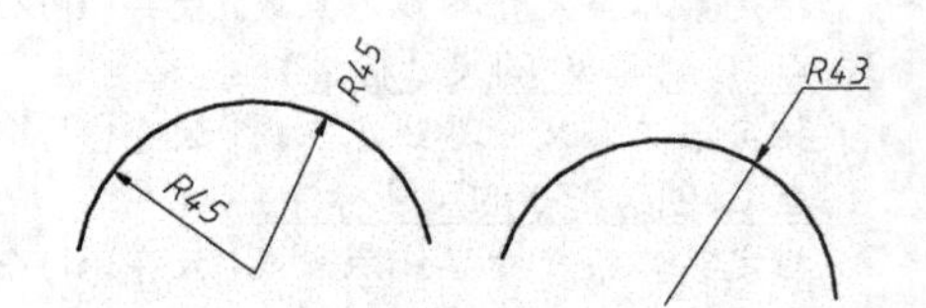

图 10-31 半径尺寸标注的各种类型示例

1. 输入命令

可以执行以下命令 。

- 工具栏：单击“标注”工具栏“半径标注”按钮。
- 菜单栏：选择“标注”→“半径”命令。
- 命令行：输入 DIMRADIUS。

2. 操作格式

```
命令:(输入命令)
选择圆弧或圆:(选取被标注的圆弧或圆)
指定尺寸的位置或[多行文字(M)/文字(T)/角度(A)]:(移动鼠标指定尺寸的位置或选择选项)
```

如果直接指定尺寸的位置，将标出圆或圆弧的半径；如果选择选项，将确定标注的尺寸与其倾斜角度。如果将“圆和圆弧引出”标注样式置为当前样式，可以进行引出标注，如图 10-31 所示。

10.3.7 标注折弯尺寸

对圆或圆弧的半径进行折弯标注，如图 10-32 所示。

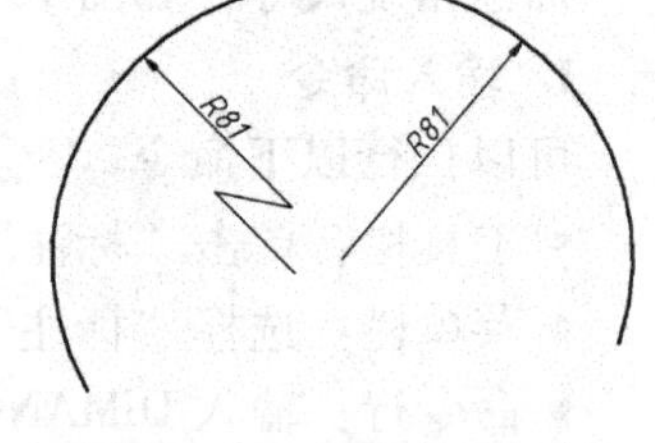

图 10-32 折弯尺寸示例

1. 输入命令

可以执行以下命令。

- 工具栏：单击“标注”工具栏“折弯标准”按钮。
- 菜单栏：选择“标注”→“折弯”命令。
- 命令行：输入 DIMJOGED。

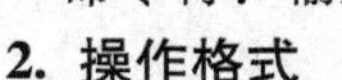

2. 操作格式

```
命令:(输入命令)
选择圆弧或圆:(选择对象)
指定中心位置替代:(指定尺寸线起点位置)
指定尺寸线位置或[多行文字(M)/文字(T)/角度(A)]:(移动鼠标指定位置或选择选项)
指定折弯位置:(移动鼠标指定位置后结束命令)
```

折弯角度可在“新建标注样式”对话框的“符号和箭头”选项卡中设置，默认值为 45°。

10.3.8 标注直径尺寸

标注圆或圆弧的直径尺寸，如图 10-33 所示。

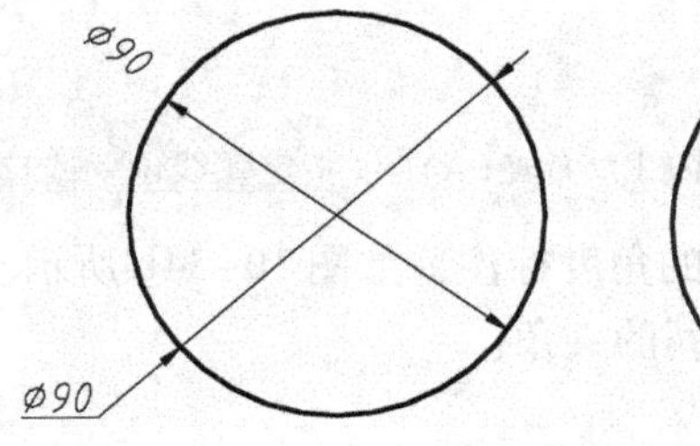

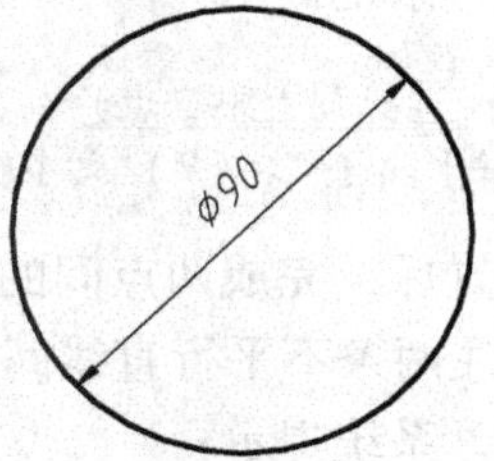

图 10-33 直径尺寸标注的各种类型示例

1. 输入命令

可以执行以下命令。

- 工具栏：单击“标注”工具栏“直径标注”按钮。
- 菜单栏：选择“标注”→“直径”命令。
- 命令行：输入 DIMDIAMETER。

2. 操作格式

```
命令:(输入命令)
选择圆弧或圆:(选择对象)
指定尺寸线的位置或[多行文字(M)/文字(T)/角度(A)]:(指定尺寸线位置或选择选项)
```

如果将“圆和圆弧引出”标注样式置为当前样式，可以进行引出标注，如图 10-33 所示。

10.3.9 标注角度尺寸

标注角度尺寸，如图 10-34 所示。

1. 输入命令

可以执行以下命令 。

- 工具栏：单击“标注”工具栏“角度标注”按钮。
- 菜单栏：选择“标注”→“角度”命令。
- 命令行：输入 DIMANGULAR。

2. 操作格式

```
命令:(输入命令)
选择圆弧、圆、直线或<指定顶点>:(选取对象或指定顶点)
```

3. 选项说明

命令中的各选项功能如下。

- 圆弧：用于标注圆弧的包含角。

选取圆弧上任意一点后，系统提示：

```
指定标注弧线位置或[多行文字(M)/文字(T)/角度(A)]:(拖动尺寸线指定弧线位置或选择选项)
```

若直接指定尺寸线位置，将按测定尺寸数字完成角度尺寸标注，如图 10-34a 所示。若通过选项设定角度标注，则各选项含义与线性尺寸标注方式的同类选项相同。

- 圆：用于标注圆上某段弧的包含角。

选取圆的某点后，系统提示：

```
指定角的第二端点:(选择圆上第二点)
指定标注弧线位置或[多行文字(M)/文字(T)/角度(A)]:(指定弧线位置或选择选项)
```

指定尺寸线的位置后，完成两点间的角度标注，如图 10-34b 所示。

- 直线：用于标注两条不平行直线间的夹角。

选取一条直线后，系统提示：

```
选择第二条直线:(选取第二条直线)
指定标注弧线位置或[多行文字(M)/文字(T)/角度(A)]:(指定弧线位置或选择选项)
```

指定尺寸线的位置后，完成两直线间的角度标注，如图 10-35a 所示。

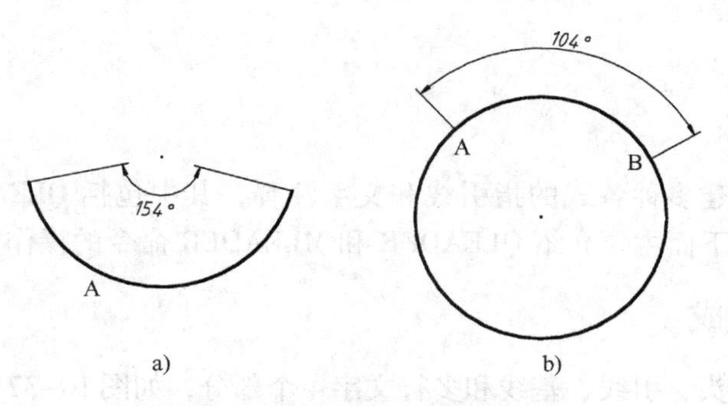

图 10-34　圆弧和圆的角度标注示例

● 顶点：用于三点方式标注角度。

命令:(输入命令)
选择圆弧、圆、直线或〈指定顶点〉:(直接按〈Enter〉键)
指定角顶点:(指定角度顶点)
指定角的第一个端点:(指定第一条边端点)
指定角的第二个端点:(指定第二条边端点)
指定标注弧线位置或[多行文字(M)/文字(T)/角度(A)]:(指定弧线位置或选择选项)

若直接指定尺寸线位置，将按测定尺寸数字完成三点间的角度标注，如图 10-35b 所示。

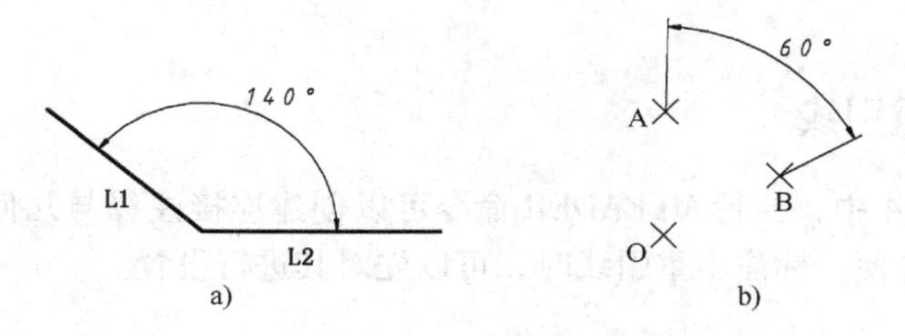

图 10-35　两直线和三点的角度标注示例

10.3.10　标注圆心标记

创建圆心的中间标记或中心线，如图 10-36 所示。

1. 输入命令

可以执行以下命令　　。

● 工具栏：单击“标注”工具栏“圆心标记”按钮⊙。

● 菜单栏：选择“标注”→“圆心标记”命令。

● 命令行：输入 DIMCENTER。

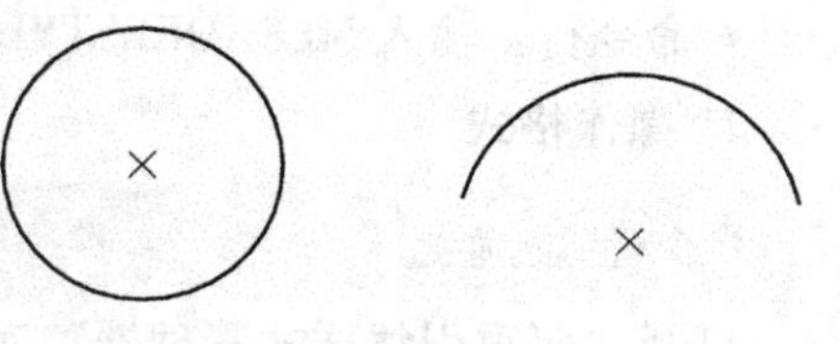

图 10-36　创建圆心标记示例

2. 操作格式

命令:(输入命令)
选择圆弧或圆:(选择对象)

执行结果与“尺寸标注样式管理器”的“圆心标记”选项设置一致。

10.4 标注引线

引线标注用于创建多种各式的指引线和文字注释，其中包括 QLEADER，MLEADER 和 LEADER 执行命令，下面主要介绍 QLEADER 和 MLEADER 命令的操作方法。

10.4.1 引线的组成

引线一般包含箭头、引线、基线和多行文字 4 个部分，如图 10-37 所示。箭头指向目标位置；多行文字为目标的内容说明；引线和基线为箭头和文字的相关联系部分。

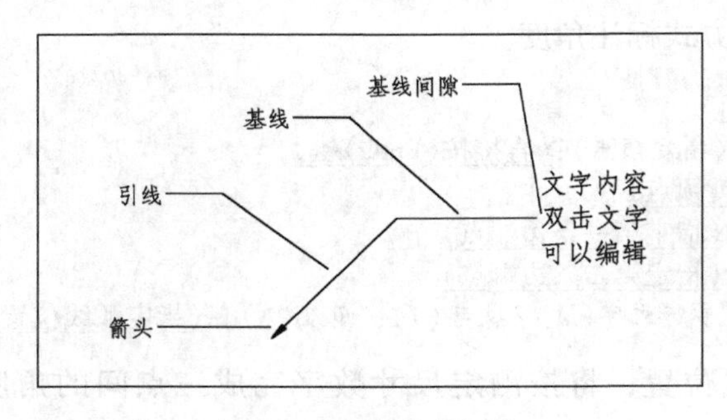

图 10-37　引线的组成

10.4.2 设置多重引线

在 AutoCAD 2014 中，执行 MLEADER 命令可以创建连接注释与几何特征的引线，其功能更强大，使用更方便。标注多重引线时，可以先对其进行设置。

1. 输入命令

可以执行以下命令　　。

● 工具栏：单击“多重引线样式”按钮，如图 10-38 所示。

● 菜单栏：选择“格式”→“多重引线样式”命令。

● 命令行：输入 MLEADERSTYLE。

图 10-38　“多重引线样式”按钮

2. 操作格式

命令:(输入命令)

打开“多重引线样式管理器”对话框，如图 10-39a 所示。

单击“新建”按钮，打开“创建新多重引线样式”对话框，如图 10-39b 所示。

在“新样式名”文本框中输入样式名，单击“继续”按钮，打开“修改多重引线样式”对话框，如图 10-40 所示。

“修改多重引线样式”对话框包括“引线格式”“引线结构”和“内容”3 个选项卡，其各选项功能如下。

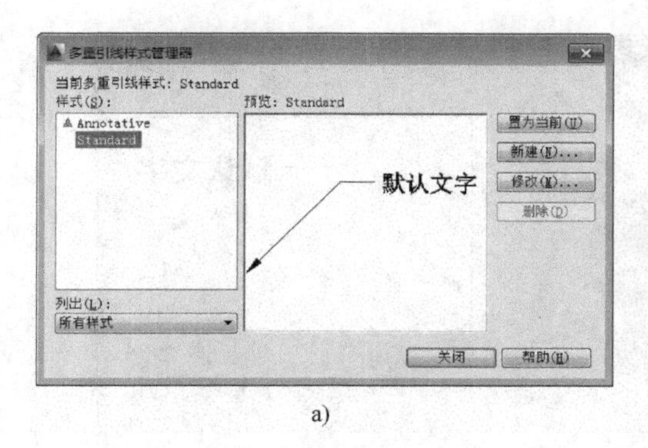

a)

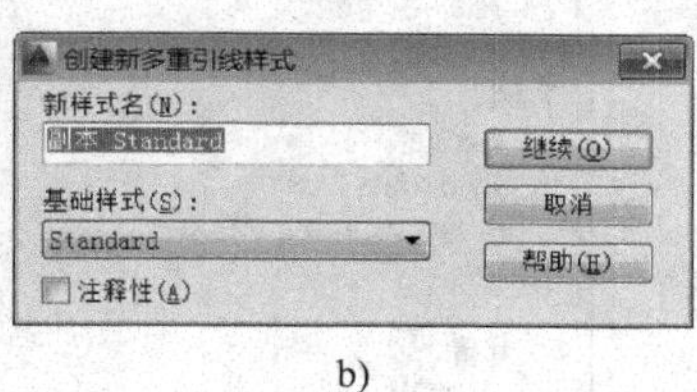

b)

图 10-39　多重引线对话框

a)“多重引线样式管理器”对话框　b)创建新多重引线样式”对话框

(1)“引线格式”选项卡

“引线格式”选项卡如图 10-40 所示。

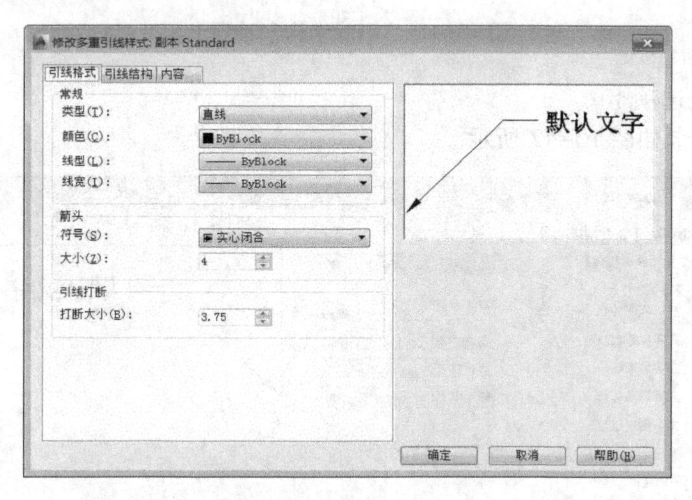

图 10-40　“修改多重引线样式”对话框

- “常规”选项组：主要用来确定基线的“类型”“颜色”“线型”和“线宽”，基线类型可以选择直线、样条曲线或无基线。
- “箭头”选项组：用来指定多重引线的箭头符号和尺寸，也可选择无箭头。
- “引线打断”选项组：用来控制多重引线时使用打断标注（见 10.7.5 节）时的设置。“打断大小”用来指定多重引线与其他线段断开的间隙。

(2)“引线结构”选项卡

“引线结构”选项卡如图 10-41 所示。

- “约束”选项组：包括 3 个复选框。

“最大引线点数”复选框：用于指定多重引线基线点的最大数目。

“第一段角度”和“第二段角度”复选框：用于指定基线中第一点和第二点的角度。

- “基线设置”选项组：用于自动保持水平基线，并可以设置基线固定长度。
- “比例”选项组：用于设置多重引线的缩放比例。

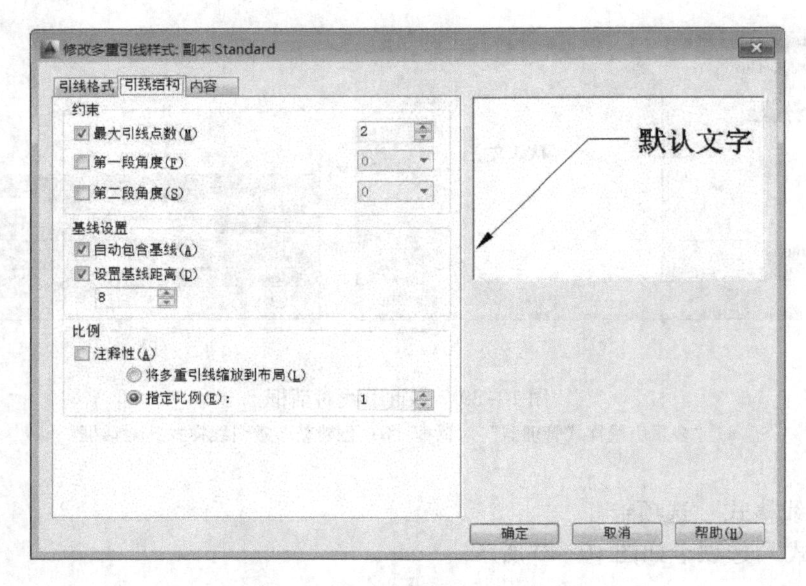

图 10-41 “引线结构”选项卡

(3)“内容”选项卡

“内容”选项卡如图 10-42 所示。

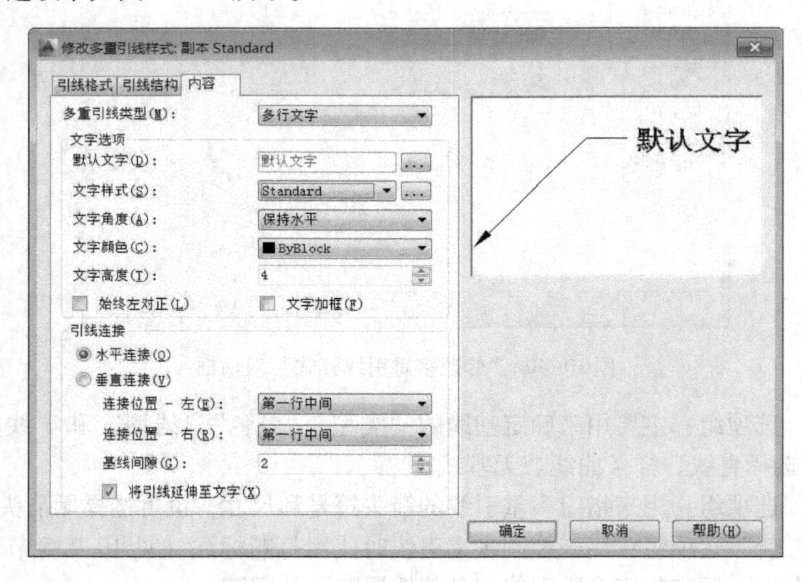

图 10-42 “内容”选项卡

- “多重引线类型”下拉列表框：用于选择引线的类型，包括“多行文字”“块”“无”3 种。
- “文字选项”选项组：用于设置文字的样式、角度、颜色、字高、字框和默认字块。
- “引线连接”选项组：用于设置基线与文字的附着位置。“基线间隙”文本框，用于指定基线和文字间的距离。

10.4.3 标注多重引线

MLEADER 命令用于创建连接注释与几何特征的引线。

1. 输入命令

可以执行以下命令　　。

- 工具栏：单击“多重引线”按钮。
- 菜单栏：选择“标注”→“多重引线”命令。
- 命令行：输入 MLEADER。

2. 操作格式

命令:<u>(输入命令)</u>
指定引线箭头的位置或［引线基线优先(L)/内容优先(C)/选项(O)］ <引线基线优先>:<u>(输入字母“O”)</u>
输入选项［引线类型(L)/引线基线(A)/内容类型(C)/最大节点数(M)/第一个角度(F)/第二个角度(S)/退出选项(X)］ <退出选项>:<u>(选择选项或按〈Enter〉键)</u>
指定引线箭头的位置或［引线基线优先(L)/内容优先(C)/选项(O)］ <选项>:<u>(单击鼠标在绘图区指定引线箭头的位置)</u>
指定引线基线的位置:<u>(单击,在绘图区指定引线基线的位置)</u>

在基线处显示“文字输入编辑器”来编辑引线注释，如图 10-43 所示。

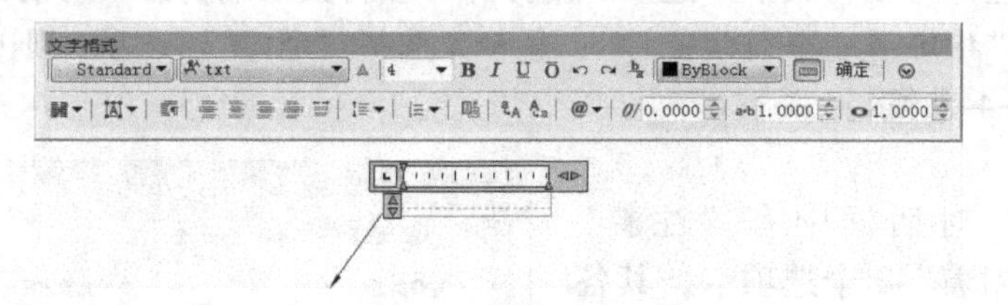

图 10-43 “多重引线”标注示例

输入注释后，单击“确定”按钮结束命令。

3. 选项说明

命令中的各选项功能如下。

- 指定引线箭头的位置：用于首先指定一个点来确定引线箭头位置。
- 引线基线优先（U）：用于首先指定一个点来确定引线基线位置。
- 内容优先（C）：用于首先指定一个点来确定文字注释位置。
- 选项（O）：用于指定对多重引线对象设置的选项。
- 引线类型（L）：用于选择要使用的引线类型。系统提示：“输入选项［类型(T)/基线(L)］:”，其中“类型”可以选择直线、样条曲线或无引线；“基线”用于更改水平基线的距离和选择是否使用基线。
- 内容类型（C）：用于指定要使用的内容类型。系统提示：“输入内容类型［块(B)//无(N)］:”其中“块”可以指定图形中的块用于文字注释；“无”用来确定无注释内容。
- 最大节点数（M）：用于指定新引线中的最大节点数。
- 第一个角度（F）：用于约束新引线中的第一个角度。

● 第二个角度（S）：用于约束新引线中的第二个角度。

● 退出选项（X）：用于退出选项，返回到第一个命令提示。退出选项后，必须输入“X”，才能返回命令。

10.4.4　快速标注引线

QLEADER 命令可以快速创建引线和注释文字。其功能包括：指定引线注释和注释格式，设置多行文字注释的位置，指定引线点的数目，限定第一段和第二段引线的角度等。

1. 输入命令

命令行：输入 QLEADER。

2. 操作格式

```
命令:(输入命令)
指定第一个引线点或[设置(S)]〈设置〉:(指定指引线的起点箭头位置)
指定下一点:(指定引线另一点)
指定下一点:(指定引线另一点)
指定文字宽度〈0〉:(输入文字宽度)
输入注释文字的第一行〈多行文字(M)〉:(输入文字)
```

如果输入 M 选择“多行文字”选项，则打开“多行文字编辑器”对话框，输入文字。

如果在提示“指定第一个引线点”时输入 S 选择“设置”选项，则打开“引线设置”对话框，如图 10-44 所示。

3. 选项说明

“引线设置”对话框中有“注释”“引线和箭头”“附着”3 个选项卡，其各选项功能如下。

（1）“注释”选项卡

该选项卡用于设置引线标注的注释类型、多行文字选项、确定是否重复使用注释，如图 10-44 所示。

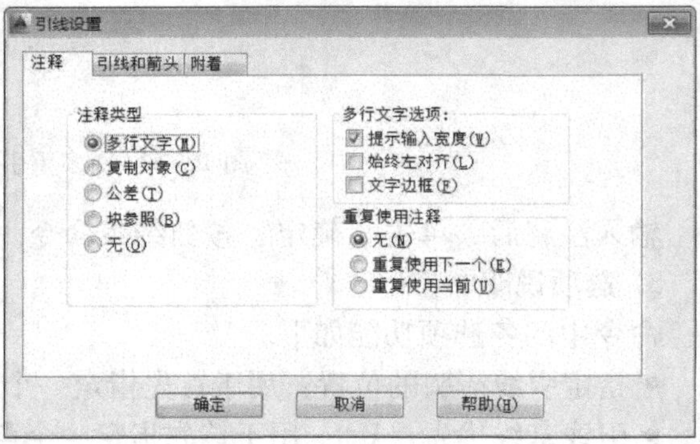

图 10-44　“引线设置”对话框

● “注释类型”选项组中各选项功能如下。

“多行文字”单选按钮：用于打开“多行文字编辑器”来标注注释，结果如图 10-45a 所示。

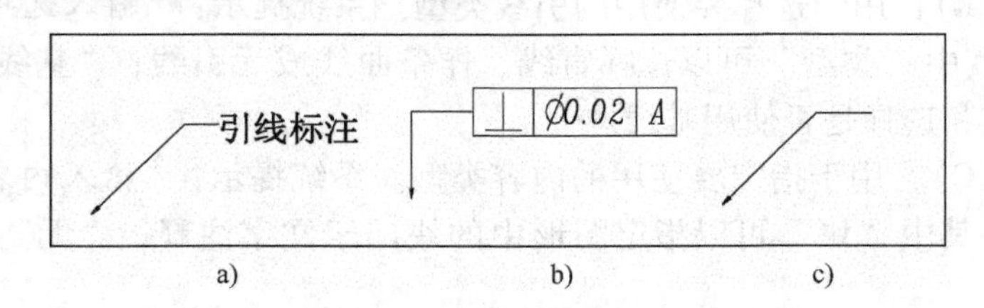

图 10-45　注释选项设置示例

a）多行文字　b）公差　c）无

“复制对象”单选按钮：用于复制多行文字、文字、块参照或公差注释的对象来标注注释。

“公差”单选按钮：用于打开“形位公差”对话框，使用形位公差来标注注释，如图 10-45b 所示。

“块参照”单选按钮：用于将绘制图块来标注注释。

“无”单选按钮：用于绘制引线，没有注释，如图 10-45c 所示。

- “多行文字选项”选项组中各选项功能如下。

“提示输入宽度”复选框：用于输入多行文字注释时，提示输入文字的宽度。

“始终左对齐”复选框：用于输入多行文字注释时左对齐。

“文字边框”复选框：用于输入多行文字注释时加边框。

- “重复使用注释”选项组：可以在“无”“重复使用下一个”“重复使用当前”3 个选项中选择。

（2）“引线和箭头”选项卡

该选项卡用于设置引线和箭头的格式，如图 10-46 所示。

- “引线”选项组：用于确定引线是“直线”还是“样条曲线”，如图 10-47 所示。

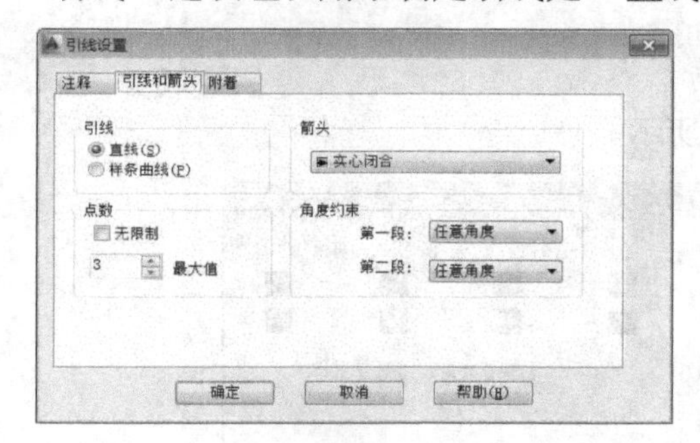

图 10-46 “引线和箭头”选项卡

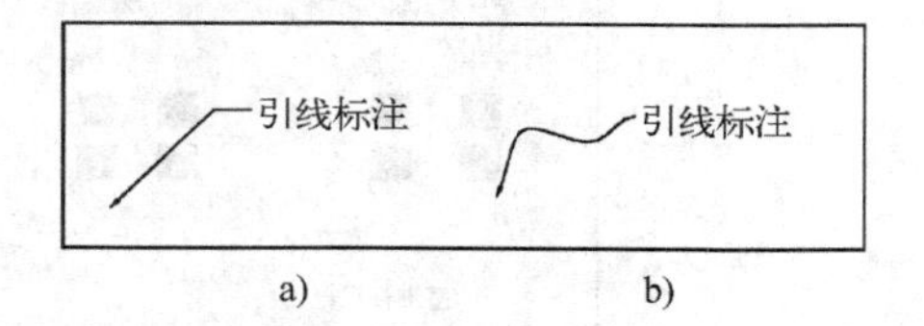

图 10-47 引线和箭头选项示例
a）直线 b）样条曲线

- “点数”选项组：用于确定引线采用几段折线，例如两段折线的点数为 3。
- “箭头”选项组：用于设置引线起点处的箭头样式。
- “角度约束”选项组：用于对第一段和第二段引线设置角度约束。

（3）“附着”选项卡

该选项卡用于设置多行文字注释项与引线终点的位置关系，如图 10-48 所示。

- “文字在左边”：表示注释文字在引线左边。
- “文字在右边”：表示注释文字在引线右边。
- “第一行顶部”：表示文字注释第一行的顶部与引线终点对齐。
- “第一行中间”：表示文字注释第一行

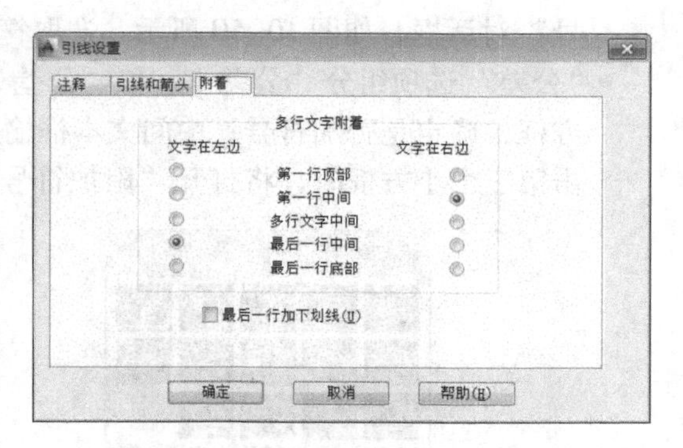

图 10-48 “附着”选项卡

的中间部位与引线终点对齐。

- “多行文字中间”：表示多行文字注释的中间部位与引线终点对齐。
- “最后一行中间”：表示文字注释最后一行的中间部位与引线终点对齐。
- “最后一行底部”：表示文字注释最后一行底部与引线终点对齐。

10.5 标注形位公差

AutoCAD 提供了标注形位公差的功能，可以通过“形位公差”对话框进行设置，然后快速标注。

1. 输入命令

可以执行以下命令 。

- 工具栏：单击“标注”工具栏“公差标准”按钮。
- 菜单栏：选择“标注”→“公差”命令。
- 命令行：输入 TOLERANCE。

2. 操作格式

命令:(输入命令)

打开“形位公差”对话框，如图 10-49 所示。

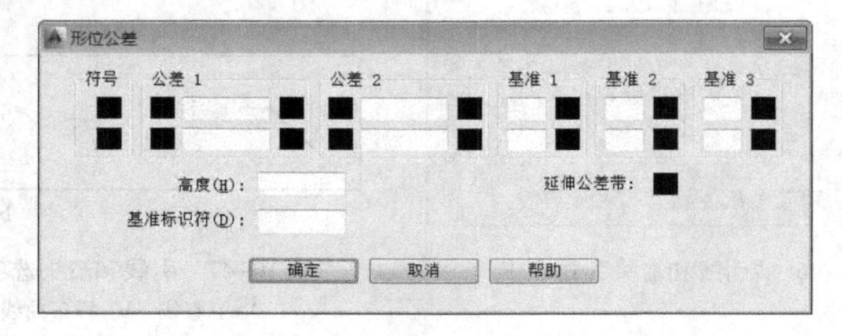

图 10-49 “形位公差”对话框

3. 选项说明

“形位公差”对话框各选项功能说明如下。

- “符号”选项组：用于确定形位公差的符号。单击选项组中小方框，会打开“特征符号”对话框，如图 10-50 所示。选取符号后，返回“形位公差”对话框。
- “公差”选项组分“公差 1”和“公差 2”选项组，各选项组又有 3 部分：第一个小方框，确定是否加符号；中间文本框输入公差值；第三个小方框确定包容条件，当单击第三个小方框时，将打开“附加符号”对话框，如图 10-51 所示，以供选择。

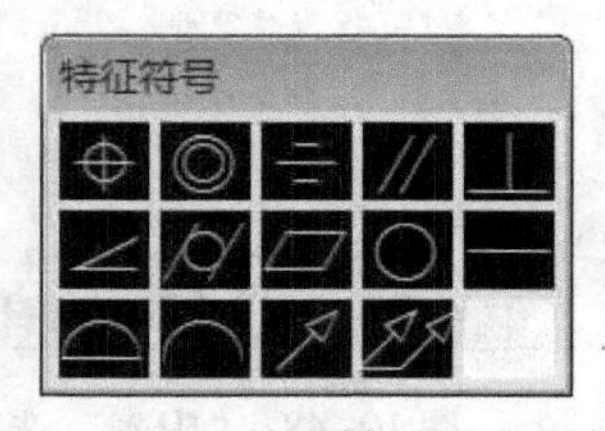

图 10-50 “特征符号”对话框

图 10-51 “附加符号”对话框

- "基准 1/2/3" 选项组：文本框设置基准符号，后面的小方框用于确定包容条件。
- "高度" 文本框：用于设置公差的高度。
- "基准标识符" 文本框：用于设置基准标识符。
- "延伸公差带" 复选框：用于确定是否在公差带后面加上投影公差符号。

设置后，单击"确定"按钮，退出"形位公差"对话框，指定插入公差的位置，即可完成公差标注。

10.6 快速标注尺寸

快速标注尺寸可以在一个命令下进行多个直径、半径、连续、基线和坐标尺寸的标注。

1. 输入命令

可以执行以下命令之一。

- 工具栏：单击"标注"工具栏"快速标注"按钮
- 菜单栏：选择"标注"→"快速标注"命令。
- 命令行：输入 QDIM。

2. 操作格式

```
命令:(输入命令)
选择要标注的几何图形:(选取对象)
指定尺寸位置或[连续(C)/并列(S)/基线(B)/坐标(O)/半径(R)/直径(D)/基准点(P)/编辑(E)]
  〈连续〉:(指定尺寸线位置或选择选项)
```

3. 选项说明

命令中的各选项功能如下。

- 指定尺寸位置：用于确定尺寸线的位置。
- 连续（C）：采用连续方式一次性标注多个所选对象。
- 并列（S）：采用并列方式一次性标注多个所选对象。
- 基线（B）：采用基线方式一次性标注多个所选对象。
- 坐标（O）：采用坐标方式一次性标注多个所选对象。
- 半径（R）：用于对所选的圆和圆弧标注半径。
- 直径（D）：用于对所选的圆和圆弧标注直径。
- 基准点（P）：用于设置坐标标注或基线标注的基准点。
- 编辑（E）：用于对快速标注的尺寸进行编辑。显示以下提示，"指定要删除的标注点或［添加(A)/退出(X)］〈退出〉"，选取要删除或要添加的点，系统自动快速标注尺寸。

10.7 编辑尺寸标注

AutoCAD 2014 提供了对尺寸的编辑功能，可以方便地修改已经标注的尺寸。

10.7.1 编辑（倾斜）标注

用于修改尺寸。

1. 输入命令

可以执行以下命令之一。

- 工具栏：单击“标注”工具栏“倾斜标注”按钮。
- 菜单栏：选择“标注”→“倾斜”命令。
- 命令行：输入 DIMEDIT。

2. 操作格式

```
命令:(输入命令)
输入标注编辑类型[默认(H)/新建(N)/旋转(R)/倾斜(O)]〈默认〉:(输入“O”或选择选项)
选择对象:(选择编辑对象)
```

3. 选项说明

命令中的各选项功能如下。

- 默认（H）：用于将尺寸标注退回到默认位置。

该选项是默认项。选择该选项后，系统提示：

```
选择对象:(选择需退回的尺寸)
选择对象:(继续选择或按〈Enter〉键结束命令)
```

- 新建（N）：用于打开“多行文字编辑器”来修改尺寸文字。

输入 N，打开“多行文字编辑器”对话框，输入新的文字，系统提示：

```
选择对象:(选择需更新的尺寸)
选择对象:(继续选择或按〈Enter〉键结束命令)
```

- 旋转（R）：用于将尺寸数字旋转指定的角度。

输入 R，系统提示：

```
指定标注文字的角度:(输入尺寸数字的旋转角度)
选择对象:(选择需旋转的尺寸)
选择对象:(继续选择或按〈Enter〉键结束命令)
```

- 倾斜（O）：该选项用于指定尺寸界线的旋转角度。

输入 O，系统提示：

```
选择对象:(选择需倾斜的尺寸)
选择对象:(继续选择或按〈Enter〉键结束选择)
输入倾斜角度(按〈Enter〉键表示无):(输入倾斜角)
命令:
```

倾斜标注结果如图 10-52b 所示。

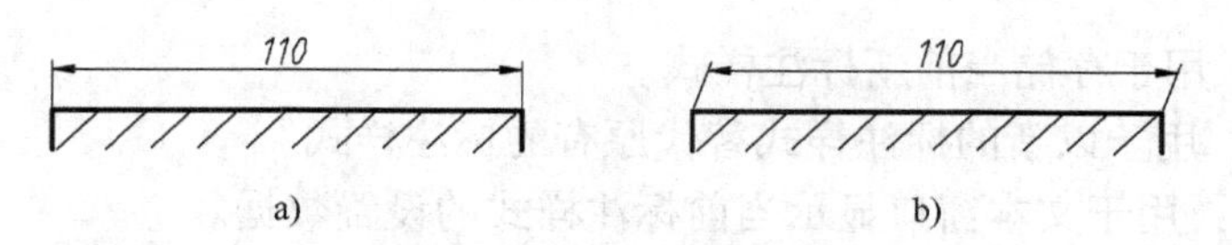

图 10-52　倾斜标注示例

a）倾斜前　b）倾斜后

10.7.2　编辑标注文字

1. 输入命令

可以执行以下命令　　。

- 工具栏：单击“标注”工具栏“对齐文字”按钮。
- 菜单栏：选择“标注”→“对齐文字”命令。
- 命令行：输入 DIMTEDIT。

2. 操作格式

命令:<u>(输入命令)</u>
选择标注:<u>(选择要编辑的标注)</u>
指定标注文字的新位置或[左(L)/右(R)/中心(C)/默认(H)/角度(A)]:<u>(指定位置或选择选项)</u>

3. 选项说明

命令中的各选项功能如下。

- 指定标注文字的新位置：用于指定标注文字的位置。
- 左（L）：用于将尺寸数字沿尺寸线左对齐。
- 右（R）：用于将尺寸数字沿尺寸线右对齐。
- 中心（C）：用于将尺寸数字放在尺寸线中间。
- 默认（H）：用于返回尺寸标注的默认位置。
- 角度（A）：用于将尺寸旋转一个角度。

10.7.3　更新尺寸标注

更新尺寸标注样式使其采用当前的标注样式。该命令必须在修改当前注释样式之后才起作用。

1. 输入命令

可以执行以下命令　　。

- 工具栏：单击“标注”工具栏“更新标注”按钮。
- 菜单栏：选择“标注”→“更新”命令。
- 命令行：输入 DIMSTYLE。

2. 操作格式

命令:<u>(输入命令)</u>
输入标注样式选项[保存(S)/恢复(R)/状态(ST)/变量(V)/应用(A)/?]〈恢复〉:<u>(选择选项)</u>

3. 选项说明

命令中的各选项功能如下。

- 保存（S）：用于存储当前新标注样式。
- 恢复（R）：用于以新的标注样式替代原有的标注样式。
- 状态（ST）：用于文本窗口显示当前标注样式的设置数据。
- 变量（V）：用于选择一个尺寸标注，自动在文本窗口显示有关数据。
- 应用（A）：将所选择的标注样式应用到被选择的标注对象上。

10.7.4 调整标注间距

在 AutoCAD 2014 中，可以自动调整平行的线性标注和角度标注之间的间距，或指定间距。下面以图 10-53 为例，操作方法如下。

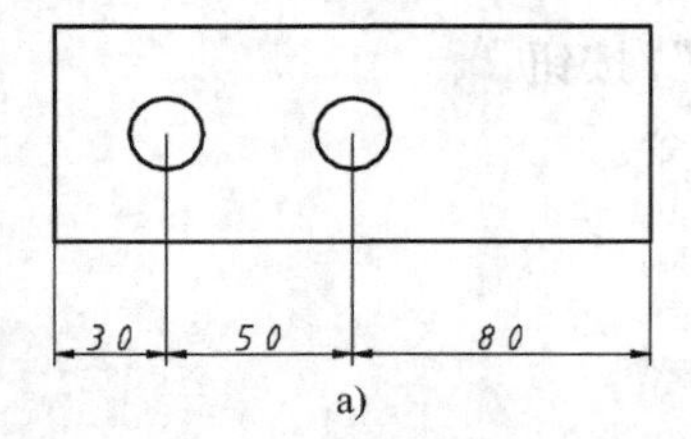

a)

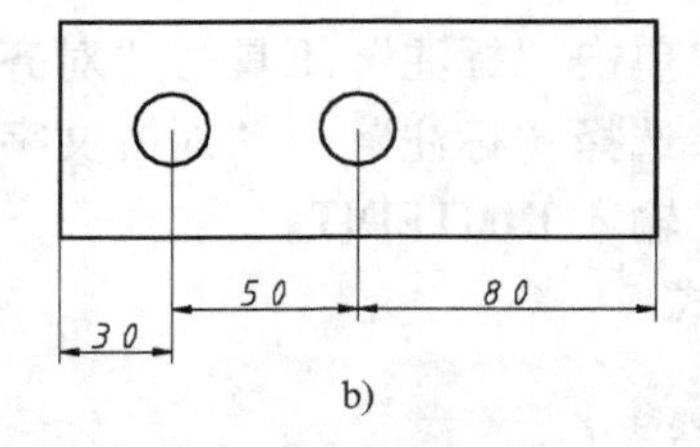

b)

图 10-53 调整标注间距示例
a）调整前 b）调整后

1. 输入命令

可以执行以下命令 。

- 工具栏：单击“标注”工具栏“标注间距”按钮。
- 菜单栏：“标注”→“标注间距”命令。
- 命令行：DIMSPACE。

2. 操作格式

命令：(输入命令)
选择基准标注：(选择基准标注“30”)
选择要产生间距的标注：(选择要产生间距的标注“50”)
选择要产生间距的标注：(选择要产生间距的标注“80”)
选择要产生间距的标注：(按〈Enter〉键)
输入值或 [自动(A)] <自动>：(输入间距值或按〈Enter〉键结束命令)

调整结果如图 10-53b 所示。

10.7.5 打断尺寸标注

在 AutoCAD 2014 中，可以在尺寸线或尺寸界线与其他对象相交的地方打断。下面以图 10-54 为例介绍。

1. 输入命令

可以执行以下命令 。

- 工具栏：单击“标注”工具栏“打断标注”按钮。
- 菜单栏：选择“标注”→“标注打断”命令。
- 命令行：输入 DIMBREAK。

2. 操作格式

命令:(输入命令)
选择标注或[多个(M)]:(选择垂直标注“60”)
选择要打断标注的对象或[自动(A)/恢复(R)/手动(M)] <自动>:(选择直线 L1)
选择要打断标注的对象:(按〈Enter〉键)

命令结束后，打断结果如图 10-54b 左侧所示。也可以选择多尺寸，操作如下。

命令:
选择标注或[多个(M)]:(输入“M”按〈Enter〉键)
选择标注:(选择尺寸“30”)
选择标注:(选择尺寸“50”)
选择标注:(选择尺寸“80”)
选择标注:(按〈Enter〉键)
输入选项 [打断(B)/恢复(R)] <打断>:(按〈Enter〉键结束命令)

命令结束后，打断结果如图 10-54b 下侧所示。

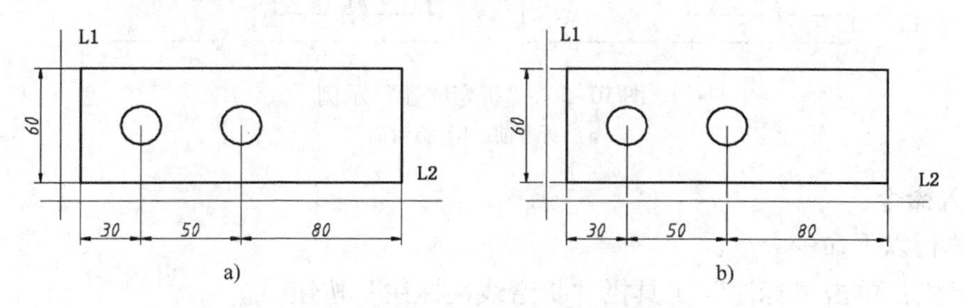

图 10-54 “标注打断”示例
a) 打断前 b) 打断后

10.7.6 创建检验标注

在 AutoCAD 2014 中，可以将检验标注添加到现有的标注对象中。例如，对于机器制造的部件，可以向标注中添加检验标注，指示对该部件的关键标注或公差值进行检查的频率，以确保该部件达到所有的质量保证。操作步骤如下。

1. 输入命令

可以执行以下命令 。

- 工具栏：单击“标注”工具栏“检验”按钮。
- 菜单栏：选择“标注”→“检验”命令。
- 命令行：输入 DIMINSPECT。

2. 操作格式

命令:(输入命令)。

执行命令后，打开“检验标注”对话框，如图 10-55 所示。其中各主要选

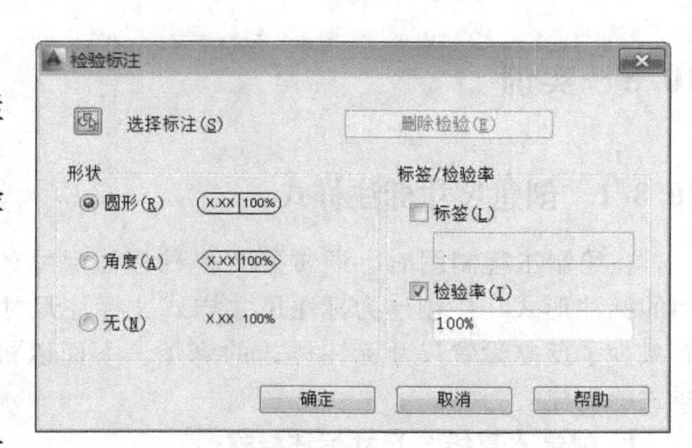

图 10-55 “检验标注”对话框

项的含义如下。

- “选择标注”按钮：用于返回绘图区选择要检验的标注。
- “形状”选项组：可以单击“圆形”单选按钮、“角度”单选按钮和“无”单选按钮来确定形状。
- “标签/检验率”选项组：用于设置标签和检验率。

10.7.7 折弯线性标注

在 AutoCAD 2014 中，可以在线性标注中添加折弯线，来表示实际测量值与尺寸界线之间的长度不同。下面以图 10-56 为例介绍。

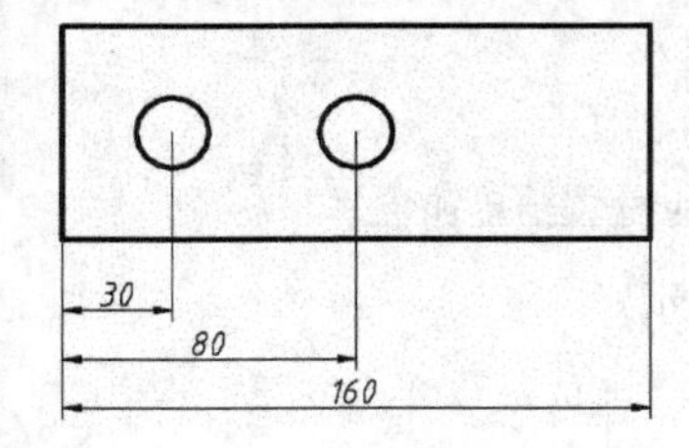

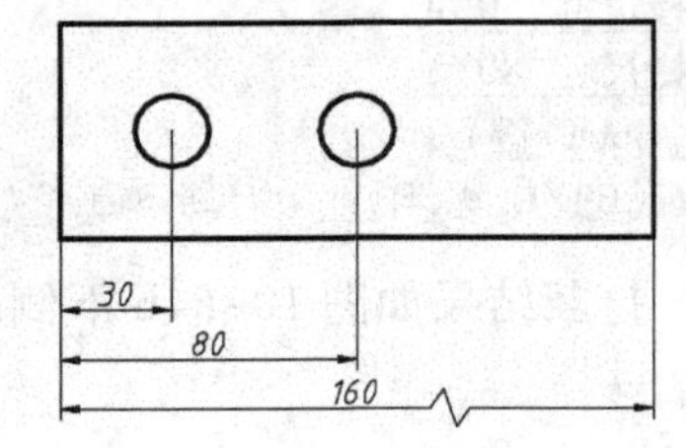

图 10-56 “折弯线性”示例
a）折弯前 b）折弯后

1. 输入命令

可以执行以下命令。

- 工具栏：单击“标注”工具栏“折弯线性标注”按钮。
- 菜单栏：选择“标注”→“折弯线性”命令。
- 命令行：输入 DIMJOGLING。

2. 操作格式

命令：(输入命令)
选择要添加折弯的标注或[删除(R)]：(选择要折弯的标注“160”)
指定折弯位置(或按 ENTER 键)：(选择折弯处)

命令结束，折弯结果如图 10-56b 所示。

10.8 实训

10.8.1 创建尺寸标注样式

在绘制工程制图时，通常要有多种标注尺寸的样式，为了提高绘图速度，就应把常用的标注形式一一创建为标注尺寸样式。标注尺寸时只需要调用尺寸标注样式即可，从而减少了反复设置尺寸标注样式的麻烦。下面以机械制图为例介绍几种常用的尺寸标注样式的创建。

1. 创建“直线”尺寸标注样式

创建“直线”尺寸标注样式，如图 10-57 所示，其操作步骤如下。

（1）创建新标注样式名

1）在“标注”工具栏单击“标注样式”按钮，打开“标注样式管理器”对话框，单击“新建”按钮，打开“创建新标注样式”对话框。

2）在“基础样式”下拉列表框中选择“ISO－25”样式。

3）在“新样式名”文本框中输入“直线”。

4）单击“继续”按钮，打开“新建标注样式”对话框。

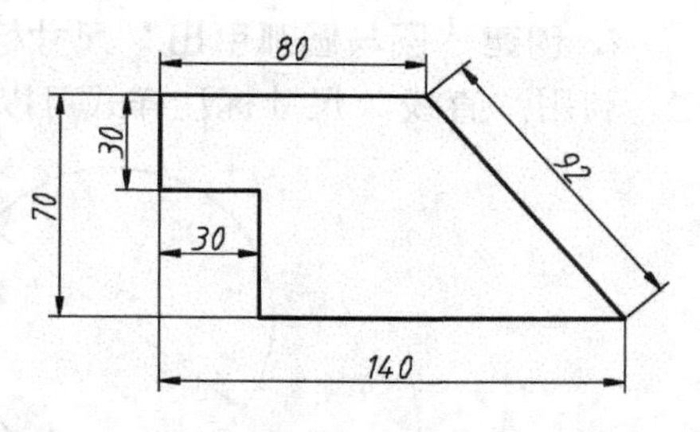

图 10-57 “直线”尺寸标注样式示例

（2）设置“线”选项卡

1）在“尺寸线”选项组设置：“颜色”为“随层”，“线宽”为“随层”，“超出标记”设为“0”，“基线间距”为“7”。

2）在“尺寸界线”选项组设置：“颜色”为“随层”，“线宽”为“随层”，“超出尺寸线”为“2”，“起点偏移量”为“0”。

（3）设置“符号和箭头”选项卡

在“箭头”选项组设置：“第一个”和“第二个”下拉列表框中选择“实心闭合”，“箭头大小”为“4”。

其他选项为默认值。

（4）设置“文字”选项卡

1）在“文字外观”选项组设置：“文字样式”下拉列表框中选择“工程图尺寸”，“文字颜色”为“随层”，“文字高度”设为“3.5”。

2）在“文字位置”选项组设置：“垂直”下拉列表框选择“上”，“水平”下拉列表框中选择“居中”，“从尺寸偏移”文本框中输入“1”。

3）“文字对齐”选项组选择“与尺寸线对齐”。

（5）设置“调整”选项卡

1）在“调整选项”选项组选择“文字或箭头（最佳效果）”。

2）在“文字位置”选项组选择“尺寸线旁边”。

3）在“标注特征比例”选项组中选择“使用全局比例”。

4）在“优化”选项组选择“在尺寸界线之间绘制尺寸线”。

（6）设置“主单位”选项卡

1）在“线性标注”选项组设置：“单位格式”选择“小数”，“精度”下拉列表框中选择“0”。

2）在“角度标注”选项组设置：“单位格式”选择“十进制数”，“精度”下拉列表框选择“0”。

其余选项均为默认值。

（7）完成设置

设置完成后，单击“确定”按钮，返回“标注样式管理器”对话框，并在“样式”列表框中显示“直线”新尺寸标注样式。

2. 创建“圆与圆弧引出”尺寸标注样式

利用“直线”尺寸标注样式可以直接标注圆和圆弧中的直径与半径，如图 10-58 所示。

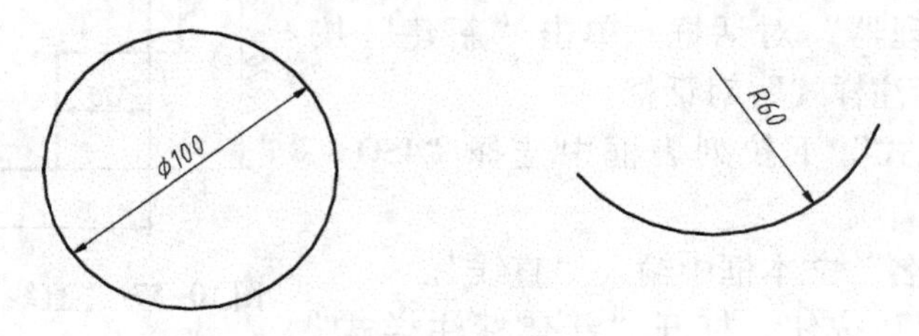

图 10-58 “圆与圆弧”尺寸标注样式示例

若要标注如图 10-59 所示的“圆与圆弧引出”尺寸标注，则应创建“圆与圆弧引出”尺寸标注样式。

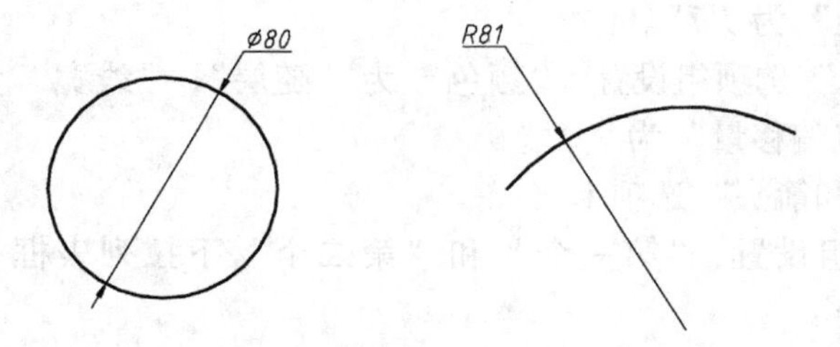

图 10-59 “圆与圆弧引出”标注样式示例

创建“圆与圆弧引出”尺寸标注样式，可在“直线”尺寸标注样式的基础上进行，其操作步骤如下。

1）单击“标注”工具栏“标注样式”按钮，打开“标注样式管理器”对话框。单击该对话框中的“新建”按钮，打开“创建新标注样式”对话框。

2）在“创建新标注样式”对话框中的“基础样式”下拉列表框中选择“直线”尺寸标注样式为基础样式。

3）在“创建新标注样式”对话框中的“新样式名”文本框中输入所要创建的尺寸标注样式的名称“圆与圆弧引出”。

4）单击“创建新标注样式”对话框中的“继续”按钮，打开“新建标注样式”对话框。

5）在“新建标注样式”对话框中只需修改与“直线”尺寸标注样式不同的两处。设置修改如下。

- 选择“文字”选项卡：在“文字对齐”选项组中将“与尺寸线对齐”改为“水平”选项。
- 选择“调整”选项卡：在“优化”选项组选择“手动放置文字”选项。

6）设置完成后，单击“确定”按钮，AutoCAD 保存新创建的“圆及圆弧引出”尺寸标注样式，返回“标注样式管理器”对话框，并在“样式”列表中显示“圆及圆弧引出”尺寸标注样式名称，完成创建。

另外，该样式也可用于角度尺寸的标注。

3. 创建“小尺寸”尺寸标注样式

创建“小尺寸”标注样式，以图 10-60 为例介绍。

“小尺寸”标注样式的创建，可在“直线”尺寸标注样式的基础上进行创建。其操作步骤如下。

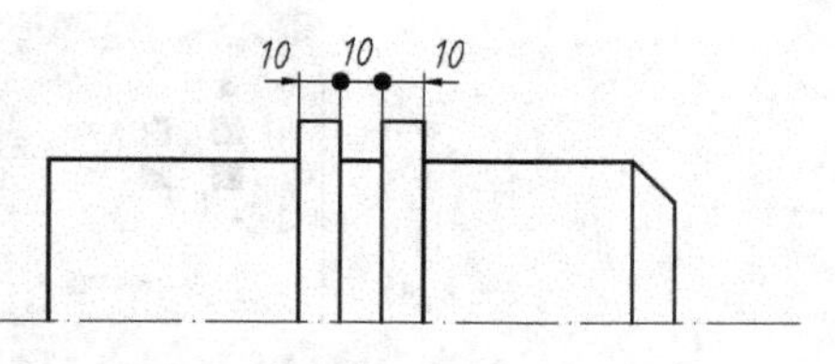

图 10-60 “小尺寸”标注样式示例

1）单击“标注”工具栏“标注样式”按钮，打开“标注样式管理器”对话框。单击该对话框中的“新建”按钮，打开“创建新标注样式”对话框。

2）在“创建新标注样式”对话框的“基础样式”下拉列表框中选择“直线”尺寸标注样式为基础样式。

3）在“创建新标注样式”对话框的“新样式名”文本框中输入所要创建的尺寸标注样式的名称“小尺寸 1”（或“连续小尺寸 2”和“小尺寸 3”）。

4）单击“创建新标注样式”对话框的“继续”按钮，弹出“新建标注样式”对话框。

5）在“新建标注样式”对话框中只需修改与“直线”尺寸标注样式不同的两处。

- 选择“符号和箭头”选项卡：在“箭头”选项组的“第一个”下拉列表中选择“小点”选项（“连续小尺寸 2”还要在“箭头”选项组的“第二个”下拉列表中选择“小点”选项）。
- 选择“调整”选项卡：在“调整选项”选项组选择“文字和箭头”。

6）设置完成后，单击“确定”按钮，AutoCAD 保存新创建的“小尺寸 1”（或“连续小尺寸 2”和“小尺寸 3”）标注样式，返回“标注样式管理器”对话框，并在“样式”列表中显示“小尺寸 1”（或“连续小尺寸 2”和“小尺寸 3”）尺寸标注样式名称，完成创建。“小尺寸”的不同设置应用如图 10-61 所示。

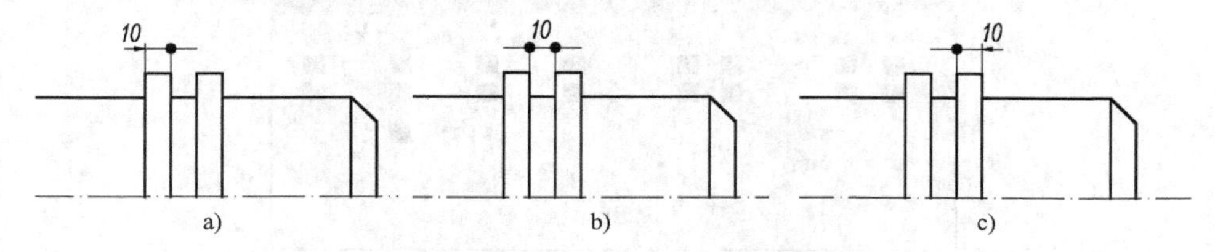

图 10-61 “小尺寸”的不同设置示例

a）小尺寸 1 b）连续小尺寸 2 c）小尺寸 3

10.8.2 标注形位公差

下面以图 10-62 所示为例进行标注形位公差练习。

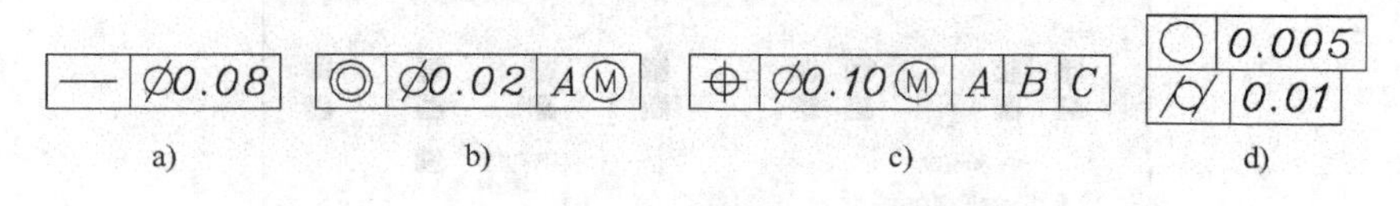

图 10-62 公差标注示例

操作步骤如下。

1）输入命令后，打开“形位公差”对话框，按如图 10-63 所示进行设置，结果如图 10-62a 所示。

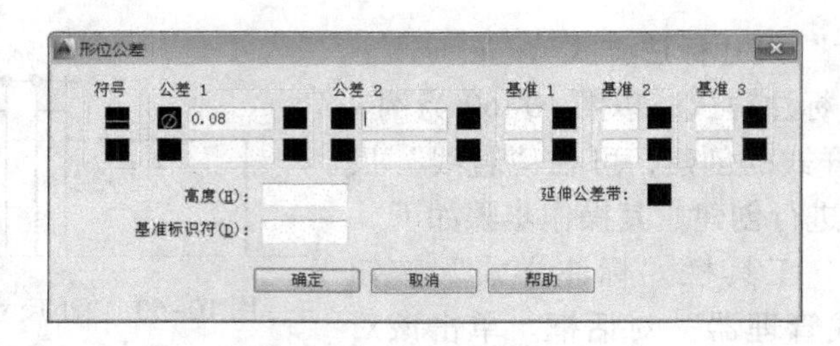

图 10-63 “形位公差”对话框设置示例 1

2）输入命令后，打开“形位公差”对话框，按如图 10-64 所示进行设置，结果如图 10-62b 所示。

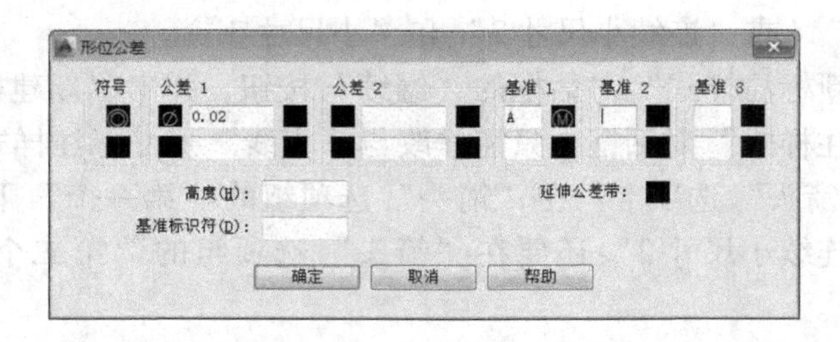

图 10-64 “形位公差”对话框设置示例 2

3）输入命令后，打开“形位公差”对话框，按如图 10-65 所示进行设置，结果如图 10-62c 所示。

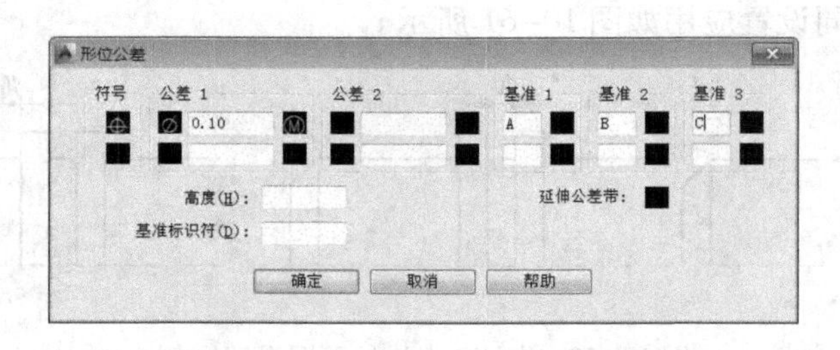

图 10-65 “形位公差”对话框设置示例 3

4）输入命令后，打开“形位公差”对话框，按如图 10-66 所示进行设置，结果如图 10-62d 所示。

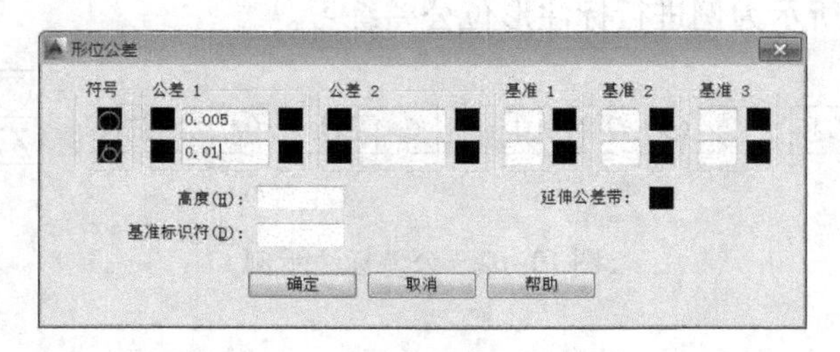

图 10-66 “形位公差”对话框设置示例 4

10.8.3　创建多重指引标注

下面以图 10-67 为例进行多重指引标注练习。

操作步骤如下。

1）在菜单栏选择“格式”→“多重引线样式”命令后，打开“多重引线样式管理器”对话框，如图 10-68 所示。

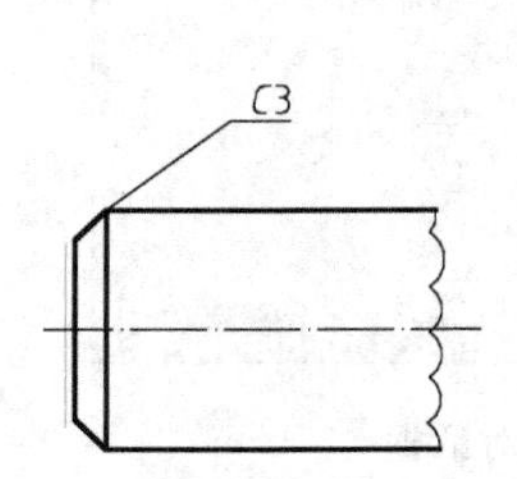

图 10-67　“多重指引”标注示例

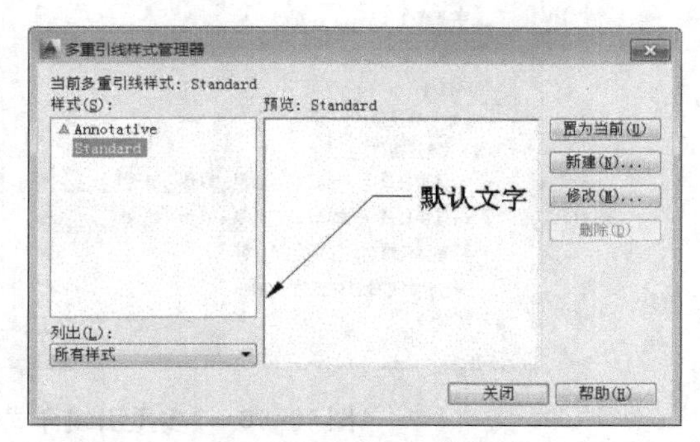

图 10-68　“多重引线样式管理器”对话框

2）单击“新建”按钮，打开“创建新多重引线样式”对话框，在“新样式名”文本框中输入“无箭头指引线”，单击“继续”按钮，打开“修改多重引线样式”对话框，如图 10-69 所示，在“箭头”选项组的“符号”下拉列表框中选择“无”。

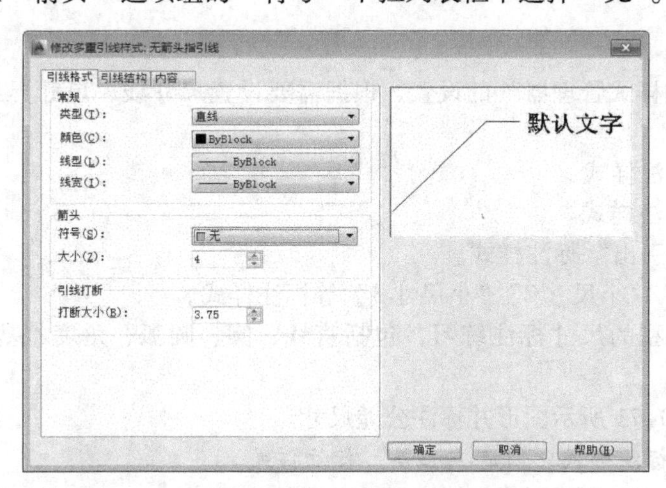

图 10-69　“修改多重引线样式”对话框

3）打开“内容”选项卡，在“引线连接”选项组中：“连接位置 - 左”设置为“第一行加下画线”；“连接位置 - 右”设置为“第一行加下画线”；“基线间隙”文本框输入 0，如图 10-70 所示。单击“确定”按钮，完成“多重引线样式”设置。

4）绘制图形后，选择“标注”→“多重引线”命令。

指定引线箭头的位置或[引线基线优先(L)/内容优先(C)/选项(O)] <选项>:(在绘图区单击,确定指定引线箭头的位置)

指定引线基线的位置:(在绘图区单击,指定引线基线的位置)

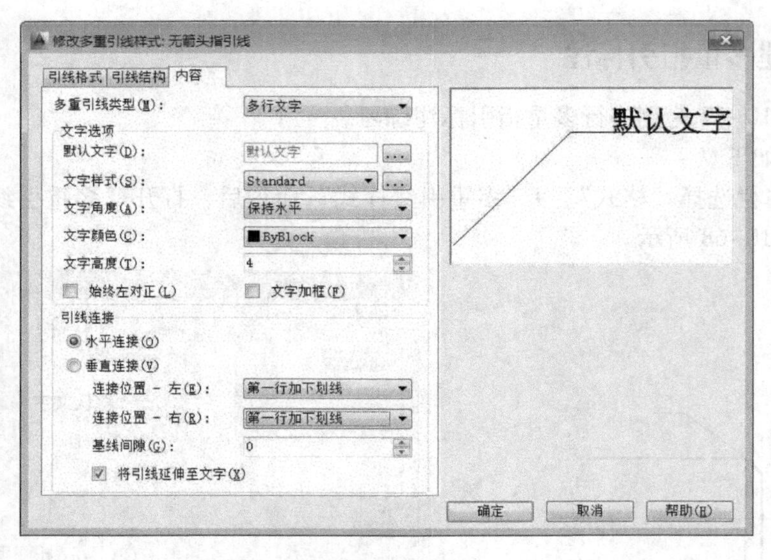

图 10-70 “多重引线样式管理器”对话框

5）在基线处显示“文字输入编辑器”，输入 C3 后，单击“确定”按钮，结束命令。结果如图 10-67 所示。

10.9 习题

1. 掌握“标注样式管理器”的设置，根据需要设置尺寸线、尺寸界线、箭头、尺寸文字等参数。

2. 设置以下标注样式。

1）“直线”标注样式。

2）“圆与圆弧引出”标注样式。

3）“小尺寸 1”“小尺寸 2”“小尺寸 3”等标注样式。

3. 进行各种类型的尺寸标注练习，包括直线、圆、圆弧、角度、基线、连续、公差、形位公差等内容。

4. 绘制如图 10-71 所示图形并标注公差尺寸。

提示：应在新标注样式中创建“公差”标注样式。

5. 绘制如图 10-72 所示图形并标注尺寸和形位公差。

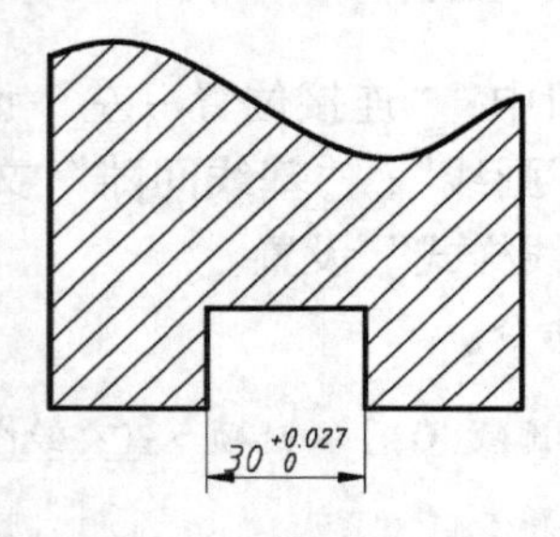

图 10-71 公差尺寸标注示例

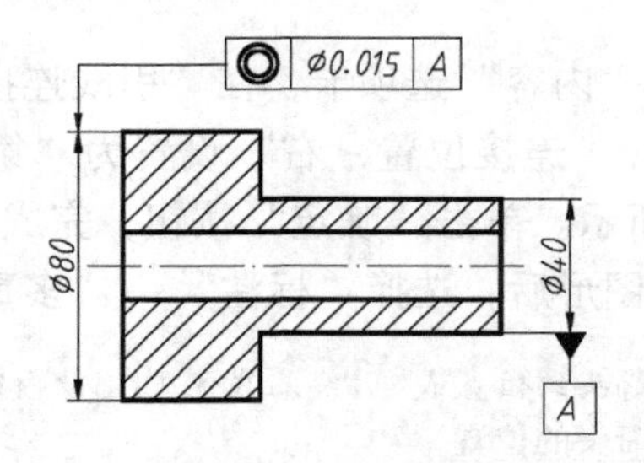

图 10-72 尺寸和形位公差标注示例

提示：使用“公差”命令，对“形位公差”对话框进行设置后再标注。

6. 绘制如图 10-73 所示图形并标注尺寸。

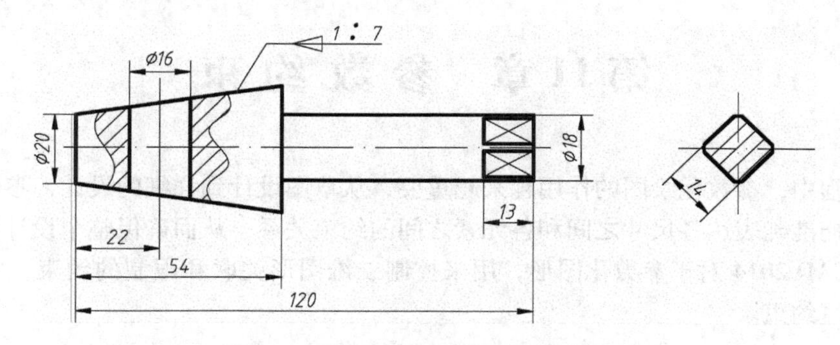

图 10-73　轴类零件尺寸标注练习示例

7. 绘制如图 10-74 所示图形并标注尺寸。

8. 标注配合尺寸公差，如图 10-75 所示。

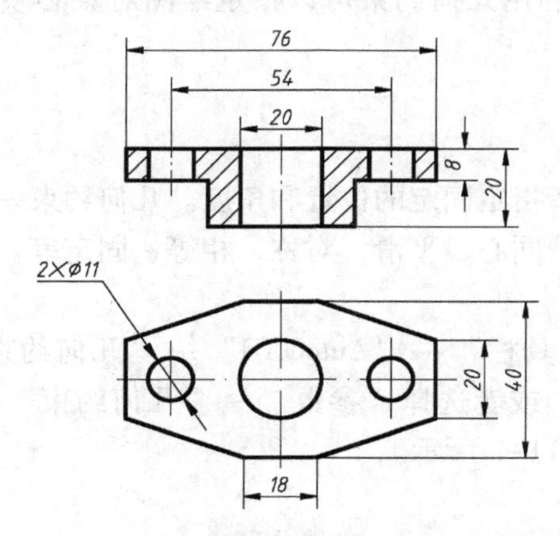

图 10-74　盘类零件尺寸标注练习示例

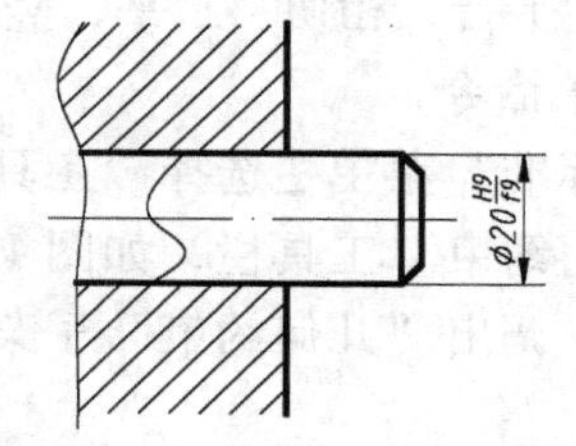

图 10-75　标注配合尺寸练习

第 11 章　参数约束

设计过程中，参数化绘图的作用越来越重要，从草图设计到详细的设计，参数化起到关键作用，它能准确表达各尺寸之间和各元素之间的约束关系，从而确保整个设计符合特定的要求。AutoCAD 2014 对于参数化图形，用来控制二维图形关联和限制的约束，主要包括几何约束和标注约束。

11.1　几何约束

几何约束用来约束图形的位置和形状。利用几何约束可以指定绘图对象必须遵守的条件，或与其他图形对象必须维持的关系。

11.1.1　建立几何约束

几何约束可将几何对象关联在一起，或者指定固定的位置和角度。几何约束一般包括重合、垂直、平行、相切、水平、竖直、共线、同心、平滑、对称、相等、固定等。

1. 输入命令

在“标准”菜单栏选择“工具”→“工具栏”→“AutoCAD”→“几何约束”命令，调出“几何约束”工具栏，如图 11-1 所示；或者选择“参数”→“几何约束”→“子菜单”命令，调出“几何约束”子菜单，如图 11-2 所示。

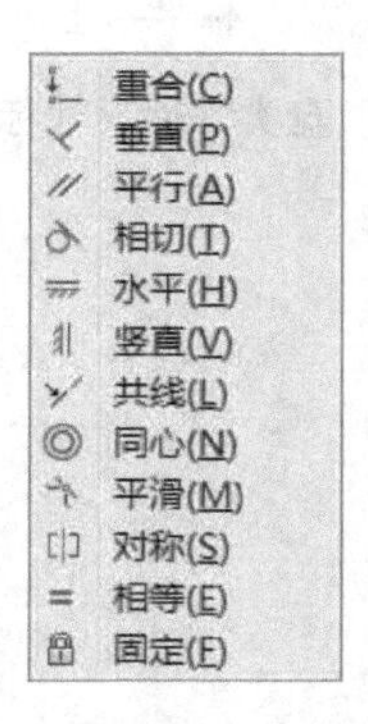

图 11-1　“几何约束”工具栏

图 11-2　“几何约束”子菜单

2. 选项说明

按顺序其各选项功能如下。

- “重合”约束：用于将两个对象上的点重合，可以使对象上的约束与某个对象重合，也可以使其与另一对象上的约束重合。
- “垂直”约束：用于将两直线约束为互相垂直的位置。

- “平行”约束：用于将选定的两直线约束为互相平行的位置。
- “相切”约束：用于将两条曲线约束为相切或其延长线相切。
- “水平”约束：用于使直线与当前坐标系 X 轴处于平行的位置。
- “竖直”约束：用于使直线与当前坐标系 Y 轴处于平行的位置。
- “共线”约束：用于将选择的线段沿同一方向或重合。
- “同心”约束：用于将两个圆弧、圆或椭圆的圆心重合。
- “平滑”约束：用于将样条曲线与其他样条曲线、直线、圆弧或多段线保持连续性。
- “对称”约束：用于使选定的对象受对称约束，相对于对称线（选定直线）对称。
- “相等”约束：用于将选定直线的尺寸重新调整为相同长度，或将选定圆弧和圆的尺寸调整为相同半径。
- “固定”约束：用于固定直线端点、线段中点、圆和圆弧中心点的位置。

3. 操作格式

以图 11-3a 为例，使两直线平行约束。

```
命令:_GcParallel(输入命令)
选择第一个对象:(指定 AB 直线)
选择第二个对象:(靠近 C 端指定 CD 直线)
命令:
```

命令执行结果如图 11-3b 所示。靠近 C 端指定线段，线段绕 C 点旋转与另一直线平行，如果靠近 D 端指定线段，线段绕 D 点旋转与另一直线平行，如图 11-3c 所示。

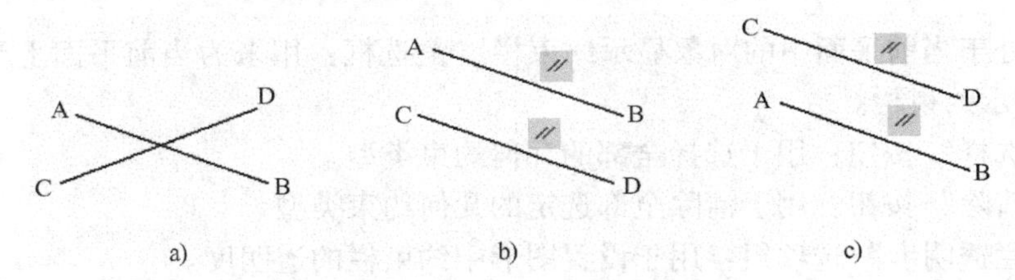

图 11-3 平行几何约束示例
a）原图 b）绕 C 点平行约束 c）绕 D 点平行约束

11.1.2 设置几何约束

AutoCAD 2014 提供的几何约束有十余种类型，可以通过设置来手动或自动将多个几何参数应用于对象，还能够辅助定位不同要求的图形对象。用户可通过“约束设置”对话框对几何约束进行设置。

1. 输入命令

可以执行以下命令 。

- 工具栏：单击“参数化”工具栏“约束设置”按钮 。
- 菜单栏：选择“参数”→“约束设置”命令。
- 命令行：输入 AUTOCONSTRAIN。

输入命令后，打开“约束设置”对话框的“几何”选项卡，如图 11-4 所示。

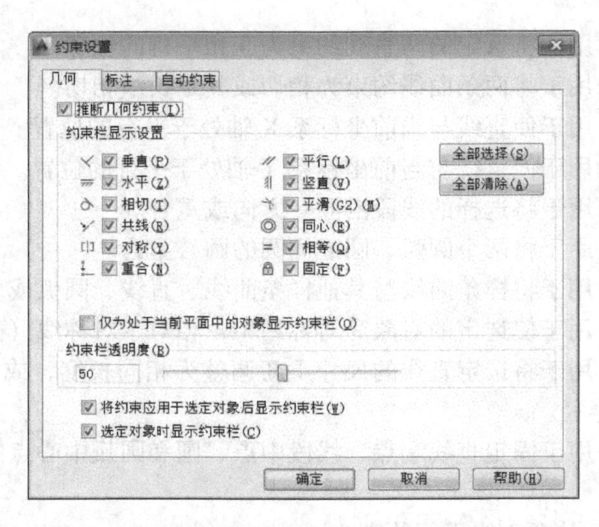

图 11-4 “约束设置”对话框的“几何”选项卡

2. 选项说明

“约束设置”对话框的“几何”选项卡中各选项功能如下。

- “推断几何约束”复选框：用于设置创建和编辑几何图形时的推断几何约束。启用“推断几何约束”模式，系统会自动在当前创建或编辑的对象与对象捕捉的关联对象之间应用几何约束，但不支持下列对象捕捉：交点、外观交点、延长线和象限点。
- “仅为处于当前平面中的对象显示约束栏”复选框：用来为当前平面上受几何约束的对象显示约束栏。
- “全部选择”按钮：用于选择全部的几何约束类型。
- “全部清除”按钮：用于清除全部选定的几何约束类型。
- “约束栏透明度”选项组：用于设置图形中约束栏的透明度。
- “将约束应用于选定对象后显示约束栏”复选框：用于手动应用约束或使用 AUTO-CONSTRAIN 命令时，是否显示相关约束栏。
- “选定对象时显示约束栏”复选框：用于设置选择对象时是否显示约束栏。

单击“确定”按钮，完成几何约束的设置。

11.1.3 自动几何约束

如果需要把一些几何约束都自动地应用于设计，可以对图形中选择的对象使用 AUTO-CONSTRAIN 命令。

1. 输入命令

可以执行以下命令 。

- 工具栏：单击“参数化”工具栏“约束设置”按钮。
- 菜单栏：选择“参数”→“约束设置”命令。
- 命令行：输入 AUTOCONSTRAIN。

输入命令后，打开“约束设置”对话框，选择“自动约束”选项卡，如图 11-5 所示。

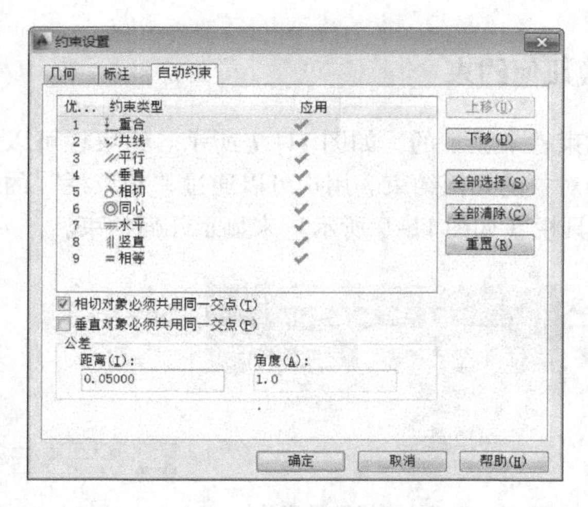

图 11-5 “自动约束”选项卡

2. 选项说明

“自动约束”选项卡中各选项功能如下。

- “约束类型”列表框：用于显示自动约束的类型及优先级。可以通过“上移”和“下移”按钮来调整优先级的先后顺序，单击✔图标选择或去掉某种类型的约束作为自动约束类型。
- “相切对象必须共用同一交点”复选框：用于指定两条曲线必须共用一个点。
- “垂直对象必须共用同一交点”复选框：用于指定两直线必须相交且垂直。
- “距离”文本框：用于设置允许的距离公差值。
- “角度”文本框：用于设置允许的角度公差值。

3. 操作格式

完成参数约束的设置以后，单击“确定”按钮，按照命令行提示操作，以图 11-6 为例介绍。

命令:_ AutoConstrain
选择对象或［设置(S)］:(选择全部对象)
选择对象或［设置(S)］:(按〈Enter〉键)
已将 16 个约束应用于 7 个对象
命令:

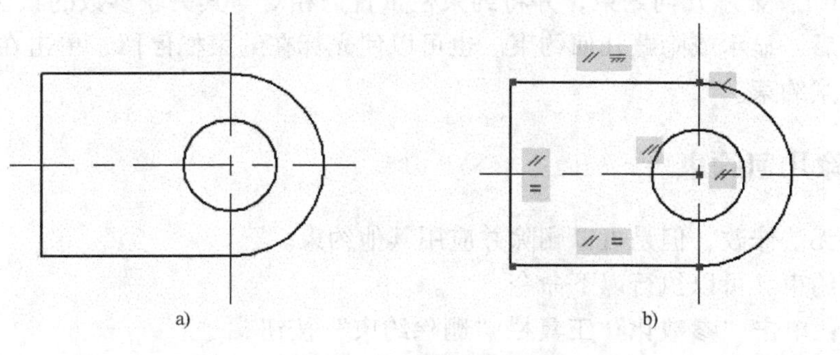

图 11-6 自动约束示例
a）约束前 b）自动约束后

11.1.4　显示和隐藏几何约束

几何约束是利用约束栏来显示的，如图 11-7 所示。约束栏可以显示一个或多个图标，这些图标表示已应用于对象的几何约束。用户可以通过“约束栏”的子菜单（如图 11-8 所示），和“参数化”工具栏（如图 11-9 所示）来显示几何约束。

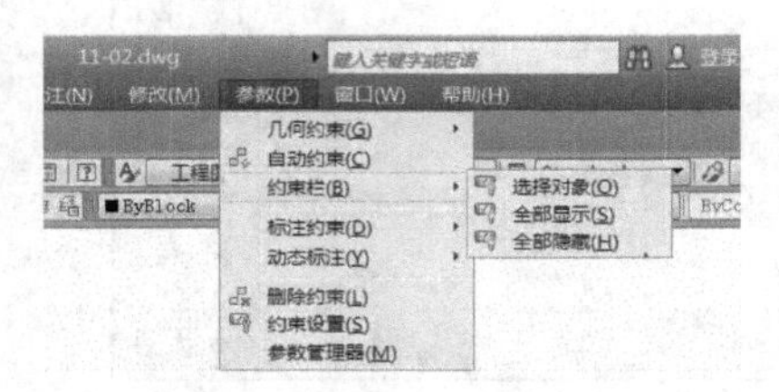

图 11-7　约束栏　　图 11-8　“约束栏”子菜单　　图 11-9　“参数化”工具栏

1. 输入命令

显示或隐藏几何约束，可以执行以下命令　　。

- 工具栏：在“参数化”工具栏中分别单击“选择对象”按钮、“全部显示”按钮、“全部隐藏”按钮。
- 菜单栏：选择“参数”→“约束栏”→“子菜单”命令。
- 命令行：输入 CONSTRAINTBAR。

2. 操作格式

命令:_ CONSTRAINTBAR
选择对象:(选取受约束的对象)
选择对象:(按〈Enter〉键)
输入选项[显示(S)/隐藏(H)/重置(R)]〈显示〉:(选择选项或按〈Enter〉键)

3. 选项说明

- 显示（S）：显示几何约束。
- 隐藏（H）：隐藏几何约束。
- 重置（R）：显示几何约束，并将约束栏重置为相对与其关联参数的默认位置。

执行命令后，显示或隐藏几何约束。也可以使光标在约束栏停留，单击在右上角显示的关闭符号来隐藏约束。

11.1.5　删除几何约束

几何约束无法修改，但是可以删除并应用其他约束。

删除几何约束，可以执行以下命令　　。

- 工具栏：单击“参数化”工具栏“删除约束”按钮。
- 菜单栏：选择“参数”→“删除约束”命令。
- 命令行：输入 DELCONSTRAINT。

执行命令后，选取对象，对象的约束即被取消。

11.2　标注约束

通过标注约束和指定值来限制几何对象的大小。可以通过标注约束来控制对象上点之间的距离或角度，也可以通过变量和方程式约束几何图形。

11.2.1　建立标注约束

建立标注约束限制几何对象的大小，与在草图上标注尺寸相似。

1. 输入命令

可以在“标准”菜单栏选择“工具”→“工具栏”→“AutoCAD”→“标注约束”命令，调出“标注约束”工具栏，如图 11-10 所示；或者选择“参数”→“标注约束”→“子菜单”命令，调出“标注约束”子菜单，如图 11-11 所示。

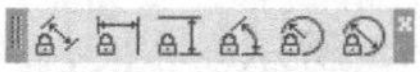

图 11-10　“标注约束”工具栏

对齐(A)
水平(H)
竖直(V)
角度(N)
半径(R)
直径(D)

图 11-11　“标注约束”子菜单

2. 选项说明

按顺序各选项功能如下。

- “对齐”约束：用于约束对象的两点间或不同对象的两点间的距离。
- “水平”约束：用于约束对象的两点间或不同对象的两点间 X 方向的距离。
- “竖直”约束：用于约束对象的两点间或不同对象的两点间 Y 方向的距离。
- “角度”约束：用于约束任意角度。
- “半径”约束：用于约束圆或圆弧的半径。
- “直径”约束：用于约束圆或圆弧的直径。

3. 操作格式

以图 11-12 为例，作小圆的标注约束。

```
命令:(单击“标注约束”工具栏“直径”按钮)
命令: _DcDiameter
选择圆弧或圆:(选择小圆)
标注文字 = 30
指定尺寸线位置:(指定尺寸线位置)
命令:
```

执行命令结果如图 11-12b 所示。

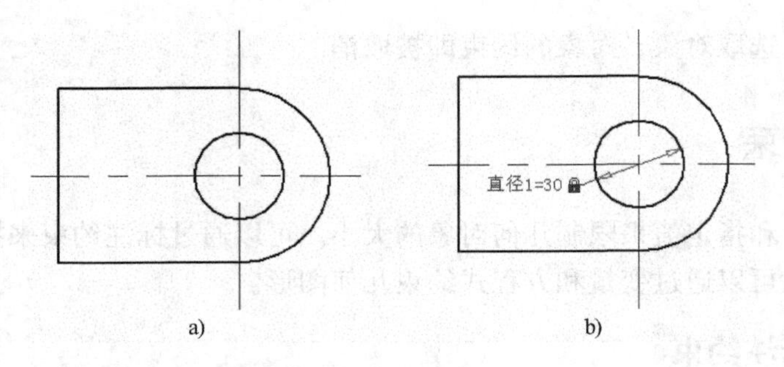

图 11-12　标注约束示例
a）约束前　b）标注约束后

11.2.2　设置标注约束

可以通过“约束设置”对话框对标注约束进行设置。

1. 输入命令

可以执行以下命令　　。

- 工具栏：单击“参数化”工具栏“约束设置”按钮 。
- 菜单栏：选择“参数”→“约束设置”命令，并打开“标注”选项卡。
- 命令行：输入 AUTOCONSTRAIN。

输入命令后，打开“约束设置”对话框，如图 11-13 所示。

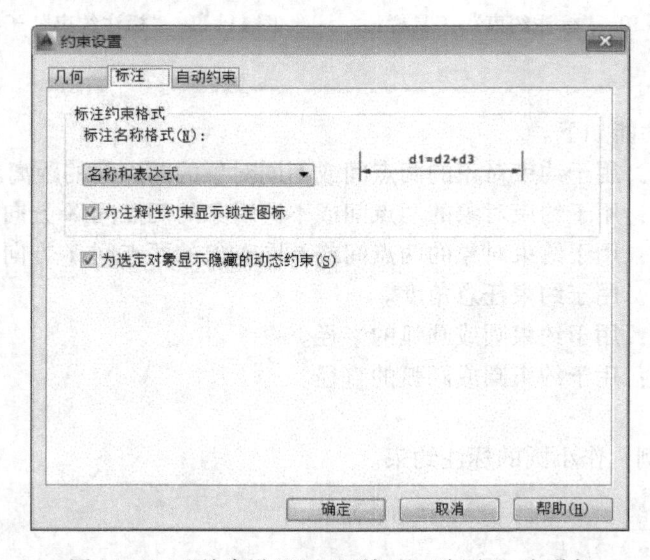

图 11-13　“约束设置”对话框的“标注”选项卡

2. 选项说明

“约束设置”对话框“标注”选项卡中各选项功能如下。

- “标注名称格式”下拉列表框：用于指定应用标注约束时所显示文字的格式。
- “为注释性约束显示锁定图标”复选框：用于对已应用注释性约束的对象显示锁定图标。

- “为选定对象显示隐藏的动态约束”复选框：用于显示选定时已设置为隐藏的动态约束。

11.3 实训

此节进行有关建立参数约束的练习。

11.3.1 建立几何约束

此节进行建立几何约束的练习。

1. 建立竖直约束

下面以图 11-14 为例，对 CD 直线进行竖直约束。

```
命令:_ GcVertical(输入命令)
选择对象或[两点(2P)] <两点>:(靠近 D 点指定 CD 直线)
命令:
```

命令执行结果如图 11-4b 所示。

2. 建立水平约束

下面以图 11-15 为例，对 AB 直线进行水平约束。

```
命令:_ GcHorizontal(输入命令)
选择对象或[两点(2P)] <两点>:(靠近 A 点指定 AB 直线)
命令:
```

命令执行结果如图 11-15b 所示。

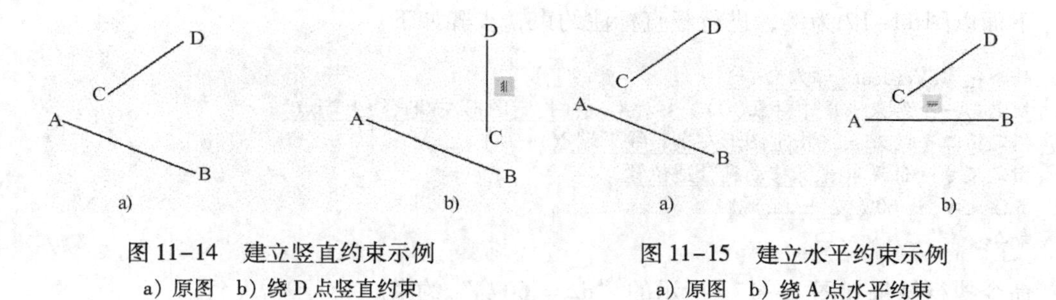

图 11-14 建立竖直约束示例
a) 原图 b) 绕 D 点竖直约束

图 11-15 建立水平约束示例
a) 原图 b) 绕 A 点水平约束

3. 建立对称约束

下面以图 11-16a 为例，对 AB 直线和 CD 直线进行对称约束。

```
命令:_ GcSymmetric(输入命令)
选择第一个对象或[两点(2P)] <两点>:(指定 AB 直线)
选择第二个对象:(指定 CD 直线)
选择对称直线:(指定 EF 直线)
命令:
```

命令执行结果如图 11-16b 所示，此时 CD 直线和 AB 直线与 EF 线段的夹角相同。

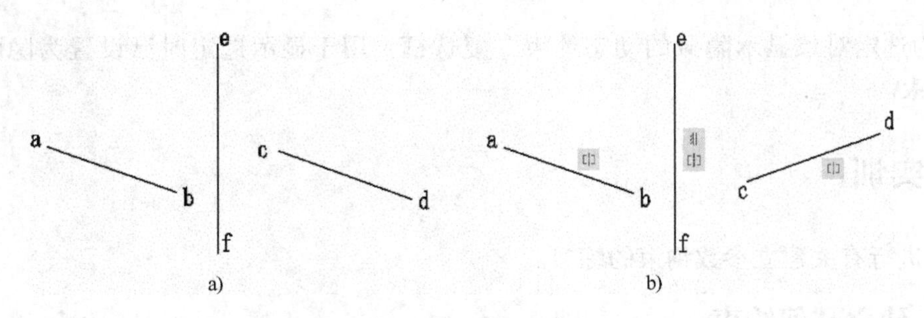

图 11-16　对称约束示例

a）原图　b）对称约束

11.3.2　建立标注约束

此节进行建立标注约束的练习。

1. 建立水平标注约束

下面以图 11-17 为例，进行水平标注约束，步骤如下。

```
命令:_ DcHorizontal(输入命令)
指定第一个约束点或［对象(O)］<对象>:(指定图形上端直线一个端点)
指定第二个约束点:(指定图形上端直线另一个端点)
指定尺寸线位置:(光标移动到合适位置)
标注文字 = 60 (按〈Enter〉键)
命令:
```

命令执行结果如图 11-17b 所示的“d1 = 60 🔒”约束。

2. 建立竖直标注约束

下面以图 11-17 为例，进行竖直标注约束，步骤如下。

```
命令:_ DcVertical (输入命令)
指定第一个约束点或［对象(O)］<对象>:(指定图形左端直线上端点)
指定第二个约束点:(指定图形左端直线下端点)
指定尺寸线位置:(光标移动到合适位置)
标注文字 = 60 (按〈Enter〉键)
命令:
```

命令执行结果如图 11-17b 所示的“d2 = 60 🔒”约束。

3. 建立半径标注约束

下面以图 11-17 为例，进行半径标注约束，步骤如下。

```
命令:_ DcRadius(输入命令)
选择圆弧或圆:(指定图形上的小圆)
标注文字 = 30
指定尺寸线位置:(按〈Enter〉键)
命令:
```

命令执行结果如图 11-17b 所示的“半径 1 = 30 🔒”约束。

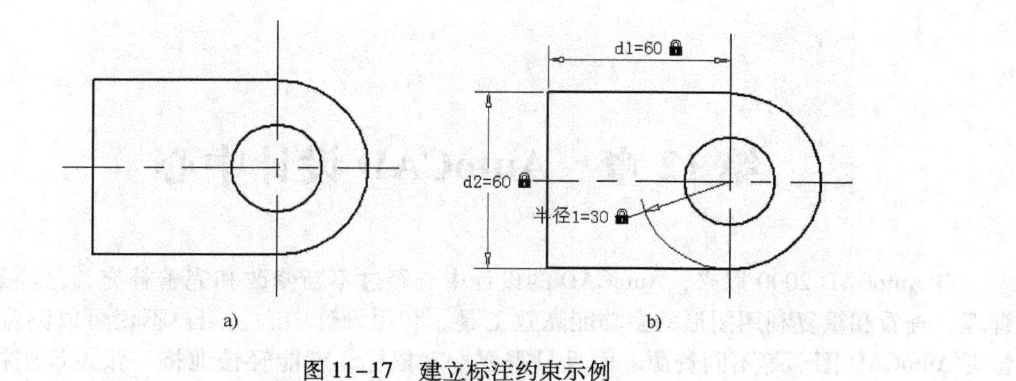

图 11-17　建立标注约束示例
a）原图　b）标注约束示例

11.4　习题

1. 根据本章节内容，建立和设置几何约束。
2. 根据本章节内容，建立和设置标注约束。

第 12 章 AutoCAD 设计中心

自 AutoCAD 2000 以来，AutoCAD 的设计中心经过不断修改和完善补充，已经是一个集管理、查看和重复利用图形的多功能高效工具。利用设计中心，用户不仅可以浏览、查找、管理 AutoCAD 图形等不同资源，而且只需要拖动鼠标，就能轻松地将一张设计图样中的图层、图块、文字样式、标注样式、线型、布局及图形等复制到当前图形文件中。

12.1 AutoCAD 设计中心的启动和组成

本节介绍 AutoCAD 设计中心的启动和窗口组成。

12.1.1 启动 AutoCAD 设计中心

1. 输入命令

可以执行以下命令 。

- 工具栏：单击“设计中心”按钮。
- 菜单栏：选择“工具”→“选项板”→“设计中心”命令。
- 命令行：输入 ADCENTER。

2. 操作格式

命令：(输入命令)

执行命令后，打开“设计中心”窗口，如图 12-1 所示。

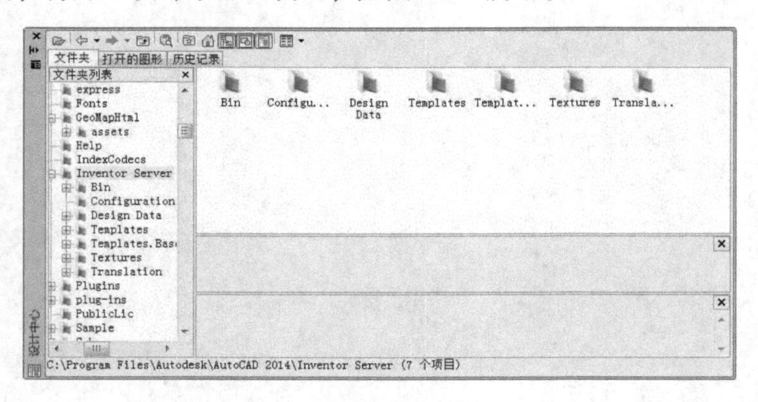

图 12-1 “设计中心”窗口

12.1.2 AutoCAD 设计中心窗口组成

设计中心窗口由工具栏和左、右两个框组成，其中左边区域为树状列表框，右边区域为内容框。

1. 树状列表框

树状列表框用于显示系统内的所有资源，包括磁盘及所有文件夹、文件以及层次关系，树状列表框的操作与 Windows 资源管理器的操作方法类似。

2. 内容框

内容框又称控制板，当在树状列表框中选中某一项时，AutoCAD 会在内容框显示所选项的内容。根据在树状列表框中选项的不同，在内容框中显示的内容可以是图形文件、文件夹、图形文件中的命名对象（如块、图层、标注样式、文字样式等）、填充图案、Web 等。

3. 工具栏

工具栏位于窗口上边，由一组功能按钮组成，按钮的主要功能如下。

- “打开”按钮：用于在内容框显示指定图形文件的相关内容。单击该按钮，打开“加载”对话框，如图 12-2 所示。通过该对话框选择图形文件后，单击“打开”按钮，树状列表框中显示出该文件名称并选中该文件，在内容框中显示出该图形文件的对应内容。

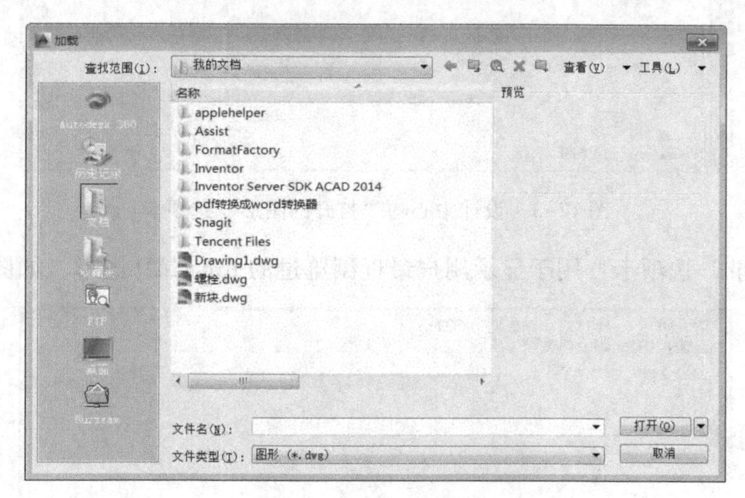

图 12-2 “加载”对话框

- “后退”按钮：用于向后返回一次所显示的内容。
- “向前”按钮：用于向前返回一次所显示的内容。
- “上一级”按钮：用于显示活动容器的上一级容器内容。容器可以是文件夹或图形。
- “搜索”按钮：用于快速查找对象。单击该按钮，打开“搜索”对话框。
- “收藏夹”按钮：用于在内容框内显示收藏夹中的内容。
- “Home”按钮：用于返回到固定的文件夹或文件，即在“内容”框内显示固定文件夹或文件中的内容。默认固定文件夹为 Design Center 文件夹。
- “树状列表框切换”按钮：用于显示或隐藏树状视图窗口。
- “预览”按钮：用于预览被选中的图形或图标。“预览”框位于“内容”框的下方。
- “说明”按钮：用于在内容框内实现打开或关闭“说明”窗格的切换，用来显示说明内容。

- “视图”按钮：用于确定在内容框内显示内容的格式。单击右侧小箭头，打开下拉列表，可以选择不同的显示格式，其中包括“大图标”“小图标”“列表”和“详细信息”4 种格式。

4. 选项卡

AutoCAD 设计中心有“文件夹”“打开的图形”“历史记录”3 个选项卡，各选项卡功能如下。

- “文件夹”选项卡：用于显示文件夹，如图 12-1 所示。
- “打开的图形”选项卡：用于显示当前已打开的图形及相关内容，如图 12-3 所示。

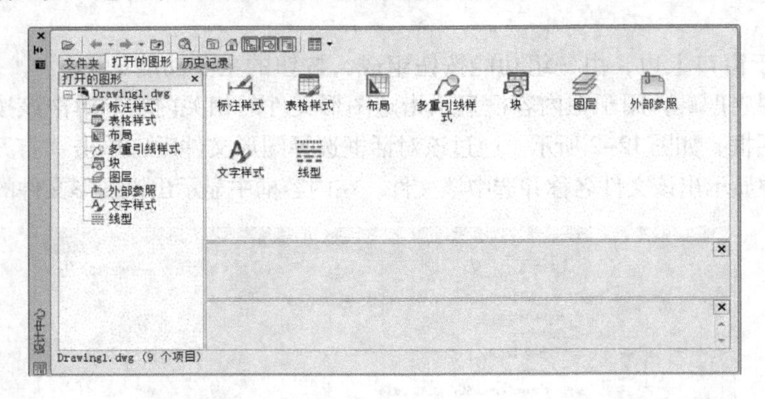

图 12-3　设计中心的“打开的图形”选项卡

- “历史记录”选项卡：用于显示用户最近浏览过的 AutoCAD 图形，如图 12-4 所示。

图 12-4　“历史记录”选项卡示例

12.2　使用 AutoCAD 设计中心

使用 AutoCAD 设计中心可以打开、查找、复制图形文件和属性。

12.2.1　查找（搜索）图形文件

单击“设计中心”工具栏的“搜索”按钮，打开“搜索”对话框，可以查找所需要的图形内容，如图 12-5 所示。

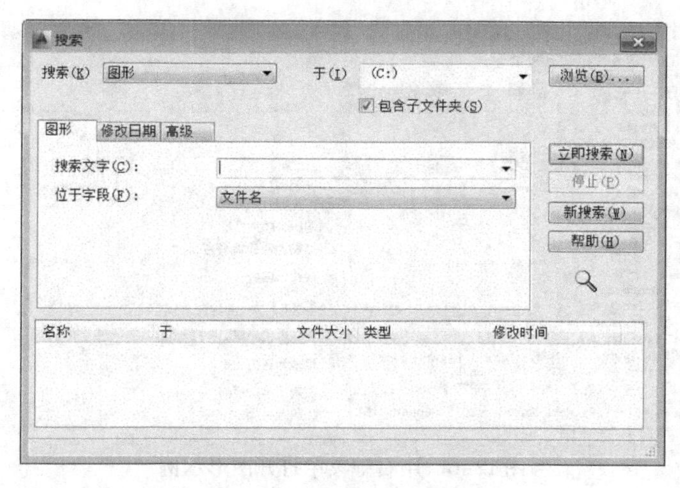

图 12-5 “搜索”对话框

“搜索”对话框中各选项含义如下。

- “搜索”下拉列表框：用于确定查找对象的类型。可以通过下拉列表在标注样式、布局、块、填充图案、填充图案文件、图层、图形、图形和块、外部参照、文字样式、线型等类型中选择。
- “于”下拉列表框：用于确定搜索路径。也可以单击“预览”按钮来选择路径。
- “包含子文件夹”复选框：用于确定搜索时是否包含子文件夹。
- “立即搜索”按钮：用于启动搜索。搜索到符合条件要求的文件后，将在下方显示结果。
- “停止”按钮：用于停止查找。
- “新搜索”按钮：用于重新搜索。
- “图形”选项卡：用于设置“搜索文字”和“位于字段”（文件名、标题、主题、作者、关键字）。
- “修改日期”选项卡：用于设置查找的时间条件。
- “高级”选项卡：用于设置是否包含块、图形说明、属性标记、属性值等，并可以设置图形的大小范围。

12.2.2 打开图形文件

在 AutoCAD 设计中心，可以很方便地打开所选的图形文件，一般有两种方法，具体如下。

1. 用右键菜单打开图形

在设计中心的内容框中右击所选图形文件的图标，在打开的快捷菜单中选择“在应用程序窗口中打开”命令，如图 12-6 所示，可将所选图形文件打开并设置为当前图形。

2. 用拖动方式打开图形

在设计中心的内容框中，选择需要打开的图形文件的图标，并按住左键将其拖动到 AutoCAD 主窗口中的除绘图区以外的任何地方（如工具栏上或命令区），松开鼠标左键后，AutoCAD 即打开该图形文件并设置为当前图形。

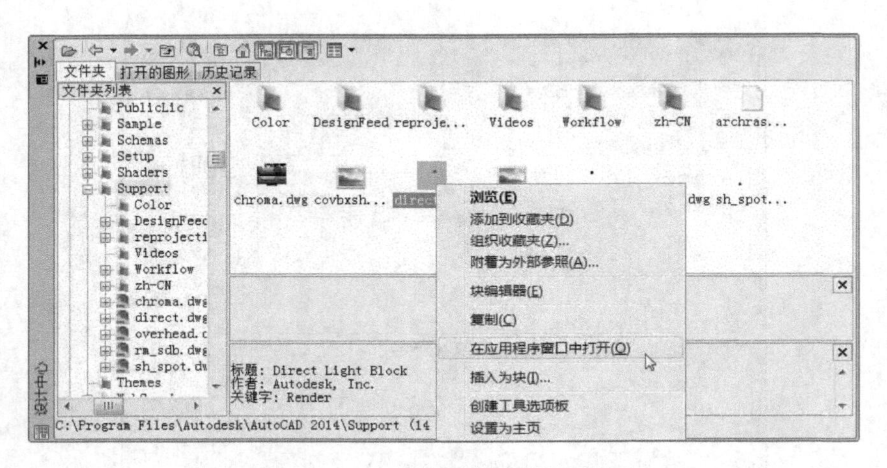

图 12-6　用右键菜单打开图形示例

如果将图形文件拖动到 AutoCAD 绘图区中，则将该文件作为一个图块插入到当前的图形文件中，而不是打开该图形。

12.2.3　复制图形文件

利用 AutoCAD 设计中心，可以方便地将某一图形中的图层、线型、文字样式、尺寸样式及图块通过鼠标拖放添加到当前图形中。

操作方法：在内容框或通过“查询”对话框找到对应内容，然后将其拖动到当前打开图形的绘图区后松开鼠标左键，即可将所选内容复制到当前图形中。

如果所选内容为图块文件，拖动到指定位置松开鼠标左键后，即完成插入块操作。

也可以使用复制粘贴的方法：在设计中心的内容框中，选择要复制的内容，右击，在打开的快捷菜单中选择“复制”命令，然后单击主窗口工具栏中“粘贴”按钮，所选内容就被复制到当前图形中。

12.3　实训

1. 利用设计中心的查找功能

（1）要求

利用设计中心查找“直线”标注样式。

（2）操作步骤

1）在“搜索”对话框“搜索”下拉列表框中选择“图层”选项。

2）在“于”下拉列表框中或单击“浏览”按钮，指定搜索位置。

3）在“搜索名称”文本框中输入“粗实线”图层名。

4）单击“立即搜索”按钮，在“搜索”对话框下部的查找栏内出现查找结果，如图 12-7 所示。如果在查找结束前已经找到需要的内容，为节省时间可以单击“停止”按钮结束查找。

5）可选择其中一个，直接将其拖曳到绘图区中，则“粗实线”图层应用于当前图形。

6）单击“关闭”按钮，结束查找。

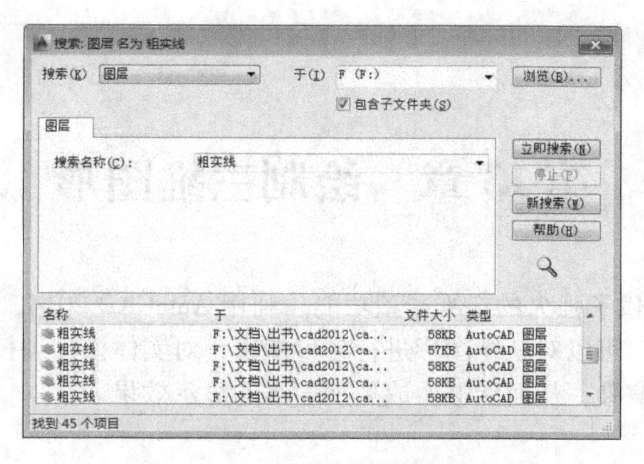

图 12-7　显示查找图层的“搜索”对话框

2. 利用设计中心的复制功能

（1）要求

利用设计中心采用拖曳方式复制图层。

（2）操作步骤

首先在文件夹列表框找到样图将其内容打开，如图 12-8 所示，在 AutoCAD 设计中心的内容框中，选择要复制的一个或多个图层（或图块、文字样式、标注样式等），用鼠标左键拖动所选的内容到当前图形中，然后松开鼠标左键，所选内容就被复制到当前图形中。

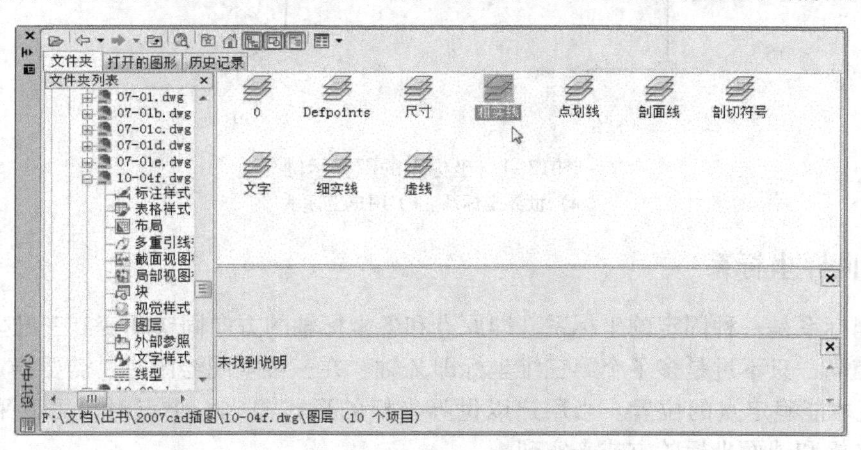

图 12-8　采用拖曳方式复制图层示例

12.4　习题

使用 AutoCAD 设计中心查找和打开图形文件，并复制其内容，创建新的文件，进行保存。

第 13 章　绘制三维图形

AutoCAD 2014 提供了强大的三维造型功能。利用 AutoCAD 2014，可以方便地绘制三维曲面与三维造型实体，可以对三维图形进行各种编辑，对实体模型进行布尔运算，对三维曲面、三维实体着色、渲染，从而能够生成更加逼真的显示效果。

13.1　三维坐标系

AutoCAD 采用世界坐标系（World Coordinate System，WCS）和用户坐标系（User Coordinate System，UCS）。在屏幕上绘图区的左下角有一个反映当前坐标系的图标。图标中 X、Y 的箭头表示当前坐标系 X 轴、Y 轴的正方向，系统默认当前的坐标系为世界坐标系，如图 13-1a 所示，否则为用户坐标系，如图 13-1b 所示。

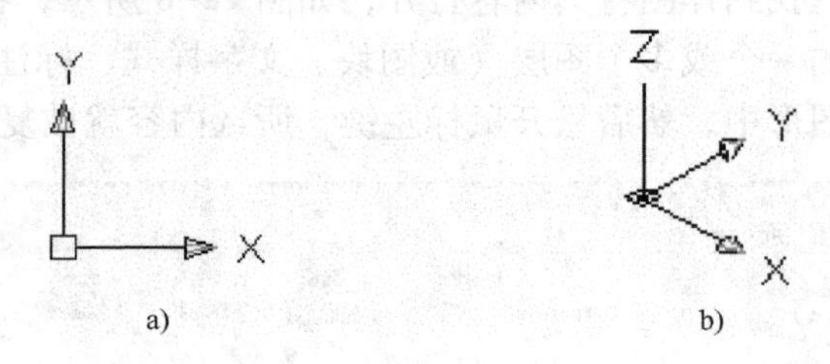

图 13-1　坐标系的图标示例
a）世界坐标系　b）用户坐标系

13.1.1　世界坐标系

世界坐标系是一种固定的坐标系，即原点和各坐标轴的方向固定不变。三维坐标与二维坐标基本相同，只不过是多了个第三维坐标即 Z 轴。在三维空间绘图时，需要指定 X、Y 和 Z 的坐标值才能确定点的位置。当用户以世界坐标的形式输入一个点时，可以采用直角坐标、柱面坐标和球面坐标的方式来实现。

1. 直角坐标

在三维坐标系中，通常 X 轴和 Y 轴的正方向分别指向右方和上方，而 Z 轴的正方向指向用户。当采用不同的视图角度时，X、Y 轴的正方向可能有所改变，这时可以根据“笛卡儿”右手定则来确定 Z 轴的正方向和各轴的旋转方向。在该坐标系中，要指定三维坐标，可以用绝对坐标值表示，即输入“X,Y,Z”值。例如：“60，80，70”，表示 X 坐标为 60，Y 坐标为 80，Z 坐标为 70 的一个点。也可以用相对坐标值来表示点的三维坐标，即“@ X,Y,Z”。

2. 柱面坐标

柱面坐标常用来定位三维坐标，它与二维空间的极坐标相似，但增加该点距 XY 平面的垂直距离。柱面坐标用 3 个参数来描述空间点的位置：即该点与当前坐标系原点的距离，坐标系原点与该点的连线在 XY 面上的投影同 X 轴正方向的夹角，以及该点的 Z 坐标值。距离与角度之间要用符号“ <”隔开，而角度与 Z 坐标值之间要用逗号隔开。例如，某点距坐标系原点的距离为 60、坐标系原点与该点的连线在 XY 面上的投影同 X 轴正方向的夹角是 45°，该点的 Z 坐标值为 120，那么此点的柱面坐标的表示形式为“60 <45，120”。

3. 球面坐标

三维球面坐标与二维空间的极坐标相似，它用 3 个参数描述空间某点的位置：即该点距当前坐标系原点的距离，坐标系原点与该点的连线在 XY 面上的投影同 X 轴正方向的夹角，坐标系原点与该点的连线同 XY 面的夹角。三者之间要用符号“ <”隔开。例如，某点与当前坐标系原点的距离为 60，坐标系原点与该点的连线在 XY 面上的投影同 X 轴正方向的夹角是 45°，坐标系原点与该点的连线同 XY 面的夹角为 30°，则该点的球面坐标的表示形式为“60 <45 <30”。

13.1.2 用户坐标系

用户坐标系是 AutoCAD 2014 绘制三维图形的重要工具。由于世界坐标系是一个单一固定的坐标系，绘制二维图形虽完全可以满足要求，但对于绘制三维图形时，则会产生很大的不便。为此 AutoCAD 允许用户建立自己的坐标系，即用户坐标系。下面介绍创建三维用户坐标系的方法。

1. 输入命令

可以执行以下命令 。

- 菜单栏：选择“工具”→“新建 UCS”命令。
- 命令行：输入 UCS。

2. 操作格式

- 格式一：从菜单栏输入命令，可以在子菜单中选择选项获得执行结果，如图 13-2 所示。
- 格式二：从命令行中输入命令后，系统提示如下。

```
当前 UCS 名称:世界
指定 UCS 的原点或[面(F)/命名(NA)/对象(OB)/上一个(P)/视图(V)/世界(W)/X/Y/Z/Z 轴(ZA)]〈世界〉:(输入“NA”)
指定新 UCS 的原点或接受[Z 轴(ZA)/三点(3)/对象(OB)/面(F)/视图(V)/X/Y/Z/]〈0,0,0〉:(输入新 UCS 的原点坐标值)
```

3. 选项说明

命令中的各选项含义如下。

- 世界：用于从当前的用户坐标系恢复到世界坐标系。WCS 是所有用户坐标系的基准，不能被重新定义。
- 上一个（P）：用于从当前的坐标系恢复上一个坐标系。
- 面（F）：用于通过指定一个三维表面（实体对象）和 X、Y 轴正方向来定义一个新的坐标系。要选择一个面，可单击该面的边界内或面的边界，被选中的面将亮显，UCS 的 X 轴将与找到的第一个面上的最近的边对齐。
- 对象（OB）：用于通过选取一个对象来定义一个新的坐标系，使对象位于新的 XY 平面，其中 X 轴和 Y 轴的方向取决于选择的对象类型。该选项不能用于三维实体、三维多段线、三维网格、视口、多线、面域、样条曲线、椭圆、射线、参照线、引线和多行文字等对象。

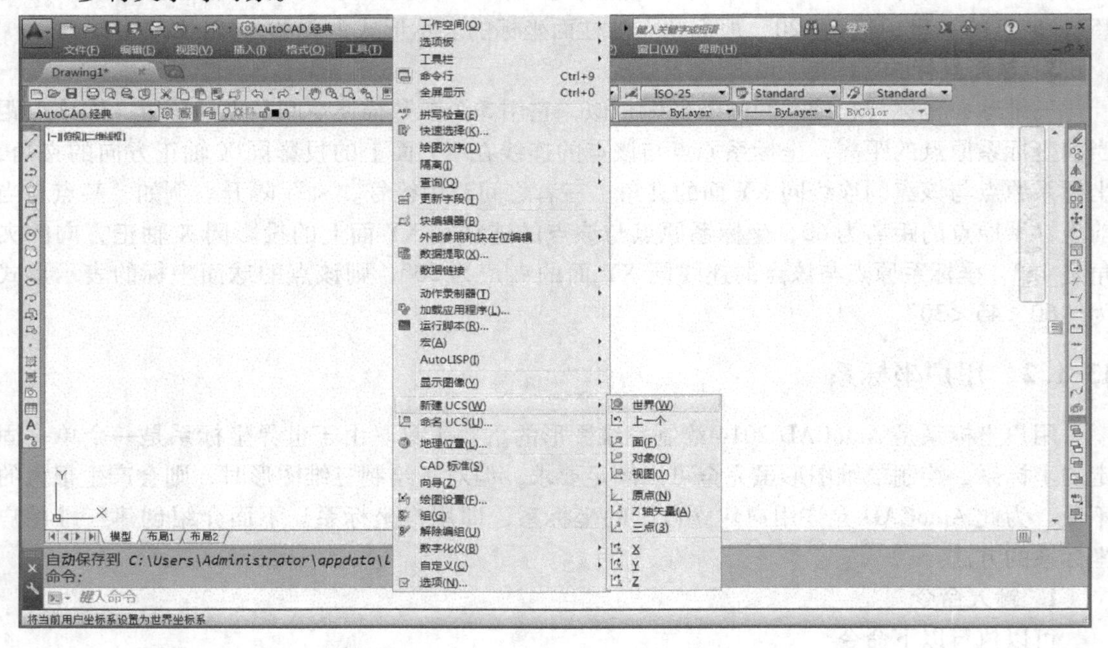

图 13-2 “新建 UCS”子菜单

- 视图（V）：用于以垂直于观察方向（平行于屏幕）的平面为 XY 平面，建立新的坐标系，UCS 原点保持不变。常用于注释当前视图时使文字以平面方式显示。
- 原点：“原点”为默认值选项，用于通过平移当前坐标系的原点来定义一个新的 UCS，新的 UCS 的 X、Y 和 Z 轴的正方向保持不变。在此前提下输入相对于当前坐标原点的坐标值，则当前坐标系就会随原点平移到由该点坐标值所确定的点。
- Z 轴（ZA）：用特定的 Z 轴正半轴定义 UCS。需要选择两点，第一点作为新的坐标系原点，第二点决定 Z 轴的正向，XY 平面垂直于新的 Z 轴。
- 三点（3）：用于通过 3 个点来定义新建的 UCS，也是最常用的方法之一。这 3 个点分别是新 UCS 的原点、X 轴正方向上的一点和坐标值为正的 XOY 平面上的一点。选择该选项时系统提示如下。

```
指定新原点或[对象(O)]:〈0,0,0〉:(输入新 UCS 的原点坐标值)
在正 X 轴的范围上指定点〈默认值〉:(指定新 UCS 的 X 轴正方向上的任一点)
在 UCSXY 平面的正 Y 轴范围上指定点〈默认值〉:(指定 XOY 平面上 Y 轴正方向上的一点)
```

- X/Y/Z：绕 X 轴、Y 轴或 Z 轴按给定的角度旋转当前的坐标系，从而得到一个新的 UCS。如果选择该选项，输入“X”后，系统提示如下。

```
指定绕 X 轴的旋转角度〈90〉:(输入旋转角度)
```

在此提示下输入一个旋转角度值，即可得到新的 UCS。旋转角度可为正值或负值，绕一轴旋转的角度正方向是按右手定则确定的。

13.1.3 恢复世界坐标系

若当前为用户坐标系，要想恢复为世界坐标系，其方法如下。

- 选择菜单“工具”→“命名 UCS”命令，打开“UCS”对话框，如图 13-3 所示。在“命名 UCS”选项卡中，选择“世界”选项，再单击“置为当前”按钮可以将当前坐标系恢复为世界坐标系。
- 选择菜单“工具”→“新建 UCS”→“世界”命令，如图 13-2 所示。“UCS”坐标系即恢复为世界坐标系。

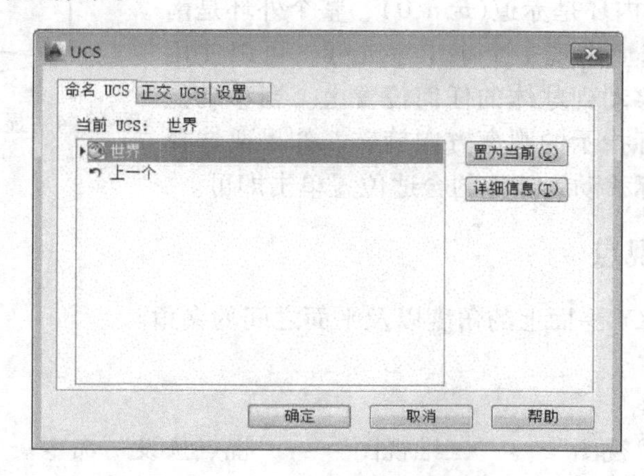

图 13-3 “UCS”对话框示例

13.2 显示三维实体

在模型空间中，为了让用户更好地观察三维实体，AutoCAD 提供了用不同方式，从不同位置观察图形的功能，如视点、动态观察和消隐等功能。

13.2.1 设置视点

视点功能可以从任意方向观察三维对象。用户可以通过 VPOINT 命令，直接使用键盘输入视点空间矢量，此时视图被定义为从空间向原点（0，0，0）方向观察。

1. 输入命令

可以执行以下命令 。

- 菜单栏：选择“视图”→“三维视图”→“视点”命令。
- 命令行：输入 VPOINT。

2. 操作格式

```
命令:(输入命令)
指定视点或[旋转(R)]〈显示坐标球和三轴架〉:(指定视点或选择选项)
```

输入新的观察点坐标确定观察方向。

3. 选项说明

命令中各选项功能如下。

- 旋转（R）：用于使用两个角度指定新的方向。选择该选项后，系统提示：

输入XY平面中与X轴的夹角〈当前值〉：(指定一个在XY平面中与X轴的夹角)
输入与XY平面的夹角〈当前值〉：(指定一个与XY平面的夹角，位于XY平面的上方或下方)

- 显示坐标球和三轴架：如果在开始提示后按〈Enter〉键或通过菜单执行，将在屏幕上出现如图13-4所示的坐标球和三轴架。

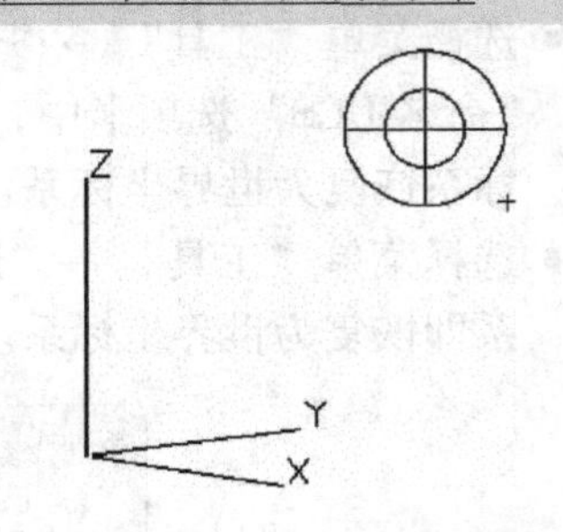

图13-4　显示坐标球和三轴架示例

在屏幕右上角的坐标球是一个球体的三维显示。中心点是北极(0,0,n)，其内环是赤道(n,n,0)，整个外环是南极(0,0,-n)，坐标球上出现一个小十字光标，可以使用定点设备将十字光标移动到球体的任何位置上。当移动光标时，三轴架根据坐标指示的观察方向旋转。如果要选择一个观察方向，将光标移动到球体的合适位置单击即可。

13.2.2　设置动态视点

确定观察位置在XY平面上的角度以及平面之间的夹角。

1. 输入命令

可以执行以下命令　　。

- 菜单栏：选择“视图”→“三维视图”→“视点预设”命令。
- 命令行：输入DDVPOINT。

2. 操作格式

命令：(输入命令)

执行命令后，打开“视点预设”对话框，如图13-5所示。

该对话框各选项功能如下。

- “绝对于WCS”单选按钮：用于将视点设置为绝对坐标（世界坐标）的系统方位。
- “相对于UCS”单选按钮：用于将视点设置为用户坐标系统方位。
- “观察角度设置区”：通过鼠标直接在区域中设置XY平面上的角度以及相对于XY平面的角度。
- “自X轴”文本框：用于显示左侧区域设置的角度，也可以直接输入相应值，即在左侧区域显示设置结果。
- “自XY平面”文本框：用于显示右侧区域中设置的角度。直接输入相应的值，即在右侧区域显示设置结果。

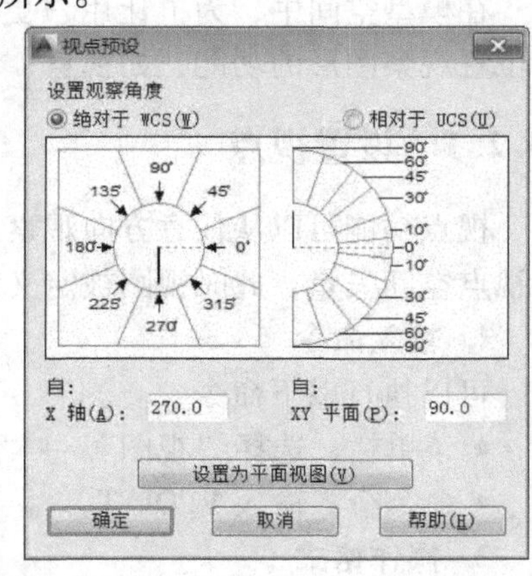

图13-5　“视点预设”对话框

- “设置为平面视图”按钮：用于恢复成与X轴成270°和与XY平面成90°的视点。

13.2.3　观察平面视图

将当前视图设置为平面视图。

1. 输入命令

可以执行以下命令　　。

- 菜单栏：选择“视图”→“三维视图”→“平面视图”命令。
- 命令行：输入 PLAN。

2. 操作格式

```
命令:(输入命令)
输入选项[当前 UCS (C)/UCS (U)/世界(W)]〈当前 UCS〉:(选择选项后将重新生成模型)
```

用户根据需要可以选择当前 UCS 或者已定义的 UCS 或 WCS 的平面视图进行观察。

13.2.4　标准视图

通过视图中的正交选项，可以快速进入标准视图。标准视图包括了 6 个方向的正视图和 4 个方向的轴测图。

1. 输入命令

可以执行以下命令　　。

- 工具栏：“视图”工具栏如图 13-6 所示。
- 菜单栏：选择“视图”→“三维视图”→“俯视图/仰视图/左视图/右视图/主视图/后视图/西南等轴测/东南等轴测/东北等轴测/西北等轴测”命令。

图 13-6　“视图”工具栏示例

2. 操作格式

当输入命令后，可以在命令行选择“正交”“恢复”“保存”或“设置”等选项，系统将其置为当前视图。

13.2.5　消隐

为了较直观地显示主体效果，AutoCAD 可以通过消隐方法将其他对象遮挡的图线隐藏，即通过不透明的表面将其后的不可见轮廓线隐藏。

1. 输入命令

可以执行以下命令　　。

- 菜单栏：选择“视图”→“消隐”或“视图”→“视觉样式”→“三维隐藏”命令。
- 命令行：输入 HIOE。

2. 操作说明

执行命令后，系统自动对当前视图区的三维对象进行消隐，如图 13-7 所示。如果图层被冻结或关闭，则不能进行消隐操作。

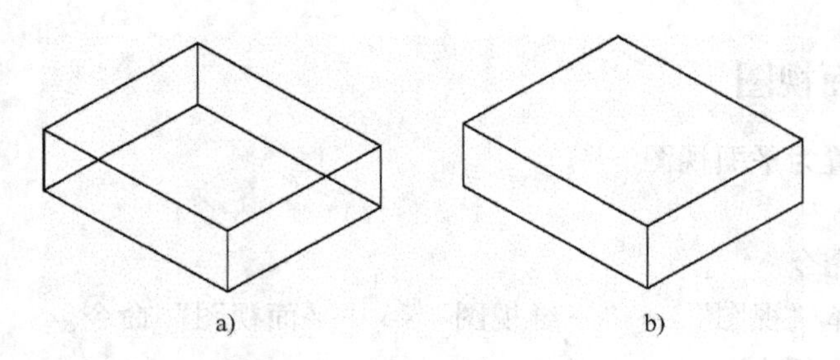

图 13-7　三维实体“消隐”示例
a）实体消隐前　b）实体消隐后

13.2.6　视觉样式

“视觉样式”是一组设置，用来控制视口中模型的边和着色的显示。更改视觉样式的特性或其设置，就可以在视口中查看效果。通过“视觉样式”工具栏（如图 13-8 所示）和“视图”菜单对应的“视觉样式”子菜单（如图 13-9 所示），可进行实体的视觉样式操作。

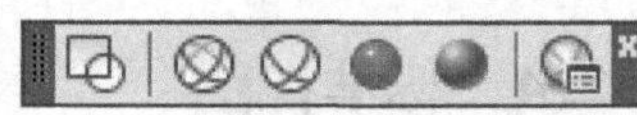

图 13-8　“视觉样式”工具栏

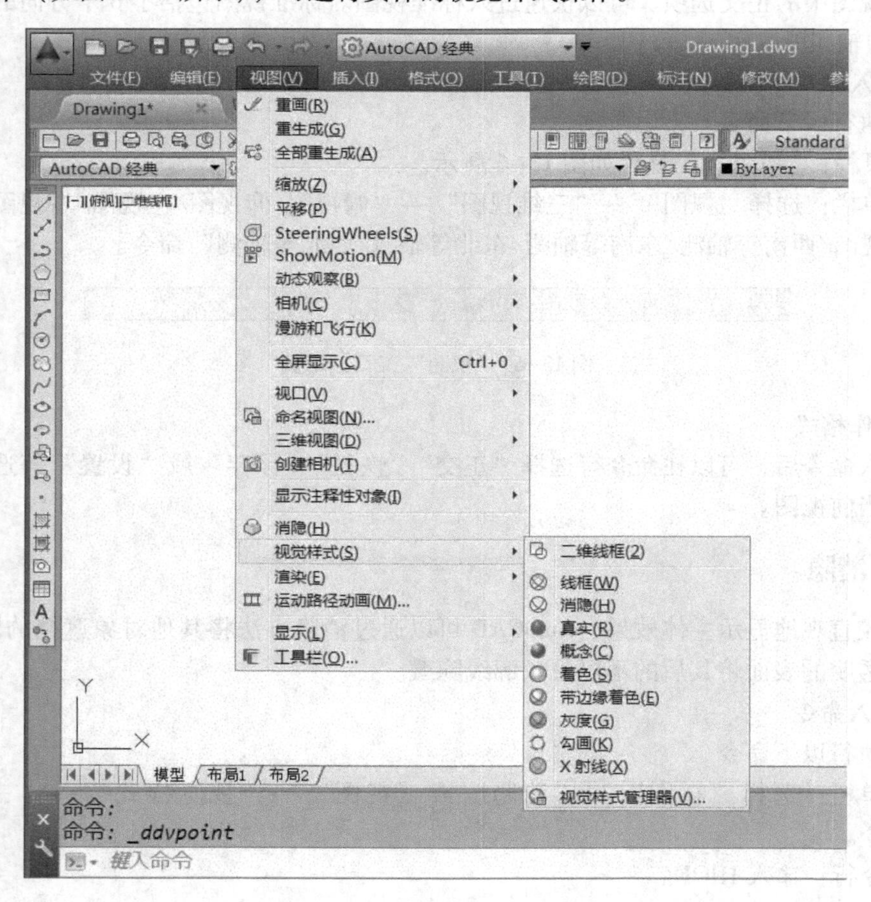

图 13-9　“视觉样式”子菜单

菜单中各选项及工具栏中对应的按钮功能如下。

1. 二维线框

该选项用于将三维图形中表示图形边界的直线和曲线以二维形式显示。

2. 线框

该选项用于将三维图形以线框模式显示。选择该选项后，效果如图 13-10 所示。

3. 隐藏

该选项以线框模式显示对象并消去后面隐藏线（不可见线）。选择该选项后，效果如图 13-11 所示。

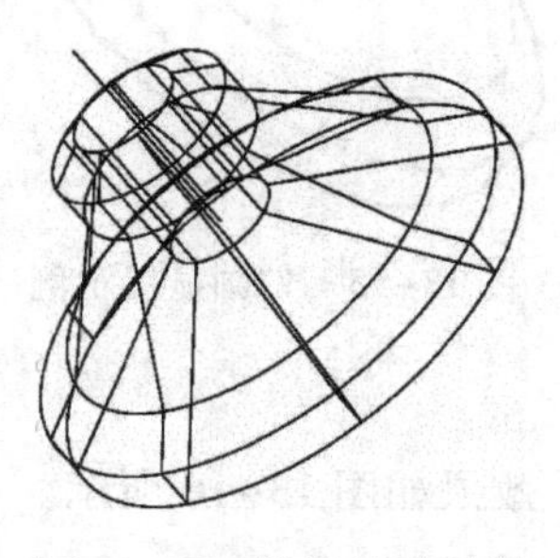

图 13-10 线框显示示例

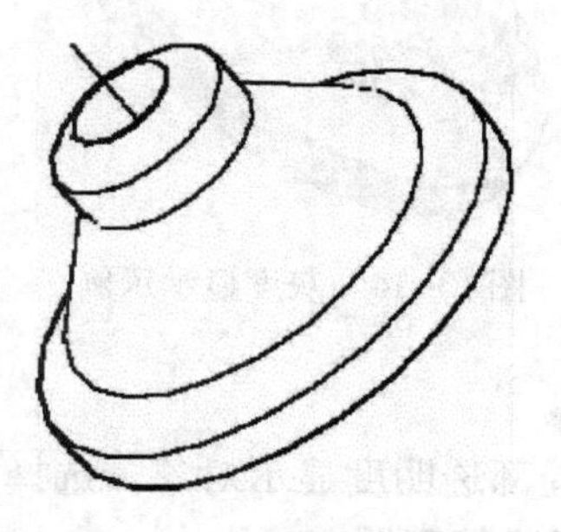

图 13-11 隐藏显示示例

4. 真实

该选项用于使对象实现真实着色。真实着色只对三维对象的各多边形面着色，对面的边界做光滑处理，并显示对象的材质。选择该选项后，效果如图 13-12 所示。

5. 概念

该选项不仅对各多边形面着色，而且还对它们的边界做光滑处理。并使用一种冷色和暖色之间的过渡而不是从深色到浅色的过渡，一定程度上效果缺乏真实感，但是可以更方便地查看模型的细节。选择该选项后，效果如图 13-13 所示。

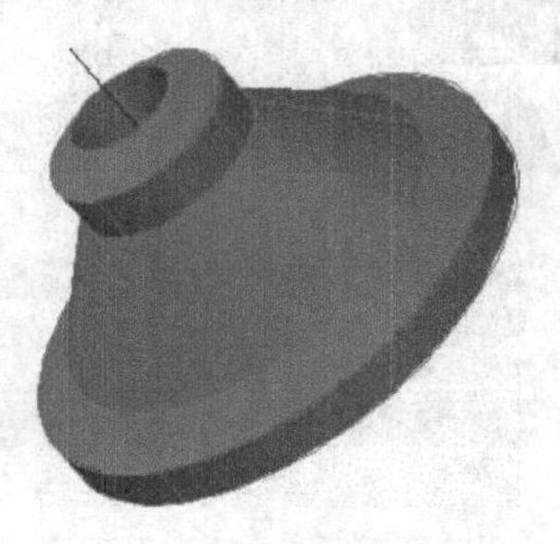

图 13-12 真实显示示例

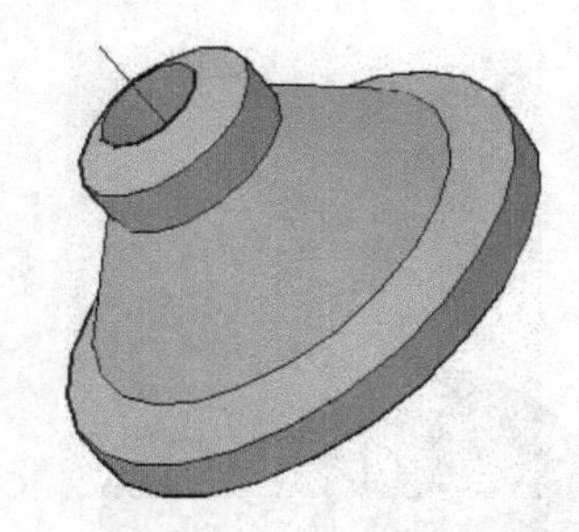

图 13-13 概念显示示例

6. 着色

该选项使用平滑着色显示对象。选择该选项与选择“真实”选项后显示效果相似。

7. 带边缘着色

该选项使用平滑着色和可见边显示对象。选择该选项与选择“真实”选项后显示效果相似。

8. 灰度

该选项使用平滑着色和单色灰度显示对象。选择该选项后，效果如图 13-14 所示。

9. 勾画

该选项使用线延伸和抖动边修改器显示手绘效果的对象。选择该选项后，效果如图 13-15 所示。

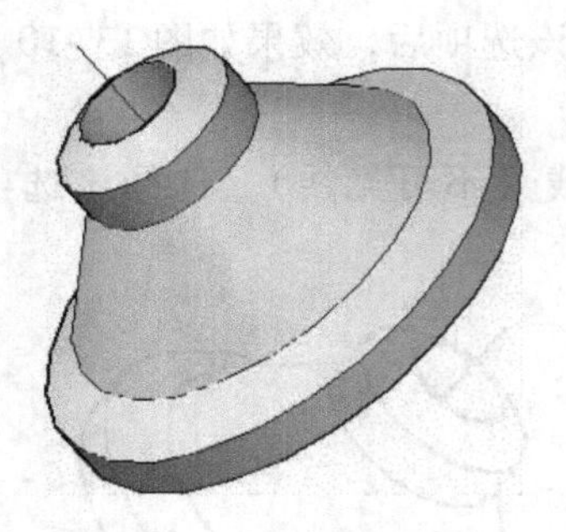

图 13-14　灰度显示示例

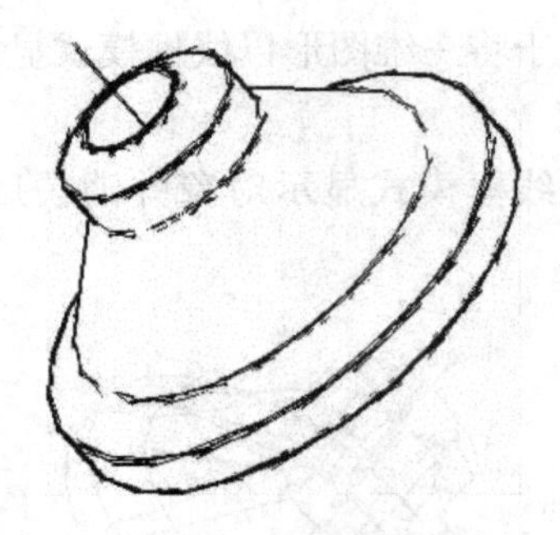

图 13-15　勾画显示示例

10. X 射线

该选项以局部透明度显示对象。选择该选项后，效果如图 13-16 所示。

11. 视觉样式管理器

“视觉样式管理器”用于显示图形中可用的视觉样式的样例图像。在“视觉样式”工具栏中单击按钮或在命令行输入 VISUALSTYLES 命令，系统打开“视觉样式管理器”对话框，如图 13-17 所示。选定的视觉样式在管理器中用黄色边框表示，其面、环境、边的设置显示在样例图像下方的列表框中。单击各项，打开各选项列表框，可以对其参数进行修改。

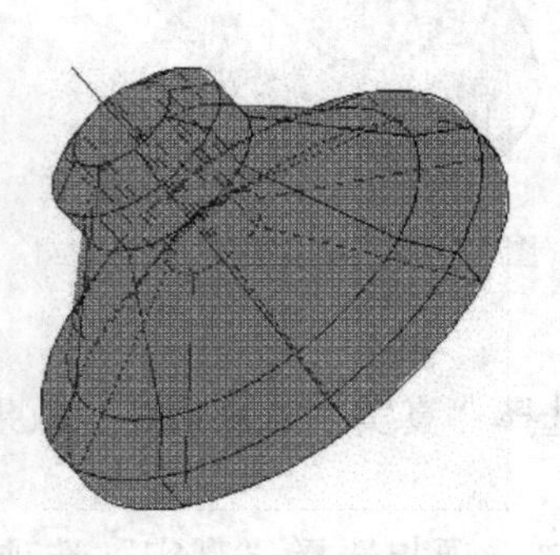

图 13-16　对象 X 射线示例

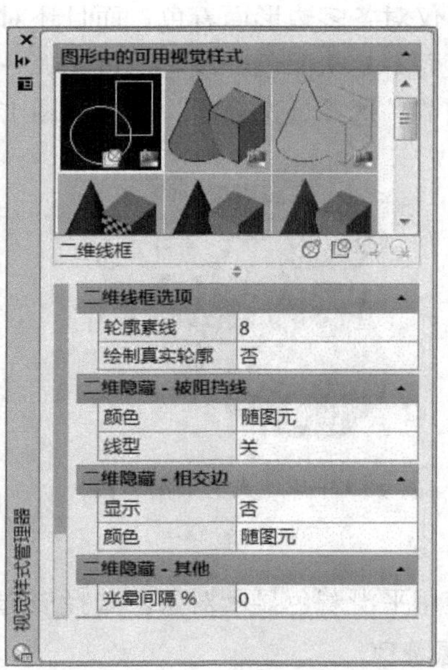

图 13-17　“视觉样式管理器”对话框

13.2.7 其他显示效果变量

三维模型的显示效果和一些变量的设置有关。这里显示介绍两个变量：FACETRES 和 ISOLINES。

1. FACETRES 变量

FACETRES 变量用于控制表达曲面的小平面数。在使用消隐、着色、渲染模式显示时，实体对象的每一面均由很小的平面来代替，当代替的平面越多时，显示就越平滑。FACETRES 变量的默认值为 0.5，可选范围为 0.01 ~ 10，数值越高，显示的表面越光滑。图 13-18 为 FACETRES 变量不同设置时消隐后的观察效果。

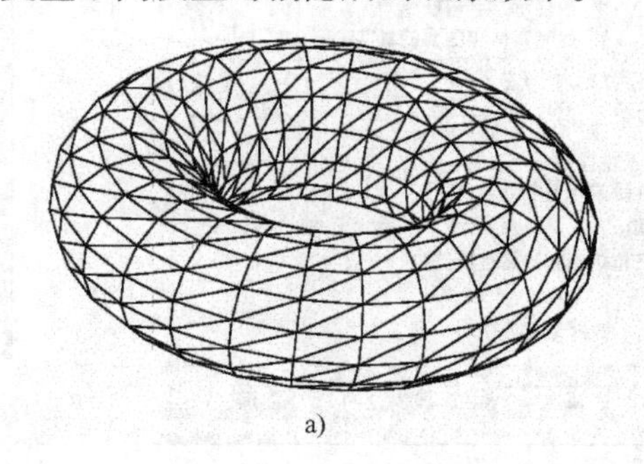
a)

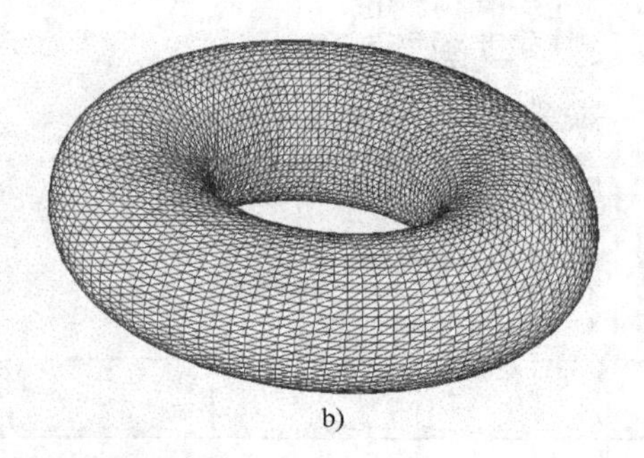
b)

图 13-18 设置 FACETRES 变量示例
a）FACETRES 变量为 0.5 时 b）FACETRES 变量为 8 时

2. ISOLINES 变量

ISOLINES 变量用于控制曲面的轮廓素线数量。其有效范围为 0 ~ 2047，默认值为 4。增加轮廓素线数量，可以提高立体感，如图 13-19 所示。

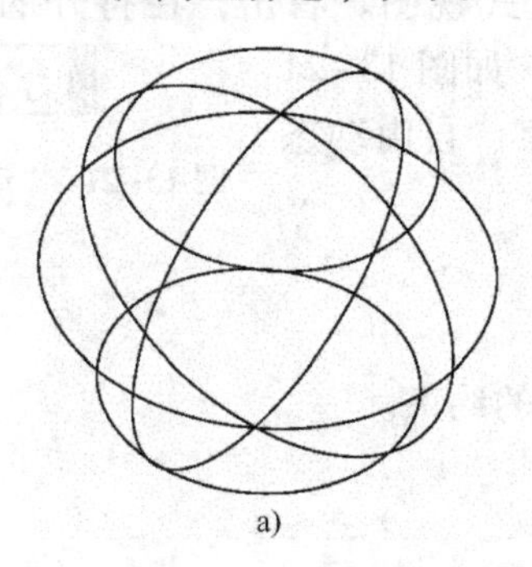
a)

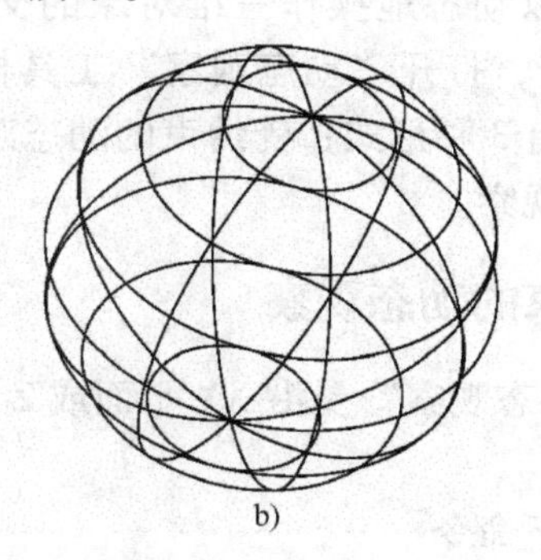
b)

图 13-19 设置 ISOLINES 变量示例
a）ISOLINES 变量为 4 时 b）ISOLINES 变量为 8 时

3. FACETRES 变量和 ISOLINES 变量的设置

利用 AutoCAD 2014 提供的“选项”对话框中的“显示”选项卡，可以设置 FACETRES 变量和 ISOLINES 变量，如图 13-20 所示。

在“显示”选项卡的“显示精度”选项组中，“渲染对象的平滑度”文本框用于设置 FACETRES 变量；“每个曲面的轮廓素线”文本框用于设置 ISOLINES 变量。

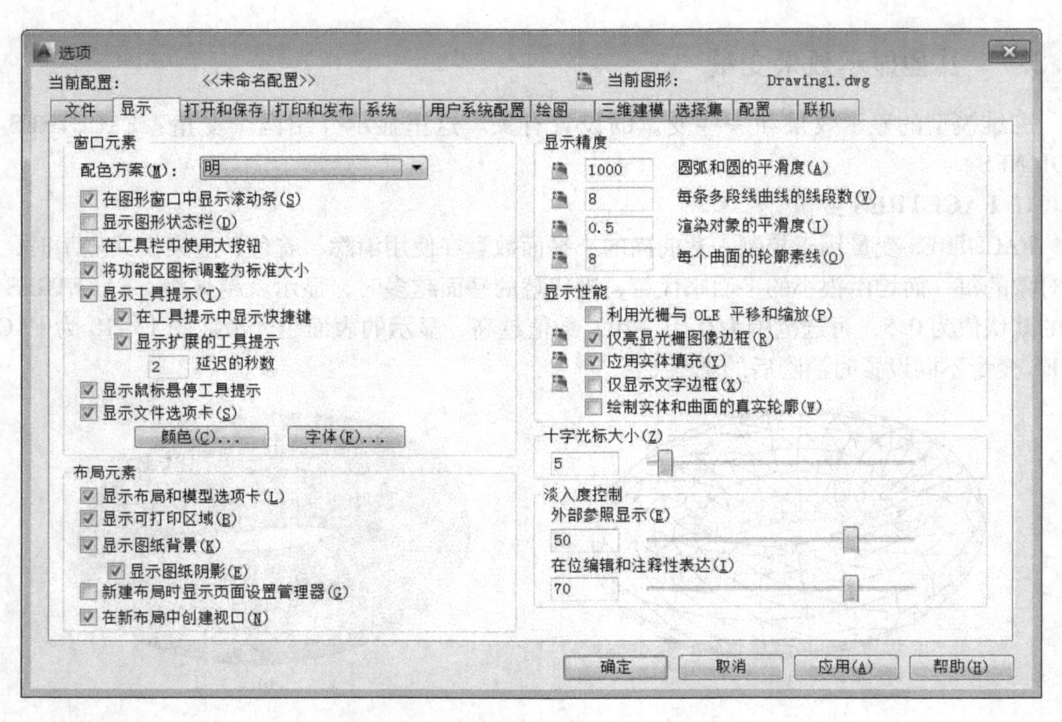

图 13-20 “选项”对话框中的“显示”选项卡

13.3 动态观察

动态观察可以动态地操作三维对象的交互式视图。右击，在打开的快捷菜单中选择“动态观察”命令，打开“动态观察”工具栏，如图 13-21 所示。动态观察有 3 种形式：受约束的动态观察、自由动态观察、连续动态观察。

图 13-21 “动态观察”工具栏

13.3.1 受约束的动态观察

“受约束的动态观察”受沿 XY 平面或 Z 轴的约束。

1. 输入命令

可以执行以下命令 。

- 菜单栏：选择“视图”→“动态观察”→“受约束的动态观察”命令。
- 工具栏：单击“动态观察”工具栏中“受约束的动态观察”按钮。
- 命令行：输入 3DORBIT。

2. 操作说明

执行命令后，光标呈形状，单击并拖动光标，可以动态地观察对象，但受沿 XY 平面或 Z 轴的约束。

按〈Esc〉键、按〈Enter〉键或右击，从弹出的快捷菜单中选择“退出”命令，可以退出动态观察。

13.3.2 自由动态观察

“自由动态观察”不参照平面，可以在任意方向上进行动态观察。沿 XY 平面和 Z 轴进行动态观察时，视点不受约束。

1. 输入命令

可以执行以下命令　　。

- 菜单栏：选择“视图”→“动态观察”→“自由动态观察”命令。
- 工具栏：单击“动态观察”工具栏中“自由动态观察”按钮。
- 命令行：输入 3DFORBIT。

2. 操作说明

执行命令后，在屏幕上出现如图 13-22 所示的转盘图形，此图形即为三维动态观察器。

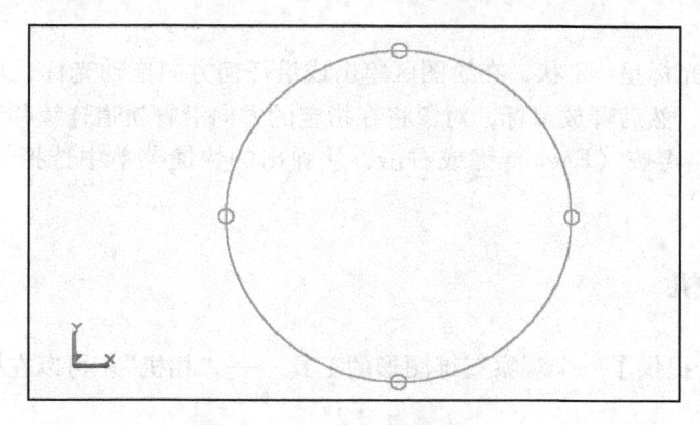

图 13-22 “三维动态观察器”示例

视图的旋转由下列光标的外形和位置决定。

（1）两条线环绕的球状

在转盘之内移动光标时，光标形状变为外面环绕两条线的小球状。如果单击并拖动光标，可以自由移动对象。其效果就像光标抓住环绕对象的球体，并围绕目标点（转盘中心）进行拖动一样。可以水平、垂直或对角拖动。

（2）圆形箭头

在转盘之外移动光标时，光标的形状变为圆形箭头，在转盘外部单击并在转盘的外部拖动光标，将使视图围绕延长线通过转盘的中心并垂直于屏幕的轴旋转，即卷动。如果将光标移动到转盘内部，它将变为外面环绕两条线的球形，并且视图可以自由移动，如果将光标移回到转盘外部，则返回卷动状态。

（3）水平椭圆

当光标移动到转盘左右两边的小圆上时，光标的形状变为水平椭圆，从这些点开始单击并拖动光标，将使视图围绕通过转盘中心的垂直轴（Y 轴）旋转。

（4）垂直椭圆

当光标移动到转盘上下两边的小圆上时，光标的形状变为垂直椭圆。从这些点开始单击并拖动光标，将使视图围绕通过转盘中心的水平轴（X 轴）旋转。

（5）退出三维动态观察

按〈Esc〉键、再按〈Enter〉键或右击，从弹出的快捷菜单中选择“退出”命令，即退出三维动态观察。

13.3.3 连续动态观察

“连续动态观察”可以沿指定方向连续地进行动态观察。

1. 输入命令

可以执行以下命令 。

- 工具栏：单击“动态观察”工具栏中“连续动态观察”按钮。
- 菜单栏：选择“视图”→“动态观察”→“连续动态观察”命令。
- 命令行：输入3DCORBIT。

2. 操作说明

执行命令后，光标呈 状，在绘图区单击或沿任何方向拖动光标，可以使对象沿着拖动的方向开始移动，然后释放鼠标，对象将在指定的方向沿着轨道连续移动。

按〈Esc〉键、再按〈Enter〉键或右击，从弹出的快捷菜单中选择“退出”命令，可以退出动态观察。

13.4 使用相机

AutoCAD 2014 提供了一个观察三维图形的工具——“相机”。可以在模型空间放置相机来定义三维视图。

13.4.1 创建相机

1. 输入命令

可以执行以下命令 。

- 工具栏：单击“视图”工具栏“相机”按钮。
- 菜单栏：选择“视图”→“创建相机”命令。
- 命令行：输入CAMERA。

2. 操作格式

```
命令：
当前相机设置：高度 = 0，镜头长度 = 50 毫米。
指定相机位置：(在图形中单击以指定相机位置)
指定目标位置：(在图形中单击以指定目标位置)
输入选项[?/名称(N)/位置(LO)/高度(H)/目标(T)/镜头(LE)/剪裁(C)/视图(V)/退出(X)]〈退出〉：
```

可以通过选项设定对相机进行设置，或按〈Enter〉键结束命令。

3. 选项说明

- 位置：用于指定观察三维模型的起点。可以把该位置作为用户观看三维模型所处的位置，以及观看目标位置的视点。
- 目标：用于通过在视图中心指定坐标来确定观看的点。

● 镜头：用于指定用度数表示的视野。镜头长度越大，视野越窄。

● 剪裁：用于指定剪裁平面的位置。在相机视图中，相机和前向剪裁平面之间的任何对象都是隐藏的。同样，相机和后向剪裁平面之间的任何对象也都是隐藏的。

13.4.2 相机预览

在视图中创建了相机后，在指定的位置上显示相机图标，单击相机图标，将打开“相机预览”对话框。其中，在预览栏中显示了使用相机观察到的视图效果。在“视觉样式”下拉列表框中，可以设置预览窗口中图形的视觉样式。如图 13–23 所示。

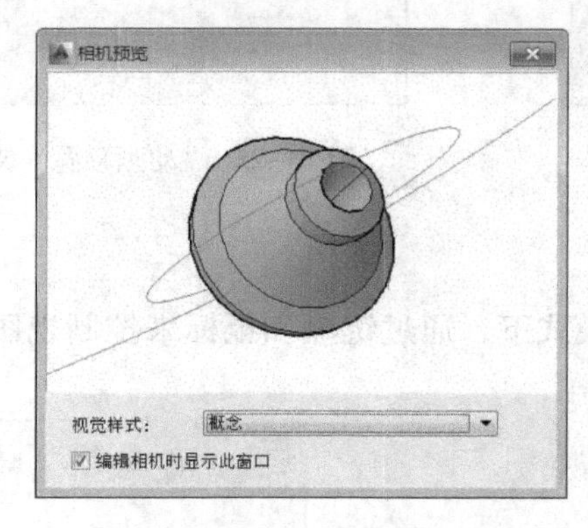

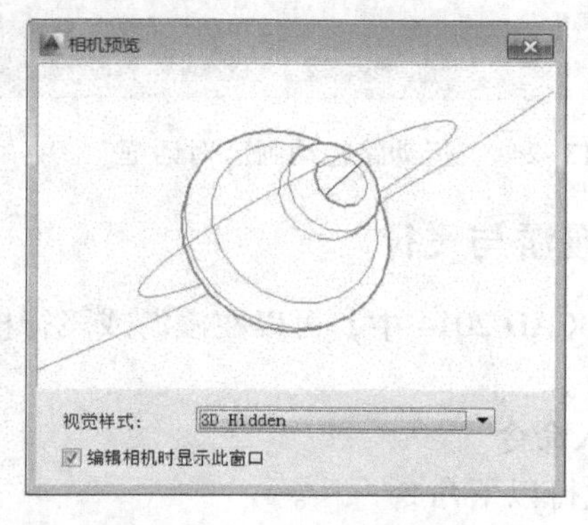

图 13–23　相机预览的“概念”和“3D Hidden”视觉样式示例

另外，选择“视图”→“相机”→“调整视距”命令或“视图”→“相机”→“回旋”命令，也可以在视图中直接观察图形。

13.4.3 运动路径动画

使用运动路径动画（例如模型的三维动画穿越漫游）可以为用户形象地演示模型。可以录制和回放导航过程，以动态传达设计意图。

1. 输入命令

可以执行以下命令　　。

● 菜单栏：选择“视图”→“运动路径动画”命令。

● 命令行：输入 ANIPATH。

执行命令后，系统打开“运动路径动画”对话框，如图 13–24 所示。

2. 选项说明

●“相机”选项组：用于设置相机链接到的点或路径，使相机位于指定观察图形或沿路径观察图形。

●“目标”选项组：用于设置相机目标链接到的点或路径。

●“动画设置”选项组：用于设置动画的帧率、帧数、持续时间、分辨率、动画输出格式等选项。

当设置结束后，单击“预览”按钮，将打开“动画预览”对话框，可以预览动画播放效果，如图 13–25 所示。

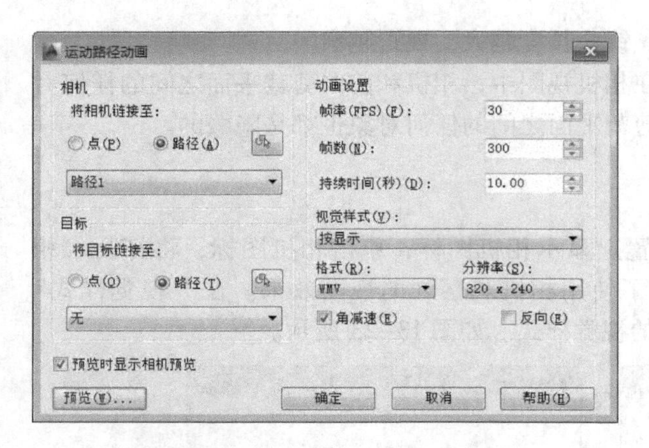

图 13-24 “运动路径动画”对话框

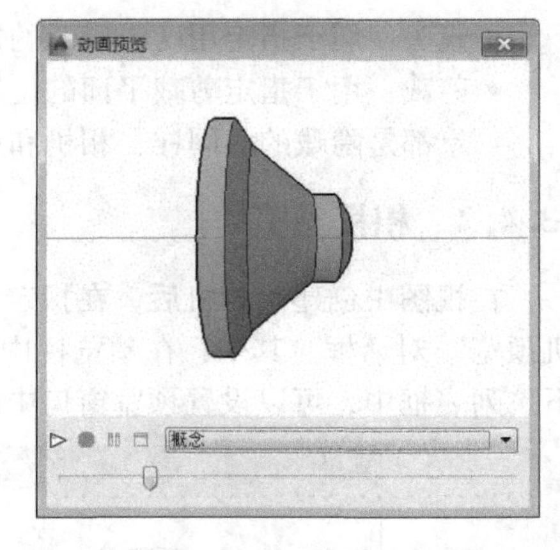

图 13-25 “动画预览”对话框

13.4.4 漫游与飞行

在 AutoCAD 2014 中，可以在漫游或飞行模式下，通过键盘和鼠标来控制视图显示和创建导航动画。

1. 输入命令

可以执行以下命令   。

- 工具栏：单击“漫游和飞行”工具栏中的“漫游”按钮或“飞行”按钮。
- 菜单栏：选择“视图”→“漫游和飞行”→“漫游”或“飞行”命令。
- 命令行：输入 3DORBIT。

执行命令后，系统打开“定位器”选项板，如图 13-26 所示。“定位器”选项板的功能类似于地图。

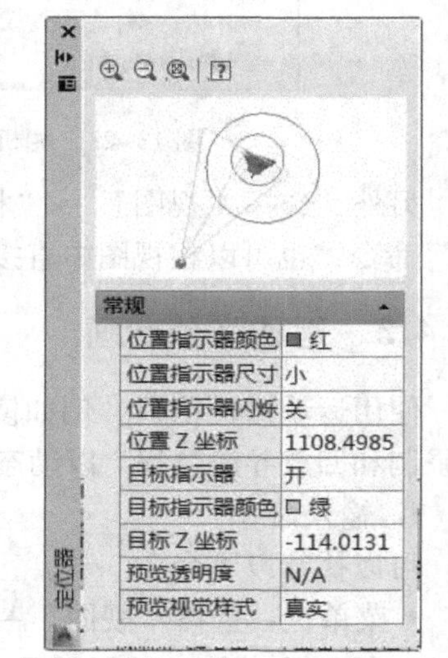

图 13-26 “定位器”选项板

2. 选项说明

- “预览”显示框：用于显示对象的二维顶视图，指示器显示了当前用户在模型中所处的位置，通过拖动可以改变指示器的位置。
- “常规”选项组：用于设置位置指示器的颜色、尺寸、闪烁；目标指示器的开启状态、颜色以及预览透明度和视觉样式。

13.5 三维模型导航工具

AutoCAD 2014 完善了三维模型的导航工具。本节主要介绍 SteeringWheels 和 ViewCube 命令。

13.5.1 SteeringWheels 控制盘

SteeringWheels 命令也称作全导航控制盘，如图 13-27 所示。它将多个常用导航工具结合在一起，使用起来更加便捷。控制盘上的每个按钮代表一种导航工具，可以用不同方式平移、缩放或操作模型的当前视图。

1. SteeringWheels 的开启

显示 SteeringWheels 控制盘可以执行下列方法之一。

- 菜单栏：选择“视图”→“SteeringWheels”命令。
- 命令行：输入 NAVSWHEEL。
- 快捷菜单：选择“STEERINGWHEELS”命令。
- 状态栏：单击按钮。

执行命令后，控制盘出现在界面右下角或跟着光标移动。

2. SteeringWheels 的关闭

关闭 SteeringWheels 控制盘可以执行下列方法之一。

- 按〈Esc〉键或〈Enter〉键。
- 单击控制盘右上角“关闭”按钮。
- 在控制盘上右击，在弹出的快捷菜单中选择“关闭控制盘”命令，如图 13-28 所示。

图 13-27 “SteeringWheels”控制盘

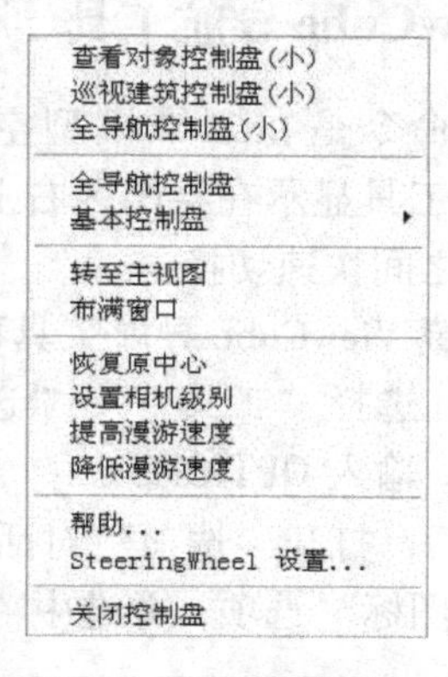

图 13-28 “控制盘”快捷菜单

3. SteeringWheels 的组成

控制盘主要包括查看对象控制盘、巡视建筑控制盘和全导航控制盘。

（1）查看对象控制盘

在快捷菜单中选择“基本控制盘”→“查看对象控制盘”命令，可以打开“查看对象控制盘”，如图 13-29 所示。

查看对象控制盘各按钮功能如下。

- “中心”按钮：用于在模型上指定一个点以调整当前视图的中心，或更改用于某些导航工具的目标点。
- “缩放”按钮：用于调整当前视图的比例。
- “回放”按钮：用于恢复上一视图。用户可以在先前视图中向后或向前查看。
- “动态观察”按钮：用于绕固定的轴心点旋转当前视图。

（2）巡视建筑控制盘

在快捷菜单中选择“基本控制盘”→“巡视建筑控制盘”命令，可以打开“巡视建筑控制盘”，如图 13-30 所示。

巡视建筑控制盘各按钮功能如下。

- “向前”按钮：用于调整视图的当前点与所定义的模型轴心点之间的距离。

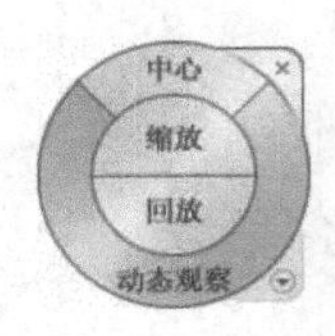

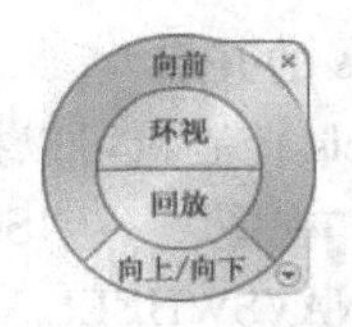

图 13-29　查看对象控制盘　　　　图 13-30　巡视建筑控制盘

- “环视”按钮：用于回旋当前视图。
- “回放”按钮：用于恢复上一视图。用户可以在先前视图中向后或向前查看。
- “向上/向下”按钮：用于沿屏幕的 Y 轴滑动模型的当前视图。

（3）全导航控制盘

全导航控制盘包括了“查看对象控制盘”和“巡视建筑控制盘”的功能，如图 13-27 所示。

13.5.2　ViewCube 导航工具

ViewCube 命令是在二维模型空间或三维视觉样式中处理图形时显示的导航工具。ViewCube 导航工具显示在绘图区右上角或隐藏，通过 ViewCube 命令，用户可以在标准视图和等轴测视图之间快速切换。

显示和隐藏 ViewCube 导航工具可以执行下列方法之一。

- 菜单栏：选择“工具”→“选项”命令。
- 命令行：输入 OPTIONS。

执行命令后，打开“选项”对话框，选择“三维建模”选项卡，设置“显示 ViewCube”或“显示 UCS 图标”选项，并选中“显示视口控件”复选框，如图 13-31 所示。

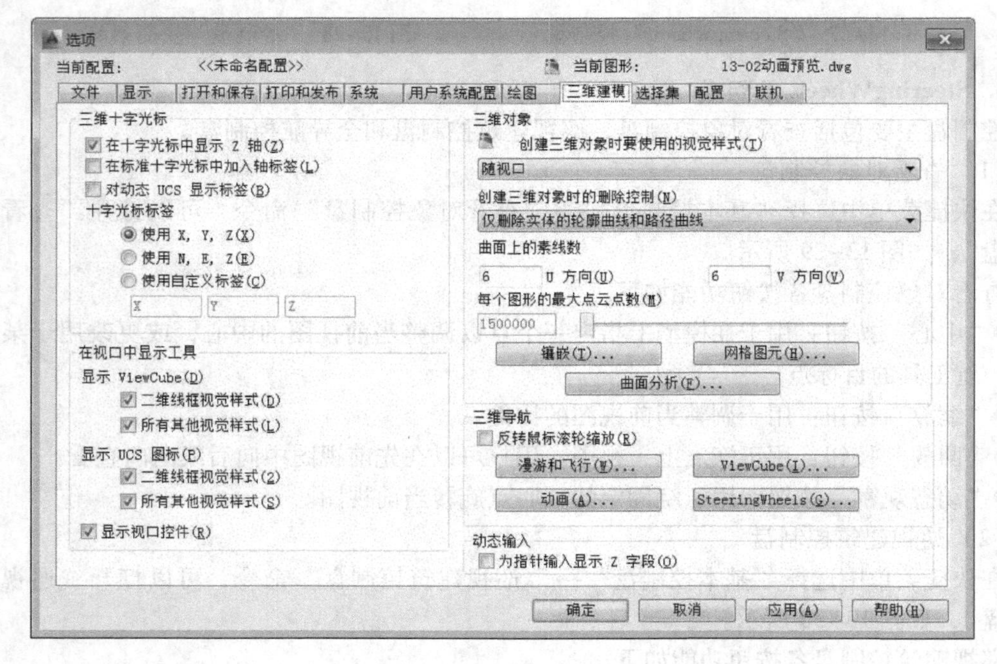

图 13-31　“三维建模”选项卡

将光标停留在 ViewCube 上方时，ViewCube 将变为活动状态，如图 13-32 所示。此时可以切换至预设视图、滚动当前视图或更改为模型的主视图。ViewCube 导航工具在三维模型空间中的显示如图 13-33 所示。

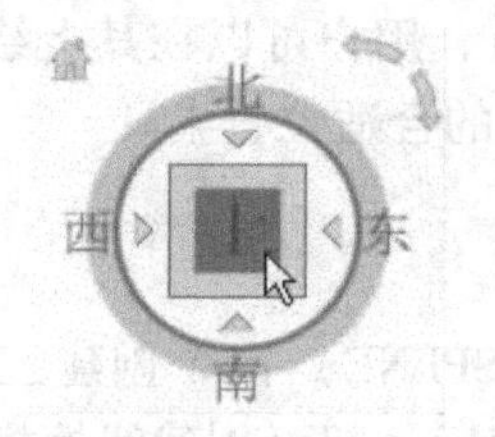

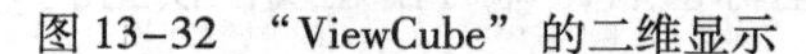

图 13-32 “ViewCube”的二维显示　　图 13-33 “ViewCube”的三维显示

13.6 三维模型概况

三维造型可以分为线框造型、曲面造型以及实体造型 3 种，这 3 种造型生成的模型从不同角度来描述一个物体。它们各有侧重，各具特色。图 13-34 显示了同一物体的 3 种不同模型，其中图 13-34a 为线框模型，图 13-34b 为曲面模型，图 13-34c 为实体模型。

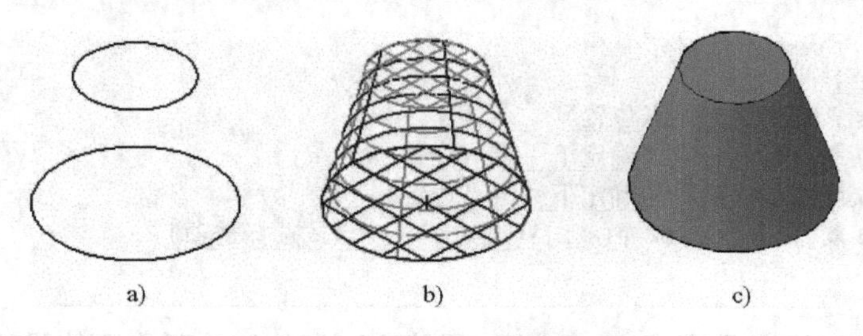

图 13-34 三维造型示例

a）线框模型 b）曲面模型 c）实体模型

线框模型用来描述三维对象的轮廓及断面特征，它主要由点、线组成，不具有面和体的特征，但线架模型是曲面造型的基础。

曲面模型用来描述曲面的形状，一般是将线框模型经过进一步处理得到的。曲面模型不仅可以显示出曲面的轮廓，而且可以显示出曲面的真实形状。各种曲面是由许许多多的曲面片组成，而这些曲面片又通过多边形网络来定义。

实体模型具有体的特征，它由一系列表面包围，这些表面可以是普通的平面也可以是复杂的曲面，实体模型中除包含二维图形数据外，还包括相当多的工程数据，如体积、边界面和边等。

13.7 创建线框模型

线框模型是曲面模型的基础，可以利用直线、曲线和平面来创建线框模型。

13.7.1 利用二维对象创建线框模型

三维线框模型中的每个对象都要单独绘制和定位，绘图时可将任意一个二维平面对象放置到三维空间中即可创建三维线框图。方法有以下几种。

- 使用绘制“点”（POINT）的命令，然后输入三维空间点的“X、Y、Z”坐标值，来创建对象。
- 定义一个 UCS，设置默认的构造平面（XY 平面），用户可以在其上绘制图形。
- 在二维空间创建对象后，将其移动到三维空间中的合适位置上。

13.7.2 利用直线与样条曲线创建线框模型

可以使用“直线”（LINE）命令和“样条曲线”（SPLNE）命令创建三维直线和三维样条曲线，创建时输入三维空间点的“X、Y、Z”坐标值后，即可创建线框模型。

13.7.3 利用三维多段线创建线框模型

1. 输入命令

可以执行以下命令 。

- 菜单栏：选择“绘图”→“三维多段线”命令。
- 命令行：输入 3DPOLY。

2. 操作格式

```
命令:(输入命令)
指定多段线的起点:(指定起始点位置)
指定直线的端点或[放弃(U)]:(确定下一端点位置)
指定直线的端点或[放弃(U)]:(确定下一端点位置)
指定直线的端点或[闭合(C)/放弃(U)]:(确定下一端点或选择选项)
```

3. 说明

三维多段线与二维多段线相比，三维多段线不可以绘制圆弧也不能设置线宽。

13.7.4 创建螺旋线

该命令可以创建螺旋线，如图 13-35 所示。

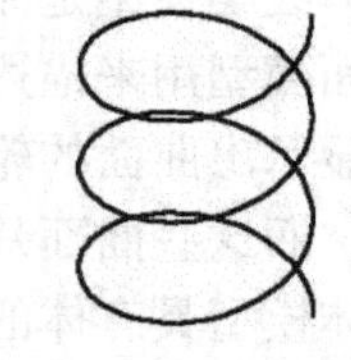

图 13-35 创建螺旋线示例

1. 输入命令

可以执行以下命令 。

- 工具栏：单击“建模”工具栏中的“螺旋”按钮。
- 菜单栏：选择“绘图”→“螺旋”命令。
- 命令行：输入 HELIX。

2. 操作格式

```
命令:(输入命令)
圈数 = 3.0000 ;     扭曲 = CCW(螺旋线当前参数)
指定底面的中心点:(指定螺旋线下端的中心点)
指定底面半径或 [直径(D)] <1.0000>:(指定螺旋线下端的半径)
指定顶面半径或 [直径(D)] <1.0000>:(指定螺旋线上端的半径或按〈Enter〉键,如果上下端的半径设置不同,则创建塔形螺旋线)
指定螺旋高度或 [轴端点(A)/圈数(T)/圈高(H)/扭曲(W)] <1.0000>:
```

3. 选项说明

命令中各选项功能含义如下。

- 轴端点（A）：用于指定轴的端点，然后以底面中心点到该轴端点的距离为螺旋高度。
- 圈数（T）：用于指定螺旋线的圈数，默认圈数为3。
- 圈高（H）：用于指定螺旋线各圈之间的距离。
- 扭曲（W）：用于指定螺旋线的扭曲方向是顺时针（CW）还是逆时针（CCW）。

13.8 创建曲面模型

AutoCAD用多边形网格构成的小平面来近似表示曲面，而这些网格小平面越密，曲面的光滑程度也就越高。

AutoCAD 2014提供了创建曲面模型的“曲面”菜单，如图13-36所示。本节介绍创建各种曲面模型。

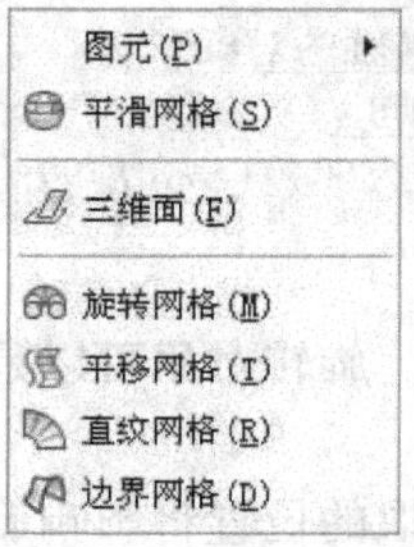

图13-36 “曲面”菜单

13.8.1 创建三维面

1. 输入命令

可以执行以下命令 。

- 菜单栏：选择“绘图”→“建模”→“网格”→“三维面”命令。
- 命令行：输入3DFACE。

2. 操作格式

```
命令:(输入命令)
指定第一点或[不可见(I)]:(输入“60,40,0”)
指定第二点或[不可见(I)]:(输入“80,60,40”)
指定第三点或[不可见(I)]〈退出〉:(输入“80,100,40”)
指定第四点或[不可见(I)]〈创建三侧面〉:(输入“60,120,0”)
```

再依次输入(140,120,0)、(120,100,40)、(120,60,40)、(140,40,0)、(60,40,0)、(80,60,40)点的坐标，按〈Enter〉键结束命令。如图13-37所示为“东北等测轴”视图的示例。

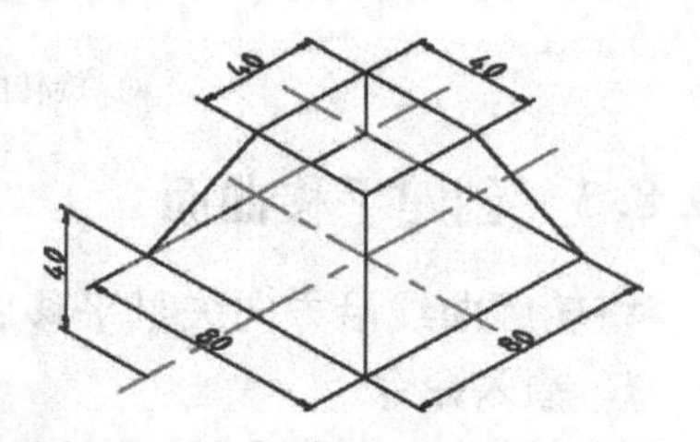

图13-37 创建“三维面”示例

3. 说明

用户按系统提示输入三维面的各个顶点，即可创建一个三维面，并且系统提示继续指定顶点3或顶点4，可以创建连续的三维面。在指定三维面的 4 个顶点时，必须连续按顺时针或逆时针进行，选择“I”可以控制边的可见性。

13.8.2 创建旋转曲面

将指定曲面绕轴旋转一定的角度，形成旋转曲面。

1. 输入命令

可以执行以下命令　　。

- 菜单栏：选择“绘图”→“建模”→“网格”→“旋转网格”命令。
- 命令行：输入 REVSURF。

2. 操作格式

命令：(输入命令)
当前线框密度：SURFTAB1 = 30，SURFTAB2 = 30(显示当前线框密度为 30)
选择要旋转的对象：(选取要旋转的对象)
选择定义旋转轴的对象：(选择作为旋转轴的对象)
指定起点角度〈0〉：(指定旋转的起点角度)
指定包含角(+ = 逆时针，- = 顺时针)〈360〉：(指定旋转曲面的包含角度)

3. 说明

需要先绘制出旋转对象和旋转轴。旋转对象可以是直线、圆弧、圆、样条曲线、多段线等，旋转轴可以是直线、多段线等。

当选择作为旋转轴的对象时，选取的位置将影响旋转对象的旋转方向。该方向由右手规则确定，方法是：将右手拇指沿旋转轴指向远离拾取点的旋转轴上的另一端点，弯曲四指，四指所指方向就是旋转方向。操作结果如图 13-38 所示，图 13-38a 为平面图；图 13-38b 为执行命令后结果；图 13-38c 为动态观察状态时的旋转曲面。

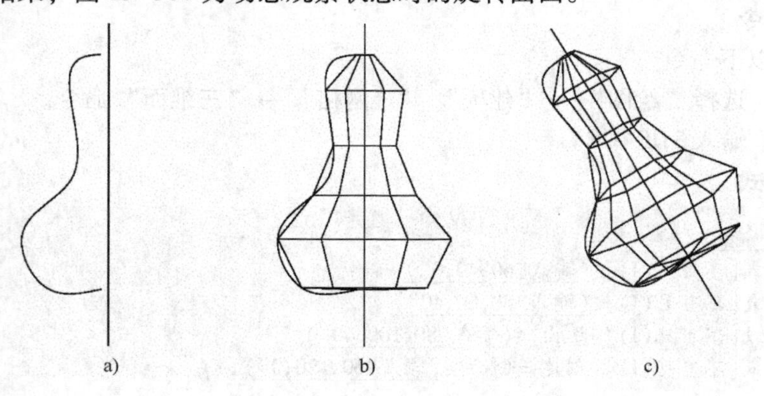

图 13-38　创建旋转曲面示例
a）旋转曲面对象　b）旋转曲面　c）动态观察状态

13.8.3 创建平移曲面

将轮廓曲线沿方向矢量平移后创建平移曲面。

1. 输入命令

可以执行以下命令　　。

● 菜单栏：选择“绘图”→“建模”→“网格”→“平移网格”命令。
● 命令行：输入 TABSURF。

2. 操作格式

```
命令:(输入命令)
选择用作轮廓曲线的对象:(选择轮廓曲线)
选择用作方向矢量的对象:(选择方向矢量)
```

选择方向矢量后，完成创建平移曲面，如图 13-39 所示。图 13-39a 为俯视平面绘制的轮廓曲线图；图 13-39b 为主视平面绘制的方向矢量；图 13-39c 为执行命令后结果；图 13-39d 为动态观察状态时的平移曲面。

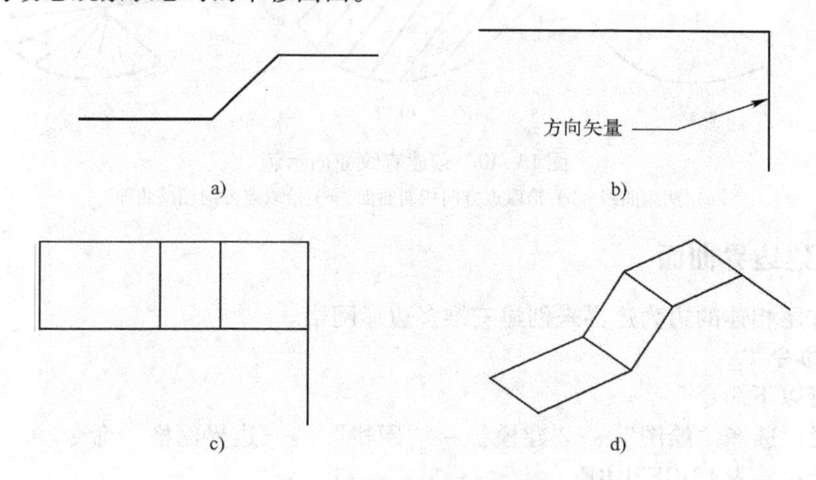

图 13-39　创建平移曲面示例
a）轮廓曲线　b）方向矢量　c）平移曲面　d）动态观察状态

3. 说明

必须首先绘制出作为轮廓曲线和方向矢量的图形对象。轮廓曲线可以是直线、圆弧、圆、样条曲线、多段线等，作为方向矢量的对象可以是直线或非闭合的多段线等，如图 13-39a 所示。

13.8.4　创建直纹曲面

在两条曲线之间形成直纹曲面。

1. 输入命令

可以执行以下命令　　。
● 菜单栏：选择“绘图”→“建模”→“网格”→“直纹网格”命令。
● 命令行：输入 RULESRF。

2. 操作格式

```
命令:(输入命令)
当前线框密度:SURTAB1 = 30
选择第一条定义曲线(选择第一条曲线)
选择第二条定义曲线(选择第二条曲线)
```

3. 说明

用户应先绘制出用于创建直线曲面的两条曲线，如图 13-40a 所示。这些曲面可以是直线、点、圆弧、圆、样条曲线、多段线等对象。

如果其中一条曲线是封闭曲线，另一条曲线也必须是封闭曲线或为一个点。

如果曲线非封闭时，直纹曲面总是从曲线上离拾取点近的一端画出。因此用同样两条曲线绘制直纹曲面时，如果确定曲线时的拾取位置不同（例如两端点相反），则得到的曲面也不相同，如图 13-40b 和图 13-40c 所示。

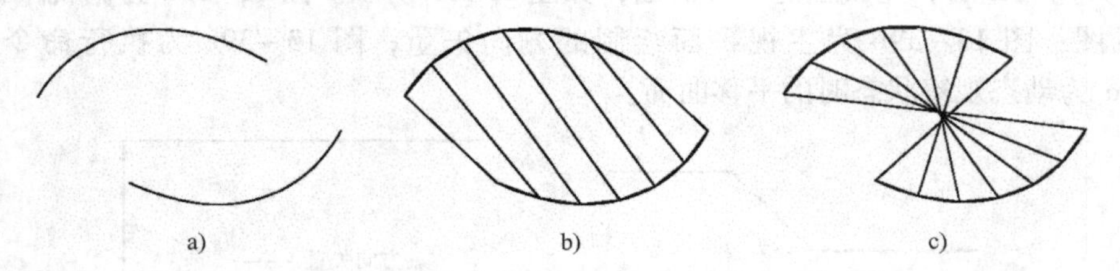

图 13-40 创建直纹曲面示例

a）两条曲线 b）拾取点方向相同曲面 c）拾取点方向相反曲面

13.8.5 创建边界曲面

以 4 条首尾相连的边为边界来创建三维多边形网格。

1. 输入命令

可以执行以下命令 。

- 菜单栏：选择“绘图”→“建模”→“网格”→“边界网格”命令。
- 命令行：输入 EDGESURF。

2. 操作格式

```
命令:(输入命令)
当前线框密度:SURFTAB1 = 30  , AURFTAB2 = 30  (当前设置显示)
  选择用作曲面边界的对象 1:(选择曲面的第 1 条边)
选择用作曲面边界的对象 2:(选择曲面的第 2 条边)
选择用作曲面边界的对象 3:(选择曲面的第 3 条边)
选择用作曲面边界的对象 4:(选择曲面的第 4 条边)
```

结果如图 13-41 所示。

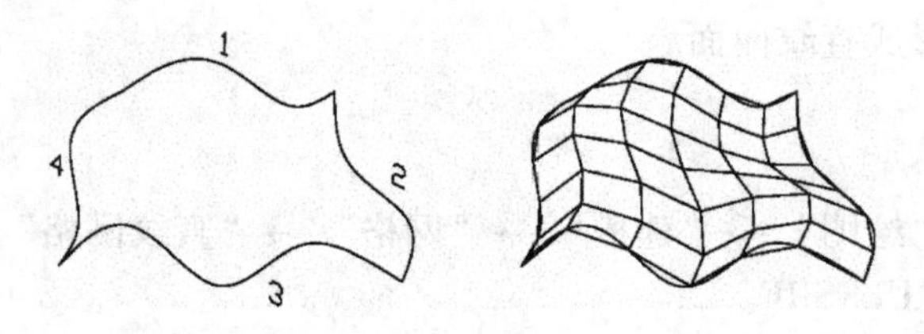

图 13-41 “边界曲面”绘制示例

3. 说明

必须先绘制出用于绘制边界曲面的 4 个对象，这些对象可以是直线、圆弧、样条曲线、多段线等。

选择第一个对象所在的方向为多边形的 M 方向，与其相邻的线条方向为 N 方向。系统变量 SURFTAB1 和 SURFTAB2 分别控制 M、N 方向的网格数。

13.9 创建实体模型

实体是具有封闭空间的几何形体，它具有质量、体积、重心、惯性矩、回转半径等体的特征。AutoCAD 2014 提供了基本三维实体，包括长方体、球体、圆柱体、圆锥体、楔体和圆环体。通过对基本实体执行并集、差集或交集等布尔运算可创建复杂的实体模型。

AutoCAD 2014 提供了可供绘制实体的“建模”工具栏和“建模”菜单，如图 13-42 和图 13-43 所示，用于创建和编辑实体模型。

图 13-42 “建模”工具栏

图 13-43 “建模”菜单

13.9.1 创建多段体

用与绘制多段线相同的方式或基于现有的直线绘制实体。

1. 输入命令

可以执行以下命令　　。

- 工具栏：单击“建模”工具栏中的“多段体”按钮。
- 菜单栏：选择“绘图”→“建模”→“多段体”命令。
- 命令行：输入 POLYSOLID。

2. 操作格式

```
命令:(输入命令)
指定起点或[对象(O)/高度(H)/宽度(W)/对正(J)]〈对象〉:(输入 H)
指定高度〈4.0000〉:(输入高度值)
指定起点或[对象(O)/高度(H)/宽度(W)/对正(J)]〈对象〉:(输入 W)
指定宽度〈0.2500〉:(输入宽度值)
指定起点或[对象(O)/高度(H)/宽度(W)/对正(J)]〈对象〉:(输入 W)
指定下一个点或[圆弧(A)/放弃(U)]:(指定下一个点)
```

输入点后，即可创建多段体。也可以选择“对象”选项将图形转换为实体。

13.9.2 创建长方体

创建长方体或立方体。

1. 输入命令

可以执行以下命令 。

- 工具栏：单击“建模”工具栏中的“长方体”按钮。
- 菜单栏：选择“绘图”→“建模”→“长方体”命令。
- 命令行：输入 BOX。

2. 操作格式

命令:(输入命令)
指定第一个角点或[中心(C)]〈0,0,0〉:(指定长方体角点或中心点)
指定其他角点或[立方体(C)/长度(L)]:(指定长方体另一角点或正方体或边长)
指定高度或[两点(2P)]:(指定长方体的高度)

输入高度值之后，即可创建长方体，如图 13-44 所示。

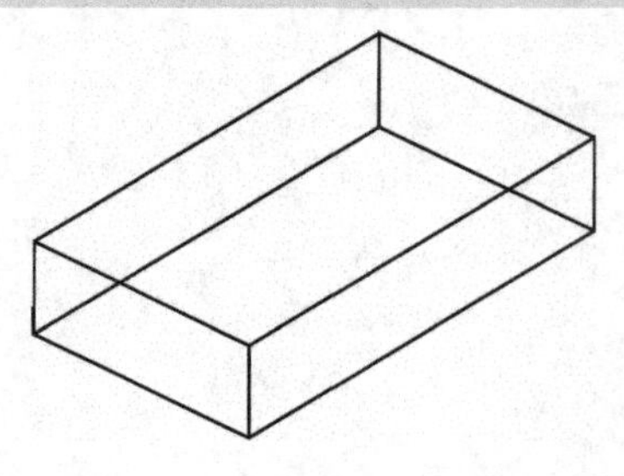

图 13-44 创建长方体示例

3. 选项说明

- 角点：用于指定长方体的一个角点。
- 立方体（C）：用于创建一个长、宽、高相等的长方体。
- 长度（L）：用于指定长方体的长、宽、高。
- 指定高度：用于指定长方体的高度。
- 中心（C）：用于指定中心点来创建长方体。
- 两点（2D）：用于指定两点来确定高度或长度。

13.9.3 创建楔体

1. 输入命令

可以执行以下命令 。

- 工具栏：单击“建模”工具栏中的“楔体”按钮。
- 菜单栏：选择“绘图”→“建模”→“楔体”命令。
- 命令行：输入 WEDGE。

2. 操作格式

（1）指定底面矩形的对角点方式

命令:(输入命令)
指定第一个角点或[中心(C)]〈0,0,0〉:(指定该底面矩形的第一个角点)
指定其他角点或[立方体(C)/长度(L)]:(指定楔体底面矩形的另一个角点或立方体或边长)
指定高度[两点(2P)]:(指定楔体的高度值)

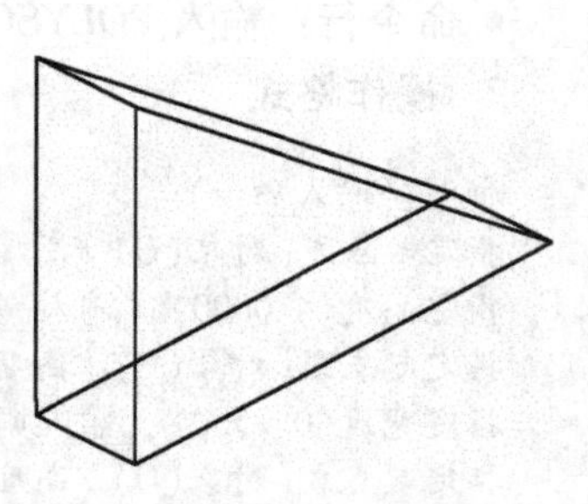

图 13-45 创建楔体示例

输入楔体的高度值后，即可创建楔体，如图 13-45 所示。

（2）指定楔体中心方式

命令:(输入命令)
指定楔体的第一个角点或[中心(C)]〈0,0,0〉:(输入“C”)
　　指定中心:(指定楔体中心点)
指定角点或[立方体(C)/长度(L)]:(指定楔体的对角点或选择选项)
指定高度或[两点(2P)]:(指定楔体的高度)

用户可以选择“中心（C）”来创建楔体。

13.9.4　创建圆锥体

1. 输入命令

可以执行以下命令　　。

- 工具栏：单击“建模”工具栏中的“圆锥体”按钮。
- 菜单栏：选择“绘图”→“建模”→“圆锥体”命令。
- 命令行：输入 CONE。

2. 操作格式

（1）指定圆锥体底面中心点方式

命令:(输入命令)
指定底面的中心点或[三点(3P)/两点(2P)/相切、相切、半径(T)/椭圆(E)]:(指定圆锥体底面中心点)
指定底面半径或[直径(D)]:(指定圆锥体半径或直径)
指定高度或[两点(2P)/轴端点(A)/顶面半径(T)]:(指定圆锥体高度值或顶点)

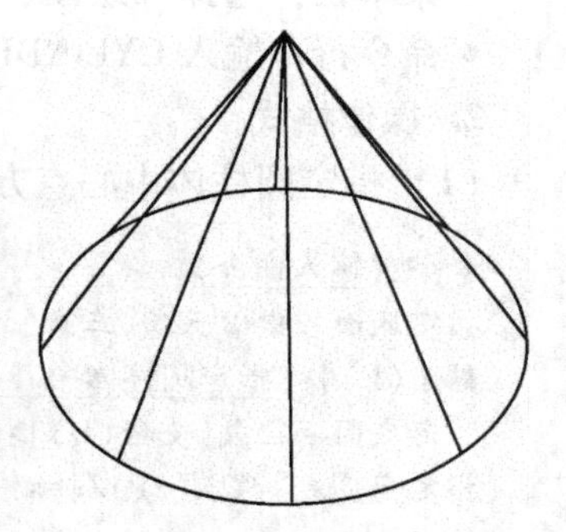

图 13-46　创建圆锥体示例

输入圆锥体高度值后，即可创建圆锥体，如图 13-46 所示。

（2）创建底面椭圆方式

命令:(输入命令)
指定底面的中心点或[三点(3P)/两点(2P)/相切、相切、半径(T)/椭圆(E)]:(输入“E”)
指定第一个轴的端点或[中心(C)]:(指定第一条轴的一个端点)
指定第一个轴的其他端点:(指定第一条轴的另一个端点)
指定第二个轴的端点:(指定第二条轴的半轴长度值)
指定高度或[两点(2P)/轴端点(A)/顶面半径(T)]:(指定圆锥体高度值或顶点)

用户可以选择“椭圆（E）”来创建以椭圆为底面的圆锥体。

13.9.5　创建球体

1. 输入命令

可以执行以下命令　　。

- 工具栏：单击“建模”工具栏中的“球体”按钮。
- 菜单栏：选择“绘图”→“建模”→“球体”命令。

- 命令行：输入 SPHERE。

2. 操作格式

命令:(输入命令)
当前线框密度:ISOLINES =4 (显示当前线框密度为4)
指定中心点或［三点(3P)/两点(2P)/相切、相切、半径(T)］:(指定球体中心点)
指定半径或［直径(D)］:(指定球体半径或直径)

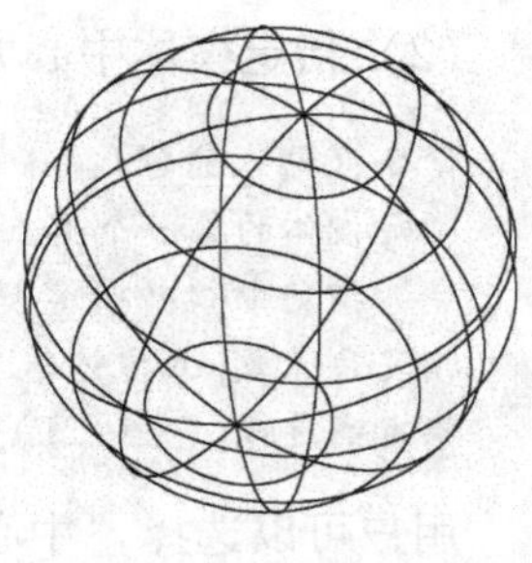
图 13-47　创建球体示例

输入球体半径值之后，即可创建球体，如图 13-47 所示。

13.9.6　创建圆柱体

1. 输入命令

可以执行以下命令　　。

- 工具栏：单击“建模”工具栏中的“圆柱体”按钮。
- 菜单栏：选择“绘图”→“建模”→“圆柱体”命令。
- 命令行：输入 CYLINDER。

2. 操作格式

（1）指定圆柱体中心点方式

命令:(输入命令)
指定底面的中心点或［三点(3P)/两点(2P)/相切、相切、半径(T)/椭圆(E)］:(指定圆柱体中心点)
指定底面半径或［直径(D)］:(指定圆柱体半径或直径)
指定高度或［两点(2P)/轴端点(A)］:(指定圆柱体高度值或顶面的中心点)

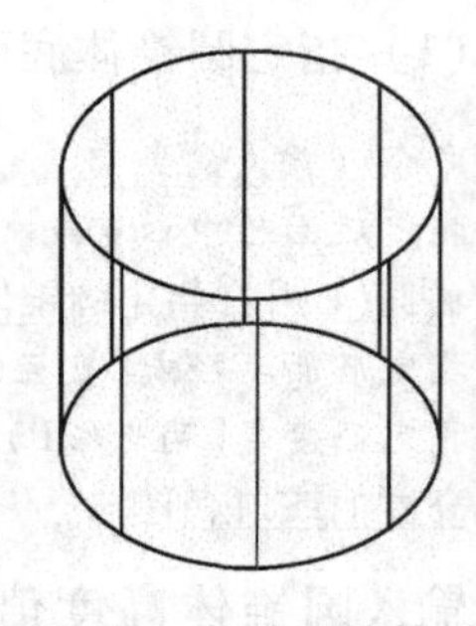
图 13-48　创建圆柱体示例

输入圆柱体高度之后，即可创建圆柱体，如图 13-48 所示。

（2）创建底面椭圆方式

命令:(输入命令)
指定底面的中心点或［三点(3P)/两点(2P)/相切、相切、半径(T)/椭圆(E)］:(输入“E”)
指定第一个轴的端点或［中心(C)］:(指定第一条轴的一个端点)
指定第一个轴的其他端点:(指定第一条轴的另一端点)
指定第二个轴的端点:(指定第二条轴的半轴长度值)
指定高度或［两点(2P)/轴端点(A)］:(指定圆柱体高度或顶面的中心点)

用户可以选择“椭圆（E）”来创建底面为椭圆的圆柱体。

13.9.7　创建圆环体

1. 输入命令

可以执行以下命令　　。

- 工具栏：单击“建模”工具栏中的“圆环体”按钮。
- 菜单栏：选择“绘图”→“建模”→“圆环体”命令。
- 命令行：输入 TORUS。

2. 操作格式

命令:(输入命令)
指定中心点或[三点(3P)/两点(2P)/相切、相切、半径(T)]:(指定圆环体中心点)
指定半径或[直径(D)]:(指定圆环体半径或直径)
指定圆管半径或[两点(2P)/直径(D)]:(指定圆管半径或直径)

输入圆管半径之后，即可创建圆环体，如图 13-49 所示。

3. 说明

可以选择“直径（D）”创建圆环体。当圆管半径大于圆环半径时，则圆环中心不再有中心孔，如图 13-50a 所示；当圆环半径为负值，圆管半径为正值时，则创建出的实体为橄榄球状，如图 13-50b 所示。

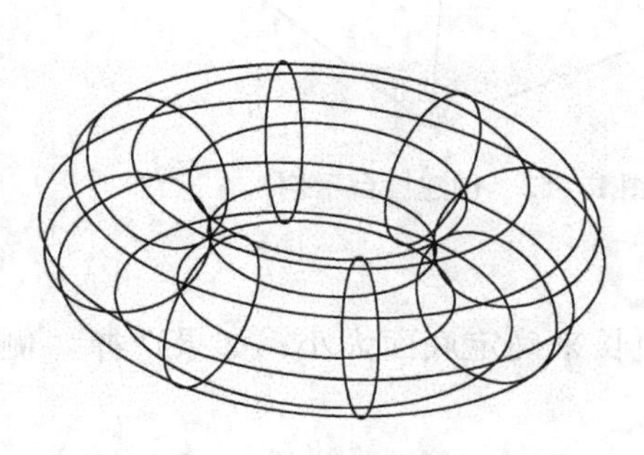

图 13-49 创建圆环体示例

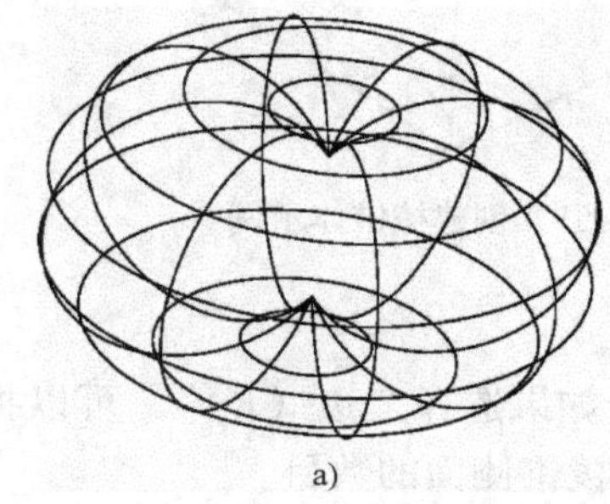

图 13-50 创建圆环体的特例

13.9.8 创建棱锥体

该命令可以创建实体棱锥体。棱锥体的侧面数可以在 3 ~ 32 之间。

1. 输入命令

可以执行以下命令 。

- 工具栏：单击“建模”工具栏中的“棱锥体”按钮。
- 菜单栏：选择“绘图” → “建模” → “棱锥体” 命令。
- 命令行：输入 PYRAMID。

2. 操作格式

（1）创建棱锥体

命令:(输入命令)
4 个侧面外切(显示当前棱锥体为 4 个侧面,底面圆外切)
指定底面的中心点或[边(E)/侧面(S)]:(指定底面的中心点)
指定底面半径或 [内接(I)]:(指定底面圆半径)
指定高度或[两点(2P)/轴端点(A)/顶面半径(T)]:(指定棱锥体高度)

指定高度后，创建棱锥体如图 13-51 所示。

（2）创建棱台

命令:(输入命令)
4 个侧面外切(显示当前棱锥体为 4 个侧面,底面圆外切)
指定底面的中心点或[边(E)/侧面(S)]:(指定底面的中心点)

指定底面半径或[内接(I)]:(指定底面圆半径)
指定高度或[两点(2P)/轴端点(A)/顶面半径(T)]:(输入"T")
指定顶面半径:(指定顶面圆半径)
指定高度或[两点(2P)/轴端点(A)]:(指定棱台高度)

命令结束后，绘制结果如图 13-52 所示。

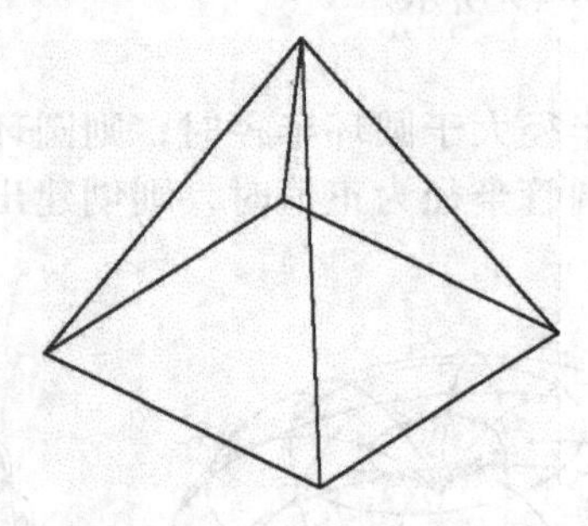

图 13-51　创建棱锥体示例

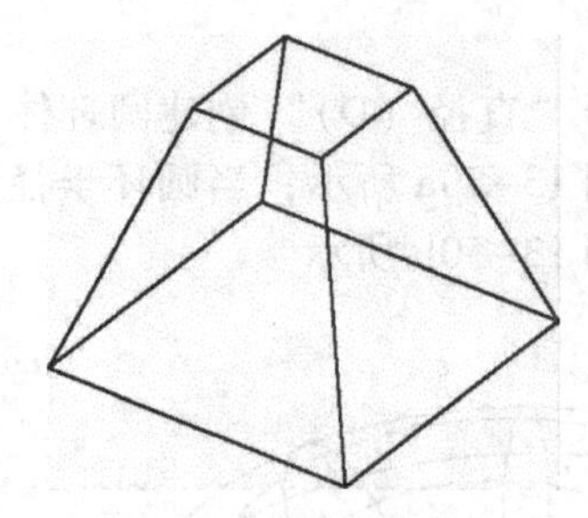

图 13-52　创建棱台示例

3. 说明

在选择选项时，如果选择"边（E）"，可以指定边长来确定底面大小；如果选择"侧面（S）"，可以改变棱锥侧面的数目。

13.9.9　创建拉伸实体

通过拉伸二维图形使之具有厚度来创建拉伸实体。

1. 输入命令

可以执行以下命令。

- 工具栏：单击"建模"工具栏中的"拉伸"按钮。
- 菜单栏：选择"绘图"→"建模"→"拉伸"命令。
- 命令行：输入 EXTRUDE。

2. 操作格式

命令:(输入命令)
选择要拉伸的对象:(选择要拉伸的二维闭合对象,如图 13-53a 所示,按〈Enter〉键)
指定拉伸的高度或[方向(D)/路径(P)/倾斜角(T)]:(指定拉伸高度或选择选项)

输入拉伸高度后，即可创建拉伸实体，如图 13-53b 所示。

3. 说明

拉伸倾斜角取值范围为 -90° ~ +90°，0°表示实体的侧面与拉伸对象所在的二维平面垂直，如图 13-53b 所示；角度为正值时侧面向内倾斜，如图 13-53c 所示；角度为负值时侧面向外倾斜，如图 13-53d 所示。用户选择的拉伸对象可以是矩形、多边形、多段线、圆及样条曲线等二维对象。

用户还可以选择"方向（D）"和"路径（P）"来创建拉伸实体。

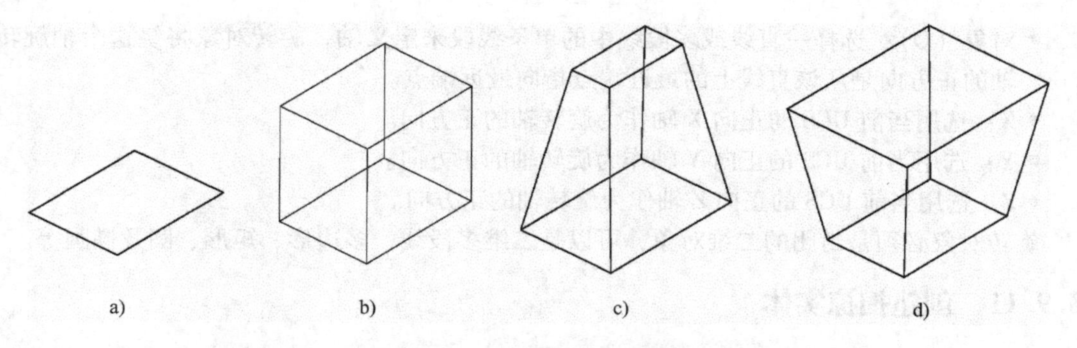

图 13-53　创建拉伸实体示例

a）二维闭合对象　b）拉伸实体（0°）　c）拉伸实体（角度为正值）　d）拉伸实体（角度为负值）

13.9.10　创建旋转实体

通过旋转封闭的二维图形来创建旋转实体。

1. 输入命令

可以执行以下命令　　。

- 工具栏：单击“建模”工具栏中的“旋转”按钮。
- 菜单栏：选择“绘图”→“建模”→“旋转”命令。
- 命令行：输入 REVOLVE。

2. 操作格式

命令：(输入命令)
选择要旋转对象：(选择要旋转的二维闭合对象，按〈Enter〉键)
指定轴起点或根据以下选项之一定义轴［对象(O)/X/Y/Z］<对象>：(指定旋转轴的起点或选择选项)
指定轴端点：(指定旋转轴的终点)
指定旋转角度〈360〉：(指定旋转角度)

输入旋转角度后，即可创建旋转实体，如图 13-54 所示。

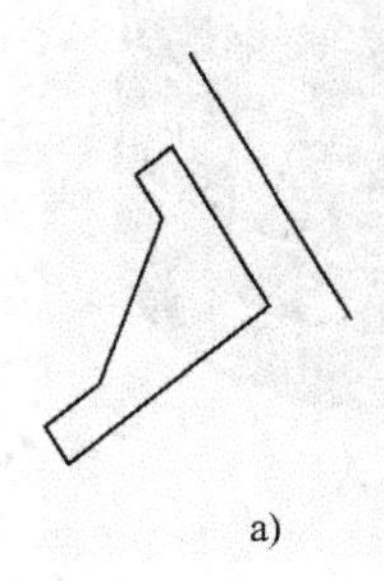

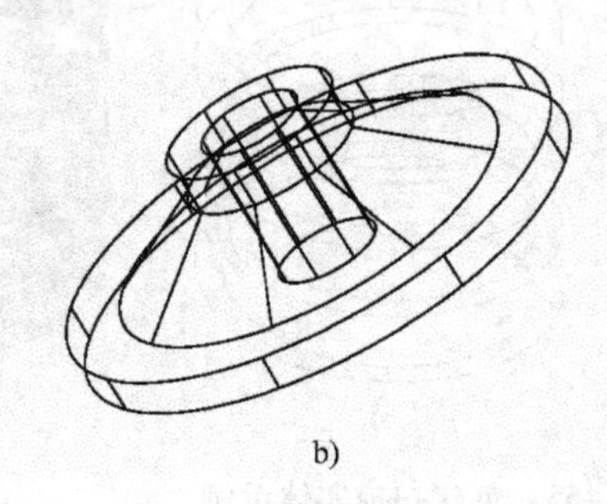

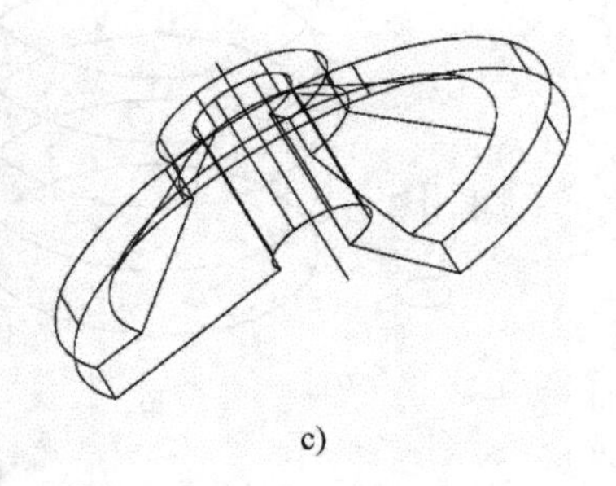

图 13-54　创建旋转实体示例

a）旋转前　b）旋转角度为 360°　c）旋转角度为 270°

3. 选项说明

用户可以选择“对象(O)/XY/Z”来创建旋转实体。

- 对象（O）：选择一直线或多段线中的单条线段来定义轴，旋转对象将绕这个轴旋转。轴的正方向是从该直线上的最近端点指向最远端点。
- X：选用当前 UCS 的正向 X 轴作为旋转轴的正方向。
- Y：选用当前 UCS 的正向 Y 轴作为旋转轴的正方向。
- Z：选用当前 UCS 的正向 Z 轴作为旋转轴的正方向。

旋转对象必须是封闭的二维对象，可以是二维多段线、多边形、矩形、圆及椭圆等。

13.9.11 创建扫掠实体

该命令用于沿指定路径以指定轮廓的形状（扫掠对象）绘制实体或曲面。可以扫掠多个对象，但是这些对象必须位于同一平面中。

1. 输入命令

可以执行以下命令 。

- 工具栏：单击“建模”工具栏中的“扫掠”按钮。
- 菜单栏：选择“绘图”→“建模”→“扫掠”命令。
- 命令行：输入 SWEEP。

2. 操作格式

```
命令:(输入命令)
当前线框密度： ISOLINES=4。
选择要扫掠的对象:(指定扫掠对象)
选择要扫掠的对象:(按〈Enter〉键)
选择扫掠路径或[对齐(A)/基点(B)/比例(S)/扭曲(T)]:(指定扫掠路径或选择选项)
命令:
```

命令结束后，完成扫掠实体，如图 13-55b 所示，选择“视觉样式”中的“概念”选项，扫掠实体如图 13-55c 所示。

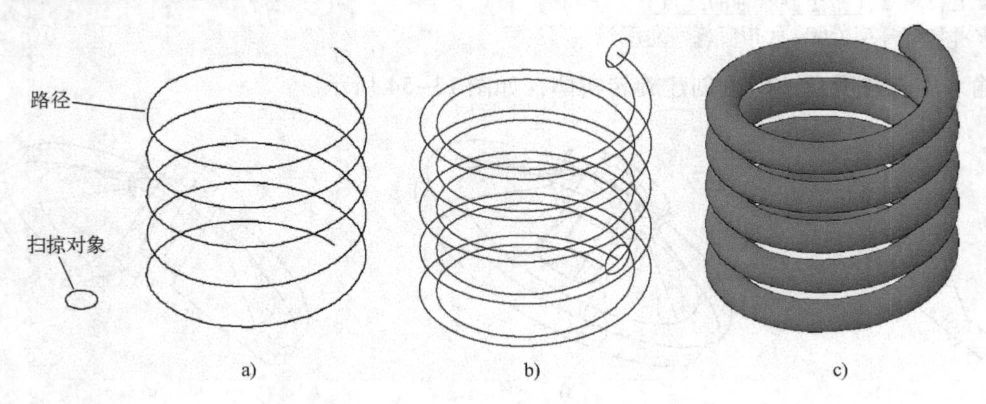

图 13-55 创建扫掠实体示例

a）扫掠前 b）扫掠后的“线框”模型 c）扫掠后的“概念”模型

3. 选项说明

- 对齐（A）：用于设置扫掠前是否对齐垂直于路径的扫掠对象。
- 基点（B）：用于设置扫掠的基点。

- 比例（S）：用于设置扫掠的比例因子，当指定了该参数后，扫掠效果与单击扫掠路径的位置有关。
- 扭曲（T）：用于设置扭曲角度或允许非平面扫掠路径倾斜。

13.9.12 创建放样实体

该命令用于沿指定路径以两个以上的横截面曲线进行放样（绘制实体或曲面）创建实体模型。

1. 输入命令

可以执行以下命令。

- 工具栏：单击“建模”工具栏中的“放样”按钮。
- 菜单栏：选择“绘图”→“建模”→“放样”命令。
- 命令行：输入 LOFT。

2. 操作格式

```
命令:(输入命令)
按放样次序选择横截面:(选择如图 13-56 所示上方的圆)
按放样次序选择横截面:(选择中间的圆)
按放样次序选择横截面:(选择下方的圆)
按放样次序选择横截面:(按〈Enter〉键)
输入选项 [导向(G)/路径(P)/仅横截面(C)] <仅横截面>:(输入“P”)
选择路径曲线:(指定轴线)
命令:
```

命令结束后，完成放样实体，消隐效果如图 13-57 所示。

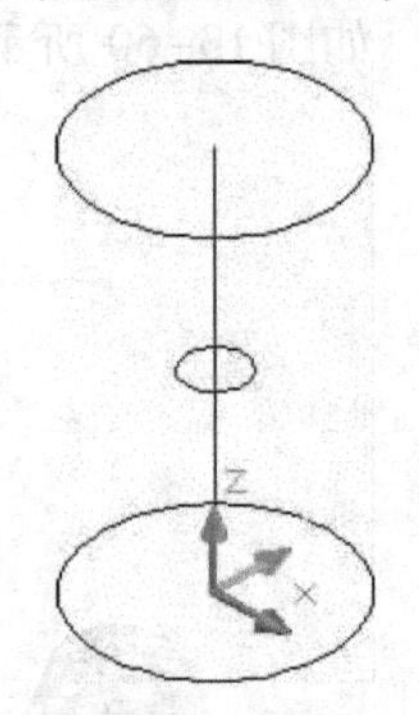

图 13-56　放样前

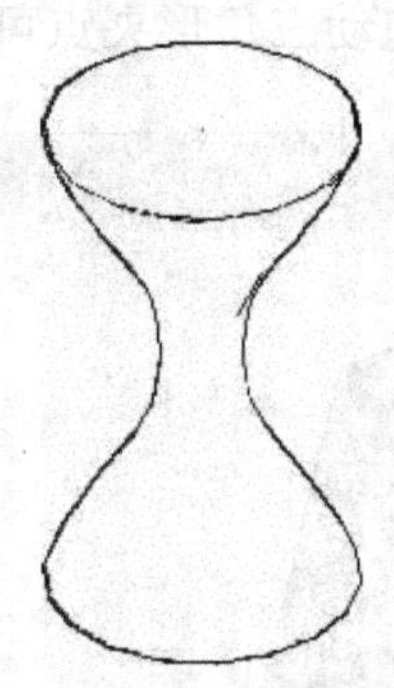
图 13-57　创建放样实体效果示例

13.10 实训

此节进行相机观察、导航工具和创建实体模型练习。

13.10.1 使用相机观察图形和设置导航工具

此节进行相机观察和导航工具练习。

1. 使用相机观察图形

（1）要求

根据13.5节介绍的方法，创建相机，设置相机的名称、位置、高度、焦距等，并对实体进行观察。

（2）操作步骤

首先打开如图13-58所示的图形或创建图形。选择“视图”→“创建相机”命令。

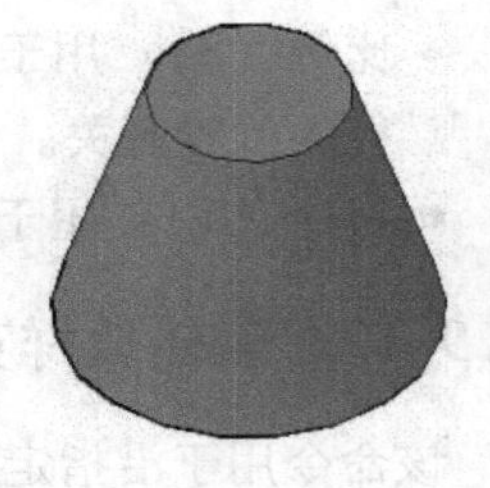

图13-58　打开图形示例

指定相机位置：(输入相机坐标值或在图形的相应位置单击鼠标以指定相机位置)
指定目标位置：(输入目标坐标值或单击目标对象的中心点以指定目标位置)
输入选项[？/名称(N)/位置(LO)/高度(H)/目标(T)/镜头(LE)/剪裁(C)/视图(V)/退出(X)]〈退出〉：(输入“N”)
输入新相机的名称 <相机1>：(默认名称“相机1”,按〈Enter〉键)
输入选项[？/名称(N)/位置(LO)/高度(H)/目标(T)/镜头(LE)/剪裁(C)/视图(V)/退出(X)]〈退出〉：(输入“H”)
指定相机高度 <0>：(输入“100”)
输入选项[？/名称(N)/位置(LO)/高度(H)/目标(T)/镜头(LE)/剪裁(C)/视图(V)/退出(X)]〈退出〉：(输入“LE”)
以毫米为单位指定镜头长度 <50>：(输入“25”)
输入选项[？/名称(N)/位置(LO)/高度(H)/目标(T)/镜头(LE)/剪裁(C)/视图(V)/退出(X)]〈退出〉：(按〈Enter〉键结束命令)

结束创建相机命令后，单击相机图标，打开“相机预览”对话框，即可对实体进行观察。如图13-59所示。如果观察角度不理想，可以单击并拖动相机图标或菱形夹点，来改变相机的高度和位置，拖动三角形夹点可以改变镜头长度，如图13-60所示。

图13-59　“相机预览”对话框

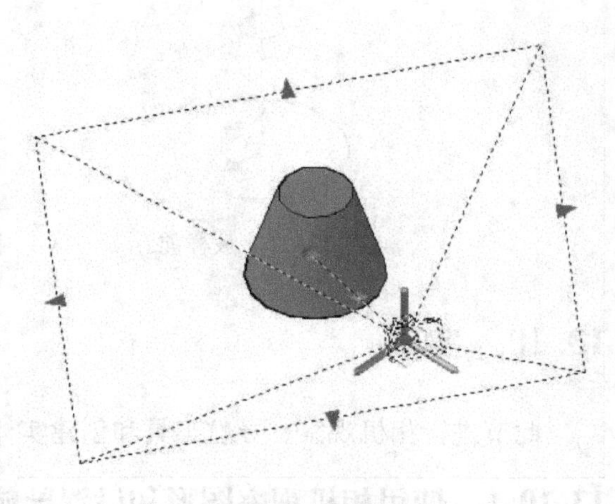

图13-60　相机与目标示例

2. 设置导航工具

（1）设置 SteeringWheels 控制盘

设置 SteeringWheels 控制盘的操作步骤如下。

1）选择“工具”→“选项”命令，打开“选项”对话框，并选择“三维建模”选项卡，单击“SteeringWheels”按钮。

2）打开“SteeringWheels 设置”对话框，如图 13-61 所示。

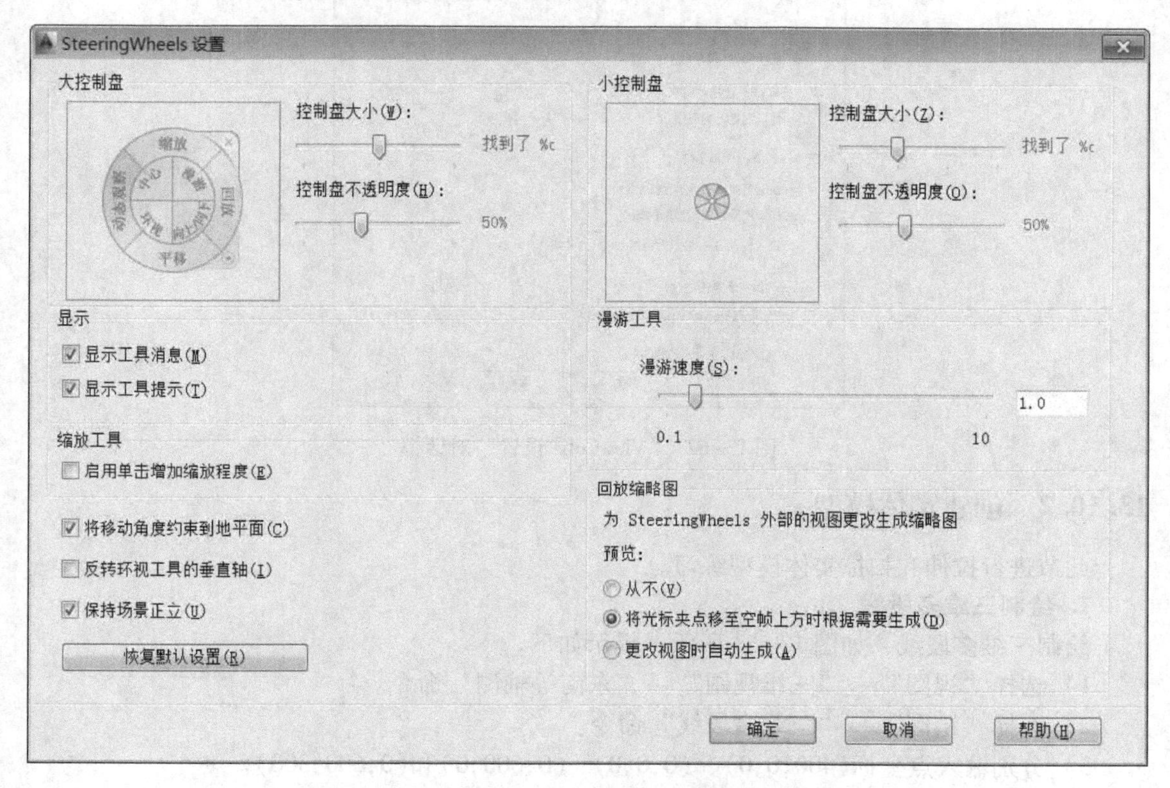

图 13-61 “SteeringWheels 设置”对话框

3）移动“控制盘大小”中的滑块，可以改变控制盘的外观大小。

（2）设置 ViewCube 导航工具

设置 ViewCube 导航工具的操作步骤如下。

1）选择“工具”→“选项”命令，打开“选项”对话框，并选择“三维建模”选项卡，单击“ViewCube”按钮。

2）打开“ViewCube 设置”对话框，如图 13-62 所示。

3）系统默认状态，ViewCube 导航工具是固定在右上角的。可以打开“屏幕位置”选项中的下拉列表框，其中绘图区 4 个角的位置可供固定选择。

4）移动“ViewCube 大小”中的滑块，可以改变图标的外观大小。

5）“在 ViewCube 下方显示指南针”复选框用于显示和隐藏图标中的指南针。

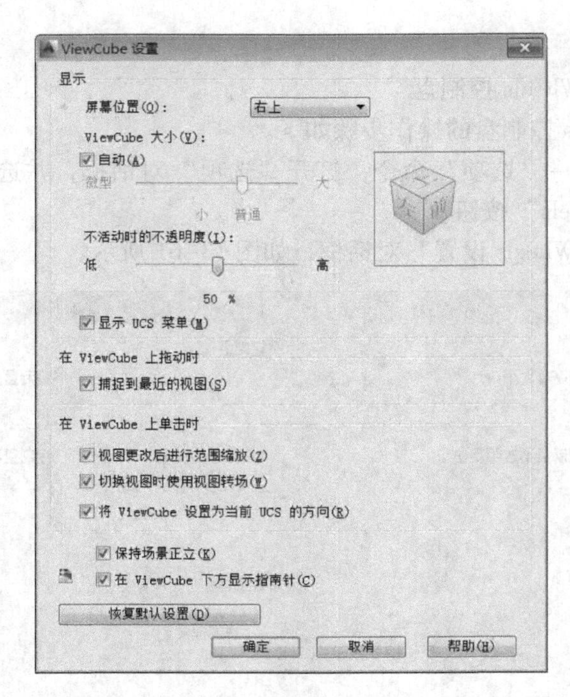

图 13-62 “ViewCube 设置” 对话框

13.10.2 创建实体模型

此节进行拉伸和扫掠实体模型练习。

1. 绘制三维多段线

绘制三维多段线，如图 13-63 所示。提示如下。

1） 选择 “视图” → “三维视图” → “东南等轴测” 命令。

2） 选择 “绘图” → “三维多段线” 命令。

3） 分别输入点坐标(400,0,0)、(0,0,0)、(0,600,0)和(0,600,300)。

4） 结果如图 13-63 所示。

2. 创建拉伸实体模型

操作步骤如下。

1） 打开已有图形，如图 13-64 所示。

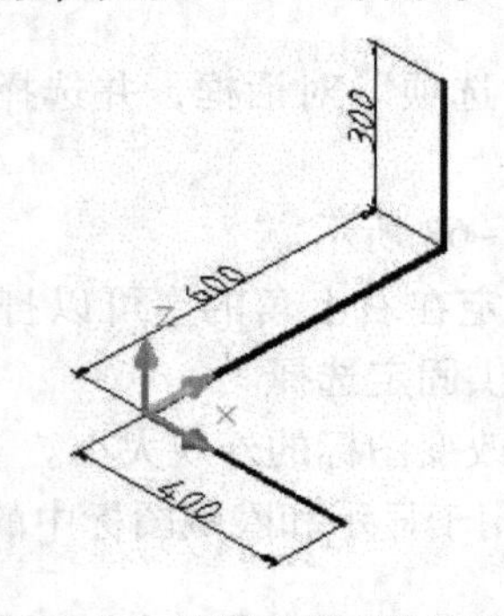

图 13-63 绘制三维多段线示例

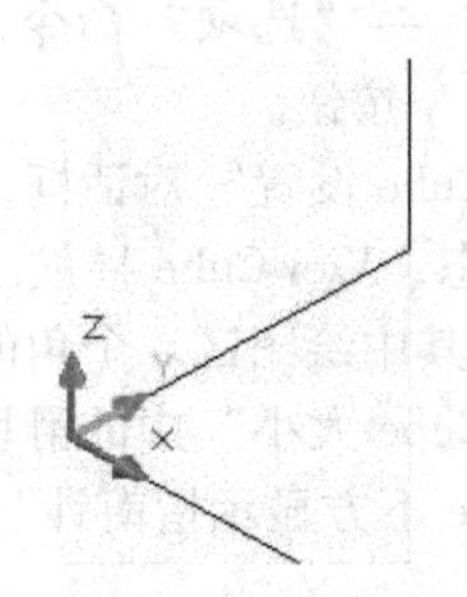

图 13-64 打开图形示例

2）选择“绘图”→“圆”命令。

3）捕捉圆心（只能绘制平行于 XY 平面的圆），输入半径 60，按〈Enter〉键，如图 13-65 所示。

4）选择“绘图”→“建模”→“拉伸”命令。

5）首先选择拉伸对象为圆，输入“P”后，选择拉伸路径为多段线，结果如图 13-66 所示。

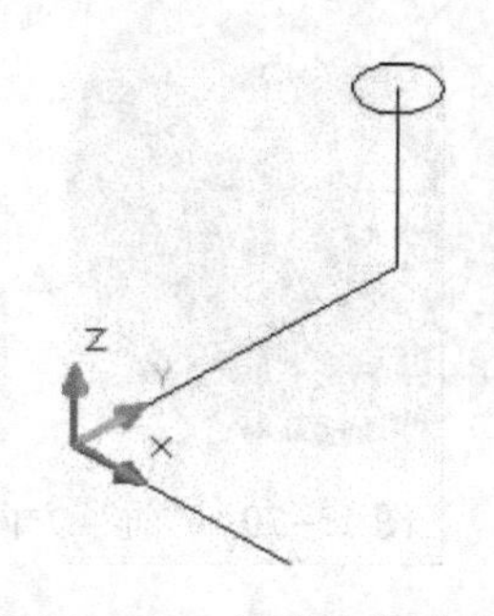

图 13-65　创建拉伸对象

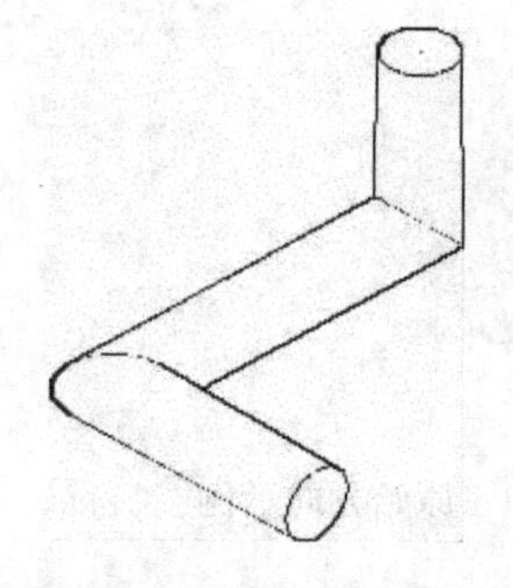

图 13-66　创建拉伸实体示例

3. 创建扫掠实体模型

操作步骤如下。

1）绘制或打开图 13-63 图形，如图 13-64 所示。

2）选择“绘图”→“圆”命令。

3）指定某处为圆心，输入半径 60，按〈Enter〉键，如图 13-67 所示。

4）选择“绘图”→“建模”→“扫掠”命令。

5）首先选择扫掠对象为圆，然后选择多段线为扫掠路径，结果如图 13-68 所示。

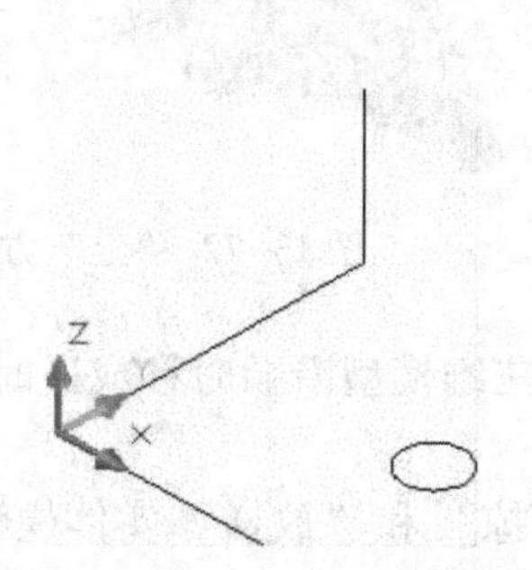

图 13-67　创建扫掠对象

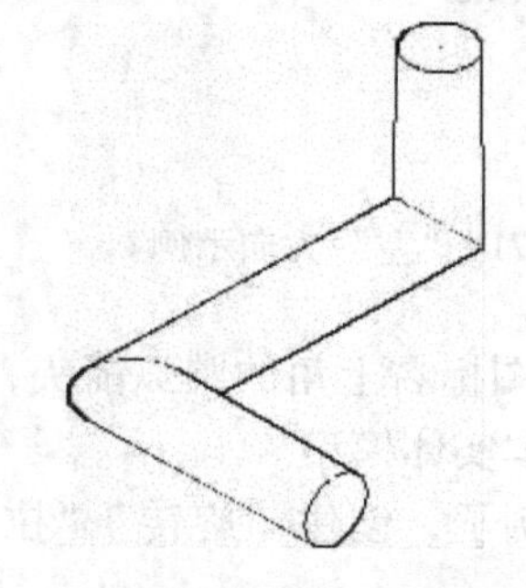

图 13-68　创建扫掠实体示例

通过以上两个练习，可以看出“拉伸”和“扫掠”的创建方法有共同之处，区别在于“扫掠”方法中的对象和路径所处的位置关系比较随意。

13.11　习题

1. 绘制各种线框模型。

2. 练习切换三维模型不同方向的投影。提示如下。

1）创建三维模型，开启“ViewCube”导航工具，改变视觉样式，如图 13-69 所示。

2）单击导航图标“前”面或指南针的“南”方，观看结果如图 13-70 所示。

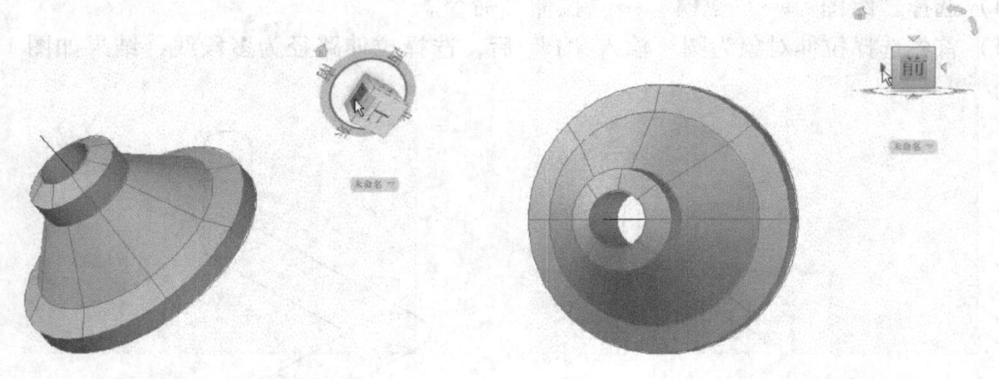

图 13-69　原始方向示例　　　　图 13-70　“前”方向示例

3）单击导航图标“左”面，观看结果如图 13-71 所示。

4）单击导航图标“上”面，观看结果如图 13-72 所示。

图 13-71　“左”方向示例　　　　图 13-72　“上”方向示例

5）单击导航图标右上角的圆弧箭头，可以使三维模型沿顺时针或逆时针转动 90°。

3. 创建各基本实体模型。

4. 参照本章例子，创建“旋转”“拉伸”“扫掠”和“放样”实体模型。

第 14 章　编辑三维图形

与二维图形的编辑一样，用户也可以对三维曲面、实体进行编辑。用于二维图形的许多编辑命令同样适合三维图形，如复制、移动等。AutoCAD 2014 还提供了用于编辑三维图形的命令，包括布尔运算（并集、差集和交集）和编辑命令（旋转、阵列、镜像、剖切、对齐、倒角）。

14.1　布尔运算

布尔运算是利用两个或多个已有实体通过并集、差集和交集运算组合成新的实体，并删除原有实体，如图 14-1 所示。

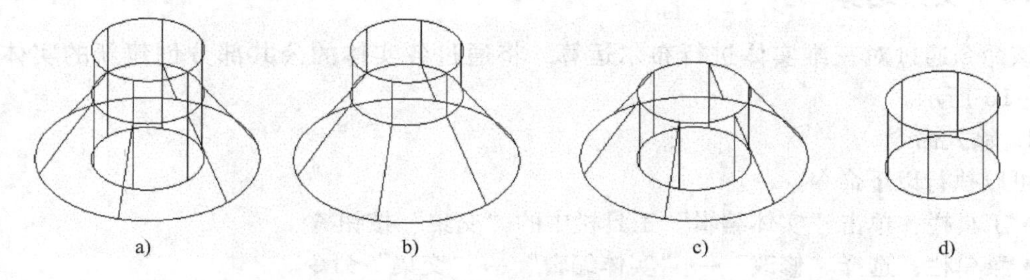

图 14-1　实体布尔运算示例
a）原始的两个实体　b）并集运算后结果　c）差集运算后结果　d）交集运算后结果

14.1.1　并集运算

该命令通过对三维实体进行布尔运算，将多个实体组合成一个实体，如图 14-1b 所示。

1. 输入命令

可以执行以下命令　　。

- 工具栏：单击“实体编辑”工具栏中的“并集”按钮。
- 菜单栏：选择“修改”→“实体编辑”→“并集”命令。
- 命令行：输入 UNION。

2. 操作格式

命令：(输入对象)
选择对象：(选择要组合的对象)

选择对象后，系统完成并集运算。

14.1.2　差集运算

该命令通过对三维实体进行布尔运算，在多个实体中减去一部分实体，创建新的实体。

如图 14-1c 所示。

1. 输入命令

可以执行以下命令　　。

- 工具栏：单击“实体编辑”工具栏中的“差集”按钮。
- 菜单栏：选择“修改”→“实体编辑”→“差集”命令。
- 命令行：输入 SUBTRACT。

2. 操作格式

```
命令:(输入命令)
选择要从中删除的实体或面域…
选择对象:(选择被减的对象)
选择要删除的实体或面域…
选择对象:(选择要减去的对象)
命令:
```

分别选择被减的对象和要减去的对象后，系统完成差集运算。

14.1.3　交集运算

该命令通过对三维实体进行布尔运算，将通过各实体的公共部分创建新的实体，如图 14-1d 所示。

1. 输入命令

可以执行以下命令　　。

- 工具栏：单击“实体编辑”工具栏中的“交集”按钮。
- 菜单栏：选择“修改”→“实体编辑”→“交集”命令。
- 命令行：输入 INTERSECT。

2. 操作格式

```
命令:(输入命令)
选择对象:(选择运算对象)
选择对象:(选择运算对象)
选择对象:(按〈Enter〉键)
命令:
```

选择对象结束后，系统完成对所选对象的并集运算。

14.2　三维基本编辑命令

三维基本编辑命令包括旋转、阵列、镜像、对齐等命令。

14.2.1　旋转三维实体

该命令用于将指定对象绕空间轴旋转指定的角度。下面以图 14-2 为例介绍。

1. 输入命令

可以执行以下命令　　。

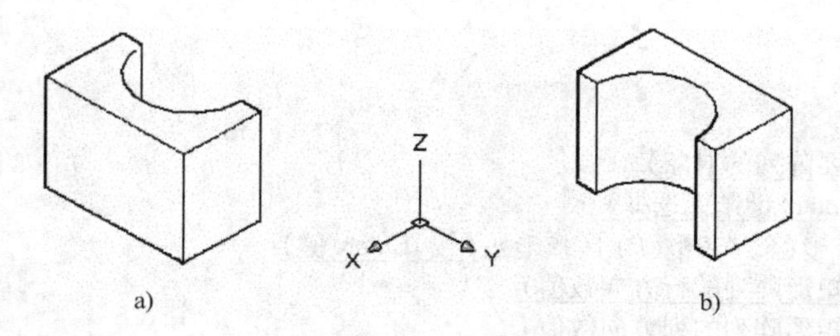

图 14-2　旋转三维实体示例

a）旋转前　b）旋转 180°

- 工具栏：单击“建模”工具栏中的“三维旋转”按钮。
- 菜单栏：选择“修改”→“三维操作”→“三维旋转”命令。
- 命令行：输入 ROTATE3D。

2. 操作格式

命令：(输入命令)
当前的正向角度：ANGDIR = 逆时针，ANGBASE = 0(系统显示当前角度方向)
选择对象：(选择旋转对象)
选择对象：(按〈Enter〉键结束选择，光标显示为)
指定基点：(指定旋转基点)
拾取旋转轴：(指定或捕捉任意轴作为旋转轴)
指定角的起点或键入角度：(指定旋转角的起点或输入旋转角度)
指定角的端点：(旋转到合适位置时，单击结束旋转)

指定旋转角度后，系统完成旋转操作，如图 14-2b 所示。

14.2.2　阵列三维实体

该命令用于将指定对象在三维空间实现矩形和环形阵列，如图 14-3 所示。

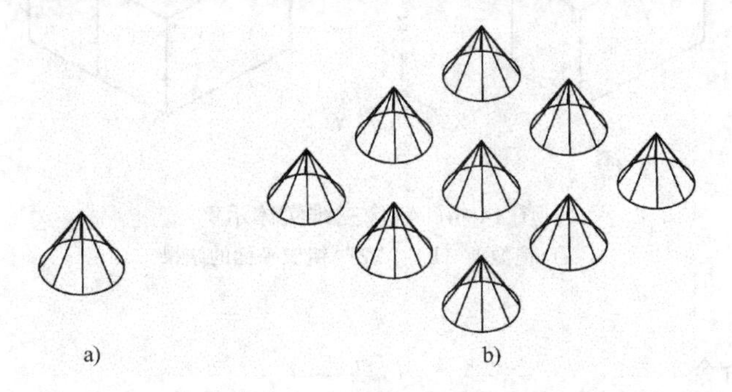

图 14-3　阵列三维实体示例

a）阵列前　b）阵列后

1. 输入命令

可以执行以下命令　　。

- 菜单栏：选择“修改”→“三维操作”→“三维阵列”命令。
- 命令行：输入 3DARRAY。

2. 操作格式

命令:(输入命令)
选择对象:(选择要阵列的对象)
选择对象:(按〈Enter〉键结束选择)
输入阵列类型[矩形(R)/环形(P)]〈矩形〉:(按〈Enter〉键)
输入行数:(指定矩形阵列的行方向数值)
输入列数:(指定矩形阵列的列方向数值)
输入层数:(指定矩形阵列的 Z 轴方向层数
指定行间距:(指定行间距)
指定列间距:(指定列间距)
指定层间距:(指定 Z 轴方向层与层之间的距离)

按〈Enter〉键，系统完成阵列操作，如图 14-3b 所示。

当选择“环形”，输入“P”时，系统提示如下。

输入阵列中的项目数目:(指定环形阵列复制数目)
指定要填充的角度(+ =逆时针,- =顺时针)〈360〉:(指定复制对象环绕的角度,默认值为 360)
旋转阵列对象?[是(Y)/否(N)]〈Y〉:(指定是否对所复制的对象进行旋转)
指定阵列的中心点:(指定旋转轴第 1 点)
指定旋转轴上的第二点:(指定旋转轴第 2 点)

14.2.3 镜像三维实体

当图形对称时，可以先绘制其对称的一半，然后利用镜像功能将三维实体按指定的平面进行镜像处理来完成整个图形，如图 14-4 所示。

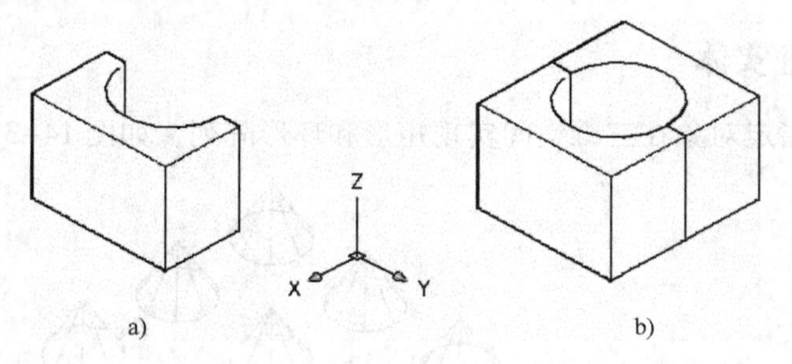

图 14-4 镜像三维实体示例
a）镜像前 b）“YZ”镜像平面的结果

1. 输入命令

可以执行以下命令 。

- 菜单栏：选择“修改”→“三维操作”→“三维镜像”命令。
- 命令行：输入 MIRROR3D。

2. 操作格式

命令:(输入命令)
选择对象:(选择要镜像的对象)
选择对象:(按〈Enter〉键结束选择)

指定镜像平面(三点)的第一点或[对象(O)/最近的(L)/Z 轴(Z)/视图(V)/XY 平面(XY)/YZ 平面(YZ)/ZX 平面(ZX)/三点(3)]〈三点〉:(指定镜像平面第 1 点或选择选项)
在镜像平面上指定的第二点:(指定镜像平面第 2 点)
在镜像平面上指定的第三点:(指定镜像平面第 3 点)
是否删除源对象?[是(Y)/否(N)]〈否〉:(确定是否保留镜像源对象)

3. 选项说明

命令中各选项功能如下。

- 对象（O）：用于选取圆、圆弧或二维多段线等实体所在的平面作为镜像平面，选择该选项后系统提示如下。

选择圆、圆弧或二维多段线:(选取某线段所在平面作为镜像平面)
是否删除源对象?[是(Y)/否(N)]〈否〉:(确定是否保留镜像操作源对象)

- 最近的（L）：用最近一次定义的镜像平面作为当前镜像面进行操作。
- Z 轴（Z）：用于指定平面上的一个点和平面法线上的一个点来定义镜像平面。选择该选项后，系统提示如下。

在镜像平面上指定点:(指定一点作为镜像平面上的点)
在镜像平面上的 Z 轴(法向)上指定点:(指定另一点,使该点与镜像平面上一点的连线垂直于镜像平面)

- 视图（V）：用于将镜像平面与当前视口中通过指定点视图平面对齐。选择该选项后系统提示：“在视图平面上指定点〈0，0，0〉:”，即在当前视图中指定一点。
- XY/YZ/ZX/：镜像平面通过用户定义的适当的点，同时，该镜像平面平行于 XY、YZ 或 ZX 面中的某一平面。
- 三点（3）：用于以拾取点方式指定三点定义镜像平面。

14.2.4 剖切三维实体

该命令用于切开实体并移去指定部分来创建新的实体，如图 14-5 所示。

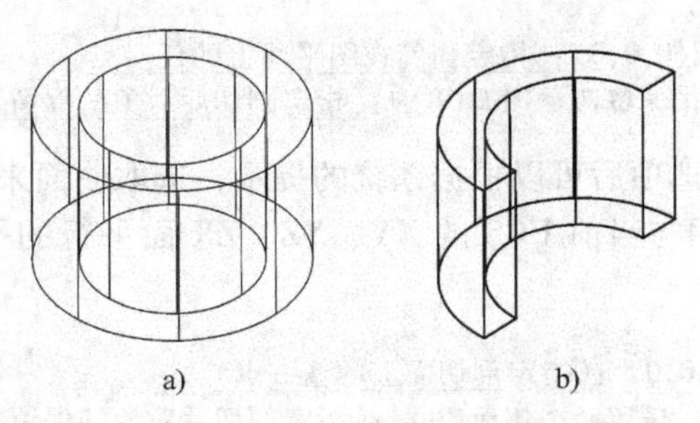

图 14-5 剖切三维实体示例
a）剖切前 b）剖切后

1. 输入命令

可以执行以下命令 。

- 菜单栏：选择“修改”→“三维操作”→“剖切”命令。
- 命令行：输入 SLICE。

2. 操作格式

命令:(输入命令)
选择要剖切的对象:(指定要剖切的对象)
选择要剖切的对象:(按〈Enter〉键结束选择)
指定切面的起点或[平面对象(O)/曲面(S)/Z 轴(Z)/视图(V)/XY/YZ/ZX/三点(3)]〈三点〉:(指定切面上的第 1 个点或选择选项确定剖切面)
指定平面上的第二个点:(指定切面上的第 2 个点)
指定平面上的第三个点:(指定切面上的第 3 个点)
在所需的侧面上指定点或[保留两个侧面(B)] <保留两个侧面>:(指定剖切后的保留部分)

3. 选项说明

命令中各选项功能如下。

- 平面对象：用于将剖切面与圆、椭圆、圆弧、二维样条曲线或二维多段线对齐。选择该选项后系统提示如下。

选择圆、椭圆、圆弧、二维样条曲线或二维多段线:(选取线段实体所在平面以确定剖切面)
在所需的侧面上指定点或[保留两个侧面(B)]:(指定剖切后要保留的部分)

二者含义分别为："在所需的侧面上指定点"表示实体剖切后只保留其中的一半（默认设置)。用户单击要保留的那一半实体，这一半实体将被保留下来，另一半则被删除。"保留两个侧面（B)"表示剖切后得到的两部分实体。

- Z 轴（Z)：用于通过在平面上指定一点和在平面上的 Z 轴（法线）上指定另一点来确定剖切平面。选择该选项后系统提示如下。

指定剖切面上的点:(指定剖切面上的任一点)
指定平面 Z 轴(法向)上的点:(指定剖切面外的一点,使它和剖切面上点的连线垂直于剖切面)
在所需的侧面上指定点或[保留两个侧面(B)]:(确定剖切后对象的保留方式)

- 视图（V)：用于将剖切面平行于当前视图的观测平面且指定一个点确定剖切面的位置。选择该选项后系统提示如下。

指定当前视图平面上的点〈0,0,0〉:(指定当前视图平面上的任一点)
在所需的侧面上指定点或[保留两个侧面(B)]:(指定剖切后对象的保留部分)

- 曲面（S)：选择该选项后可以根据系统的提示，选取曲面来作为剖切平面。
- XY/YZ/ZX：表示用与当前 UCS 的 XY、YZ、ZX 面平行的平面作为剖切面，选择后系统提示如下。

指定 XY 平面上的点 <0,0,0>:(指定剖切面上的任一点)
在所需的侧面上指定点或[保留两个侧面(B)]:(指定剖切后对象的保留方式)

- 三点（3)：用于以三点确定剖切面。选择该选项后系统提示如下。

指定平面上的第一个点:(利用捕抓功能指定剖面上第 1 个点)
指定平面上的第二个点:(利用捕抓功能指定剖面上第 2 个点)
指定平面上的第三个点:(利用捕抓功能确定剖面上第 3 个点)
在所需的侧面上指定点或[保留两个侧面(B)]:(指定剖切后对象的保留部分)

操作后，三维实体剖切绘制如图 14-5 所示。

14.2.5　对齐实体

该命令用于移动指定对象，使其与另一对象对齐，如图 14-6 所示。

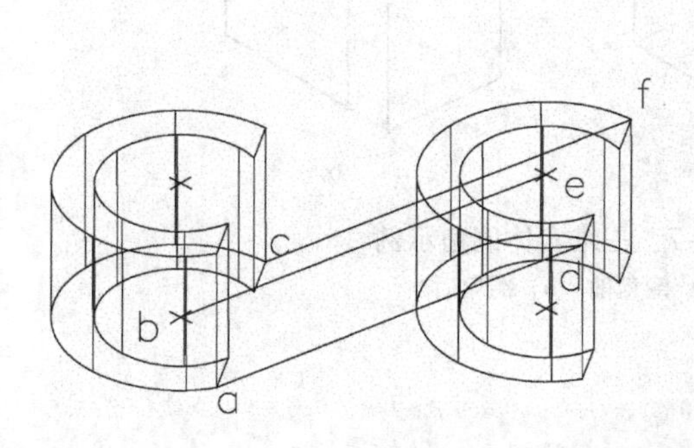

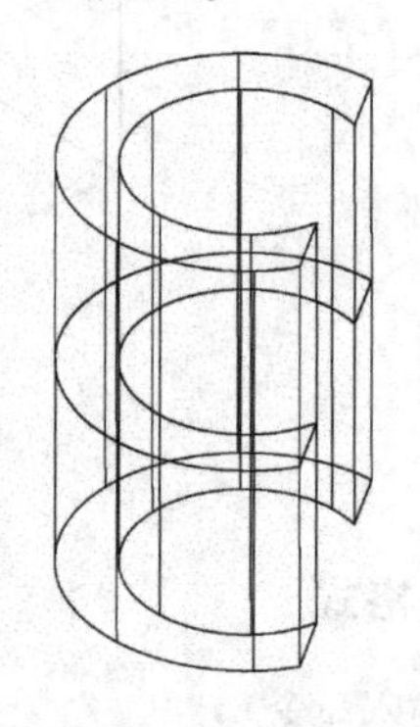

图 14-6　对齐实体示例

1. 输入命令

可以执行以下命令　　。

- 工具栏：单击“建模”工具栏中的“三维对齐”按钮。
- 菜单栏：选择“修改”→“三维操作”→“三维对齐”命令。
- 命令行：输入 ALIGN。

2. 操作格式

命令：(输入命令)
选择对象：(指定要改变位置“源”的对象)
选择对象：(按〈Enter〉键，结束选择)
指定第一个源点：(指定要改变位置的对象上的某一点)
指定第一个目标点：(指定被对齐对象上的相应目标点)
指定第二个源点：(指定要移动的第 2 点)
指定第二个目标点：(指定移动到相应的目标点)
指定第三个源点或〈继续〉：(按〈Enter〉键结束指定点)
是否基于对齐点缩放对象？［是(Y)否(N)］〈否〉：(指定基于对齐点是否缩放对象)

3. 说明

对齐对象时，源对象的 3 个选择点（a b c）应与目标对象的 3 个选择点（d e f）对应，其中的一对点应确定对齐方向，如 b 点和 e 点，如图 14-6 所示，左侧为对齐前，右侧为对齐后。

14.2.6　三维实体倒角

该命令用于三维实体倒角，如图 14-7 所示。

1. 输入命令

可以执行以下命令　　。

- 工具栏：单击“倒角”按钮。
- 菜单栏：选择“修改”→“倒角”命令。
- 命令行：输入 CHAMFER。

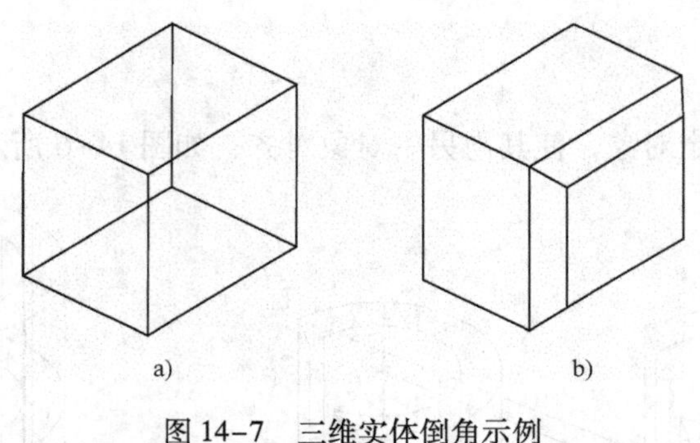

图 14-7　三维实体倒角示例
a）倒角前　b）倒角后

2. 操作格式

命令:(输入命令)
(“修剪”模式)当前倒角距离 1 = 10,距离 2 = 10。
选择第一条直线或[放弃(U)/多段线(P)/距离(D)/角度(A)/修剪(T)/方式(M)/多个(U)]:(选择实体前表面的一条边)
基面选择…
输入曲面选择选项[下一个(N)/当前(OK)]〈当前(OK)〉:(选择需要倒角的基面)
输入曲面选择选项[下一个(N)/当前(OK)]〈当前(OK)〉:(按〈Enter〉键)
指定基面倒角距离〈10.0000〉:(指定基面倒角距离)
指定其他曲面倒角距离〈10.0000〉:(指定其他曲面倒角距离或按〈Enter〉键)
选择边或[环(L)]:(单击前面所有要倒角的 4 条边)
选择边或[环(L)]:(按〈Enter〉键结束目标选择)

图 14-7 为三维实体倒角后经过消隐的结果。

3. 选项说明

命令中的选项功能如下。

- 环（L）：用于对基面所有的边倒角。
- 边：用于指定基面上的一条边进行倒角，也可以一次选择多条边进行倒角。

14.2.7　三维实体圆角

该命令用于三维实体圆角，如图 14-8 所示。

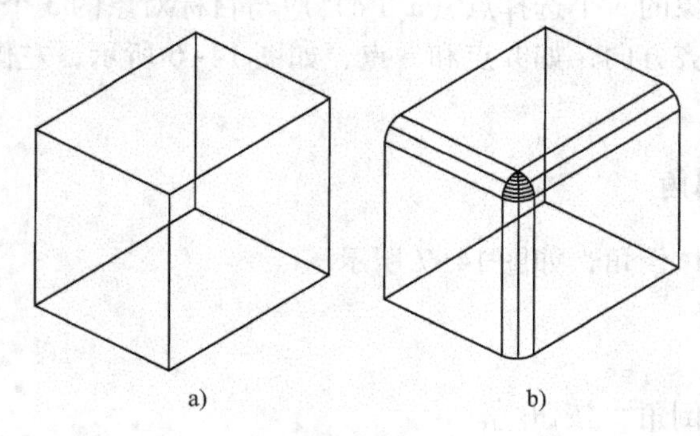

图 14-8　三维实体倒圆角示例
a）倒圆角前　b）倒圆角后

1. 输入命令

可以执行以下命令　　。

- 工具栏：单击“圆角”按钮▢。
- 菜单栏：选择“修改”→“圆角”命令。
- 命令行：输入 FILLET。

2. 操作格式

命令:(输入命令)
当前设置:模式 = 修剪,半径 = 10
选择第一个对象或[放弃(U)/多段线(P)/半径(R)/修剪(T)/多个(M)]:(选择实体上要加圆角的边)
输入圆角半径〈10.00.00〉:(输入圆角半径)
选择边或[链(C)/半径(R)]:(指定其他要圆角的边)

执行命令后，三维实体圆角如图 14-8 所示。

3. 选项说明

命令中各选项功能如下。

- 链（C）：用于链形选择。选择该选项后系统提示：“选择边或链[边(E)/半径(R)]:”选择一条边后，以此边为起始边，与其所有首尾相连的边都会被选中。
- 半径（R）：用于指定倒圆角的半径。

14.3　实训

以图 14-9 为例，创建三维实体，操作步骤如下。

1）选择“视图”→“三维视图”→“西南等轴测”命令。

2）选择“绘图”→“建模”→“长方体”命令。分别输入底板长 100、宽 50、高 10，支撑板长 40、宽 10、高 50，如图 14-10 所示。

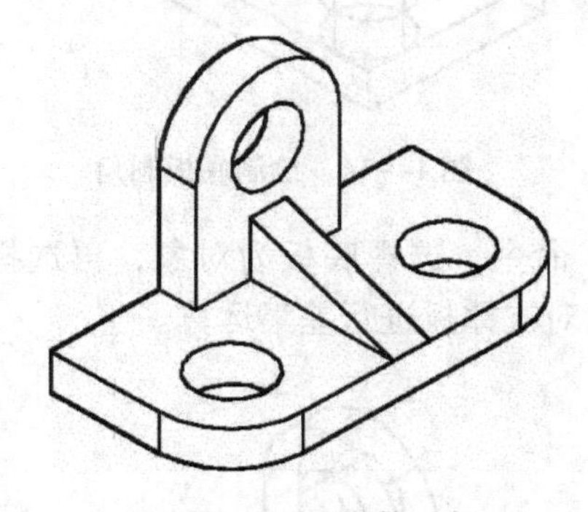

图 14-9　三维实体示例

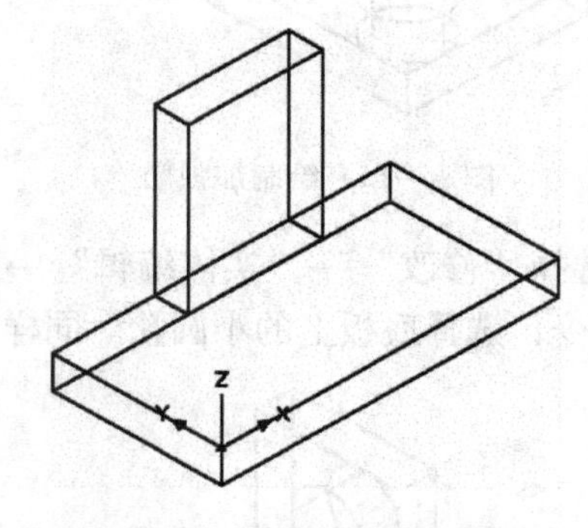

图 14-10　绘制底板和支撑板

3）选择“绘图”→“建模”→“圆柱体”命令。分别输入圆心位置（20，20），圆半径 10；另一圆心位置（80，20），圆半径 10。结果如图 14-11 所示。

4）选择“工具”→“新建 UCS”→“X”命令，系统提示：“指定绕 X 轴的旋转角度 <90 >:”，按〈Enter〉键。选择“工具”→“新建 UCS”→“原点”命令，单击支撑板右下角，坐标处在新位置，如图 14-11 所示。

5）选择“绘图”→“建模”→“圆柱体”命令，输入圆心位置（20，30），圆半径10，支撑板圆孔绘制结果如图 14-12 所示。

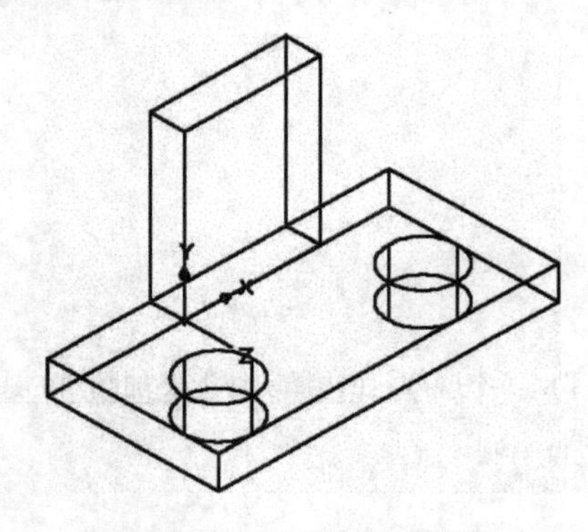

图 14-11　绘制底板安装孔

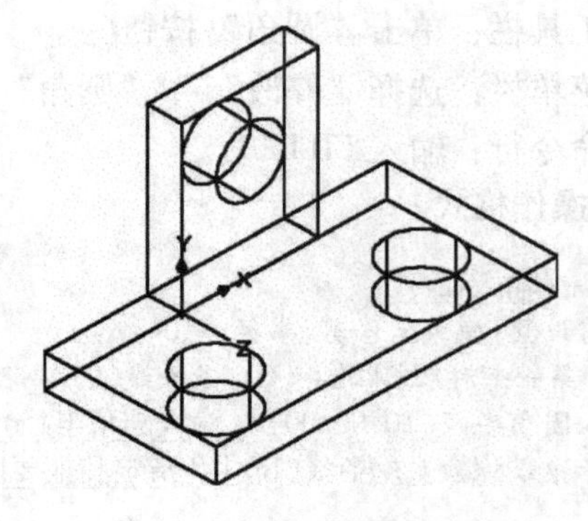

图 14-12　绘制支撑板圆孔

6）设置 UCS 如图 14-13 所示，选择“绘图”→“建模”→“楔体”命令，加强筋三角板绘制结果如图 14-13 所示。

7）选择“修改”→“圆角”命令，输入“R”，输入“20”，对象选择为底板前角的两条竖线，如图 14-14 所示。圆角命令结束后结果如图 14-15 所示。同样方法可以创建支撑板的圆角，结果如图 14-16 所示。

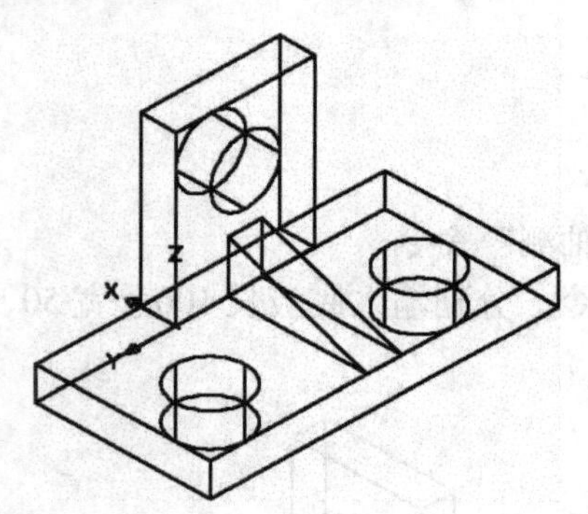

图 14-13　绘制加强筋

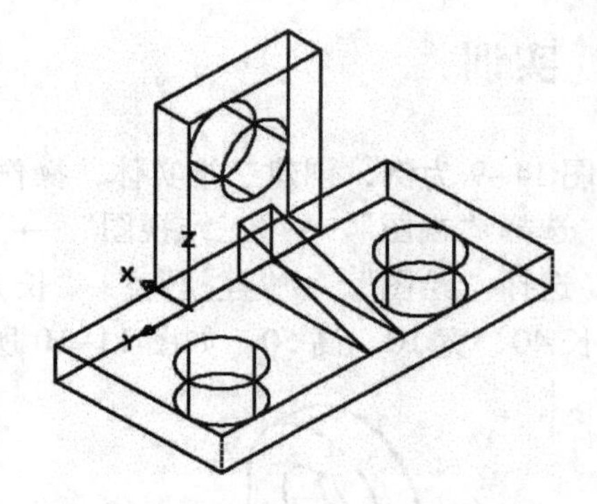

图 14-14　绘制底板圆角

8）选择“修改”→“实体编辑”→“差集”命令，选择底板为对象，再选择“减去对象”命令，选择底板上的小圆孔。同样方法可以对支撑板进行差集运算。

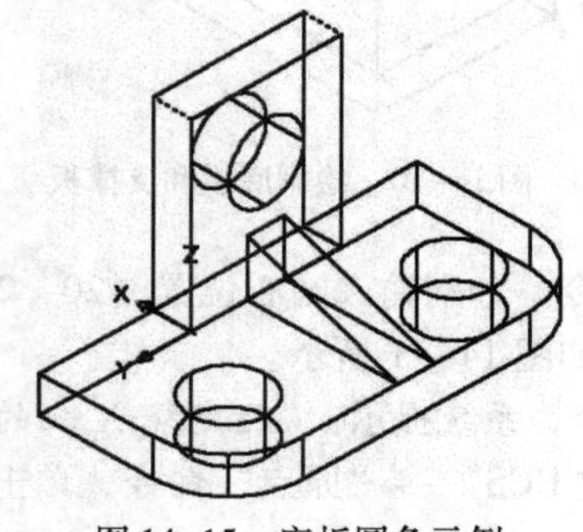

图 14-15　底板圆角示例

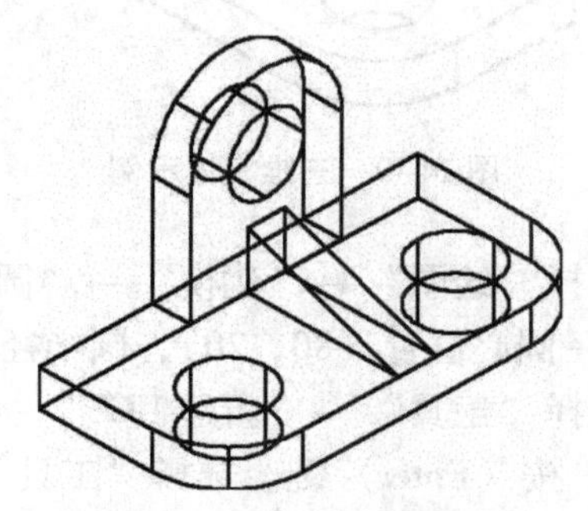

图 14-16　支撑板圆角示例

9）选择“视图”→“视觉样式”→“三维隐藏”命令，最终完成三维实体的创建。

14.4 习题

1. 创建旋转三维实体，如图 14-17 所示。

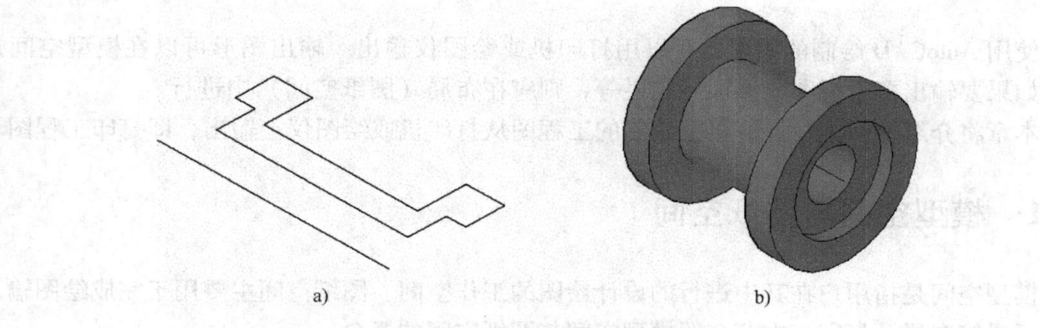

图 14-17 创建旋转三维实体

a）旋转前 b）旋转后的效果示例

2. 创建和编辑三维实体，如图 14-18 所示。

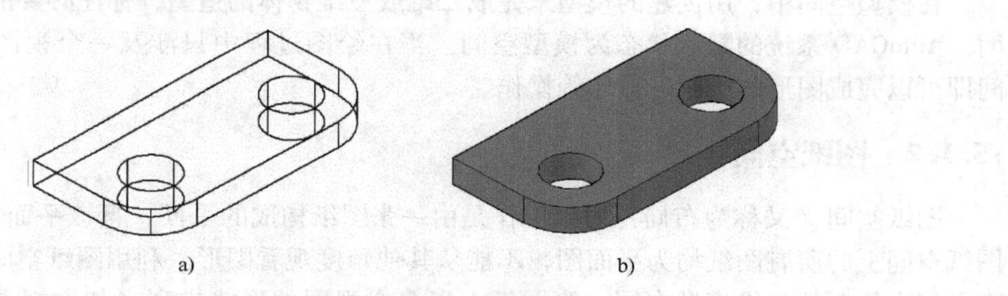

图 14-18 创建和编辑三维实体

a）线框模型 b）“三维隐藏”效果示例

第15章 输出图形

使用 AutoCAD 绘制的图形，可以用打印机或绘图仪输出。输出图形可以在模型空间进行，如果要输出多个视图或添加标题栏等，则应在布局（图纸空间）中进行。

本章将介绍如何把在计算机上绘制的工程图从打印机或绘图仪上输出，即打印工程图。

15.1 模型空间与图纸空间

模型空间是指用户在其中进行的设计绘图的工作空间，图纸空间主要用于完成绘图输出的图纸最终布局及打印。本节介绍模型空间与图纸空间的概念。

15.1.1 模型空间

在模型空间中，用创建的模型来完成二维或三维物体的造型，标注必要的尺寸和文字说明。AutoCAD 系统的默认状态为模型空间。当在绘图过程中只涉及一个视图时，在模型空间即可以完成图形的绘制、打印等操作。

15.1.2 图纸空间

图纸空间（又称为布局）可以看作是由一张图纸构成的平面，且该平面与绘图区平行。图纸空间上的所有图纸均为平面图，不能从其他角度观看图形。利用图纸空间，可以把在模型空间中绘制的三维模型在同一张图纸上以多个视图的形式排列（如主视图、俯视图、剖视图），以便在同一张图纸上输出它们，而且这些视图可以采用不同的比例。而在模型空间则无法实现这一点。

15.2 平铺视口与浮动视口

本节介绍平铺视口与浮动视口的概念。

15.2.1 平铺视口

视口是指在模型空间中显示图形的某个部分的区域。对于较复杂的图形，为了比较清楚地观察图形的不同部分，可以在绘图区域上同时建立多个视口进行平铺，以便显示多个不同的视图。如果创建多视口时的绘图空间不同，所得到的视口形式也不相同，若当前绘图空间是模型空间，创建的视口称为平铺视口；若当前绘图空间是图纸空间，则创建的视口称为浮动视口。AutoCAD 2014 提供了“视口”工具栏用来修改和编辑视口，如图 15-1 所示。只有当前视口可以修改和编辑。下面介绍平铺视口的创建。

图 15-1 “视口”工具栏

1. 输入命令

可以执行以下命令   。

- 工具栏：单击“视口”工具栏中的“新建视口”按钮 。
- 菜单栏：选择“视图”→“视口”→“新建视口”命令。
- 命令行：输入 VPORTS。

2. “视口”对话框功能说明

输入命令后，打开“视口”对话框，如图 15–2 所示。“视口”对话框中各选项功能如下。

（1）“新建视口”选项卡

- “新名称”文本框：用于输入新建视口的名称。如果没有指定视口的名称，则此视口将不被保存。
- “标准视口”列表框：用于选择标准配置名称，可将当前视口分割平铺。例如选择“三个：右”选项，视口将平铺为右侧一个视口，左侧两个视口。
- “预览”窗口：用于预览选定的视口配置（即绘图区的视口个数）。用单击方式选择窗口内某个视口，可置为当前视口。
- “应用于”下拉列表框：用于选择“显示”选项还是“当前视口”选项。
- “设置”下拉列表框：可在“二维”“三维”选项中选择，“二维”可进行二维平铺视口；“三维”可进行三维视口。
- “修改视图”下拉列表框：用于所选的视口配置代替以前的视口配置。
- “视觉样式”下拉列表框：用于将“二维线框”“三维线框”“三维隐藏”“概念”“真实”等视觉样式用于视口。

（2）“命名视口”选项卡

- “当前名称”文本框：用于显示当前命名视图的名称。
- “命名视口”列表框：用于显示当前图形中保存的全部视口配置。
- “预览”窗口：用于预览当前视口的配置，如图 15–3 所示。

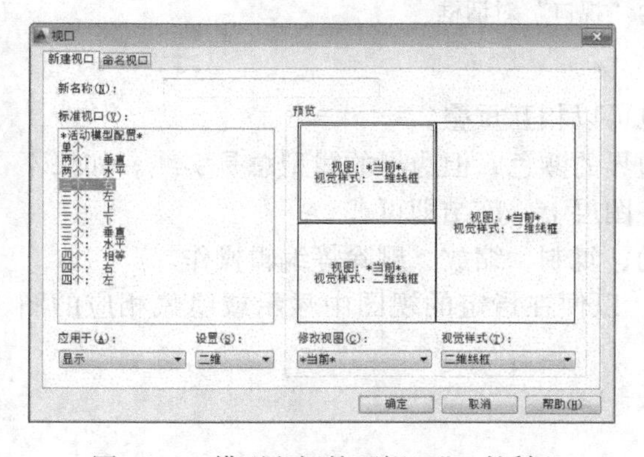

图 15–2　模型空间的“视口”对话框

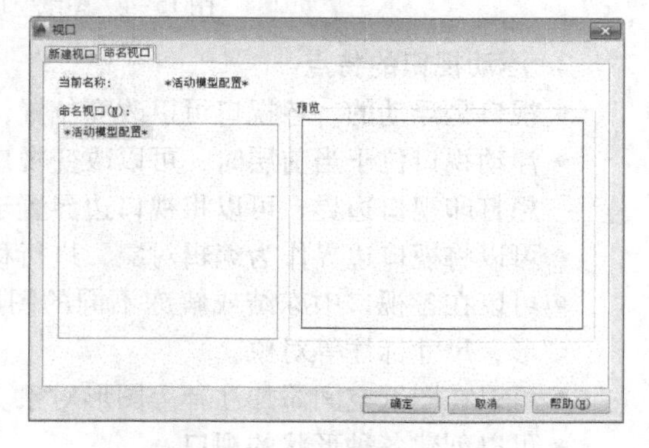

图 15–3　“命名视口”选项卡

3. 平铺视口的特点

- 视口是平铺的，它们彼此相邻，大小、位置固定，且不能重叠。
- 当前视口（激活状态）的边界为粗边框显示，光标呈十字形，在其他视口中呈小箭头状。

● 只能在当前视口进行各种绘图、编辑操作。
● 只能将当前视口中的图形打印输出。
● 可以对视口配置命名保存，以备以后使用。

15.2.2 浮动视口

在图纸空间（布局）可以创建多个视口，这些视口称为浮动视口。下面介绍浮动视口的创建。

1. 输入命令

可以执行以下命令。

● 工具栏：单击“视口”工具栏中的“新建视口”按钮。
● 命令行：输入 VPORTS。

如果在图纸空间执行命令后，打开“视口”对话框，如图 15-4 所示。此对话框与图 15-2所示的对话框相同。

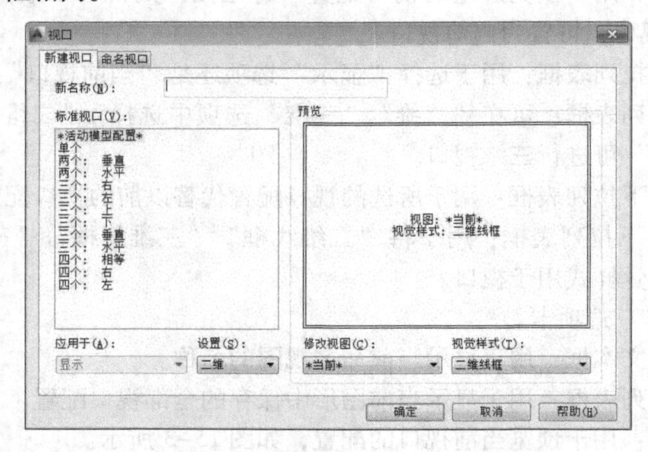

图 15-4 图纸空间的“视口”对话框

2. 浮动视口的特点

● 视口是浮动的，各视口可以改变位置，也可以相互重叠。
● 浮动视口位于当前层时，可以改变视口边界的颜色，但边界的线型总是实线。如果不想打印视口边界，可以将视口边界置于一图层上，冻结即可。
● 可以将视口边界作为编辑对象，进行移动、复制、缩放、删除等编辑操作。
● 可以在各视口中冻结或解冻不同的图层，以便在指定的视图中显示或隐藏相应的图形，尺寸标注等对象。
● 可以在图纸空间添加注释等图形对象。
● 可以创建各种形状的视口。

15.2.3 浮动视口设置

1. 设置多个规则视口

该命令可以在模型空间和图纸空间布局中使用，其操作步骤如下。

1）输入命令：在“视口”工具栏单击“新建视口”按钮，或在命令行输入 VPORTS。

2）输入命令后，打开“视口”对话框，如图 15-2 所示。在“新名称”文本框中输入要选择的视口名称，选择视口个数和平铺方式，然后激活一个视口。

3）在“设置”下拉列表框中选择“二维”时，可直接在“预览”窗口中单击各视口将其激活；在“设置”下拉列表框中选择“三维”时，可以在“修改视图”下拉列表框中改变被选视图的视口。可以选择的视口为：“当前、俯视、仰视、主视、后视、左视、右视、西南等轴测、东南等轴测、东北等轴测、西北等轴测。”

4）单击“确定”按钮，完成视图切换为多个视图。

2. 设置单个视口或将对象转换为视口

该命令可以在图纸空间布局中使用，其操作步骤如下。

1）输入命令：单击“视口”工具栏中的“单个视口”按钮，或在屏幕上创建一个矩形或圆的封闭线框，单击“将对象转换为视图”按钮，选择矩形或圆的封闭线框，按〈Enter〉键完成转换。

2）单击“视口”工具栏中的“单个视口”按钮，根据提示指定矩形的角点、对角点，生成单个视口，视口内是当前图形。

3. 设置多边形视口

该功能可以在图纸空间创建多边形视口。

1）输入命令：单击“视口”工具栏中的“多边形视口”按钮，或在屏幕上用多段线创建一个封闭线框，单击“将对象转换为视口”按钮，选择多边形，按〈Enter〉键后完成转换。

2）单击“视口”工具栏中的“多边形视口”按钮，根据提示指定视口的起始点、下一点等，完成多边形视口设置。

15.2.4 视口图形的比例设置

一般都是在“模型空间”里按照 1∶1 的比例绘图，但将图绘制完成后发现，每个图的大小都不一样，在布局时显得非常凌乱，使用一张大图打印时还会出现打印不完整的情况。解决方法就是利用“图纸空间”打印输出，根据各视口的不同情况设置不同的输出比例，可以让几张图纸在一张大图上显得更加协调和美观。

在视口内单击，该视口成为当前视口。从“视口”工具栏中的“比例”下拉列表框（如图 15-1 所示）中选择该视图的比例，再在视口外双击，则设置完毕。在输出打印前，为了防止图形的放大或缩小，可以点选该视口，右击，在打开的快捷菜单中选择“显示锁定”命令，再选择“是”即可。

15.3 模型空间输出图形

在模型空间中，不仅可以完成图形的绘制、编辑，同样可以直接输出图形。下面介绍图形输出方法及有关设置。

1. 输入命令

可以执行以下命令　　。

- 工具栏：单击“打印”按钮。

● 菜单栏：选择“文件”→“打印”命令。
● 命令行：输入 PLOT。

在模型空间中执行命令后，打开“打印 - 模型”对话框，如图 15-5 所示。

2. “打印 - 模型”对话框各选项说明

在“打印 - 模型”对话框中，包含了“页面设置”“打印机/绘图仪”“打印区域”“打印偏移”“打印比例”等选项组和“图纸尺寸”下拉列表框、“打印份数”文本框以及“预览”按钮等。

（1）“页面设置”选项组

● “名称”下拉列表：用于选择已有的页面设置。
● “添加”按钮：用于打开“用户定义页面设置”对话框，用户可以新建、删除、输入页面设置。

（2）“打印机/绘图仪”选项组

● “名称”下拉列表框：用于选择已经安装的打印设备。名称下面的信息为该打印设备的部分信息。
● “特性”按钮：用于打开“绘图仪配置编辑器”对话框，如图 15-6 所示。单击“自定义特性”按钮，可以设置“纸张、图形、设备选项”。其中包括了图纸的大小、方向，打印图形的精度、分辨率、速度等内容。

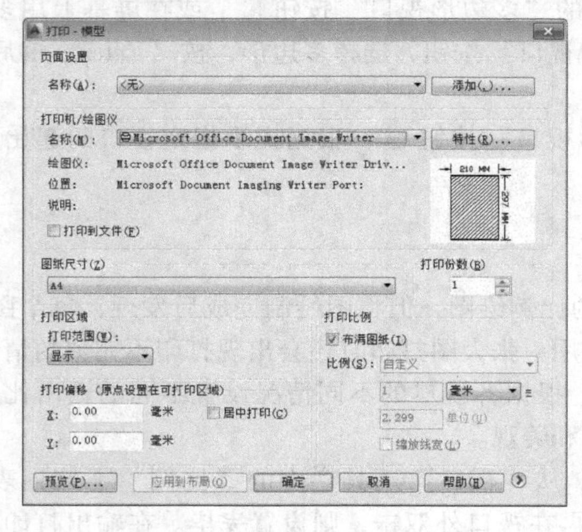

图 15-5 “打印—模型”对话框

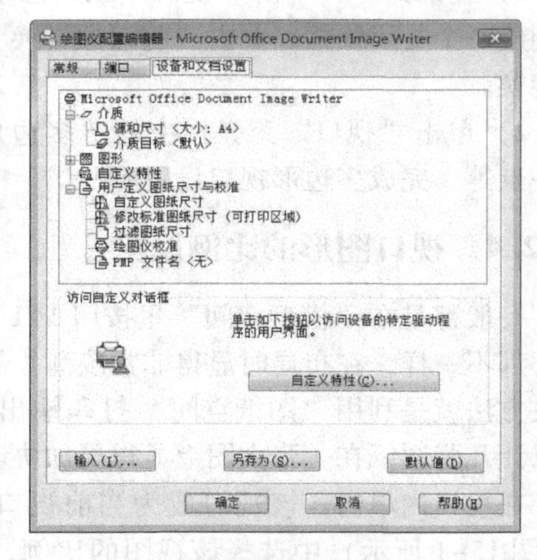

图 15-6 “绘图仪配置编辑器”对话框

（3）“图纸尺寸”下拉列表框

该下拉列表框用于选择图纸尺寸。

（4）“打印区域”选项组

“打印范围”下拉列表框：在打印范围内，可以选择打印的图形区域。

（5）“打印偏移”选项组

● “居中打印”复选框：用于居中打印图形。
● “X”“Y”文本框：用于设定在 X 和 Y 方向上的打印偏移量。

（6）“打印份数”文本框

该文本框用于指定打印的份数。

（7）“打印比例”选项组

“打印比例”选项组用于控制图形单位与打印单位之间的相对尺寸，打印布局时，默认缩放比例设置为1:1。从“模型”选项卡打印时，默认设置为“布满图纸”。

- “比例”下拉列表框：用于选择设置打印的比例。
- “单位”文本框：用于自定义输出单位。
- “缩放线宽”复选框：用于控制线宽输出形式是否受到比例的影响。

（8）“预览”按钮

用于预览图形的输出结果。

15.4 图纸空间输出图形

通过图纸空间（布局）输出图形时可以在布局中规划视图的位置和大小。

在布局中输出图形前，仍然应先对要打印的图形进行页面设置，再输出图形。其输出的命令和操作方法与模型空间输出图形相似。

在图形空间执行 PLOT 命令后，打开“打印”对话框。该对话框与在模型空间执行 PLOT 命令后打开的对话框中的选项功能类似。

15.5 打印管理

AutoCAD 2014 提供了图形输出的打印管理，包括打印选项设置、绘图仪管理和打印样式管理。

15.5.1 打印选项

如果要对打印环境修改设置时，可通过“打印”选项卡进行。

1. 输入命令

可以执行以下命令 。

- 菜单栏：选择“工具”→“选项”命令。
- 命令行：输入 OPTIONS。

2. 操作格式

执行输入命令后，打开“选项”对话框，选择“打印和发布”选项卡，如图 15-7 所示。“打印和发布”选项卡包括默认打印设置、默认样式、基本打印选项等必要设定，用于控制在不进行任何设定的情况下默认的打印输出环境。

单击“添加或配置绘图仪”按钮，打开“绘图仪管理器”窗口，双击“添加打印机向导”图标，可以轻松添加打印机。

单击“打印样式表设置”按钮，将打开“打印样式表设置”对话框，如图 15-8 所示。

单击“打印戳记设置”按钮，打开“打印戳记”对话框，如图 15-9 所示。

“打印戳记”对话框用于指定打印戳记的信息。其对话框中的选项功能如下。

（1）“打印戳记字段”选项组

用于指定要应用于打印戳记的图形信息。选定的字段由逗号和空格分开。

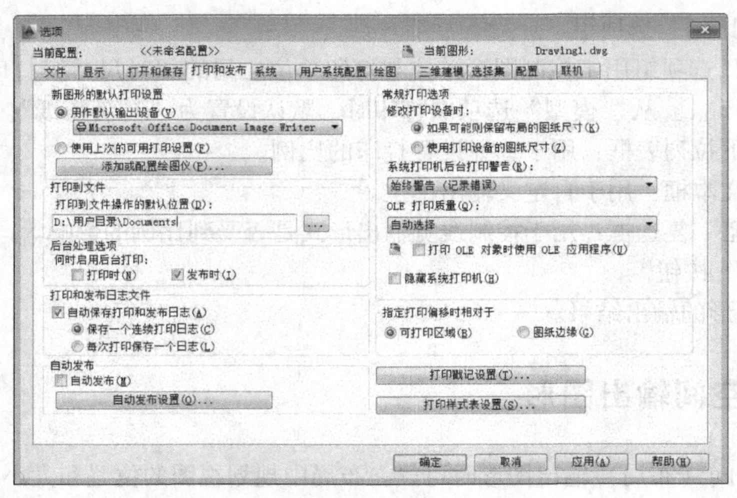

图 15-7 “打印和发布”选项卡

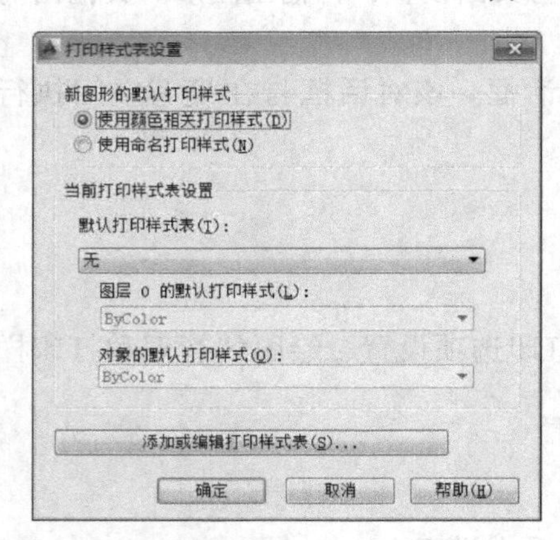

图 15-8 “打印样式表设置”对话框

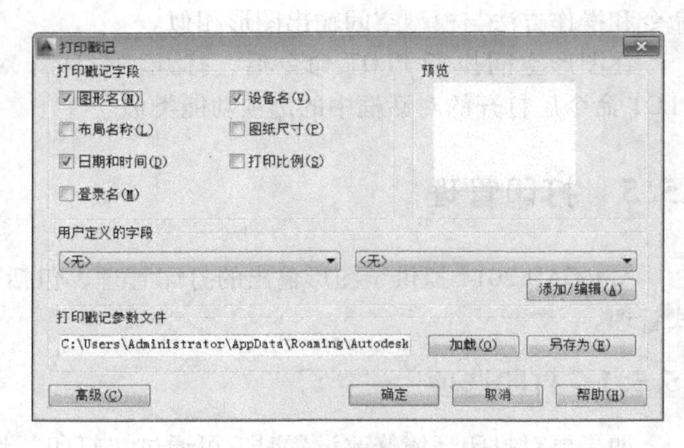

图 15-9 “打印戳记”对话框

- “图形名”复选框：在打印戳记信息中包含图形名称和路径。
- “布局名称”复选框：在打印戳记信息中包含布局名称。
- “日期和时间”复选框：在打印戳记信息中包含日期和时间。
- “登录名”复选框：在打印戳记信息中包含 Windows 登录名。Windows 登录名包含在 LOGINNAME 系统变量中。
- “设备名”复选框：在打印戳记信息中包含当前打印设备名称。
- “图纸尺寸”复选框：在打印戳记信息中包含当前配置的打印设备的图纸尺寸。
- “打印比例”复选框：在打印戳记信息中包含打印比例。

（2）“预览”框

提供打印戳记位置的直观显示（基于在“高级选项”对话框中指定的位置与方向值）。不能用其他方法预览打印戳记。这不是对打印戳记内容的预览。

（3）“用户定义的字段”下拉列表框

用于提供打印时可选作打印、记录或既打印又记录的文字。每个用户定义列表中选定的值都将被打印。例如，用户可能在一个列表中列出介质类型或价格，而在另一个列表中列出工作名。如果用户定义值设置为〈无〉，则不打印用户定义信息。

（4）“添加/编辑” 按钮

用于打开 “用户定义的字段” 对话框，如图 15-10 所示，在对话框中可以添加、编辑或删除。

（5）“打印戳记参数文件” 选项组

用于将打印戳记信息保存在扩展名为 “pss” 的文件中。多个用户可以访问相同的文件并基于公司标准设置打印戳记。

AutoCAD 提供两个 PSS 文件：Mm. pss 和 Inches. pss（位于 Support 文件夹中）。初始默认打印戳记参数文件名由安装 AutoCAD 时操作系统的区域设置确定。

（6）“加载” 按钮

用于打开 “打印戳记参数文件名” 对话框，如图 15-11 所示，利用该对话框可以快速打开和加载所选定的参数文件。

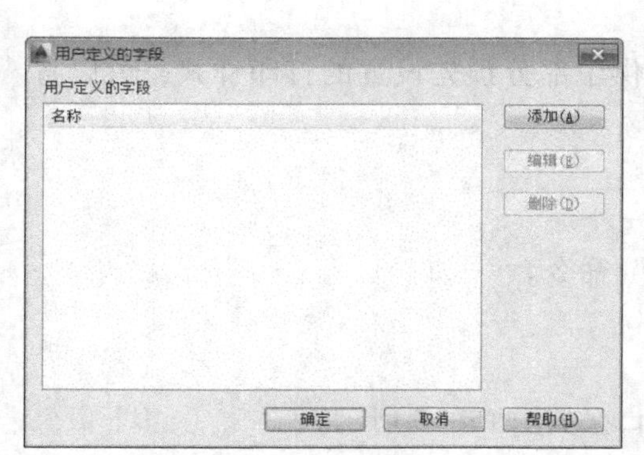

图 15-10 “用户定义的字段” 对话框

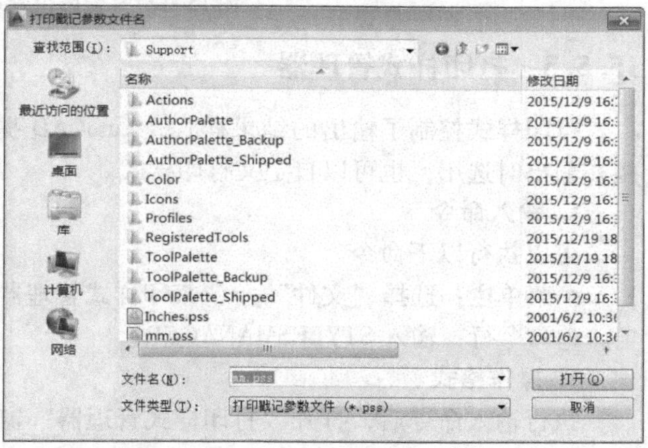

图 15-11 “打印戳记参数文件名” 对话框

（7）“另存为” 按钮

在新参数文件中保存当前打印戳记设置。

15.5.2 绘图仪管理器

对绘图仪的管理可以在 AutoCAD 内部进行，也可以在 Window 系统的控制面板中进行。在 AutoCAD 中直接指定输出设备的操作如下。

1. 输入命令

可以执行以下命令　　。

- 菜单栏：选择 “文件” →“绘图仪管理器” 命令。
- 命令行：输入 PLOTTERMANAGER。

2. 操作格式

执行输入命令后，打开 “绘图仪管理器” 窗口，如图 15-12 所示。

图 15-12　“绘图仪管理器”窗口

15.5.3　打印样式管理器

打印样式控制了输出的结果样式，AutoCAD 提供了部分预先设置的打印样式，可以直接在输出时选用，也可以自定义打印样式。

1. 输入命令

可以执行以下命令　　　。

- 菜单栏：选择“文件”→“打印样式管理器”命令。
- 命令行：输入 STYLESMANAGER。

2. 操作格式

执行输入命令后，打开“打印样式管理器”窗口，如图 15-13 所示。

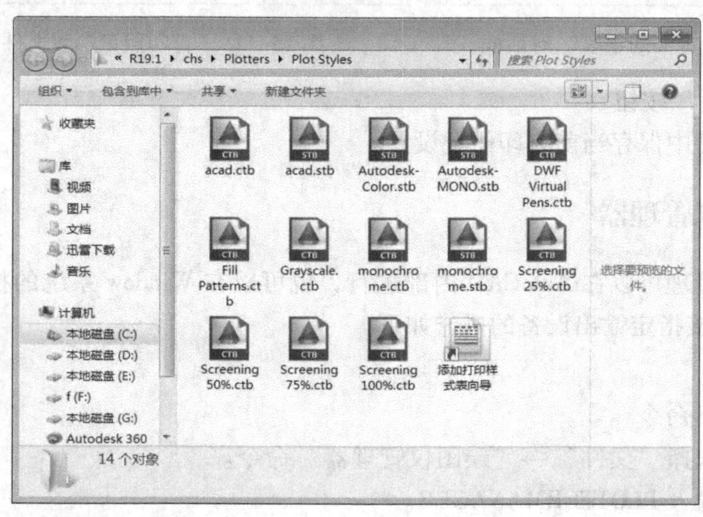

图 15-13　“打印样式管理器”窗口

在该窗口，显示了 AutoCAD 提供的输出样式。双击“添加打印样式表向导”按钮，可以轻松添加打印样式，或者双击打印样式文件图标，可以配置打印样式。

15.6 实训

15.6.1 创建平铺视口

此节练习在模型空间里创建多个平铺视口来展示图形的不同视图，创建如图 15-14 所示的组合体三维视图，并练习多视口布局。

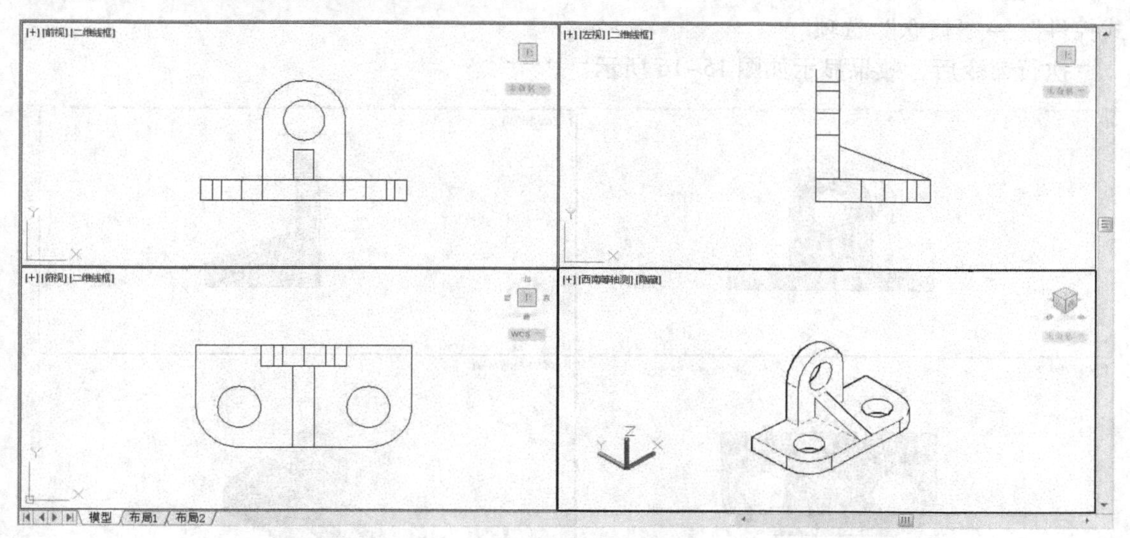

图 15-14 创建组合体三维视图示例

操作步骤如下。

（1）新建图样

创建一张图样或打开一张图样。

（2）设置多视口

1）选择“视图”→“视口”→“新建视口”命令，打开“视口”对话框。设置 4 个视口，如图 15-15 所示。

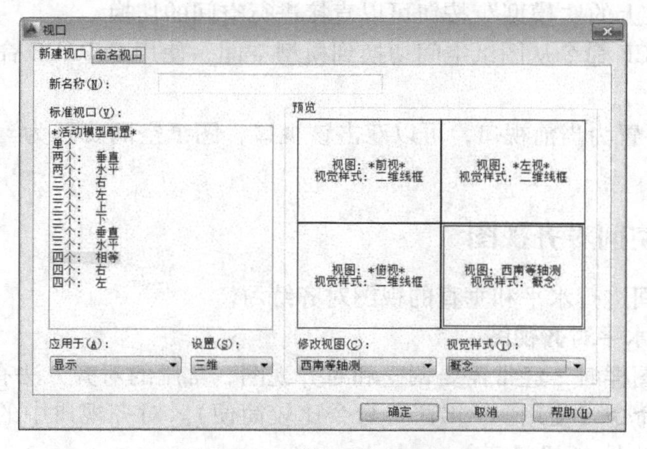

图 15-15 设置多视口示例

2）在“设置”下拉列表框中选择“三维”。

3）先将要修改的视口置为当前视口，然后单击“修改视图”下拉列表框中的选项，将各视口依次设置为“前视”“俯视”“左视”和“西南等轴测”。视觉样式分别设置为“二维线框”和“西南等轴测”，结果如图 15-14 所示。

（3）显示着色效果

1）将各个视口分别置为当前视口。

2）选择“视图”→“视觉样式”→“概念”命令，或选择各视口左上角的“视觉样式控件”→“概念”选项。

执行命令后，效果显示如图 15-16 所示。

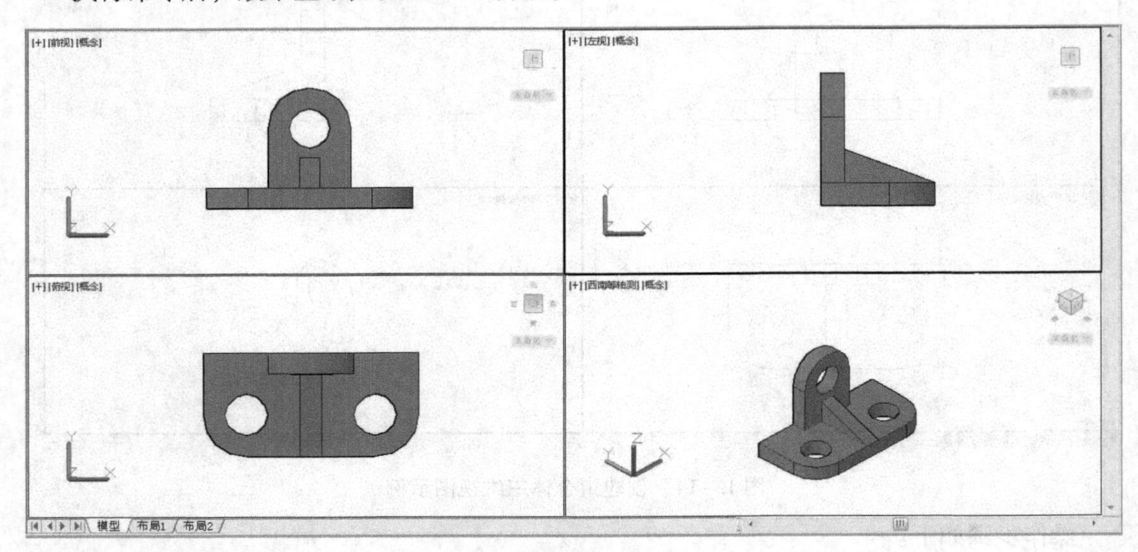

图 15-16　显示实体效果的组合体

15.6.2　模型空间和图纸空间的切换

此节进行模型空间和图纸空间的切换，可以更方便地编辑和布局图样。

操作步骤如下。

1）通过状态栏上的“模型”按钮可以直接进行空间的切换。

2）使用 MSPACE 命令从图纸空间切换到模型空间，使用 PSPACE 命令从模型空间切换到图纸空间。

3）模型空间要置为当前视口，可以双击该视口，图纸空间要置为当前视口，需要双击视口外的其他地方。

15.6.3　在布局空间对齐视图

此节在布局空间进行水平和垂直的视图对齐练习。

1. 在布局空间水平对齐视图

在布局和输出图样时，经常需要调整和对齐视图，常用的对齐方法有两种：使用构造线和使用 MVSETUP 命令（使用 MVSETUP 命令比较简便）。对齐视口中的对象时，视口的比例应保持一致（方法见 15.2.4 节）。

（1）要求

以图 15-17 为例，使用构造线在视口之间进行水平对齐。

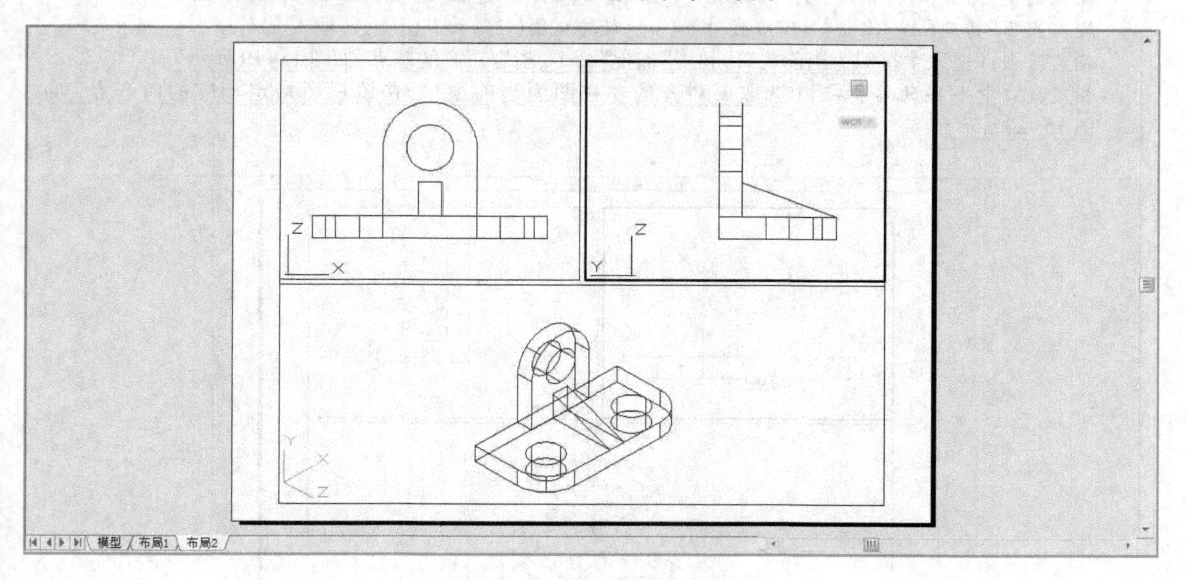

图 15-17　浮动视口示例

（2）操作步骤

1）打开“布局”选项卡，删除原来的视口框。

2）新建浮动视口，设置浮动视口，标准视口为“三个：下”，“视口样式”分别是“前视”“左视”和“西南等轴测”，如图 15-18 所示。按〈Enter〉键后，系统提示：“指定第一个角点或［布满（F）］＜布满＞:”，指定视口范围或按〈Enter〉键，视口生成。选择“视口”工具栏，将各视口的比例均设为 1∶1 或一致。

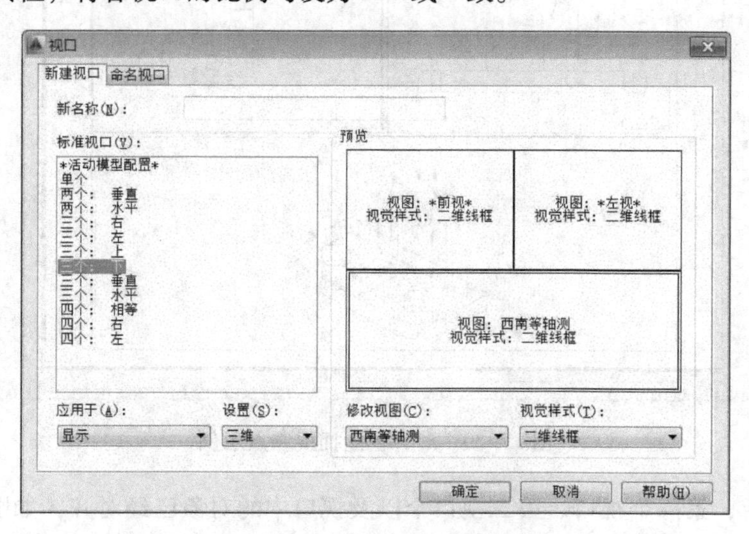

图 15-18　视口设置示例

输入命令：(MVSETUP)
输入选项[对齐(A)/创建(C)/缩放视口(S)/选项(O)/标题栏(T)/放弃(U)]：(输入a)
输入选项[角度(A)/水平(H)/垂直对齐(V)/旋转视图(R)/放弃(U)]：(输入h)
指定基点：(选取主视图为当前视口，利用"捕捉"命令，指定对齐的基点，如图15-19所示)
指定视口中平移的目标点：(选取要对齐的左视图为当前视口，在该视图指定相应的对齐点，如图15-20所示)

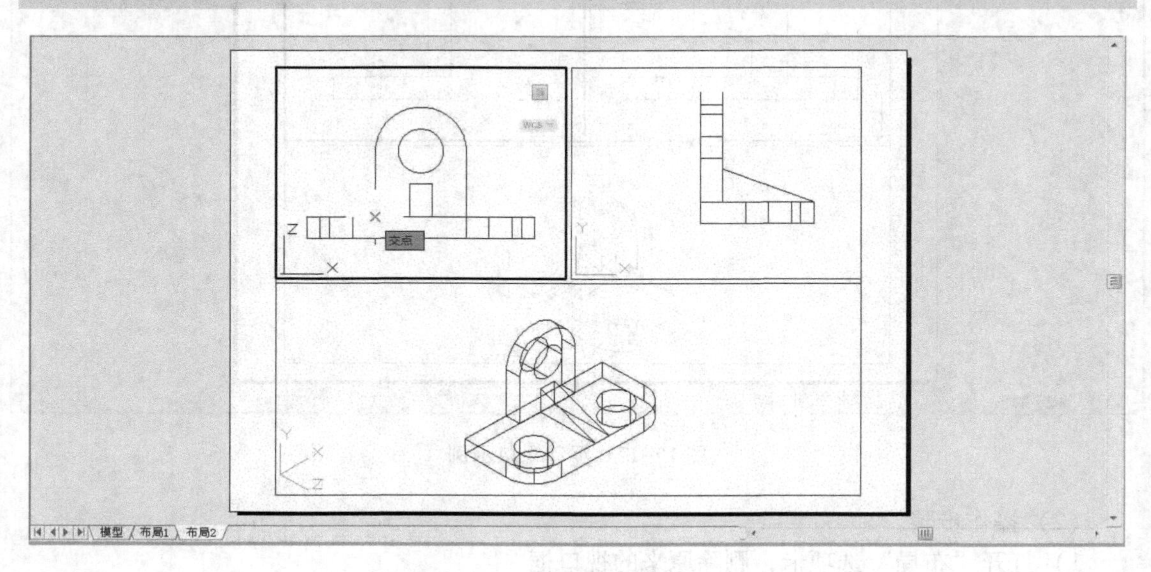

图15-19　主视图捕捉基点示例

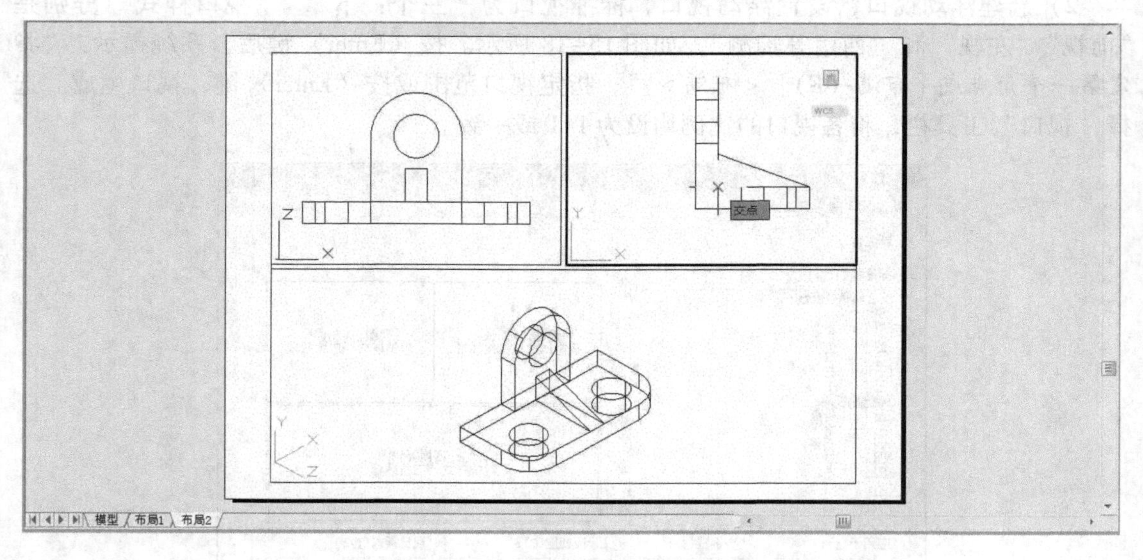

图15-20　对齐视图捕捉基点示例

命令结束后，第一个视口、第二视口个以及视口中的对象已经对齐，如图15-17所示。

2. 在布局空间垂直对齐视图

下面以图15-21为例，在视口之间进行垂直方向的对齐视图。

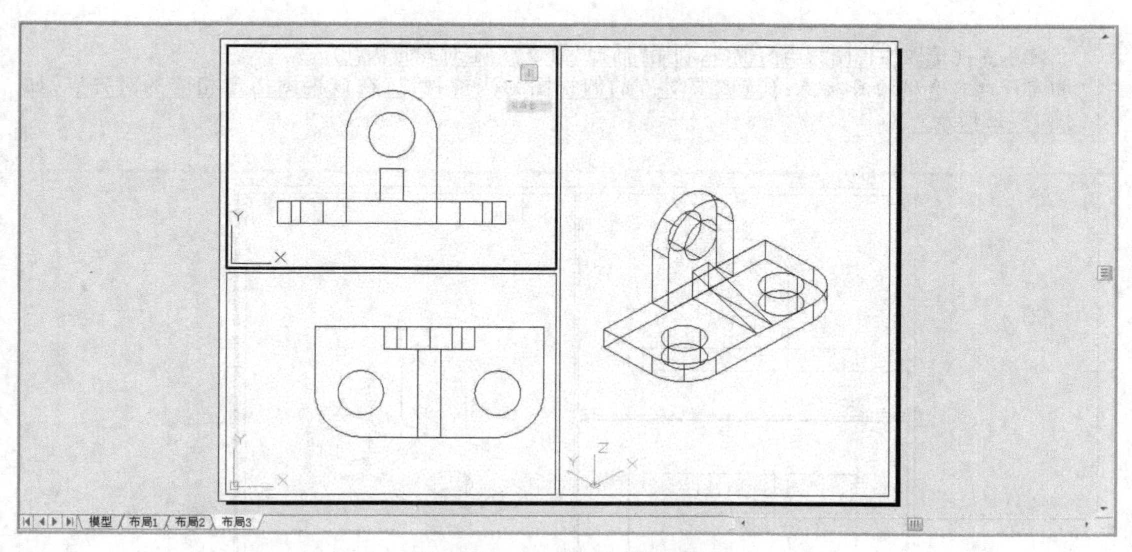

图 15-21　垂直对齐视图示例

（1）要求

使用 MVSETUP 命令在视口之间垂直对齐对象。

（2）操作步骤

1）打开或新建“布局”选项卡，删除原来的视口框。

2）新建浮动视口，设置视口，标准视口为“三个：右”，“视口样式”分别是“前视”“俯视”和“西南等轴测”，如图 15-22 所示。指定视口范围后，视口生成。选择“视口”工具栏，将各视口的比例均设为 1∶1 或一致。

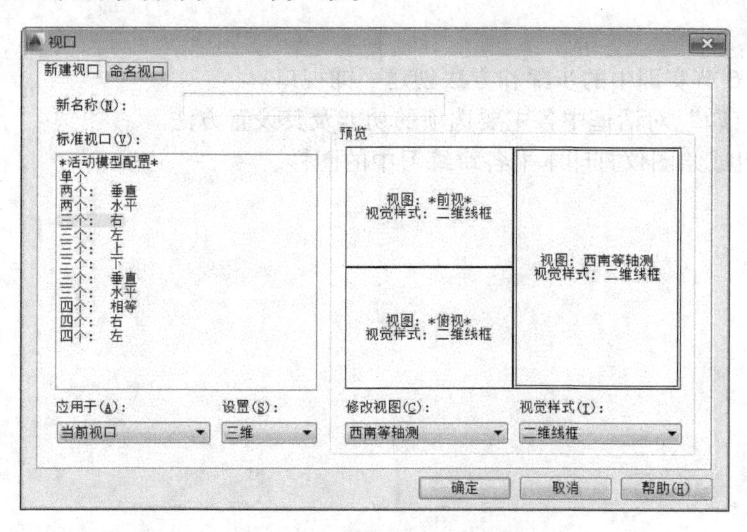

图 15-22　视口设置示例

输入命令：(MVSETUP)

输入选项[对齐(A)/创建(C)/缩放视口(S)/选项(O)/标题栏(T)/放弃(U)]：(输入 a)

输入选项[角度(A)/水平(H)/垂直对齐(V)/旋转视图(R)/放弃(U)]：(输入 v)

指定基点：(选取主视图为当前视口，利用“捕捉”命令，指定对齐的基点)
指定视口中平移的目标点：(选取要对齐的俯视图为当前视口，在该视图指定相应的对齐点，如图 15-23所示)

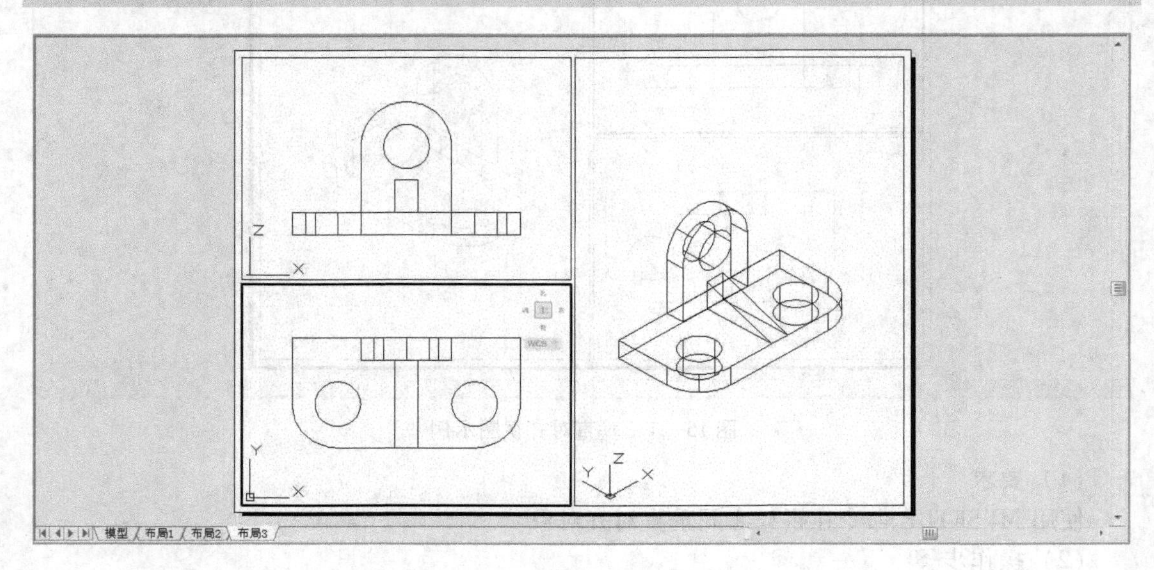

图 15-23　视口垂直对齐示例

3）对于按角度对齐方式，输入 a，指定从基点到第二个视口中对齐点的距离和位移角。

15.7　习题

1. 根据 15.6 节实训中的步骤和方法创建平铺视口。
2. 熟悉“打印”对话框中各主要选项的功能及其设置方法。
3. 用打印机或绘图仪打印本书各章练习中的图样。

第16章　绘制零件图和装配图

本章介绍创建样板图、机械零件图和装配图的实例。

16.1　创建样板图

在新建工程图时，总要进行大量的设置工作，包括图层、线型、颜色设置、文字样式设置、标注样式设置等，如果每次作图都要如此设置，确实很麻烦。为了提高绘图效率，使图样标准化，应该创建个人样板图，当要绘制图样时，只需调用样板图即可。下面介绍样板图的创建方法。

16.1.1　样板图的内容

创建样板图的内容应根据专业需要而定，其基本内容包括以下几个方面。

1. 绘图环境的初步设置

绘图环境的初步设置包括进行系统设置、绘图单位设置、图幅的设置、图纸的全屏显示（ZOOM 命令）、捕捉设置、创建图层（设置线型、颜色、线宽）、创建图框和标题栏。

2. 文字式样设置

文字式样设置包括尺寸标注文字和文字注释样式。

3. 尺寸标注样式设置

尺寸标注样式设置包括直线、圆与圆弧、角度、公差和多重引线标注等。

4. 创建各种常用图块，建立图库

包括创建“粗糙度”“形位公差基准符号”“螺栓”“螺母”等图块。

16.1.2　创建样板图的方法

下面介绍创建样板图常用的3种方法。

1. 利用“新建”命令创建样板图

操作步骤如下。

1）选择“文件”→“新建”命令，打开“选择样板”对话框，在“选择样板”列表框中，选择系统默认的标准国际（公制）图样“Acadiso. dwt”，单击“打开”按钮，进入绘图状态。

2）创建样板图所需的内容（见16.1.1节）。

3）选择“文件”→“保存”命令，打开“图形另存为”对话框，如图16-1所示。在“文件名”文本框中输入样板图名，如“A3样板”；在“保存类型”下拉菜单列表框中选择“AutoCAD图形样板（*.dwt）”选项；在“保存于”下拉列表框中选择“样板（Template）”文件夹或指定其他保存位置。

4）单击“保存”按钮，打开“样板选项”对话框，如图16-2所示。

图 16-1 “图形另存为”对话框

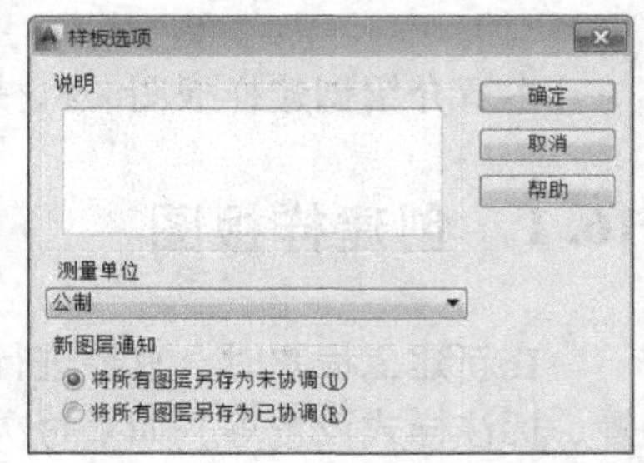

图 16-2 “样板选项”对话框

5）在“说明”文本框中输入样板说明文字后，单击“确定”按钮，即可完成样板图的创建。

2. 用已有的图样创建样板图

如果在已经存在的图样中，其设置和所需图样设置基本相同时，也可以以该图为基础，经修改后创建样板图。

操作步骤如下。

1）选择“文件”→“打开”命令，打开一张已有的图样。

2）修改所需设置的内容。

3）删除图样中的图形标注和文字。

4）选择“文件”→“另存为”命令，打开“图形另存为”对话框。在“文件名”文本框中输入样板图名，如“A2 样板图”；在“保存类型”下拉列表框中“选择 AutoCAD 图形样板（*.dwt）”选项；在“保存于”下拉列表框中选择“样板（Template）”文件夹或指定其他保存位置。

5）单击“保存”按钮，打开“样板选项”对话框。在“说明”文本框中输入说明文字后单击“确定”按钮，即可完成样板图的创建。

用此方法来创建图幅大小不同，但其他设置内容相同的系列样板图非常方便。

3. 使用 AutoCAD 设计中心创建样板图

如果所需创建样板图的设置内容分别是几张已有图样中的某些部分，用 AutoCAD 设计中心来创建图样将非常方便，操作步骤如下。

1）选择“文件”→“新建”命令，打开“选择样板”对话框，选择国际标准（公制）图样“Acadiso. dwt”，单击“打开”按钮，进入绘图状态。

2）单击“标准”工具栏上的“设计中心”按钮 ，打开设计中心窗口。

3）在树状视图区中分别打开需要的图形文件，在内容区中显示其内容，直接将需要的内容拖曳到新建的当前图形中，然后关闭设计中心窗口。

4）选择“文件”→“保存”命令，打开“图形另存为”对话框。在“文件名”文本框输入样板图名，在“保存类型”下拉列表框中选择“AutoCAD 图形样板（ *. dwt）”选项，在“保存于”下拉列表框选择“样板（Template）”文件夹或指定其他保存位置。

5）单击“保存”按钮，打开“样板选项”对话框，可以输入样板图说明文件，然后单击“确定”按钮，即可完成样板图的创建。

16.1.3　打开样板图

创建了样板图后，在新建图样时，即可调用样板图。当样板图保存在“样板”文件夹时，可从打开的“启动”对话框或“创建新图形”对话框中单击“使用样板”按钮，在“选择样板”下拉列表框中选取所建的样板图名称，例如“A3 样板图 01. dwt”，即可创建一张已设置好了的样图。

当样板图形保存在其他文件夹时，可按指定路径先打开此文件夹，再打开“A3 样板图 01”文件，即可绘制图样。

值得注意的是，在打开的样板图上，已经绘制了图样并进行过设置修改后保存时，一定要更改图样名称，选择“文件”→“另存为”命令，文件扩展名为“dwg”，切不可按原文件名称“A3 样板图 01”保存，否则将以当前图样替换原样板图。

16.2　绘制机械零件图

机械零件多种多样，主要可以分为轴、盘、叉架和箱类零件。零件图是表达零件的图样，是设计部门提交给生产部门的重要技术文件，是制造、加工和检验的依据。

16.2.1　绘制轴类零件图

下面以图 16-3 所示的螺杆零件图为例，介绍机械图样的绘制方法以及绘制过程应注意的一些问题。

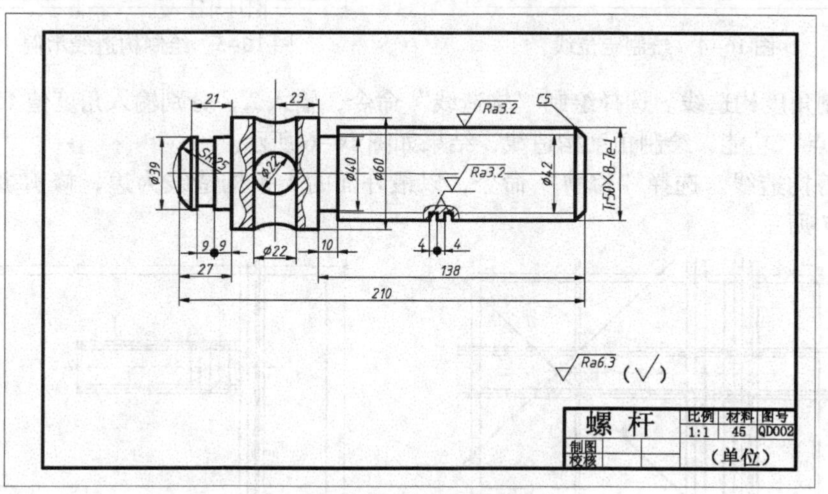

图 16-3　螺杆零件图示例

1. 设置绘图环境

绘图环境的设置具体包括如下内容。

● 打开或设置“A3样板图”，选择“文件”→“另存为”命令，输入文件名“QD002螺杆”，将其保存。
● 设置图层：包括粗实线、细实线、尺寸标注、剖面线、点画线、文字等图层。
● 设置文字样式：包括尺寸文字、图样文字等样式。
● 设置尺寸标注样式：包括直线、圆与圆弧、角度和公差等样式。
● 设置使用的各类线型和线宽。
● 设置比例，本图比例为1∶1。
● 绘制图框和标题栏。

2. 绘制轮廓定位线

螺杆是轴类零件，在设计时应考虑加工位置，按轴线水平设置，步骤如下。

1）绘制定位线。选取“点画线”图层为当前图层，选择绘图“直线”命令，绘制螺杆的轴线和孔的中心定位线，如图16-4所示。

2）绘制水平和垂直构造线。选择“粗实线”图层为当前图层，选择绘图的“构造线”命令，系统提示：“指定点或[水平(H)/垂直(V)/角度(A)/二等分(B)/偏移(O)]：”输入O，指定轴线为水平方向的定位线，分别给出偏移距离20、25、30，绘制水平构造线。指定孔的中心线为竖直方向的定位线，向右分别给出偏移距离11、23、10、133、138；向左分别给出偏移距离9、18、21、27，绘制出垂直构造线如图16-5所示。

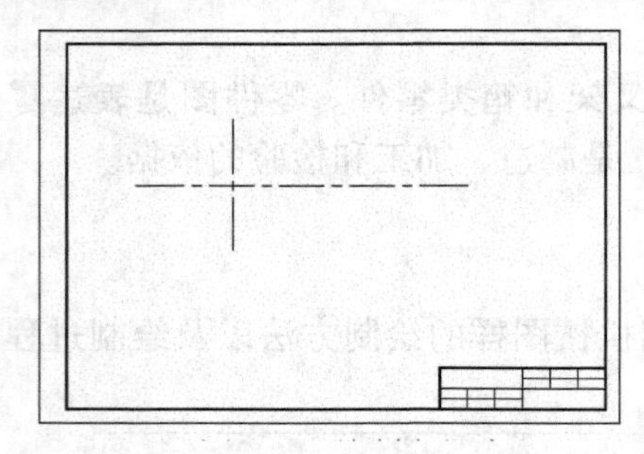

图16-4 绘制定位线

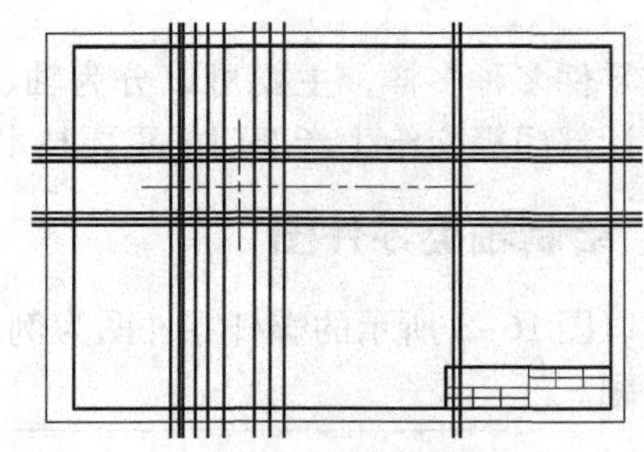

图16-5 绘制构造线示例

3）绘制角度构造线。选择绘制“构造线”命令，输入A，分别输入角度值45和-45，利用捕捉“交点”功能，绘制角度构造线，结果如图16-6所示。

4）修剪构造线。选择“修剪”命令，以最外面的4条构造线为边，修剪多余线条，结果如图16-7所示。

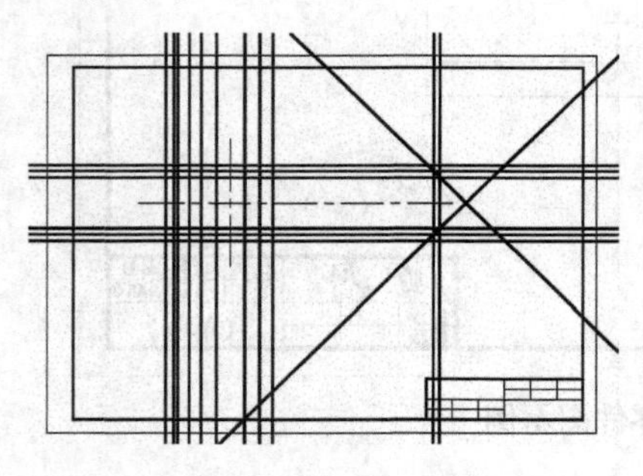

图16-6 “角度”构造线示例

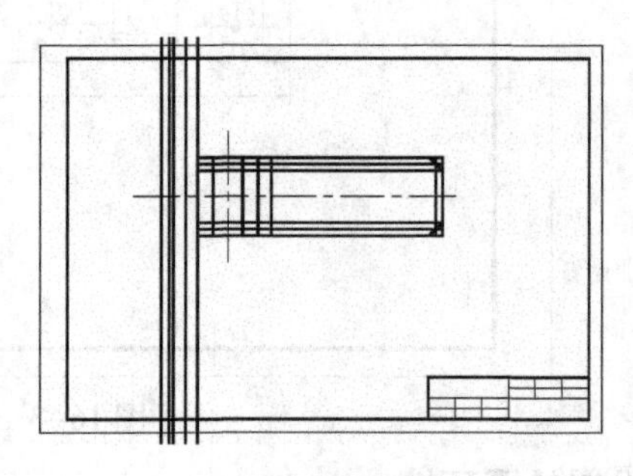

图16-7 修剪线条示例

5）绘制左端图形的构造线。为避免线条过于密集，将左端图形分开来作。选择绘制“构造线”命令，输入 H，分别输入 17.5 和 19.5，绘制水平构造线，结果如图 16-8 所示。

6）修剪左端构造线。选择“修剪”命令，以左端最外面的 4 条构造线为边，修剪多余线条，结果如图 16-9 所示。

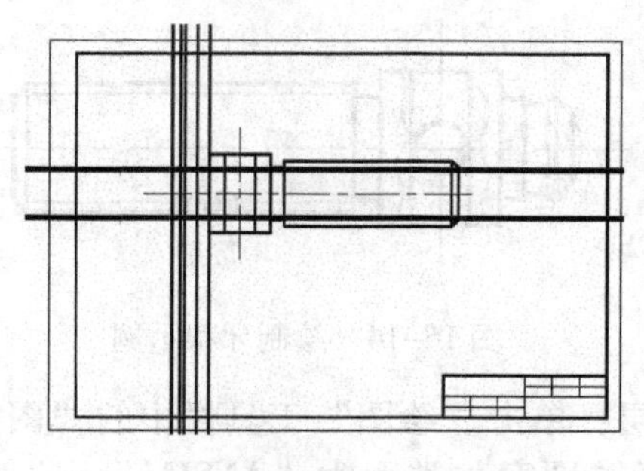

图 16-8　左端“水平”构造线示例

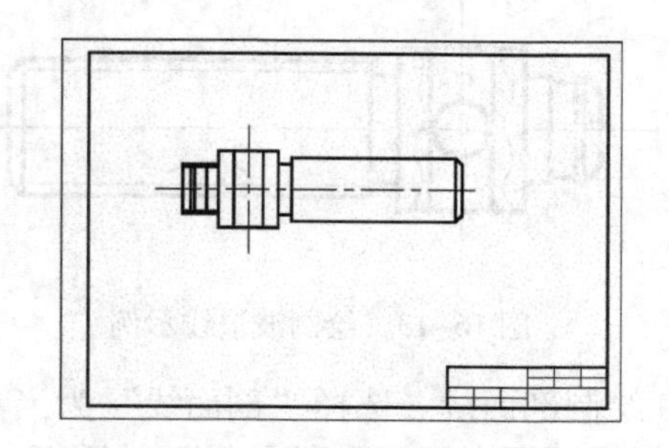

图 16-9　修剪左端线条示例

3. 绘制图形

绘制图形的步骤如下。

1）继续选择“修剪”命令，修剪多余线条，结果如图 16-10 所示。

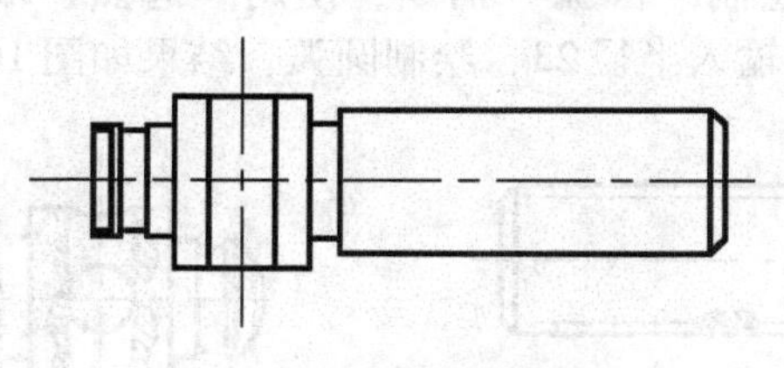

图 16-10　修剪直线结果

2）绘制圆和圆弧。选择绘制“圆”命令，根据圆心和直径 22，绘制 $\phi22$ 的圆，结果如图 16-11a 所示；使用“起点、端点和半径”的绘制圆弧命令，捕捉 39 线段的端点，输入半径 25，绘制 *SR*25 球面圆弧，如图 16-11b 所示。

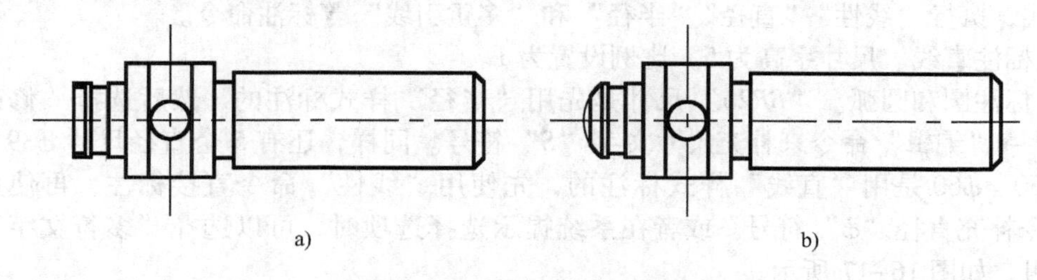

图 16-11　绘制圆和圆弧示例

a）绘制小圆示例　b）绘制球面圆弧示例

3）绘制牙底线。选择“细实线”为当前图层，选择绘制“结构线”命令，输入 O，输入偏移距离 21，指定中心轴线和偏移方向，进行修剪后的绘制结果如图 16-12 所示。

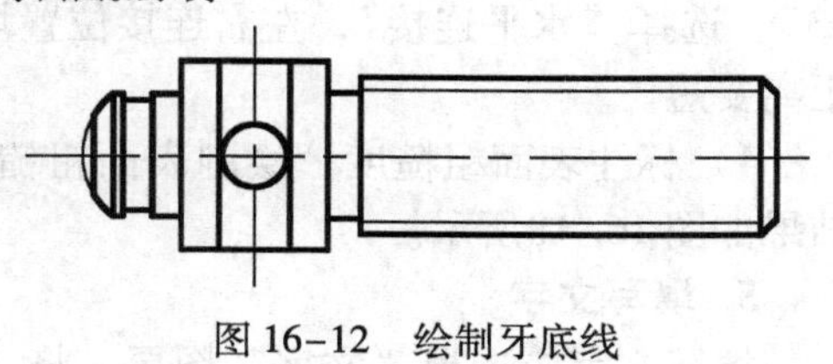

图 16-12　绘制牙底线

4）绘制波浪线。当前图层仍为“细实线”，选择绘制“样条曲线”命令，绘制波浪线，修剪结果如图16-13所示。

5）绘制牙型局部图形。选择“粗实线”为当前图层，打开正交模式，选择“直线”命令，采用给定方向和输入4，可以连续绘制出牙型，如图16-14所示。

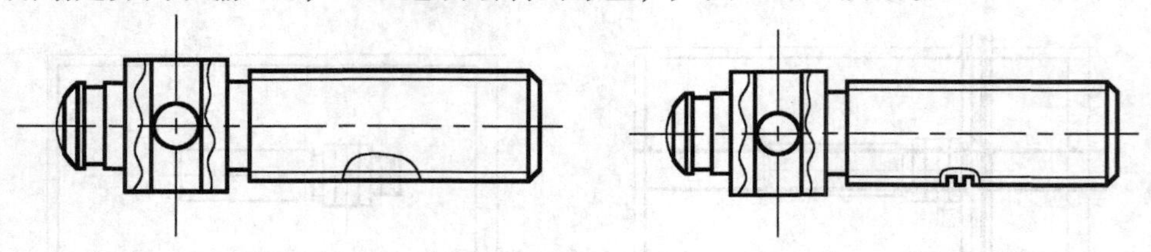

图16-13　绘制波浪线示例　　　　图16-14　绘制牙型示例

6）绘制剖面线。选择“剖面线”为当前图层，单击“绘图”工具栏中的“图案填充”按钮，打开“图案填充和渐变色”对话框，选择“图案”类型为“ANSI31”，比例设置为“1.5”，角度为“0”，单击“边界”选项中的“拾取点”按钮，在绘图区界面单击各剖面区域，按〈Enter〉键，返回“图案填充”对话框，单击“确定”按钮，填充结果如图16-15所示。

7）绘制相贯线。选择绘制“圆弧”命令，使用“起点、端点和半径”的方法绘制圆弧，利用捕捉圆孔两端点和输入半径23，绘制圆弧，结果如图16-16所示。

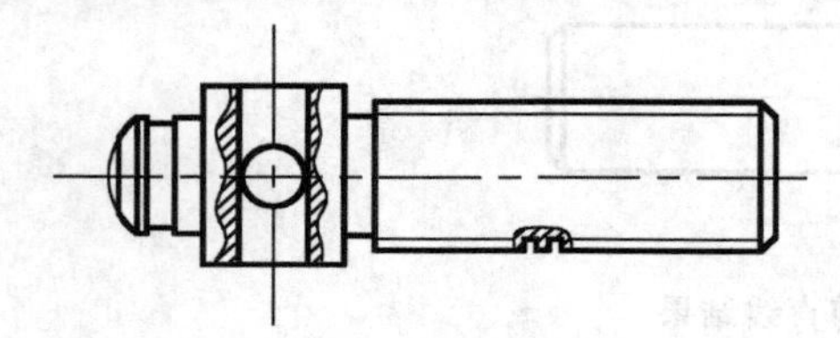

图16-15　绘制剖面线示例

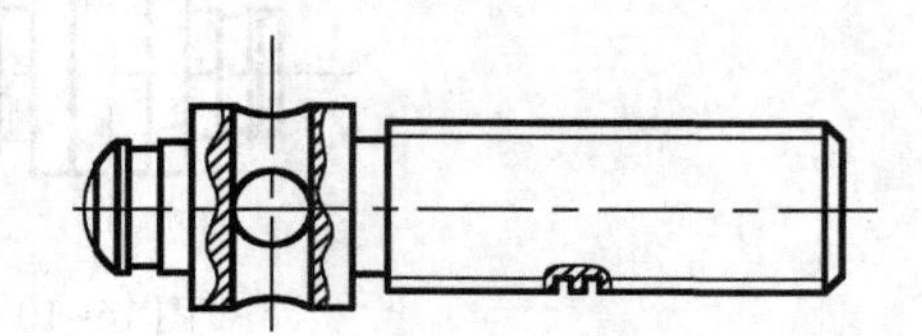

图16-16　绘制相贯线示例

4. 标注尺寸

标注尺寸应选择“尺寸”图层，分别选取“直线”“圆和圆弧”“引线”等标注样式为当前样式，执行“线性”“直径”“半径”和“多重引线”等标注命令。

1）标注直线。尺寸字高为5，比例设置为1。

2）标注圆和圆弧。“*SR*25”尺寸是先用“半径”样式标注的，然后选择“修改”→“文字”→“编辑”命令来补充尺寸文字“*S*”符号。同样，还有5个直径尺寸ϕ39、ϕ40、ϕ42、ϕ50、ϕ60是用“直线”样式标注的，先使用“线性”命令直接标注，再使用“修改”命令补充直径“ϕ”符号。或者在系统提示选择选项时，可以选择“多行文字”进行文字编辑，如图16-17所示。

3）标注倒角。倒角标注使用“多重引线”样式，设置：无箭头，最大引线点数为“3”，选择“水平连接”，左右连接位置均选择“第一行加下画线”。取第2点和第3点时的距离要短。

4）标注表面粗糙度。绘制表面粗糙度符号，将其复制到各相应位置，并修改其数值，结果如图16-18所示。

5. 填写文字

填写文字应选择“文字”图层，将“图样文字”置为当前文字格式，选择“绘图”→

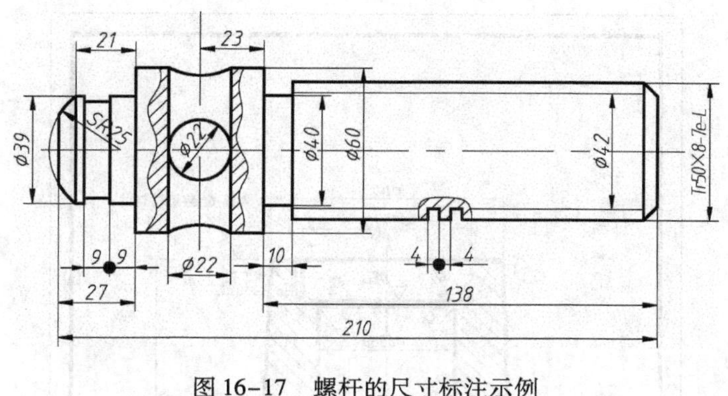

图 16-17　螺杆的尺寸标注示例

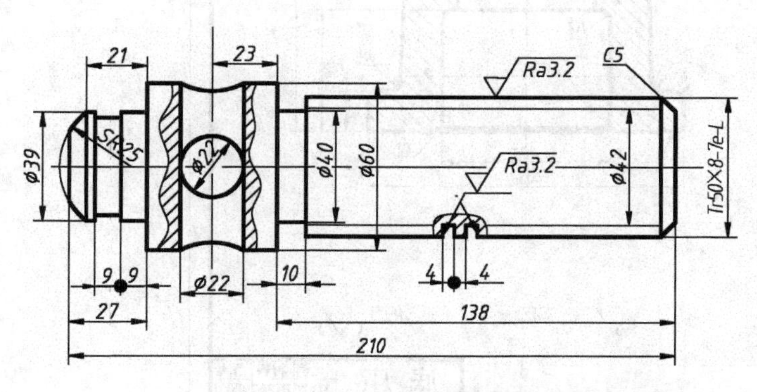

图 16-18　螺杆的粗糙度标注示例

“文字”→“单行文字”命令，设置字高为“5”，旋转角度为“0”，单击指定各文字的位置，输入文字，结果如图 16-19 所示（零件名称的字高为“10”，单位的字高为“7”）。

<table>
<tr><td colspan="3" rowspan="2">螺　杆</td><td>比例</td><td>材料</td><td>图号</td></tr>
<tr><td>1:1</td><td>45</td><td>QD002</td></tr>
<tr><td>制图</td><td></td><td></td><td colspan="3" rowspan="2">（单位）</td></tr>
<tr><td>校核</td><td></td><td></td></tr>
</table>

图 16-19　文字填写示例

各项内容绘制完成后，应将该图保存。本章的零件图都是千斤顶的零件图样，为了以后练习方便，保存名称需要统一有序，按部件的安装顺序，此零件名称可记为“QD002 螺杆”。

16.2.2　绘制底座零件图

下面以图 16-20 所示的底座零件图为例，介绍箱类零件图的绘制方法。

1. 设置绘图环境

绘图环境的设置：打开“QD002 螺杆”零件图，删除绘图区所有内容，选择“格式”→“图形界限”命令，在命令行中输入左下角点的坐标“0，0”，按〈Enter〉键，输入右上角点的坐标“297，420”，按〈Enter〉键。单击“绘图”工具栏中的“矩形”按钮，绘制出

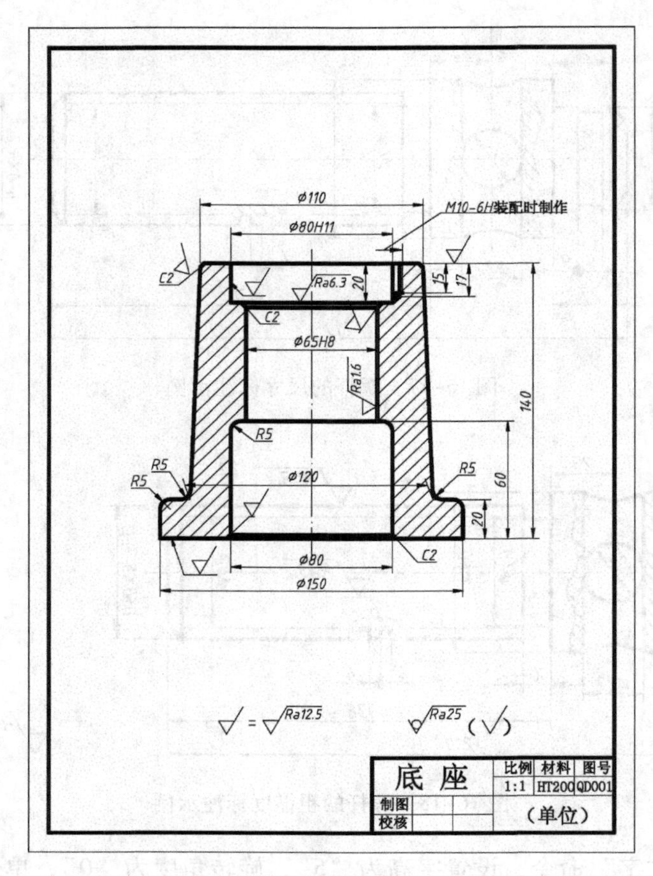

图 16-20　底座零件图

图幅和图框。选择“文件”→“另存为”命令，输入文件名“QD001 底座”，将其保存。

2. 绘制底座主体图形

底座可视为箱类零件，以工作位置考虑视图放置。由于结构简单，一个视图即可以表达。

绘制零件主体的操作步骤如下。

1）绘制中心定位线，选择“点画线”图层。选择绘图“直线”命令，绘制底座的中心定位线，如图 16-21 所示。

2）绘制水平和垂直构造线。选择“粗实线”图层为当前图层，选择绘图的“构造线”命令，输入 O，指定轴线为竖直方向的定位线，同时向左右分别给出偏移距离 32.5、40、55、60、75，绘制出垂直构造线；绘制或指定底线为水平方向的定位线，分别给出偏移距离 20、60、120、140，绘制水平构造线，结果如图 16-22 所示。

3）修剪外部构造线。选择“修剪”命令，以最外面的 4 条构造线为边，修剪长出的多余线条，结果如图 16-23 所示。

4）修剪内部线条和绘制斜线。选择“修剪”命令，剪去内部多余线条，并选择“直线”命令，“捕捉”110 尺寸和 120 尺寸的端点连线，绘制斜线，结果如图 16-24 所示。

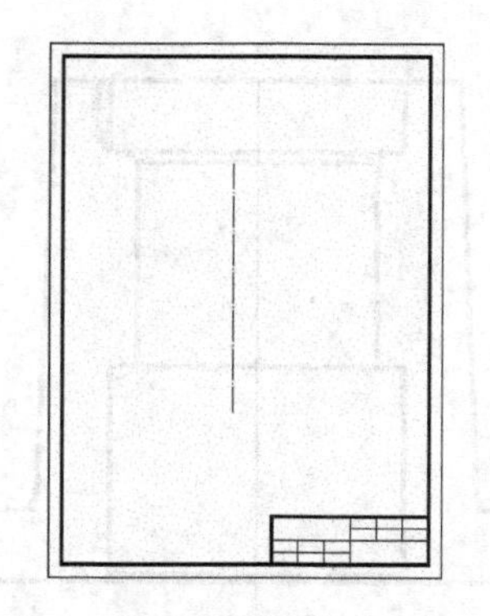

图 16-21　绘制中心定位线

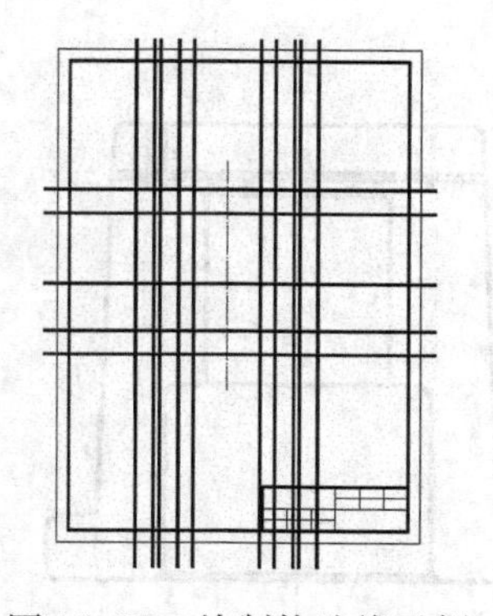

图 16-22　绘制构造线示例

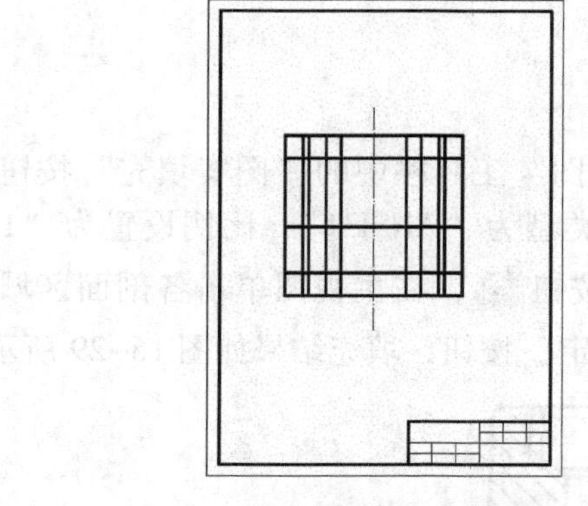

图 16-23　修剪外部构造线示例

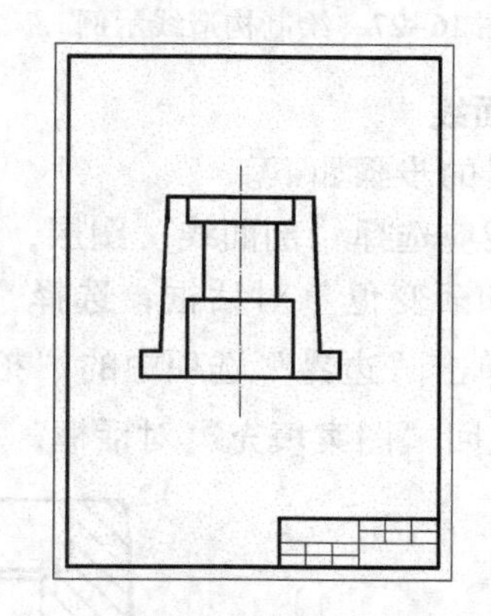

图 16-24　绘制斜线结果

3. 绘制局部结构

绘制局部结构的步骤如下。

1）绘制倒角。选择“倒角”命令，输入倒角距离，指定两条线段后，可以倒角，结果如图 16-25 所示。在倒角时，应注意是否选择“去除”选项。

2）绘制圆角。选择“圆角”命令，输入圆角距离，指定各边后，可以进行圆角，结果如图 16-26 所示。

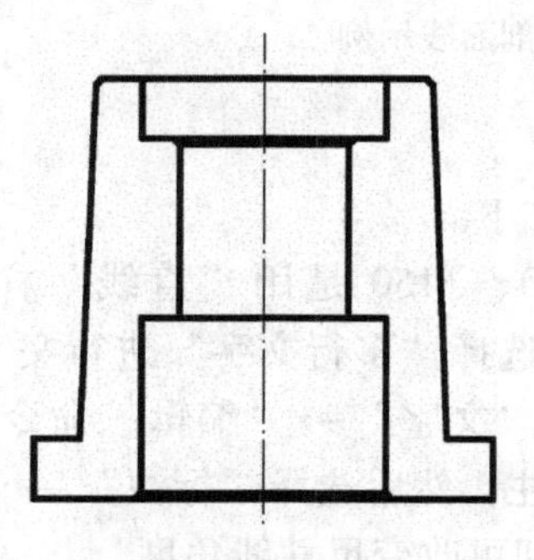

图 16-25　绘制倒角示例

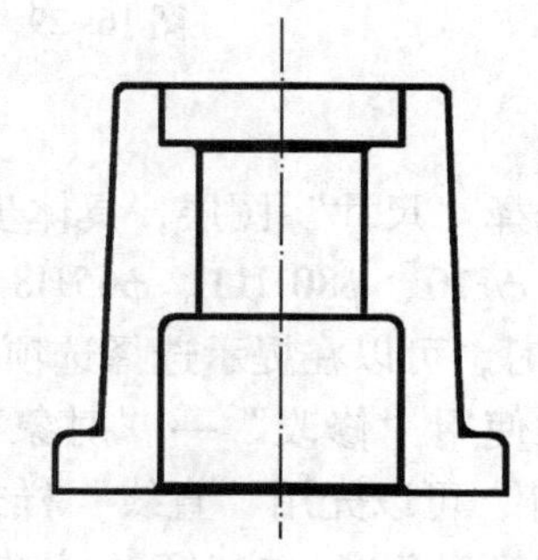

图 16-26　绘制圆角示例

3）绘制定位螺钉孔。选择“构造线”命令，输入 0，指定最上水平线，偏移距离为 15 和 17，绘制水平构造线；指定上孔右边线，偏移距离为 3.5 和 5，绘制垂直构造线，绘制结果如图 16-27 所示。然后选择“修剪”命令，修剪多余线条，执行结果如图 16-28 所示。

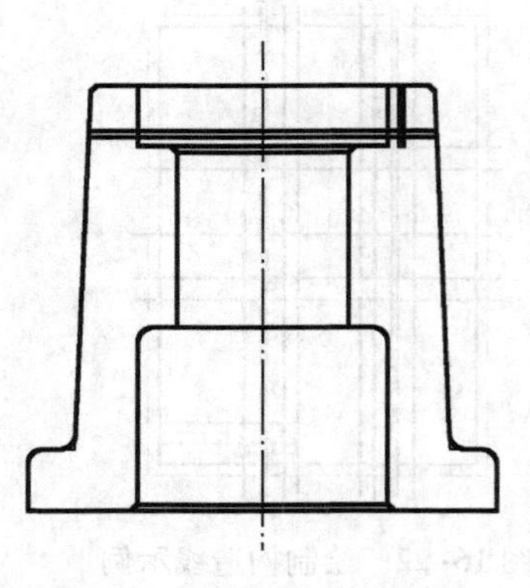
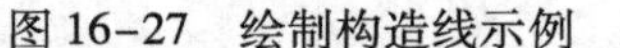

图 16-27　绘制构造线示例

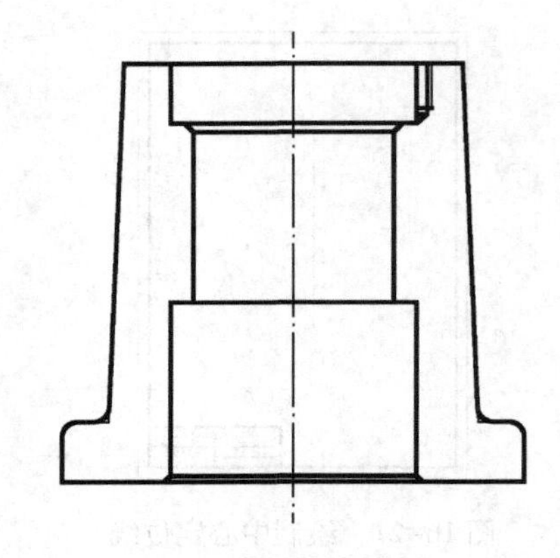

图 16-28　绘制定位螺钉孔示例

4. 绘制剖面线

绘制剖面线的步骤如下。

绘制剖面线应选择“剖面线”图层，单击“绘图”工具栏中的“图案填充”按钮，打开“图案填充和渐变色”对话框，选择“图案”类型为“ANSI31”，比例设置为“1.5”，角度为“0”，单击“边界”选项中的“拾取点”按钮，在主视图单击各剖面区域，按〈Enter〉键，返回“图案填充”对话框，单击“确定”按钮，填充结果如图 16-29 所示。

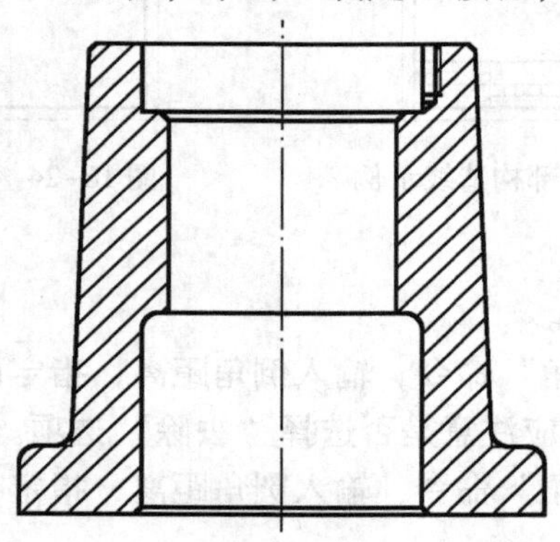

图 16-29　绘制剖面线示例

5. 标注尺寸

标注尺寸应选择“尺寸”图层，具体步骤如下。

1）视图尺寸 ϕ110、ϕ80H11、ϕ65H8、ϕ80、ϕ150 是用“直线”样式标注的，使用“线性”命令标注时，可以在提示选择选项时，选择“多行文字”进行文字编辑。也可以在标注完成后，集中使用“修改”→“对象”→“文字”→“编辑”命令补充符号和精度。标注“ϕ120”尺寸，可以先用“直线”样式标注，然后选择“标注”→“倾斜”命令，选取尺寸对象，指定倾斜角度，按〈Enter〉键，即可改变尺寸线角度。

2）标注圆尺寸，选取“圆和圆弧”样式，设置箭头大小为“4”，字高为“5”，单击圆弧，移动鼠标牵引尺寸数字到合适位置后单击。

3）图样尺寸比例为 1∶1，标注样式中的“主单位”比例因子应设置为“1”。

4）标注“多重引线”，设置“多重引线样式”后，绘制出倒角引线和粗糙度引线。

5）绘制粗糙度符号或插入块，将其移动到各相应位置，并修改其数值，结果如图 16-30所示。

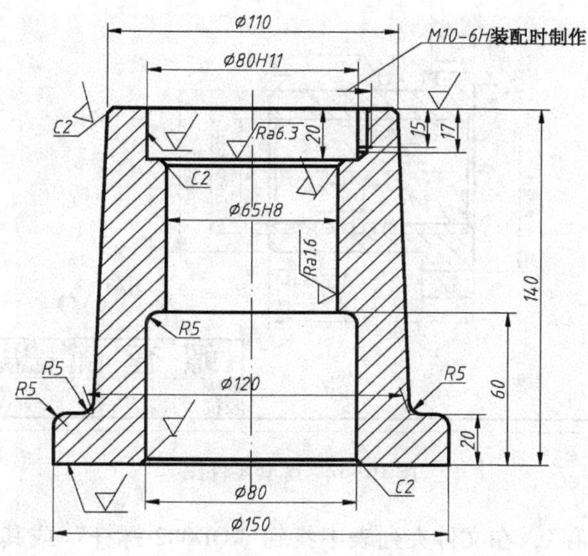

图 16-30　尺寸标注示例

6. 填写文字

填写文字应选择“文字”图层，将“图样文字”置为当前文字格式，选择“绘图”→“文字”→“单行文字”命令，设置字高为“5”，旋转角度为“0”，单击鼠标指定各文字的位置，输入文字，结果如图 16-31 所示（零件名称的字高为“10”，单位的字高为“7”）。

底　座			比例	材料	图号
			1:1	HT200	QD001
制图			（单位）		
校核					

图 16-31　文字填写示例

各项内容绘制完成后，应将该图保存，按部件的安装顺序，此零件名称可记为“QD001 底座”。

16.2.3　绘制盘类零件图

下面以图 16-32 所示的螺套零件图为例，介绍其绘制方法。

1. 设置绘图环境

绘图环境的设置有以下 3 种方法。

1）打开“QD002 螺杆”零件图，删除图形和尺寸，选择“文件”→“另存为”命令，输入文件名“QD003 螺套”，将其保存。

2）打开或设置“A3 样板图”，选择“文件”→“另存为”命令，输入文件名“QD003 螺套”，将其保存。

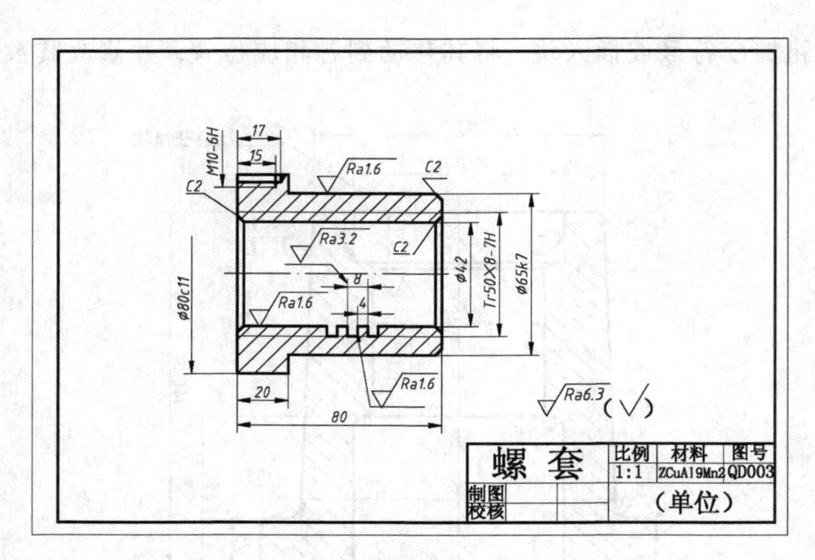

图 16-32　螺套零件图

3）打开“设计中心”，在文件夹列表中找到“QD002 螺杆”或其他图形，分别将“标注样式”“图层”“文字样式”和“线型”等在右侧的各项内容，直接拖曳到打开的绘图区即可。

2. 绘制定位线

一般情况下，像螺套类零件的轴线也是水平放置，加工时看图方便，并且在剖切以后，视图的表达更清楚一些。

绘制中心定位线。选择“点划线”图层为当前图层，选择绘图“直线”命令，绘制螺套的中心轴线，结果如图 16-33 所示。

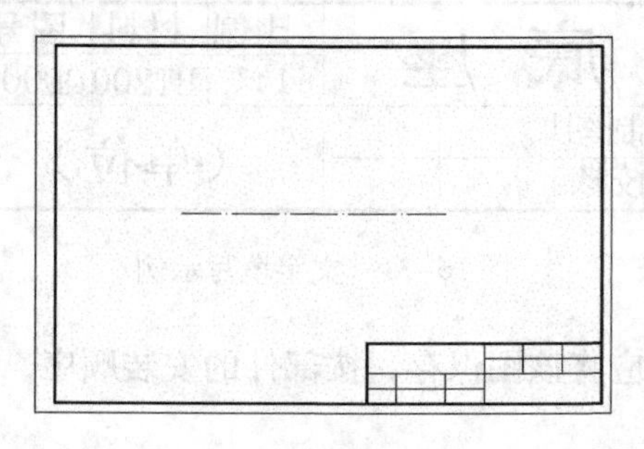

图 16-33　绘制中心定位线

3. 绘制轮廓线

绘制轮廓线的步骤如下。

1）绘制水平和垂直构造线。选择“粗实线”图层为当前图层，选择绘图的“构造线”命令，输入 O，指定轴线为水平方向的定位线，同时向上下分别给出偏移距离 21、32.5、39，绘制出水平构造线；绘制或指定竖直线为垂直方向的定位线，分别给出偏移距离 20、80，绘制垂直构造线，结果如图 16-34 所示。

2）修剪多余线条。选择“修剪”命令，指定外部的 4 条线为修剪边界，执行命令后，剪去多余线条，如图 16-35 所示。

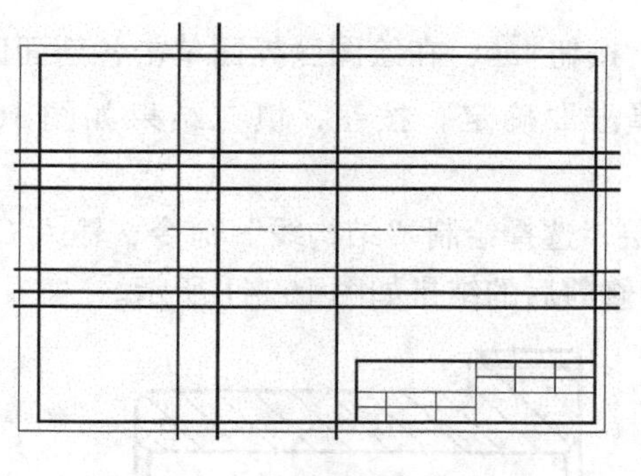

图 16-34　绘制构造线示例

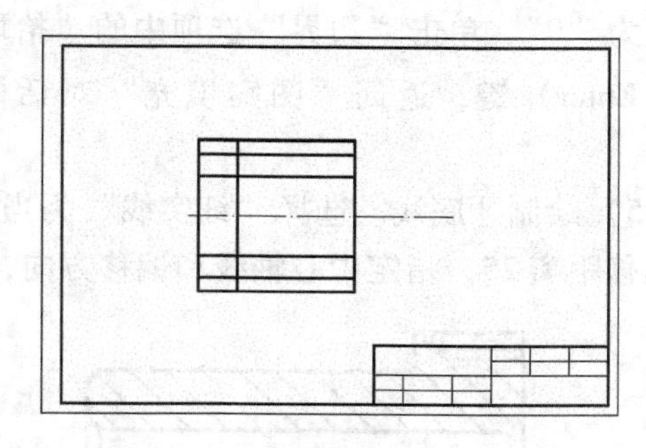

图 16-35　“修剪”线条示例

4. 绘制局部结构

对轮廓线进一步修剪后，可以绘制螺套的局部结构。

1）绘制倒角。选择“倒角”命令，输入倒角距离 2，指定两条线段后，可以倒角，结果如图 16-36 所示。在对内孔倒角时，应注意是否选择“去除”选项。

2）绘制定位螺孔。选取“构造线”命令，输入 O，指定最上水平线，偏移距离为 3.5 和 5，绘制水平构造线；再指定左端线，偏移距离为 15 和 17，绘制垂直构造线，绘制结果如图 16-37 所示。然后选择“修剪”命令，修剪多余线条，执行结果如图 16-38 所示。

3）绘制牙型。选择“粗实线”为当前图层，打开正交模式，选择“直线”命令，采用连续给定方向和输入 4，可以绘制出齿形，如图 16-39 所示。

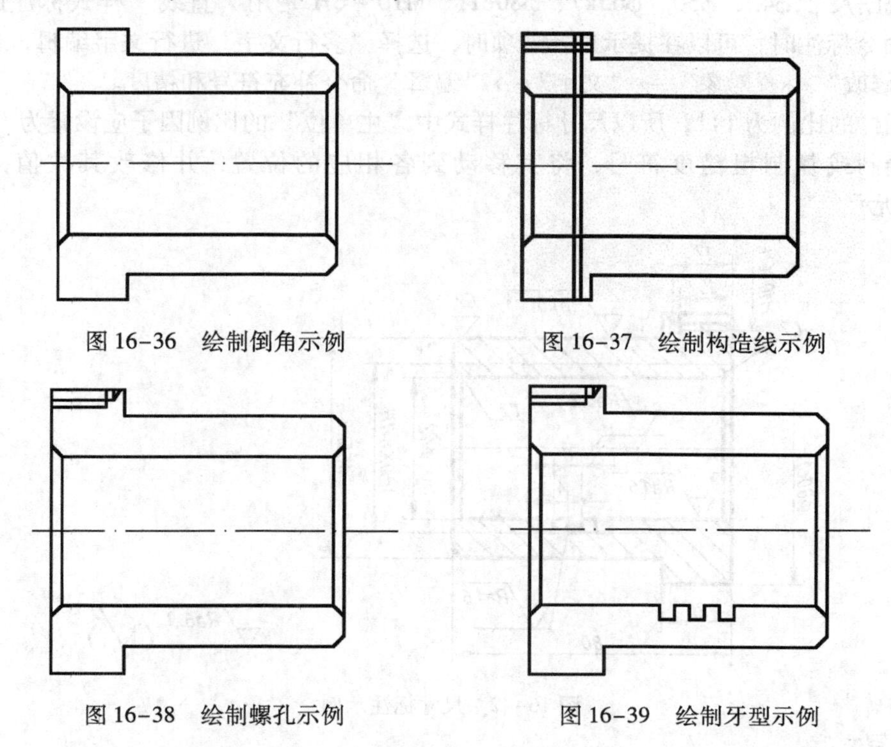

图 16-36　绘制倒角示例　　图 16-37　绘制构造线示例

图 16-38　绘制螺孔示例　　图 16-39　绘制牙型示例

4）绘制剖面线。选择“剖面线”图层，单击“绘图”工具栏中的“图案填充”按钮，打开“图案填充和渐变色”对话框，选择“图案”类型为“ANSI31”，比例设置为“1.5”，角度为“0”，单击“边界”选项中的“拾取点”按钮 ，在绘图区界面单击各剖面区域，按〈Enter〉键，返回“图案填充”对话框，单击“确定”按钮，填充结果如图 16－40 所示。

5）绘制牙底线。选择“细实线”为当前图层，选择绘制“结构线”命令，输入 O，输入偏移距离 25，指定中心轴线和偏移方向，进行修剪后的结果如图 16-41 所示。

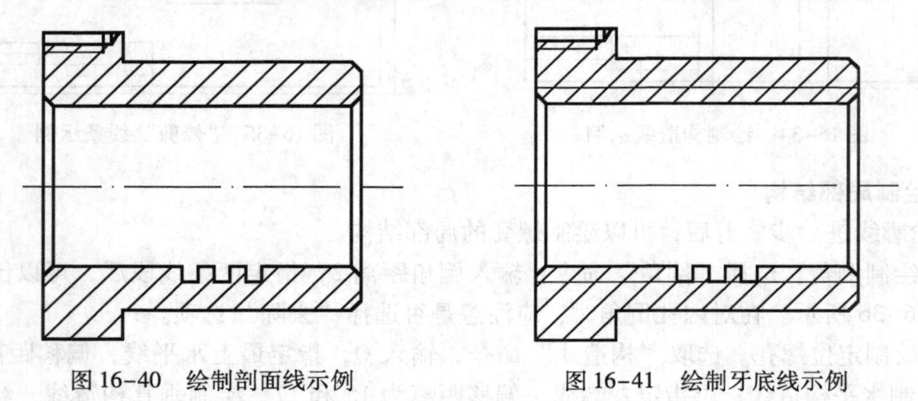

图 16-40　绘制剖面线示例　　　图 16-41　绘制牙底线示例

5. 标注尺寸

标注尺寸应选择“尺寸”图层，具体步骤如下。

1）视图尺寸 ϕ42、ϕ50、ϕ65k7、ϕ80c11、M10－6H 是用“直线”样式标注的，使用“线性”命令标注时，可以在提示选择选项时，选择“多行文字”进行文字编辑，也可以集中使用“修改”→“对象”→“文字”→“编辑”命令补充符号和精度。

2）图样的比例为 1∶1，所以尺寸标注样式中“主单位”的比例因子应设置为“1”。

3）绘制或复制粗糙度符号，将其移动到各相应的位置，并修改其数值，结果如图 16-42所示。

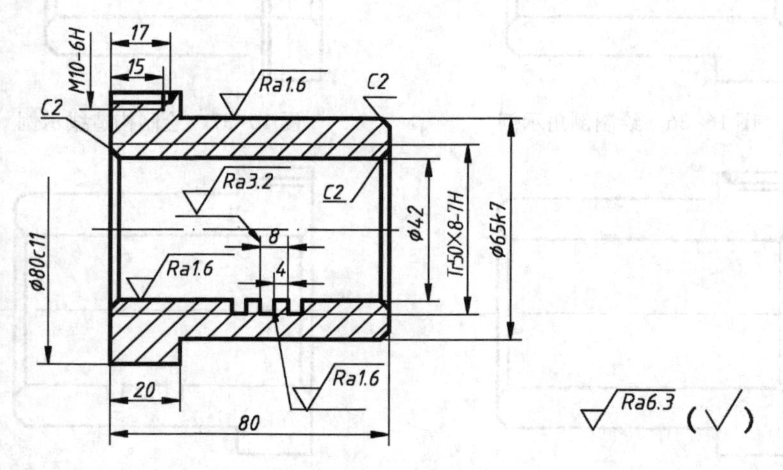

图 16-42　尺寸标注示例

6. 填写文字

填写文字的步骤是：选择“文字”图层，将“图样文字”置为当前文字格式，选择“绘图”→“文字”→“单行文字”命令，设置字高为“5”，旋转角度为“0”，单击鼠标指定各文字的位置，输入文字，结果如图 16-43 所示（零件名称的字高为“10”，单位的字高为“7”）。

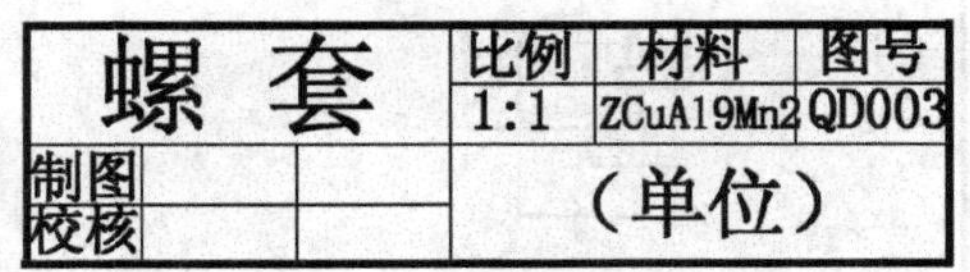

图 16-43　文字填写示例

各项内容绘制完成后，应将该图保存，按部件的安装顺序，此零件名称可记为“QD003 螺套”。

16.2.4　绘制其他零件图

下面一些零件图的图形比较简单，作图方法就不再重复了，请根据提供的图 16-44 ~ 图 16-46进行练习，并分别以“QD004 顶盖”“QD005 绞杆”和“QD006 螺钉”的名称保存。

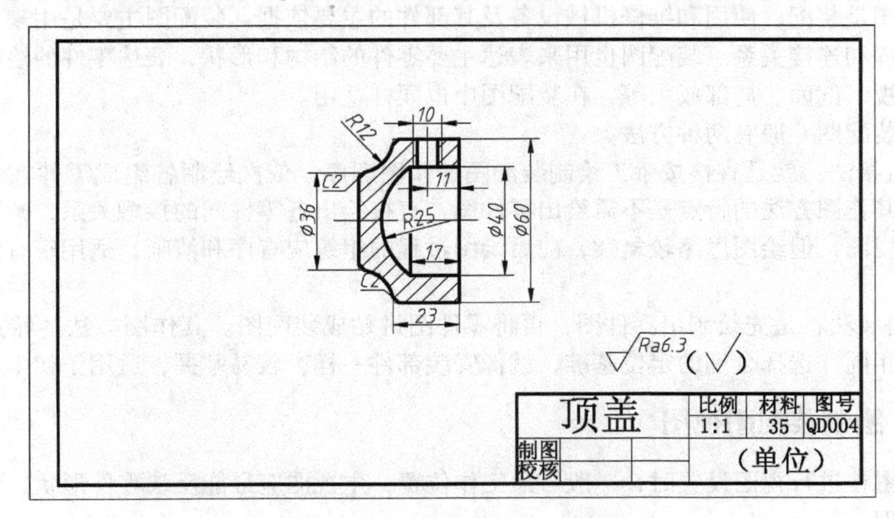

图 16-44　顶盖零件图

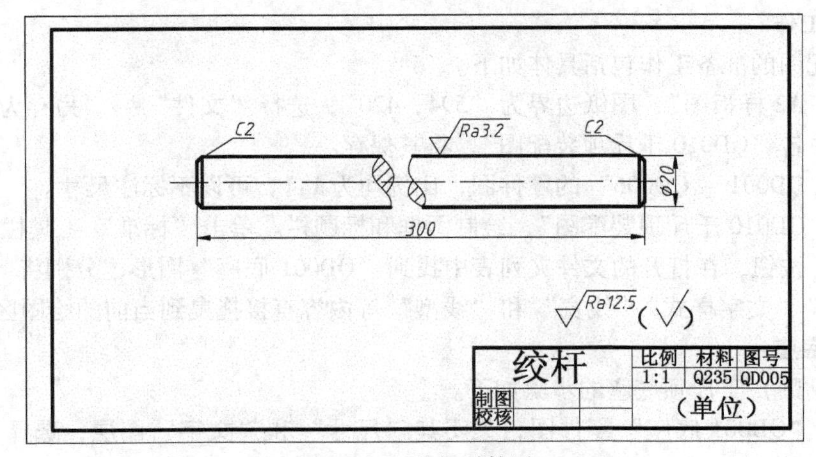

图 16-45　绞杆零件图

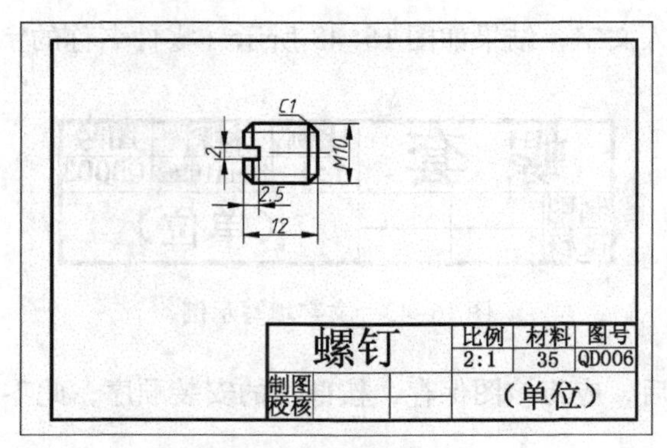

图 16-46　螺钉零件图

16.3　绘制装配图

装配图是装配、使用和维修机械设备及其部件的主要依据。装配图主要是用来表示部件的工作原理和连接关系。装配图也用来表达主要零件的结构和形状，表达零件的绘图方法如视图、剖视、剖面、局部放大等，在装配图中也同样适用。

绘制装配图一般有两种方法。

1）直接法：就是直接按手工绘制装配图的作图顺序，依次绘制各组成零件在装配图中的投影。其作图方法的特点是不需绘出零件图，直接绘出各零件间的接触关系，减少不必要的线条和视图，但绘图思路较复杂，前后绘图过程的组织应有序和清晰，适用于有经验的设计者。

2）拼装法：是先绘制出零件图，再将零件图拼贴成装配图。其作图方法的特点是零件图的比例相同，选择合理的定位基准，就像安装部件一样，较易掌握，适用于初学者。

16.3.1　绘制装配图视图

装配图在进行视图设置时，一般考虑工作位置，主视图应最能反映零件形状、装配关系和工作原理。

下面以图 16-47 所示的千斤顶装配图为例，介绍使用拼装法绘制装配图的方法。

1. 准备工作

绘制装配图的准备工作包括具体如下。

- 设置“A2 样板图”，图纸边界为“594，420”，选择“文件”→“另存为”命令，输入文件名“QD010 千斤顶装配图”，将其保存。
- 绘制“QD001 ~ QD006”的零件图，比例均为1∶1，可以不标注尺寸。
- 打开“QD010 千斤顶装配图”，绘制图框和标题栏。单击“标准”工具栏中的“设计中心”按钮，在打开的文件夹列表中找到“QD001 底座”图形，分别将“标注样式”“图层”“文字样式”“线宽”和“线型”等内容直接拖曳到当前的绘图区。

2. 绘制底座

绘制（粘贴）千斤顶底座的步骤如下。

1）打开“QD001 底座”零件图，关闭其“尺寸”和“文字”图层，选择“编辑”→“复制”命令，复制图形。

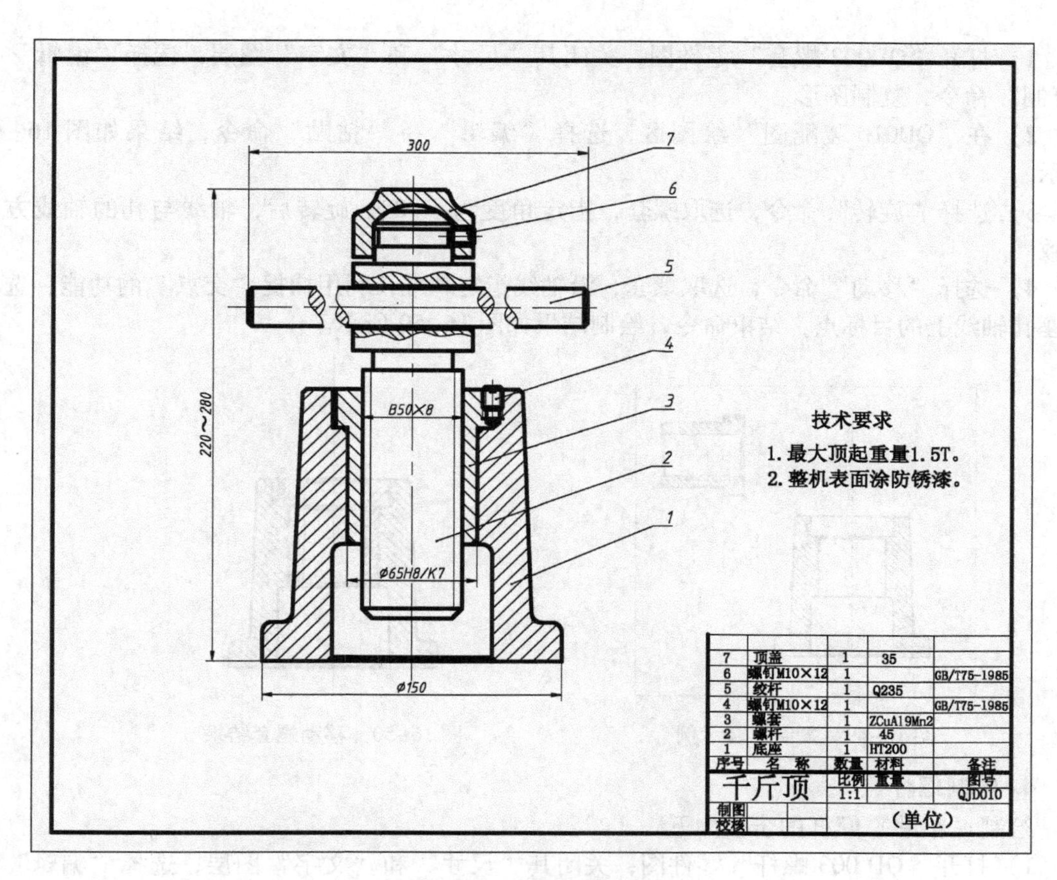

图 16-47 装配图示例

2）在“QD010 装配图”绘图区，选择“编辑”→“粘贴”命令，结果如图 16-48 所示。

注意：“修改”工具栏的“复制”命令，只能在同一张图纸中复制，不能在图纸间复制。

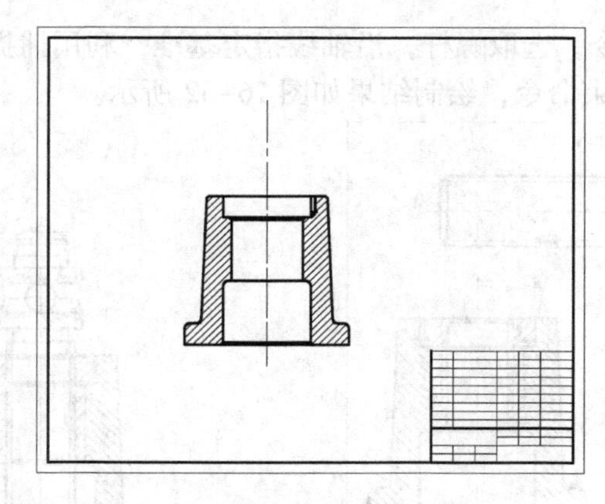

图 16-48 绘制底座示例

3. 绘制螺套

绘制（粘贴）螺套的步骤如下。

1）打开“QD002 螺套”零件图，关闭其“尺寸”和“文字”图层，选择“编辑”→“复制”命令，复制图形。

2）在“QD010 装配图”绘图区，选择“编辑”→“粘贴”命令，结果如图 16-49 所示。

3）选择“旋转”命令，选取螺套，指定角度为 -90°，旋转后，轴线与孔的轴线方向一致。

4）选择“移动”命令，选取螺套，沿轴线指定基准，利用捕捉“交点”的功能，选取底座孔轴线上的目标点，结束命令，绘制结果如图 16-50 所示。

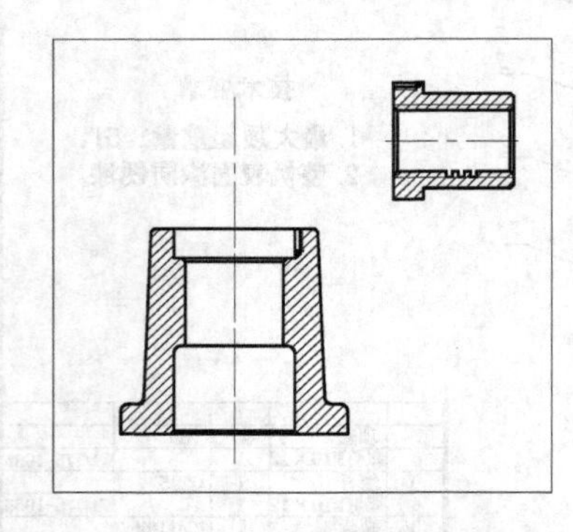

图 16-49　复制螺套示例

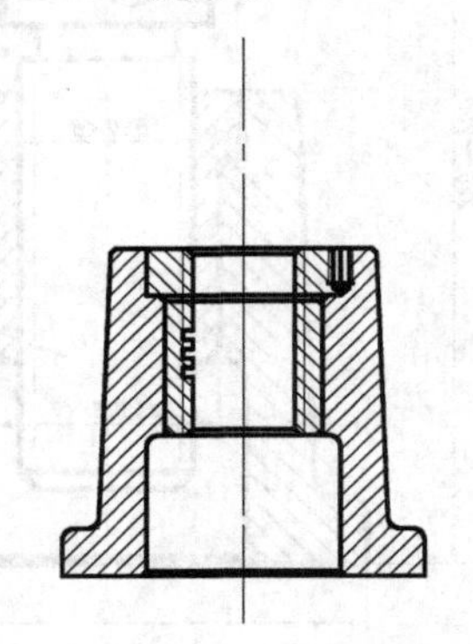

图 16-50　移动螺套结果

4. 绘制螺杆

绘制（粘贴）螺杆的步骤如下。

1）打开“QD 003 螺杆”零件图，关闭其“尺寸”和“文字”图层，选择“编辑”→“复制”命令，复制图形。

2）在“QD010 装配图”绘图区，选择“编辑”→“粘贴”命令，结果如图 16-51 所示。

3）选择“旋转”命令，选取螺杆，指定角度为 -90°，旋转后，螺杆轴线与底座的轴线方向一致。

4）选择“移动”命令，选取螺杆，沿轴线指定基准，利用捕捉“交点”的功能，选取底座轴线上的目标点，结束命令，绘制结果如图 16-52 所示。

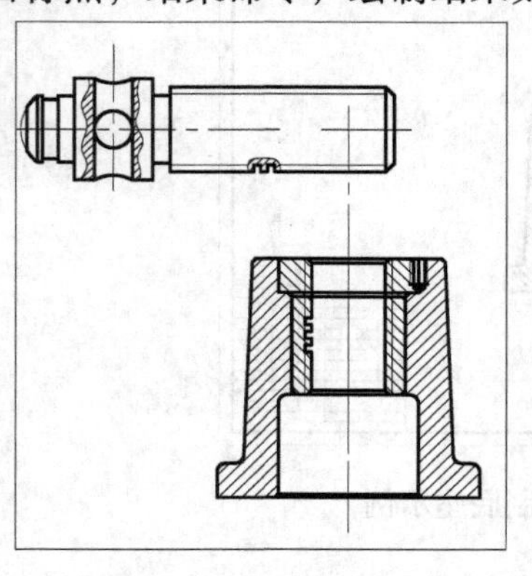

图 16-51　复制螺杆示例

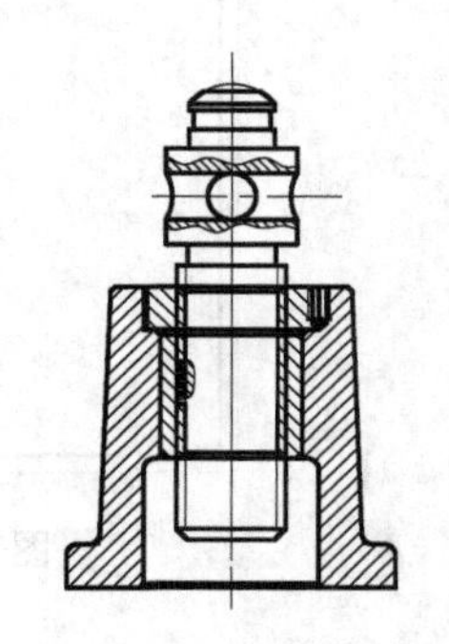

图 16-52　绘制螺杆示例

5. 绘制顶盖

绘制（粘贴）钻模板的步骤如下。

1）打开“QD004 顶盖”零件图，关闭其“尺寸”和“文字”图层，选择“编辑”→“复制”命令，复制图形。

2）在“QD010 装配图”绘图区，选择“编辑”→“粘贴”命令，结果如图 16-53 所示。

3）选择“旋转”命令，选取顶盖对象，指定角度为 -90°，旋转后，顶盖与目标轴线一致。

4）选择“移动”命令，选取顶盖的视图，沿轴线指定基准；利用捕捉“交点”的功能，选取底座轴线上的目标点，按〈Enter〉键，结束“移动”命令，绘制结果如图 16-54 所示。

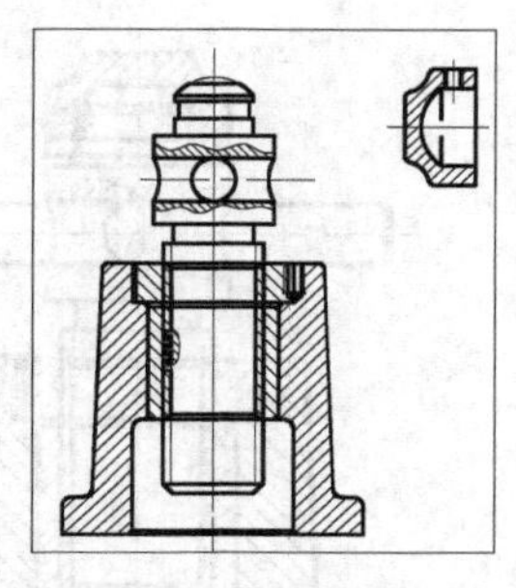

图 16-53　复制顶盖示例

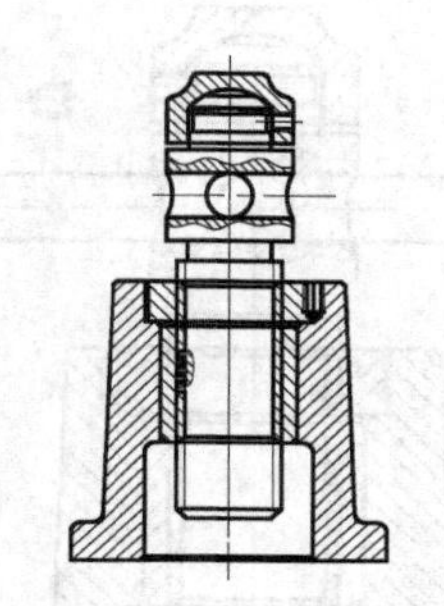

图 16-54　移动顶盖示例

6. 绘制绞杆

绘制（粘贴）绞杆的步骤如下。

1）打开“QD005 绞杆”零件图，关闭其“尺寸”和“文字”图层，选择“编辑”→“复制”命令，复制图形。

2）在“QD010 装配图”绘图区，选择“编辑”→“粘贴”命令，结果如图 16-55 所示。

3）选择“移动”命令，选取绞杆的视图，沿轴线指定基准，利用捕捉“交点”的功能，选取螺杆圆孔轴线的目标点，按〈Enter〉键，结束“移动”命令，执行结果如图 16-56所示。

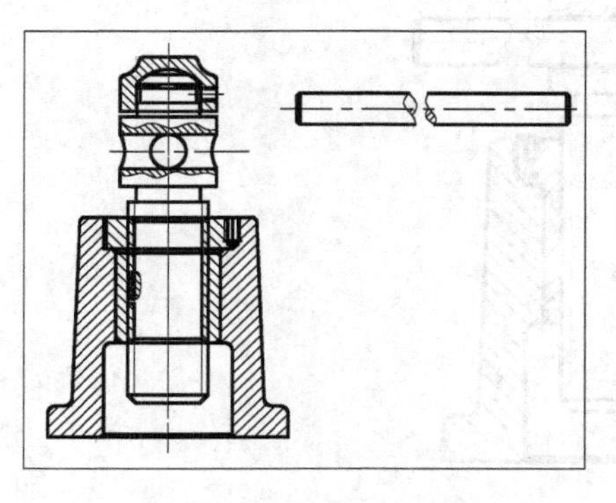

图 16-55　复制绞杆示例

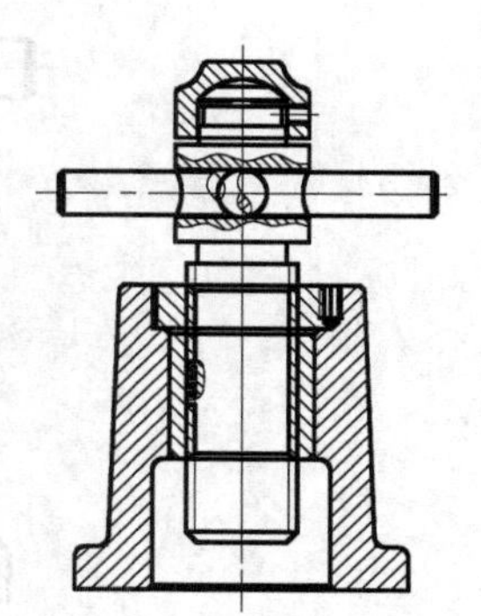

图 16-56　移动绞杆示例

7. 绘制定位螺钉

绘制（粘贴）定位螺钉的步骤如下。

1）打开“QD006 螺钉”零件图，关闭其“尺寸”和“文字”图层，选择“编辑”→“复制”命令，复制图形。

2）在“QD010 装配图”绘图区，选择“编辑”→“粘贴”命令，可以粘贴两次。结果如图 16-57 所示。

3）选择“旋转”命令，将其中的一个视图旋转 -90°，另一个旋转 180°。

4）选择“移动”命令，分别选取两个螺钉，沿轴线指定基准，利用捕捉“交点”的功能，将其中一个螺钉移至顶盖螺孔轴线的目标点，另一个螺钉移动至底座螺孔中心线的目标点，结束“移动”命令，结果如图 16-58 所示。

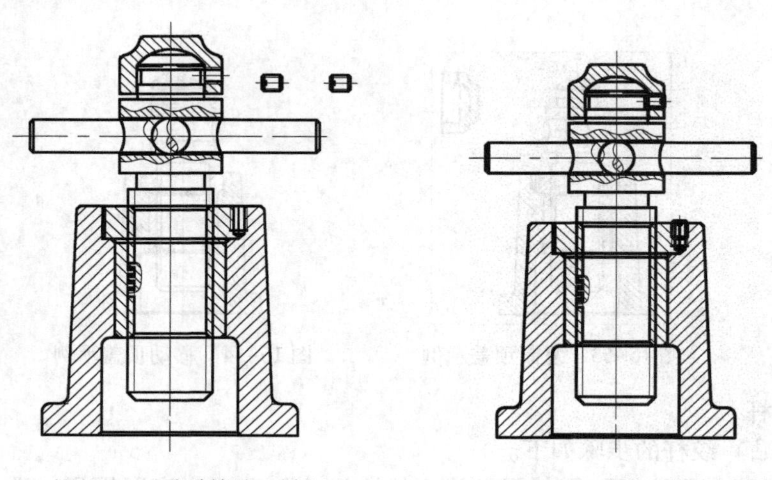

图 16-57　复制螺钉示例　　　图 16-58　“移动”螺钉示例

8. 修剪多余线条

修剪被遮挡的多余线条。检查各个零件的剖面线方向，如果方向相同，则修改剖面线方向，以保证装配关系清晰，如图 16-59 所示。

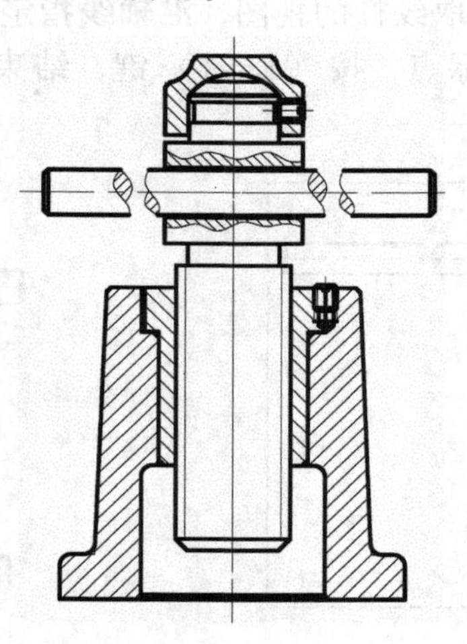

图 16-59　修剪多余线条结果

16.3.2　标注装配图尺寸

装配图的尺寸内容包括规格、性能尺寸、装配尺寸、安装尺寸、外形尺寸和主要尺寸。

标注尺寸应选择“尺寸”图层。装配图比例 1:1，标注样式中的“主单位”比例因子应设置为“1”。

1）标注配合尺寸。选择“标注”→“线性”命令，标注 B50×8、ϕ65H8/k7 等尺寸。标注配合尺寸应选择“多行文字”进行文字编辑，插入 ϕ 和设置堆叠方式。

2）标注外形尺寸和规格尺寸：300、ϕ150、220～280 等。

3）标注指引线：设置“多重引线样式”，绘制多重引线，结果如图 16-60 所示。

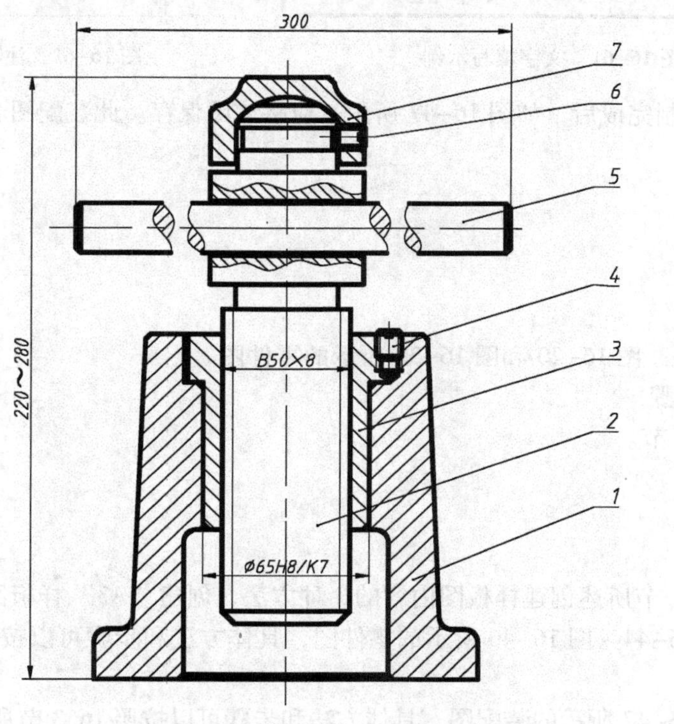

图 16-60　装配图的尺寸标注示例

16.3.3　注写装配图文字

1. 填写标题栏和明细栏

填写文字步骤如下。

1）按照制图标准绘制标题栏和明细栏。

2）注写文字。选择“文字”图层，将“图样文字”置为当前文字格式，选择“绘图”→“文字”→“单行文字”命令，设置字高为“5”，旋转角度为“0”，单击鼠标指定各文字的位置，输入文字，结果如图 16-61 所示（零件名称的字高为“10”，单位的字高为“7”）。根据习惯，使用“多行文字”方式注写文字也可以，编辑文字的功能更加完善。

2. 注写技术要求

单击“绘图”工具栏中的“多行文字”按钮，在指定区域注写技术要求，如图 16-62 所示。

7	顶盖	1	35	
6	螺钉M10×12	1		GB/T 75-1985
5	绞杆	1	Q235	
4	螺钉M10×12	1		GB/T 75-1985
3	螺套	1	ZCuA19Mn2	
2	螺杆	1	45	
1	底座	1	HT200	
序号	名 称	数量	材料	备注
千斤顶		比例	重量	图号
		1:1		QJD010
制图		（单位）		
校核				

图 16-61　文字填写示例

技术要求

1. 最大顶起重量1.5T。

2. 整机表面涂防锈漆。

图 16-62　注写技术要求示例

各项内容绘制完成后，如图 16-47 所示，应将该图保存。此装配图名称可记为“QD010装配图”。

16.4　实训

（1）要求

绘制图 16-3、图 16-20 和图 16-32 所示的零件图。

（2）操作步骤

见本章 16.2 节。

16.5　习题

1. 根据 16.1 节所述创建样板图内容的 3 种方法，创建“A3”样板图。

2. 绘制图 16-44 ~ 图 16-46 所示的零件图，具体方法和步骤可以按照 16.2 节所述内容进行。

3. 绘制图 16-47 所示的装配图，具体方法和步骤可以按照 16.3 节所述内容进行。